高职高专"十三五"规划教材

生理生化基础

李响 李霞 主编

化学工业出版社
·北京·

《生理生化基础》是高职高专药品生产技术专业基础教材，融合了本专业原有生物化学、生理学两门课程的基本内容，根据教学需求，更加突出实用性特点。全书分为上下两篇。上篇生理学主要介绍了人体细胞及与药物代谢过程密切相关的循环、呼吸、消化、泌尿四大系统，对人体给予了宏观性认识。下篇生物化学介绍了蛋白质、核酸、糖类、脂类等生物大分子的基本性质及其在人体内的代谢过程，并简要介绍了药学生化和部分器官生化内容，为后续《药物学基础》（药理学部分）的教学奠定基础。

　　本书可作为高职高专院校药物制剂技术、化学制药技术、生物制药技术、药品质量检测技术、药品经营与管理等药学类专业基础课教材，也可作为相关专业学生的参考用书。

图书在版编目（CIP）数据

生理生化基础/李响，李霞主编. —北京：化学
工业出版社，2016.7（2024.2重印）
高职高专"十三五"规划教材
ISBN 978-7-122-26801-3

Ⅰ.①生… Ⅱ.①李… ②李… Ⅲ.①生理学-高等
职业教育-教材②生物化学-高等职业教育-教材 Ⅳ.
①Q4②Q5

中国版本图书馆 CIP 数据核字（2016）第 078421 号

责任编辑：于 卉　　　　　　　　　　文字编辑：李 瑾
责任校对：宋 夏　　　　　　　　　　装帧设计：关 飞

出版发行：化学工业出版社（北京市东城区青年湖南街 13 号　邮政编码 100011）
印　　装：北京科印技术咨询服务有限公司数码印刷分部
787mm×1092mm　1/16　印张 17½　字数 466 千字　2024 年 2 月北京第 1 版第 4 次印刷

购书咨询：010-64518888　　　　　　售后服务：010-64518899
网　　址：http://www.cip.com.cn
凡购买本书，如有缺损质量问题，本社销售中心负责调换。

定　　价：46.00 元

前　言

当前，药物制剂作为化学药、生物药生产的下游环节，已成为我国乃至世界药品生产过程中附加值最高、工作环境最优的专业领域，吸引着越来越多的药品企业和专业人才。

根据本专业教学指导委员会编撰的"生理生化基础"课程标准要求，本书选择性融合了以往教学中生物化学、生理学两门课程的基本内容，剔除了其中与药品生产、使用过程无关的知识内容，并将上述两门课程传统的理论知识与药品生产实际需求有机结合，增强了实用性。

本书广泛征求了用书单位教师的建议，并聘请相关企业专家参与撰写，确保教材内容与药品生产、使用过程紧密结合，突出实用性特征。本教材共分上下两篇，上篇生理学部分包括生理学概述、细胞、循环系统、呼吸系统、消化系统、泌尿系统等六章，下篇生物化学部分包括生物化学概述、蛋白质化学、酶化学、维生素与辅酶、核酸化学、糖代谢、脂类代谢、生物合成、药学生化、血液生化、肝胆生化及生物化学基础实训等十二章。教材第一、第五、第七章由天津渤海职业技术学院李响编写，第十三、第十五章由天津职业大学李霞编写，第二章由天津渤海职业技术学院强萌萌编写，第三、第六章由山东医学高等专科学校崔鹤编写，第四章由河北省承德市中心医院李亚新编写，第八、第九章由天津渤海职业技术学院周平编写、天津职业大学孙宝丰修改，第十、第十二章由天津药业研究院有限公司周波编写，第十一、第十四、第十八章由天津职业大学孙宝丰编写，第十六、第十七章由天津渤海职业技术学院周平编写，全书由李响、李霞完成统稿。

编写过程中，参考了相关文献和著作，特向有关作者致谢。因编者水平有限，书中疏漏之处在所难免，敬请广大读者及专家不吝批评指正。

编者
2016 年 4 月

目 录

上篇 生理学

上 篇
生 理 学

第一章 生理学概述

　　生理学是生物科学的一个分支，是一门研究正常机体的基本生命活动、机体各个组成部分的功能及这些功能表现的物理化学本质的科学。生理学也是一门基础医学科学。人们必须在了解正常人体各个组成部分的功能基础上，才能理解在各种疾病情况下身体某个或某些部分发生的变化，器官在疾病时发生的功能变化以及功能变化与形态变化之间的关系，一个器官发生病变如何影响其他器官，等等。

　　以实验为特征的近代生理学始于17世纪。1628年英国医生哈维发表了有关血液循环的名著《心血运动论》一书，在历史上首次以实验证明了人和高等动物的心脏是血液循环的中心，本书也被公认为近代生理学诞生的重要标志。18世纪，法国化学家拉瓦锡首先指出呼吸过程同燃烧一样，都要消耗氧和产生二氧化碳，为机体新陈代谢的研究奠定了基础。19世纪，生理学开始进入全盛时期。法国著名生理学家贝尔纳提出机体内环境的概念，并指出血浆和其他细胞外液乃是动物机体的内环境。20世纪前半期，生理学研究在各个领域都取得了丰富的成果。1903年英国的谢灵顿出版了他的名著《神经系统的整合作用》，为神经系统的生理学奠定了巩固的基础。同时，巴甫洛夫提出著名的条件反射概念和高级神经活动学说。

　　近代以来，随着人们对生物学、医学研究的不断深入，生理学进一步发展分化，根据研究对象的不同分化为人体生理学（简称生理学，本书讨论的主要对象）、动物生理学、植物生理学、昆虫生理学等；研究层次也从之前的单一水平分化为整体水平、器官和系统水平、细胞和分子水平；此外，还分支出了生物化学、生物物理学、病理生理学等相关学科。

第一节　生命的基本特征

　　由生物大分子如蛋白质、核酸等所组成的，具有生命活动的物体称为生物体，即机体。每个生物体都可以进行各自具有不同特点的多种生命活动，但最基本的、所有生命体共同具备的生命活动包括以下三点：新陈代谢、兴奋性与生殖，这三种基本生命活动也是生命体区别于其他物体的根本特征。

一、新陈代谢

新陈代谢是生命活动的最基本特征，它包括合成代谢和分解代谢两个方面，前者又称为同化作用，是指生物体把从外界环境中获取的营养物质转变成自身的组成物质，并贮存能量；后者又称异化作用，是指生物体能够把自身的一部分组成物质加以分解，并释放出其中的能量为各种生命活动所用。可见，新陈代谢在进行物质代谢的同时，始终伴随着能量的释放、转移、贮存和利用，我们将这些过程统称为能量代谢。

所有生命体都在不断地与环境进行着物质、能量交换，并依赖新陈代谢提供的能量完成各种生命活动。新陈代谢一旦停止，生命也告结束。

二、兴奋性

在生命过程中，机体所处的环境是经常发生变化的，这些变化被机体、组织或细胞所感受，即可能引起它们的功能活动发生相应的改变，例如疼痛可导致肢体屈曲，这是一切有生命活动的生物体都具有的能力，即机体的兴奋性。兴奋的表现形式多种多样，如腺细胞的分泌、肌细胞的收缩、神经细胞产生神经冲动等。现代生理学认为，外界环境变化导致机体功能活动的改变必先出现生物电的变化，即出现动作电位，故动作电位通常被认为是发生兴奋的客观指标。因而，生理学中把可兴奋细胞接受刺激后产生动作电位的能力称为细胞的兴奋性。新陈代谢是兴奋性的基础，新陈代谢一旦停止，兴奋性也就消失，机体、组织或细胞对刺激也就不会做出任何反应。

1. 反应

能被机体、组织、细胞所感受并引发机体发生一定反应的生存环境条件的改变，称之为刺激，如电、温度、压力、化学刺激等。由刺激引起机体内部代谢过程及外部活动的改变称为反应。

反应可有如下两种表现形式。

① 一种是由安静变为活动，或活动程度由弱变强，这种反应称为兴奋。

② 另一种反应与兴奋相反，它们可表现为活动程度的减弱或活动静止，这种反应称为抑制。

刺激究竟引起兴奋还是抑制，一方面取决于刺激的质和量，同时也由组织、细胞的机能状态和特性来决定。

2. 阈值

刺激要使细胞产生兴奋，就必须达到一定的刺激量。刺激量通常包括三个方面：刺激的强度、刺激的持续时间、刺激强度的变化率。一般来说，在生理学实验中，我们通常将后两个参数固定，然后观察刺激强度与细胞是否产生兴奋的关系。能使细胞产生兴奋的最小刺激强度称为阈强度，亦称阈值。相当于阈强度的刺激称为阈刺激，高于阈强度的刺激称为阈上刺激，低于阈强度的刺激称为阈下刺激。阈刺激和阈上刺激均可引起细胞的兴奋。阈值可作为衡量细胞兴奋性的指标，阈值的增大表示细胞兴奋性的降低，反之则表示兴奋性升高。

3. 兴奋性的规律性变化

细胞在发生一次兴奋后，其兴奋性变化相继经历四个时期（见图 1-1）。

（1）绝对不应期　紧接兴奋产生之后的一段时间，出现绝对不应期，兴奋性由原有水平（100%）降低到零，阈值无限大。此期内，无论第二次施予的测试刺激的强度多大，都不能引起再次兴奋。

（2）相对不应期　绝对不应期之后，兴奋性开始恢复，但仍未回复到原有水平。此期

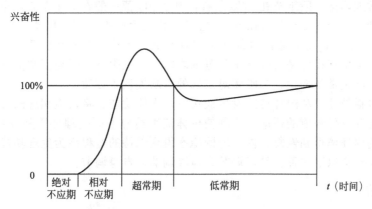

图 1-1 发生一次兴奋后，细胞兴奋性的规律性变化

内，需要阈上刺激才可能引起再次兴奋，此时期为相对不应期。

（3）超常期 相对不应期之后，细胞的兴奋性并不停留在正常水平，而是继续升高并进入一个较正常情况更易引起兴奋的时期，称为超常期。此期内，利用低于正常阈值的刺激即可引起再次兴奋。

（4）低常期 超常期以后，组织的兴奋性又开始降低至原有水平之下，这一时期称为低常期。此期内，只有用阈上刺激才能引起再次兴奋。

三、生殖

生物体生长发育到一定阶段后，能够产生与自己相近似的子代个体的功能称为生殖。生殖可使生物种系得以延续和发展，也是生命活动的特征之一。

人类及高等动物在进化过程中已经分化为雄性与雌性两种个体，分别产生雄性和雌性生殖细胞，由两性生殖细胞的结合产生子代个体。

近年来，随着克隆技术的不断成熟与发展，使高等生物的无性繁殖成为可能。克隆技术在推进基因动物研究、攻克遗传性疾病，生产可供移植的内脏、器官与组织的研究中必将发挥重大作用。

第二节 人体功能的调节

组成人体的各种细胞、组织和器官都在进行着各不相同而又紧密联系的功能活动，这些细胞组织和器官所处的环境分为两种：外环境和内环境。一般我们把人体以外的环境如空气、水、食物以及温度、湿度等统称为外环境。人体的一小部分（如皮肤、消化道）组织直接与外环境接触，但绝大多数细胞并不直接与外环境发生接触，而是处于人体的内环境中。

成人身体重量的 60% 是由液体构成的。这些液体成为体液，约三分之二的体液（占体重的 40%）分布于细胞内，称为细胞内液；其余三分之一的体液（占体重的 20%）分布在细胞外，称为细胞外液。人体的绝大多数细胞浸浴于细胞外液之中，因此细胞外液是细胞直接接触的环境，称之为细胞的内环境。

与外环境的多变不同，机体内环境的构成和理化性质是保持相对稳定的。正常生理状况下，机体内环境的各类成分和理化性质只在很小的范围内发生波动，这就是内环境的稳态，内环境的稳态是细胞维持正常生理功能的必要条件，也是机体维持正常生命活动的必要条件。例如，正常人体温一般维持在 37℃左右，血浆 pH 值一般在 7.4 左右，空腹血浆葡萄糖浓度（空腹血糖）介于 3.9～6.1mmol/L 之间，其他活性物质（如脂类、肌酐等）及无机离子（Ca^{2+}、K^+、Na^+ 等）浓度也都处于相对恒定的水平。临床上给患者做各种实验室检查，就是检测各项生理指标是否处于正常范围之内，一旦生理指标与正常值发生偏离，则提示机体内发生了不正常的变化，为临床对疾病的诊断提供了方便。

当环境（包括外环境和内环境）发生变化时，人体功能也将发生相应的变化，以维持机体内环境的稳态和对外环境的适应。这种使机体能够适应不同生理环境和外界环境的变化，同时使被改变的内环境得到恢复，内环境的稳态得到维持的过程称为生理功能的调节。机体的调节方式主要包括以下三种：神经调节、体液调节、自身调节。

一、神经调节

神经调节是指通过中枢神经系统的活动，经周围神经纤维对人体功能发挥的调节作用。神经调节的基本方式是反射。反射是指在中枢神经系统的参与下，机体对内外环境的刺激做出的有适应意义的规律性反应。例如，强光照眼瞳孔缩小、新生儿口接触乳头发生的吸吮动作、望梅止渴、谈虎色变等。实现反射活动所必需的结构基础称为反射弧，通常由感受器、传入神经纤维、神经中枢、传出神经纤维和效应器 5 个部分组成（图 1-2）。

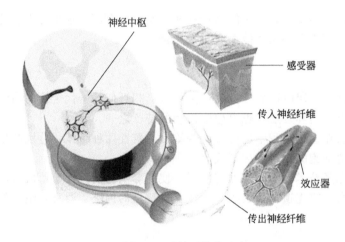

图 1-2 反射弧模式示意

反射的基本过程如下。

① 感受器接受内或外环境中某种特定的变化，并将这种变化转化成一个特定的神经信号 A。在此过程中，感受器相当于一个把刺激信号转化为电信号（神经信号 A）的换能器。

② 由感受器发出的神经信号 A 由传入神经纤维传至相应的神经中枢。

③ 中枢在接收到传入信号后，对其进行分析判断，并传出一个与 A 相适应的神经信号 B。

④ 传出信号通过传出神经纤维送达相应的效应器官。

⑤ 效应器官对此信号做出相应的反应动作，达到调节的目的。在此过程中，效应器充当了一个把电信号（神经信号 B）转化为反应动作的换能器。

通过上述过程我们不难看出，反射弧是一个由特定序列构成的整体，其中任何一个部分的破坏，均会引起反射活动的丧失。

该五部分的功能如表 1-1 所示。

表1-1 构成反射弧各部分结构的功能

结构名称	感受器	传入神经纤维	神经中枢	传出神经纤维	效应器
功能	接受刺激	传导冲动	分析综合	传导冲动	做出反应

举例来说,当某种原因使动脉血压升高时,分布在主动脉弓和颈动脉窦的动脉压力感受器就能感受这种血压变化,并将血压的变化转化成一定形式的神经冲动(过程①),该神经冲动沿传入神经纤维传输到延髓的心血管中枢(过程②),心血管中枢对传入信号进行分析(过程③),并通过迷走神经和交感神经传出纤维发出指令(过程④),改变心脏和血管的活动,使动脉血压回调到原有的水平(过程⑤)。

此外,从图1-2来看,似乎神经信息由感受器一次性直接传到效应器,反射过程即告结束了,因而反射弧看似是一个开放的系统。实际上,各种效应器内也都分布有特殊的感受细胞或感受器,在反射的实现过程中它随时向中枢传回信息,以适时调整中枢所发出的冲动,使各效应器的活动能够准确协调地完成。因此,在实际的反射进程中,神经调节是通过闭合回路来完成的。

按照反射形成的过程,可将反射分为非条件反射和条件反射两类。非条件反射是先天遗传的、比较固定的、结构比较简单的反射,是一种较低级的神经活动,如前述的瞳孔对光反射、吸吮反射等,非条件反射是机体适应环境的基本手段。条件反射是个体在生活过程中后天获得的、在非条件反射基础上建立起来的高级神经活动,如前述的望梅止渴、谈虎色变等。条件反射具有极大的易变性,扩大了机体适应环境的能力。

一般来说,神经调节的特点是迅速、精确、短暂,并具有高度协调和整合功能,是人体功能调节中最主要的调节方式。

二、体液调节

体液调节是指一些细胞能分泌具备信息传递能力的化学物质,这些活性物质经过体液的运送,到达全身各处的组织细胞或某些特定细胞,通过对相应受体的作用对人体功能进行调节。上述过程主要是指内分泌腺分泌的激素,通过血液循环,对新陈代谢、生长、发育、生殖等生理功能的调节。例如,甲状腺分泌的甲状腺激素,经过血液运输到各组织器官,促进组织代谢,增加产热量,促进生长发育,提高中枢神经系统兴奋性等。

激素由血液运至远端组织器官发挥其调节作用,属于全身性体液因素。而某些细胞分泌的组胺、激肽、前列腺素等生物活性物质以及组织代谢产物如腺苷、乳酸、二氧化碳等,可借细胞外液扩散至邻近细胞,以影响其功能,例如使局部血管舒张、通透性增加等,属于局部性体液因素。一般说来,体液调节的特点是缓慢、广泛和持久。

参与体液调节的多数内分泌腺直接或间接受中枢神经系统的控制,在这种情况下,体液调节成了神经调节传出途径中的一个环节,称为神经-体液调节。如人体在遇到剧痛、失血、窒息等紧急状态时,中枢神经系统通过交感神经直接调整有关器官功能的同时,还可通过交感神经,支配肾上腺髓质,增加肾上腺素的分泌,间接调控有关器官的功能,从而使机体能适应内外环境的急剧变化。前者属于神经调节,后者为神经-体液调节。

三、自身调节

自身调节是指当内外环境变化时,细胞、组织、器官的功能自动产生的适应性反应。这种反应是组织细胞本身的生理特性,并不依赖于外来的神经或体液因素的作用,因此称为自身调节。例如,当小动脉的灌注压力升高时,对血管壁的牵张刺激增强,小动脉的血管平滑肌就发生收缩,使小动脉口径缩小。因此,当小动脉的灌注压力突然升高时,因小动脉对血流的阻力也相应增大，这种缓冲作用使其血流量不致快速升高，避免了一些不必要的机体损伤。

相对于神经调节、体液调节而言，自身调节比较简单、局限，调节幅度也较小，但由于是靶器官自身做出的调节，避开了神经、体液调节的复杂的调节机制，对维持细胞、组织、器官功能的稳态仍有一定的意义。

综上所述，机体内环境稳态的维持和各组织器官功能的完整统一，以及与外环境的协调平衡，都是通过神经调节、体液调节、自身调节三者协调作用而实现的。

四、人体功能调节与反馈

人体功能的各种调节机构都属于自动控制系统，控制部分即调节者（如反射中枢、内分泌腺）与受控制部分即被调节者（如效应器、靶器官）之间存在着双向联系。由控制部分发出的调节受控部分活动的信息，称为控制信息。由受控部分返回的调整控制部分活动的信息，称为反馈信息。例如，在神经调节中，不仅由感受器发放并传入的冲动，通过反射中枢发出控制信息引起效应器的活动，而且效应器的活动亦可送回反馈信息，调整反射中枢的活动，从而达到精确的调节作用。这种受控部分的反馈信息调整控制部分活动的作用，称为反馈。体内各种生理活动的调节，包括神经调节、体液调节、自身调节，主要是以反馈控制的形式进行的，同时也有少部分前馈控制的形式，在此不作详述。

根据反馈信息对受控部分作用的效果，可将其分为负反馈和正反馈两类。如果经过反馈调节后，受控部分的活动向和它原先活动相反的方向发生改变，使得原先的活动程度得以减弱，这种方式的调节称为负反馈；相反，如果经过反馈调节后，受控部分的活动向和它原先活动相同的方向发生改变，使得原先的活动程度继续增强，则称为正反馈。在正常人体内，绝大多数控制系统都是负反馈方式的调节，只有极少数是正反馈调节。

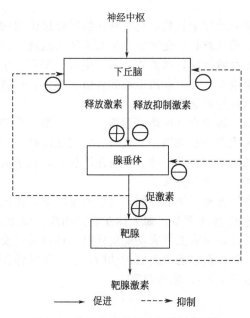

图 1-3　激素分泌的多级反馈调节系统

负反馈是人体功能维持稳态的重要而又常见的调节机制，是可逆的过程。例如，下丘脑-腺垂体-内分泌腺轴中，机体可通过多级反馈调节系统对腺体的分泌进行反馈调节（图 1-3）。其他如呼吸、体温、血细胞数、激素含量等的相对稳定，也都是通过负反馈调节机制实现的。

相反，正反馈可使某些生理功能一旦发动起来，迅速加强放大，在短时间内完成，是一种不可逆的过程。例如当排尿开始尿液进入后尿道时，可刺激后尿道的感受器，使其发放冲动，经传入神经进一步兴奋脊髓排尿中枢，使膀胱逼尿肌继续加强收缩，尿道外括约肌松弛，将尿液排出体外。其他如分娩、血液凝固等生理过程均存在正反馈调节机制。

反馈作用反映了人体功能调节的自动化模式，但尚不尽完善。例如，负反馈调节只有在干扰因素使受控变量出现偏差之后才能发生作用，存在着偏差纠正滞后和易于矫枉过正的缺点。然而，在实际情况中，人体的各种功能都在内外多种因素不断干扰下而保持较好的稳态，这提示除负反馈调节外，可能还有其他的控制方式参与稳态的维持。

第二章 细 胞

学习目标

1. 能够理解并掌握动物细胞的主要结构特点，掌握并且理解真核细胞的细胞膜、细胞器和细胞核的结构特点和作用功能。

2. 认识生物膜系统的基本结构特点和功能特性，理解细胞膜对细胞的重要意义。

3. 掌握不同物质出入细胞的三种方式。

4. 掌握刺激、兴奋性、阈值的概念，了解引起细胞（组织）兴奋的刺激必备条件，以及各条件间的相互关系，理解并掌握静息电位、动作电位的概念及其特征，并且了解其产生机制。

第一节 细胞的基本结构

细胞是生物体的形态结构和功能的基本单位，很多生物化学反应都是在细胞内进行。除了病毒等少数生物之外，所有的生物有机体都是由细胞构成的。

与其他系统一样，细胞同样有边界，有分工合作的若干组分，有信息中心对细胞的代谢和遗传进行调控。细胞的结构复杂而精巧，各种结构组分配合协调，使生命活动能够在变化的环境中自我调控、高度有序地进行。

一般来说，细菌等绝大部分微生物以及原生动物由一个细胞组成，即单细胞生物，高等植物与高等动物则是多细胞生物。主要由细胞核与细胞质构成，表面有细胞膜。

细胞可分为原核细胞和真核细胞两类，在所有细胞的表面包围着一层极薄的膜，称为细胞膜，又称为质膜。原核细胞和植物真核细胞的细胞膜外有一层细胞壁，而动物真核细胞无细胞壁，其有一层套膜。细胞结构示意见图 2-1。

一、细胞膜

细胞膜（图 2-2）又称质膜、细胞外膜或原生质膜，其最重要的特性是半透性，或称选择透过性。细胞膜位于细胞表面，厚度通常为 6～10nm，由脂类和蛋白质组成。此外，细胞膜中还含有少量糖类、水分、无机盐与金属离子等。

细胞膜除了起着保护细胞内部的作用以外，还具有控制物质进出细胞的作用：选择性地吸收营养物质和排出不需要的废物或毒素。

细胞膜的化学组分如下。

（1）膜脂 细胞膜的脂类我们统称为膜脂。膜脂主要由磷脂、胆固醇和少量糖脂构成，其中磷脂和糖脂是大多数细胞膜的共同组成成分。这些膜脂的亲水性基团分别形成各自分子中的亲水端，而分子的另一端则是疏水的脂肪酸烃链。

在大多数细胞的膜脂中，磷脂占整个膜脂的 50% 以上，细菌细胞的磷脂有 90% 以上存在于细胞膜中。磷脂可分为甘油磷脂和鞘磷脂，甘油磷脂主要包括磷脂酰胆碱（卵磷脂）、磷脂酰乙醇胺（脑磷脂）、磷脂酰丝氨酸、磷脂酰肌醇等；鞘磷脂主要包括神经鞘磷脂。

糖脂普遍存在于原核和真核细胞的细胞质膜上，其含量占膜脂总量的 5% 以下，植物细

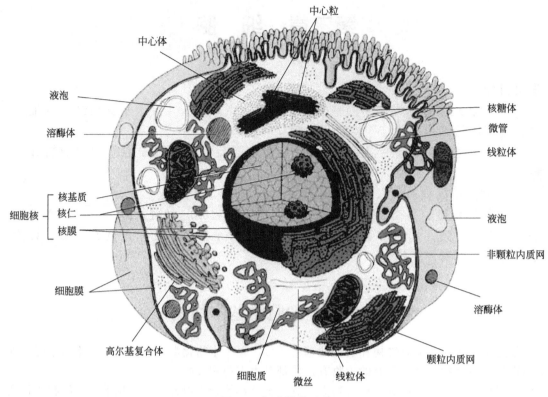

图 2-1 细胞结构示意

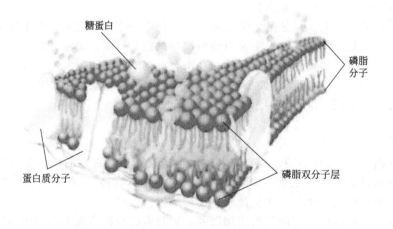

图 2-2 细胞膜组成示意

胞膜的脂质大部分为糖脂。不同的细胞中所含糖脂的种类不同，其中以脑苷脂为主要的糖脂，只有一个葡萄糖或半乳糖残基与神经酰胺连接。

胆固醇存在于动物细胞和少数植物细胞质膜上，其含量一般不超过膜脂的 30%，原核细胞细菌的质膜没有胆固醇。胆固醇在调节膜的流动性、增加膜的稳定性以及降低水溶性物质的通透性等方面都起着重要作用。

细胞膜的脂质分子都有亲水性的极性端和疏水性的非极性端，使其以脂质双层的形式存在于质膜中，亲水端朝向细胞外液或胞质，疏水端则朝向膜的中央。膜脂质双层中的脂质构成是非对称性的，含氨基酸的磷脂（磷脂酰丝氨酸、磷脂酰乙醇胺、磷脂酰肌醇）主要分布在膜的近胞质的内层，而磷脂酰胆碱的大部分和全部糖脂都分布在膜的外层。

（2）膜蛋白　细胞膜蛋白质（膜蛋白）的种类繁多，根据膜蛋白在膜中的定位和与脂分子的相互作用方式，主要分为外在膜蛋白（又称外周膜蛋白）、内在膜蛋白（又称整合膜蛋白）和脂锚定膜蛋白。

外在蛋白为水溶性蛋白，易被化学处理破坏，约占膜蛋白的 20％～30％，其以离子键或其他较弱的键结合在固有蛋白的外端上，或与膜脂分子的极性头部相结合。

内在蛋白是细胞膜的主要蛋白质，不溶于水，约占膜蛋白的 70％～80％，通过疏水力和范德华力不同程度地嵌入脂双层分子中。内在膜蛋白有的嵌入脂双层内部，有的深埋在脂双层，也有的贯穿整个脂双层，这种类型的膜蛋白又称跨膜蛋白。

脂锚定膜蛋白是通过与之共价相连的脂分子插入膜的脂双分子中，从而锚定在细胞质膜上。

膜蛋白的功能是多方面的：有些膜蛋白可将物质转运进出细胞，有些膜蛋白是激素或其他化学物质的专一受体。膜表面还有各种酶，使专一的化学反应能在膜上进行。同时，细胞的识别功能也取决于膜表面的蛋白质。

二、细胞质及细胞器

细胞质膜包围（除核区外）的半透明、黏稠、颗粒状的物质总称为细胞质。细胞质由细胞质基质、细胞骨架、内膜系统等物质结构组成。

（1）细胞质基质　细胞质基质又称胞质溶胶，是细胞质中均质而半透明的胶体部分，充填于其他有形结构之间。细胞质基质的化学组成可按其分子量大小分为三类，即水和无机离子等小分子；糖类、氨基酸、核苷酸及其衍生物等中等分子；多糖、蛋白质、脂蛋白和RNA 等大分子。

细胞质基质的主要功能是：为各种细胞器维持其正常结构提供所需要的离子环境，为各类细胞器完成其功能活动供给所需的一切底物，同时也是进行某些生化和中间代谢活动的场所。

（2）细胞骨架　细胞骨架是一种纤维状网架结构，包括微丝、微管和中间丝。作为细胞质基质的主要结构成分，不仅与维持细胞的形态、运动、物质运输及能量传递有关，而且也是细胞质基质结构体系的组织者。

微丝的主要结构成分是肌动蛋白，普遍存在于所有真核细胞中，是一个实心状的纤维。微丝在不同细胞中的功能不尽相同，主要参与细胞的运动、植物细胞的细胞质流动与肌肉细胞的收缩。

微管由微管蛋白亚基组装而成。微管是细胞骨架的架构主干，并也是某些胞器的主体，同时微管还参与部分细胞内的物质运输。

不同组织细胞中的组织细胞中间丝表达不同，中间丝可分为角质蛋白丝、结蛋白丝、波形蛋白丝、神经丝、神经胶质丝五种，各由不同蛋白质构成。

（3）内膜系统　内膜系统是通过细胞膜的内陷而演变成的复杂系统。它构成各种细胞器，这些细胞器类似生物体的各种器官，具有一定的结构并与代谢等功能有关。

① 核糖体　核糖体是细胞内一种没有膜包裹的核糖核蛋白颗粒，主要由 RNA（主要为核糖体 RNA）和蛋白质构成，其唯一功能是按照信使 RNA（mRNA）的指令将氨基酸合成蛋白质多肽链。核糖体有两种存在状态：一种附着在内质网膜的外表面主要负责合成外运蛋白质，分泌在细胞外，输送到高尔基体，由高尔基体加工、排放；另一种游离在细胞质基质中主要合成膜内蛋白质，不经过高尔基体，直接在细胞质基质内的酶的作

用下形成空间构形，是合成蛋白质的重要基地。核糖体有两种基本类型：一种是主要存在于原核细胞中的 70S 核糖体；另一种是存在于真核细胞中的 80S 核糖体。原核细胞与真核细胞在合成蛋白质上的主要区别之一是：原核细胞由 DNA 转录 mRNA 和由 mRNA 翻译成蛋白质是同时并几乎在同一部位进行；而真核细胞的 DNA 转录在核内，蛋白质的合成在胞质。

　　② 内质网　内质网（图 2-3）是交织分布于细胞质中由细胞膜构成的网状管道系统，内质网的数量、形态结构在不同类型细胞以及细胞的不同阶段差异较大。

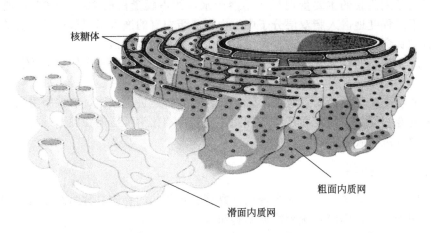

核糖体

粗面内质网

滑面内质网

图 2-3　内质网结构示意

　　内质网与细胞膜及核膜相连，大大增加了细胞内膜的表面积，为多种酶提供了大量的结合位点，对细胞内蛋白质及脂质等物质的合成和运输起着重要作用。内质网分为两种：一种为表面附着核糖体，即表面粗糙的内质网称为粗面内质网，这类内质网具有合成蛋白质大分子和运输蛋白质的功能；另一种为表面无核糖体、表面光滑的内质网称为滑面内质网，其含有许多酶，与糖脂类和固醇类激素的合成与运输，糖代谢及激素的灭活以及同化作用有关，同时还具有运输蛋白质的功能。

　　③ 高尔基体　真核动植物细胞中都含有高尔基体，其是一种网状小管或泡组成的复杂机构，其主体结构是一些整齐的膜囊，膜囊周围有大量大小不一的囊泡结构。动物细胞高尔基体用于分泌物的形成，植物细胞高尔基体参与细胞壁的形成。

　　高尔基体的主要功能包括：断裂后形成溶酶体；将内质网合成的多种蛋白质进行加工、分类与包装；将内质网合成的蛋白质和脂质运送到细胞特定的部位或分泌到细胞外；同时高尔基体是合成糖类的场所，在细胞生命活动中起多种重要的作用。

　　④ 溶酶体　溶酶体是内部含有多种水解酶类的囊泡状的单层膜细胞器，是由高尔基体断裂产生的，在不同的细胞内溶酶体的数目形态差异较大。根据所处生理功能的不同阶段，溶酶体可分为初级溶酶体、次级溶酶体和残余体。

　　溶酶体的基本功能是消化功能，可分为三种作用方式：a. 清除无用的生物大分子、衰老死亡的细胞和细胞器；b. 某些细胞识别并吞噬入侵的病毒和细菌，在溶酶体作用下将其杀死并进一步降解从而起到防御作用；c. 溶酶体还起到降解营养物质、调节分泌过程等生理作用。

　　⑤ 线粒体　线粒体（图 2-4）存在于大多数的真核生物细胞和动植物细胞中，形状为棒状小粒，排列成线形，故得名线粒体。线粒体的数量和分布与细胞类型、所处条件及能量需求有关。线粒体为双层膜结构，外膜包围内膜，内膜向内折叠形成嵴状。

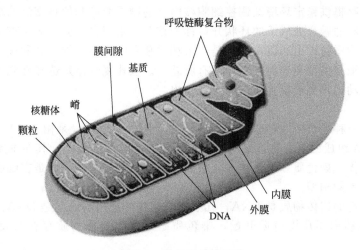

图 2-4　线粒体结构示意

　　线粒体内含有多种酶类以及电子传递体系的组成物质，是细胞进行有氧呼吸、进行电子和能量转换的主要场所。同时，线粒体基质中还含有 DNA、RNA 以及核糖体，并且能进行转录与翻译。

　　⑥ 中心体　中心体是细胞中一种重要的无膜结构的细胞器，存在于动物及低等植物细胞中，参与细胞的有丝分裂。每个中心体主要含有一对中心粒，彼此垂直分布，每个中心粒含有等间距的三联体微管。

三、细胞核

　　细胞核（图 2-5）是存在于真核细胞中的一种封闭式膜状细胞器，是细胞贮存遗传信息的区域。真核细胞的细胞核是由核膜、染色质、核仁以及核基质等几部分组成。细胞核的主要功能为遗传物质贮存和复制的场所；细胞遗传性和细胞代谢活动的控制中心。

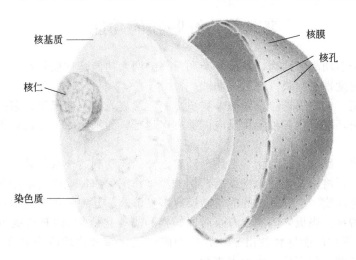

图 2-5　细胞核结构示意

1. 核膜

　　核膜位于细胞核的最外层，是一种含有内膜、外膜的双层膜。外核膜表面有核糖体颗粒附着，并与粗面内质网相续。内核膜表面光滑，有一层核纤层。核膜有保护核内分子，为细胞遗传物质的贮存提供稳定环境及调控细胞核内外的物质交换和信息交流的功能。

在核膜内外膜的融合处形成的环状开口称为核孔。由于多数分子无法直接穿透核膜，因此需要核孔作为物质的进出通道，核孔是一个相对独立的复杂结构，又称核孔复合体，其数量、分布形式随细胞类型和功能的不同而有所差异。核孔复合体是选择性双向交换通道，通过被动扩散和主动运输完成核物质的输入与输出。

2. 染色质

细胞核中有一种易被碱性染料染成深色的物质叫做染色质，是由 DNA、组蛋白、非组蛋白和少量 RNA 组成的复合物，是间期细胞遗传物质的存在形式，其在细胞的有丝分裂期螺旋化形成染色体。染色质和染色体在化学成分上并无明显不同，而是在细胞周期不同的功能阶段中所处的不同构型。

除了少数病毒的遗传物质是 RNA，几乎所有生物的遗传物质都是 DNA。因此，几乎所有细胞的生命活动都要从染色质开始，染色质是细胞内遗传物质存在与发挥功能的结构基础。

3. 核仁

核仁是真核细胞间期核中最显著的结构，是形成核糖体前身的部位，核仁的数目和形态随细胞类型和细胞代谢状态不同而变化，在有丝分裂过程中表现为周期性的解体与重建。核仁的构成主要包含三部分：纤维成分、颗粒成分和核仁相随染色质。在合成蛋白质旺盛的细胞，因含大量 rRNA 而显强嗜碱性。核仁的主要功能涉及 rRNA 的合成、加工和核糖体亚单位的组装。

4. 核基质

在真核细胞核中除核膜、染色质与核仁以外的一种网架结构体系称为核基质，主要包括核液与核骨架两部分，是由非组蛋白的纤维蛋白构成的，含有多种蛋白质成分和少量 RNA。核液含水、离子、酶类等成分。核骨架是由多种蛋白质形成的三维纤维网架，对核的结构具有支持作用。核基质的功能主要涉及 DNA 复制、基因表达，并参与染色体的组装与构建。

第二节　细胞膜的功能

细胞膜是一种多功能的结构，其最复杂和重要的两大功能是物质转运功能和信号识别传递功能。目前研究发现细胞膜具有以下功能。

(1) 保护功能　细胞膜是防止细胞外物质自由随意进入细胞的屏障，它保证了细胞维持稳定代谢的细胞内环境，使各种生化反应能够有序运行，为细胞的生命活动提供相对稳定的内部环境。

(2) 生物功能　细胞分泌的化学物质，随着血液的流动到达全身各处，与靶细胞的细胞膜表面的受体结合，将信息传递给靶细胞。例如激素作用、酶促反应、电子传递等。

(3) 能量转化功能　生物体内的能量转换有多种形式，其中最主要的形式是通过氧化磷酸化产生高能磷酸键，当机体的能量有余时即转换为高能化合物 ATP 将能量贮存起来，在需要时 ATP 即将所贮的能量释放出来。原核细胞的氧化磷酸化反应主要在细胞膜上进行，真核细胞的氧化磷酸化则在线粒体膜上进行。

(4) 识别和传递信息功能（主要依靠糖蛋白）　高等动物神经冲动（信息）的传导和生物（遗传性）的传递都需要通过细胞膜才能完成。其中最主要的途径是依靠糖被，在细胞膜的外表，有一层由细胞膜上的蛋白质与多糖结合形成的糖蛋白，叫做糖被。它在细胞生命活动中具有重要功能，糖被与细胞表面的识别有密切关系。

（5）物质转运功能　细胞与周围环境之间的物质交换，是通过细胞膜的转运功能实现的。

一、细胞膜的物质转运功能

细胞膜的重要功能之一是细胞膜的物质运输。根据不同物质通过膜的方式可分为三种方式：被动运输、主动运输、胞吞胞吐。

1. 被动运输

被动运输（表 2-1）是物质通过自由扩散顺浓度差（从高浓度向低浓度方向）进行的，是一种不需要消耗能量的运输方式，其主要包含以下两种形式。

（1）单纯扩散　某些物质（主要是脂溶性物质和部分离子）由高浓度一侧向低浓度一侧的扩散的过程称为单纯扩散。这类扩散所需条件只是膜两边的浓度差，不需要消耗能量也不需要载体。

（2）协助扩散　细胞膜中的极性大分子和无机离子在膜蛋白的帮助下，顺浓度差或电位差跨膜扩散的过程，称为协助扩散。协助扩散的基本原理与单纯扩散类似，所不同的是协助扩散需要蛋白质载体。这类扩散具有以下三个特点。①特异性：运输过程具有特异性，如运输蛋白能够帮助葡萄糖快速运输，但不帮助与葡萄糖结构类似的糖类运输。②饱和性：受膜蛋白的数量影响，当溶质的跨膜浓度差达到一定程度时，促进扩散的速度不再提高。③竞争性抑制：膜运输蛋白质的运输作用也会受到类似于酶的竞争性抑制，以及蛋白质变性剂的抑制作用。

2. 主动运输

物质在载体的作用下，需要辅以能量进行的逆浓度差或逆电位差的转运过程，称为主动运输（表 2-1）。根据主动运输过程所需能量来源的不同，可将主动运输分为三种类型：ATP 驱动泵直接水解 ATP 获取能量、间接获取能量、光能驱动（仅限于植物细胞）。

主动运输的特点是：

① 逆化学梯度（逆电位差）运输；

② 需要能量（由 ATP 直接供能）或与释放能量的过程偶联（协同运输），并对代谢毒性敏感；

③ 都有载体蛋白，依赖于膜运输蛋白；

④ 具有选择性和特异性。

被动运输和主动运输的比较见图 2-6。

表 2-1　细胞膜的运输功能

差异	运输方式		
	单纯扩散	协助扩散	主动运输
运输方向	顺浓度梯度	顺浓度梯度	逆浓度梯度
载体	不需要	需要	需要
能量	不消耗	消耗	消耗
举例	氧气、水、二氧化碳、甘油、乙醇	葡萄糖进入红细胞	钠离子、钾离子、小肠吸收葡萄糖

3. 胞吞胞吐

胞吞胞吐（图 2-7）。物质通过细胞膜的活动从外界进入细胞内的过程，称为胞吞，包括吞噬和吞饮。液态物质（可能内含小分子或离子）进入细胞为吞饮，固态物质（一般为大分

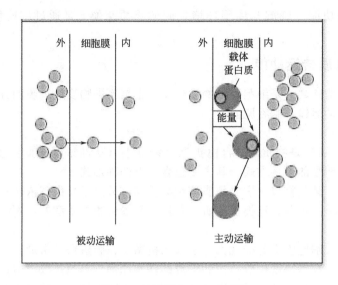

图 2-6　被动运输与主动运输

子）进入细胞为吞噬。胞吐是物质先被囊泡裹入形成分泌泡，然后与细胞质膜接触、融合排出细胞外的过程。这两类转运过程均需要消耗能量。

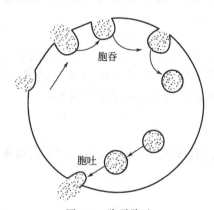

图 2-7　胞吞胞吐

胞吐与胞吞相反，又称局浆分泌，细胞需要外排的物质，先在细胞内形成囊泡，囊泡移动到细胞膜处，与细胞膜结合，将大分子排出细胞，这种现象叫做胞吐。这类转运过程同样需要消耗能量。例如降解酶的酶原就是通过这种方式从胰腺细胞转运出去的。

二、细胞膜的信号识别和传递功能

高等动物神经冲动（信息）的传导和生物遗传信息（遗传性）的传递都需要通过细胞膜才能完成。细胞信号识别和传递功能是指细胞通过受体（膜受体或核受体）感受信息分子的刺激，经细胞内信号传导系统转换，从而影响细胞生物学功能的过程。

细胞识别对于生物很重要，每一类细胞都具有独特的受体蛋白，它们使细胞能够识别相应的信号分子并起反应。而细胞之间识别的关键在于识别细胞表面的糖分子，细胞质膜表面的糖，一部分以共价键与膜蛋白相结合，成为糖蛋白；少部分与膜脂相结合，成为糖脂。如人的细胞表面有一种蛋白质抗原，即人类白细胞抗原，是一种变化极多的糖蛋白，由于不同的人有不同的人类白细胞抗原分子，因此器官移植时，即使仅一个座位的人类白细胞抗原分子不同，被植入的器官都有很大可能被病人的免疫系统排斥。

很多信号转导都是通过细胞膜完成的，例如：通过具有特异性感受结构的通道蛋白质完成的跨膜信号转导；由膜的特异受体蛋白质、G-蛋白和膜的效应器酶组成的跨膜信号传导系统；由酪氨酸激酶受体完成的跨膜信号转导。跨膜信号传递是外界信号作用于细胞膜上接受信息的专一性受体，通过改变细胞膜结构中的特殊蛋白质构型从而引起靶细胞的功能改变。膜结合信号分子与细胞间识别与黏着相关，相关细胞通过质膜上的特异性分子而相识，以至于发生黏着。

第三节　细胞的生物电现象和兴奋性

一、细胞的生物电现象

细胞水平的生物电现象主要有两种表现形式：一种是在安静时所具有的静息电位；另一种是受到刺激（指能被机体或组织细胞感受到的环境变化）时产生的动作电位。

静息电位和动作电位及其产生机制简介如下。

（1）静息电位　指细胞在未受刺激处于静息状态时存在于细胞膜内外两侧的相对稳定的电位差。不同细胞的静息电位不相同。

细胞在安静（未受刺激）时，膜两侧所保持的内负外正的状态称为膜的极化状态；静息电位的数值向膜内负值增大方向变化时，称为超极化；相反，静息电位的数值向膜内负值减小方向变化时，称为去极化或除极化；细胞受刺激后，细胞膜先发生去极化，然后再向正常安静时膜内所处的负值恢复，称为复极化。

静息电位的产生机制：细胞的静息电位相当于 K^+ 平衡电位，系因 K^+ 跨膜扩散达电化学平衡所引起。正常生物细胞内的 K^+ 浓度高于细胞外，而细胞外 Na^+ 浓度高于细胞内。在安静状态下，虽然细胞膜对各种离子的通透性都很小，但相比之下，对 K^+ 有较高的通透性，于是细胞内的 K^+ 在浓度差的驱使下，由细胞内向细胞外扩散。由于膜内带负电荷的蛋白质大分子不能随之移出细胞，所以随着带正电荷的 K^+ 外流将使膜内电位变负而膜外变正。但是，K^+ 的外流并不能无限制地进行下去。因为移出膜外的 K^+ 所产生的外正内负的电场力，将阻碍 K^+ 的继续外流，随着 K^+ 外流的愈多，这种阻止 K^+ 外流的力量也愈大。当促使 K^+ 外流的浓度差和阻止 K^+ 外移的电位差这两种力量达到平衡时，膜对 K^+ 的净通量为零，于是不再有 K^+ 的跨膜净移动，而此时膜两侧的电位差也就稳定于某一数值不变，此电位差称为 K^+ 平衡电位。

（2）动作电位　指细胞受到刺激而兴奋时，细胞膜在原来静息电位的基础上发生的一次迅速而短暂的膜电位波动。它在描记的图形上表现为一次短促而尖锐的脉冲样变化，形成尖峰状电位称为锋电位。动作电位或者锋电位的产生是细胞兴奋的标志。动作电位由峰电位（迅速去极化上升支和迅速复极化下降支的总称）和后电位（缓慢的电位变化，包括负后电位和正后电位）组成。峰电位是动作电位的主要组成成分，因此通常意义的动作电位主要指峰电位。

动作电位的产生过程（图 2-8）：神经纤维和肌细胞在安静状态时，其膜的静息电位约为 $-70 \sim -90mV$。当它们受到一次阈刺激（或阈上刺激）时，膜内原来存在的负位位将迅速消失，并进而变成正电位，即膜内电位在短时间内由原来的 $-70 \sim -90mV$ 变为 $+20 \sim +40mV$ 的水平，由原来的内负外正变为内正外负。这样整个膜内外电位变化的幅度是 $90 \sim 130mV$（相当于静息电位与超射值的总和），这构成了动作电位变化曲线的上升支。膜电位在零位线以上的部分，称为超射值。但是，由刺激引起的这种膜内外电位的倒转只是暂

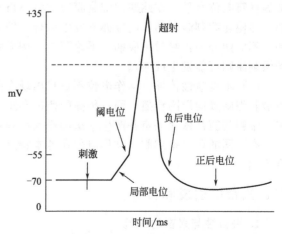

图 2-8　动作电位的产生过程

时的，很快就出现膜内电位的下降，由正值的减小发展到膜内出现刺激前原有的负电位状态，这构成了动作电位曲线的下降支。

动作电位的产生机制（表 2-2）：细胞在静息状态时，细胞膜外 Na^+ 浓度大于膜内，Na^+ 有向膜内扩散的趋势，而且静息时膜内存在着相当数值的负电位，这种电场力也吸引 Na^+ 向膜内移动；但是，由于静息时膜上的 Na^+ 通道多数处于关闭状态，膜对 Na^+ 相对不通透，因此，Na^+ 不可能大量内流。当细胞受到刺激时，出现了膜对 Na^+ 通透性的突然增大，超过了膜对 K^+ 的通透性，于是 Na^+ 迅速内流，以致先是膜内负电位因正电荷的增加而迅速消失；由于膜外 Na^+ 较高的浓度势能，使得 Na^+ 在膜内负电位减小到零电位时仍可继续内移，进而出现正电位，直至膜内正电位增大到足以阻止 Na^+ 净内流时为止，从而形成了动作电位的上升支。

表 2-2　动作电位的产生机制

类别		极化状态	去极化过程	反极化状态	复极化过程	极化状态
K^+	通道	打开	打开	内正外负	打开	外正内负
	行为	流向膜外	流向膜外		流向膜外	
Na^+	通道	关闭	打开	内正外负	关闭	外正内负
	行为	不扩散	流向膜内		不扩散	

但是，膜内电位并不停留在正电位状态，膜内电位向静息时的状态恢复，亦即出现复极，这是因为 Na^+ 通道开放的时间很短。造成了锋电位曲线的快速下降支。与此同时，K^+ 通道开放加大，于是膜内 K^+ 在浓度差和电位差的推动下又向膜外扩散。使膜内电位由正值又向负值发展，直至恢复到静息电位水平。膜电位在恢复到静息电位水平后，钠泵活动加强，将动作电位期间进入细胞的 Na^+ 转运到细胞外，同时将外流的 K^+ 转运入细胞内。从而使膜内外离子分布也恢复到原初静息水平。

动作电位的特点如下。

（1）"全或无"现象　单一神经或肌细胞动作电位的一个重要特点就是动作电位可能因刺激过弱而不出现。刺激一旦达到阈值（如果将刺激时间、强度-时间变化率固定不变，测量能引起组织或细胞产生兴奋的最小刺激强度），就会暴发动作电位。动作电位一旦产生，其大小和形状不再随刺激的强弱和传导距离的远近而改变。

（2）具有不应期　当单个阈上刺激引起细胞产生一次动作电位后，直到膜电位恢复到正常静息膜电位水平，在此期间细胞膜通常将不再对下一次刺激产生反应，这个时期称为不应期。即使连续刺激，动作电位亦不发生融合，即动作电位不可能产生任何意义上的叠加或总和。不应期分为：绝对不应期（不论第二次刺激强度多大均无反应）和相对不应期（以后给予强刺激则可能发生反应）。

（3）不衰减性传导　动作电位不是只出现在受刺激的局部，它在受刺激部位产生后，还可沿着细胞膜向周围传播，而且传播的范围和距离并不因原初刺激的强弱而有所不同，直至整个细胞的膜都依次兴奋并产生一次同样大小和形式的动作电位。

在不同的可兴奋细胞，动作电位在基本特点上均类似，但变化的幅值和持续时间可以各有不同。

二、兴奋的引发和传导

1. 兴奋性与兴奋的引起

兴奋性是指组织、机体及细胞具有对刺激发生生物电（动作电位）反应的能力。刺激引起细胞发生兴奋的条件包括以下几方面。

（1）**刺激的强度** 引起组织细胞产生兴奋的最小刺激强度称为阈强度。达到阈强度，刚能引起组织发生兴奋的最小刺激称为阈刺激。小于阈值的刺激称为阈下刺激；相反的，大于阈值的刺激称为阈上刺激。衡量兴奋性高低，通常以阈值为指标。阈值的大小与兴奋性的高低呈反比关系，组织或细胞产生兴奋所需的阈值越高，其兴奋性越低；反之，其兴奋性越高。

（2）**刺激的持续时间** 引起组织产生兴奋的最短刺激作用时间称为时间阈值。

（3）**强度-时间变化率** 在一定范围内引起组织兴奋的强度和持续时间之间呈反比的关系，即刺激强度加大时，所需持续时间就缩短。如果刺激强度小于阈强度，则这个刺激不论持续多长时间也不会引起组织兴奋；如果刺激的持续时间小于时间阈值，则不论使用多么大的强度也不会引起组织兴奋。见图 2-9。

基强度：当刺激持续时间超过一定的限度（一般只需超过 1ms）时，时间因素不再影响强度阈值，或者说，存在一最低的或最基本的阈强度，称为基强度。

时值：当刺激强度为基强度的 2 倍时，刚能引起反应所需的最短刺激持续时间称为时值。

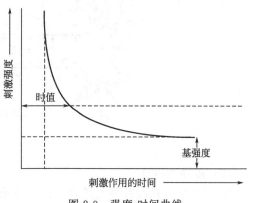

图 2-9 强度-时间曲线

以上三个因素对于引起的兴奋并不是一个固定值，它们之间可以相互影响，即三者中有一个或两个的数值发生改变，其余的数值必将发生相应的变化。

阈下刺激引起的在受刺激的膜局部出现的去极化反应即为局部电位（局部兴奋）。局部兴奋存在与动作电位完全相反的特点：①等级性，随着阈下刺激的增大而增大，不表现"全或无"；②局部兴奋可以向周围扩布但是不能在膜上做远距离的传播，发生在膜的某一点的局部兴奋，可以使邻近的膜也产生类似的去极化，但随距离加大而迅速减小以至消失；③有总和现象。阈强度是衡量组织兴奋性高低的重要指标。

阈电位和动作电位的引起：刺激能否引起组织兴奋，取决于刺激能否使该组织细胞的静息电位去极化达到某一临界值。一旦去极化达到这一临界值时，细胞膜上的电压门控性 Na^+ 通道大量被激活，膜对 Na^+ 的通透性突然增大，Na^+ 大量内流，结果造成膜的进一步去极化，而膜的进一步去极化，又导致更多的 Na^+ 通道开放，有更多的 Na^+ 内流，这种正反馈式的相互促进（或称为再生性循环），使膜迅速、自动地去极化，直至达到了 Na^+ 的平衡电位水平这个过程才停止。这种能使细胞膜去极化达到产生动作电位的临界膜电位的数值，称为阈电位。阈刺激和阈上刺激可以引起组织兴奋。阈刺激增大表示细胞兴奋性下降；反之，则表示细胞兴奋性升高。

2. 兴奋在同一细胞上传导的机制和特点

（1）**兴奋传导的机制** 安静情况下，细胞膜处于极化状态，即膜外带正电，膜内带负电。如果给予一个阈刺激或阈上刺激，受刺激的局部细胞膜发生兴奋，产生的动作电位使局部细胞膜发生短暂的电位倒转，此时兴奋部位由静息时的内负外正变为内正外负，但和该段神经相邻接的神经段仍处于安静时的极化状态。由此造成兴奋部位和邻旁安静部位之间产生电位差。由于膜两侧的细胞外液和细胞内液都是导电的，可以发生电荷移动，因此膜外的正电荷由安静部位移向兴奋部位，而膜内的正电荷则由兴奋部位移向安静部位，从而出现局部电流。在膜外的正电荷由未兴奋段移向已兴奋段，而膜内的正电荷则由已兴奋段移向未兴奋段。这样流动的结果是造成未兴奋段膜内电位升高而膜外电位降低，亦即引起该处膜的去极化；当膜的去极化达到阈电位水平时，就会大量激活该处的 Na^+ 通道而导致动作电位的出现。于是动作电位就由兴奋部位传导到邻旁安静部位。这样的过程沿着膜连续进行下去，很快使全部细胞膜都依次爆发动作电位，表现为兴奋在整个细胞上的传导。见图 2-10。

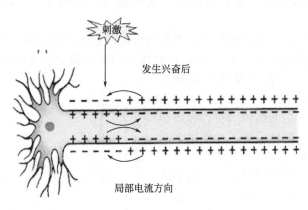

图 2-10　兴奋传导的机制

（2）传导的特点

① 双向性　神经纤维上任何一点受到有效刺激而发生兴奋时，冲动会沿神经纤维向两端同时传导。

② 绝缘性　当一条神经干包含有多条神经纤维时，各条纤维上传导的冲动互不干涉。

③ 安全性　对单一细胞来说，局部电流的强度常可超过引起邻近膜兴奋所必需的阈强度的数倍以上，因而以局部电流为基础的传导过程是可以得到保障的，一般不会出现传导阻滞。

④ 不衰减性　动作电位在同一细胞上传导时，其幅度和波形不会因传导距离的增加而减小，这种扩布称为不衰减性扩布。

⑤ 相对不疲劳性　兴奋在神经纤维上传导与经突触传递相比较，前者能够较为持久地进行，即兴奋在神经纤维上的传导具有相对不易发生疲劳的特征。

⑥ 神经纤维结构和功能的完整性　完成冲动沿神经纤维传导功能，要求神经纤维的结构和功能都是完整的。

课后习题

一、名词解释

1. 细胞膜　2. 单纯扩散　3. 静息电位　4. 兴奋性　5. 基强度

二、选择题

1. 原核细胞和真核细胞最明显的区别在于（　　）。

A. 有无核物质　B. 有无细胞质　C. 有无核膜　D. 有无细胞膜

2. 细胞核内行使遗传功能的结构是（　　）。

A. 核膜　　　　B. 核孔　　　　C. 染色质　　　D. 核仁

3. 组成细胞膜的主要成分是（　　）。

A. 磷脂、蛋白质　　　　　　　B. 糖脂、糖蛋白

C. 脂质、蛋白质、无机盐　　　D. 磷脂、蛋白质、核酸

4. 经研究发现，动物的唾液腺细胞中高尔基体较多，其主要原因是（　　）。

A. 高尔基体可加工和转运蛋白质　　　　B. 腺细胞合成大量的蛋白质

C. 腺细胞生命活动需要大量的能量　　　D. 高尔基体与细胞膜的主动运输有关

5. 某种毒素因妨碍细胞呼吸而影响生物体的生活，这种毒素可能作用于细胞的（　　）。

A. 核糖体　　　　　　　B. 细胞核　　　　　　　C. 线粒体　　　　　D. 细胞膜

6. 下列属于 Na^+ 跨膜转运方式的是（　　）。

A. 入胞　　　　　　　　B. 单纯扩散　　　　　　C. 出胞　　　　　　D. 主动运输

7. 对单纯扩散速度无影响的因素是（　　）。

A. 膜两侧的浓度差　　　　　　　　　　B. 膜对该物质的通透性

C. 膜通道的激活　　　　　　　　　　　D. 物质分子量的大小

8. 通常用作判断组织兴奋性高低的指标是（　　）。

A. 阈电位　　　　　　　B. 阈强度　　　　C. 基强　　　D. 刺激强度对时间的变化率

9. 动作电位产生的基本条件是使跨膜电位去极化达到（　　）。

A. 阈电位　　　　　　　B. 峰电位　　　C. 负后电位　　D. 正后电位

10. 具有"全或无"特征的电信号是（　　）。

A. 兴奋性突触后电位　B. 感受器电位　C. 动作电位　D. 静息电位

三、简答题

1. 比较主动运输与被动运输的特点及其生物学意义。

2. 比较粗面内质网和滑面内质网的形态结构和功能。

3. 比较局部电位与动作电位两者之间的差异有哪些？

答案

一、名词解释：（略）

二、选择题：CCAACDCBAC

三、简答题：（略）

第三章 循环系统

在这一章中，所要介绍的循环系统主要是指心血管系统，它是由心脏和血管两部分组成的，血液在其中循环往复地流动。心脏是血液循环的动力器官，血管是运输血液的管道。血液在循环系统内按照一定方向周而复始地流动称为血液循环。循环系统的主要功能是物质运输。机体新陈代谢所需的营养物质、O_2、组织细胞代谢产生的代谢产物和 CO_2 均依赖循环系统的活动而实现在体内外的交换。此外，循环系统也在维持内环境的相对稳定、实现机体的体液调节和参与机体的防御功能等方面发挥着重要的作用。

第一节 血 液

血液是循环往复流动于心血管系统内的一种特殊的结缔组织，是体液的重要组成部分。血液由血浆和血细胞两部分组成，具有运输、防御、调节机体酸碱平衡和体温等功能，在维持机体内环境稳态中发挥着重要的作用。很多疾病都可导致血液成分及其理化性质发生特征性变化，因此血液检查在医学诊断和治疗上具有重要价值。

一、血液的组成和理化特性

(一) 血液组成

血液由血浆和悬浮于其中的血细胞组成（图 3-1），将经抗凝处理后的新鲜血液高速离心（3000r/min，30min）后，血液分为上、中、下三层：上层淡黄色透明液体为血浆；下层深红色不透明物质为红细胞；中间灰白色的一薄层为白细胞和血小板。

血浆的基本成分包括水和溶质。水可以运输血浆中的营养物质和代谢产物，还可以在体温调节中发挥重要作用。血浆中的溶质主要由晶体物质和血浆蛋白组成。晶体物质包括多种无机盐、葡萄糖和小分子有机化合物，它们在形成血浆晶体渗透压、维持机体酸碱平衡和神经肌肉的兴奋性等方面有重要作用。血浆蛋白是血浆中多种蛋白质的总称，主要包括白蛋白、球蛋白和纤维蛋白原三种（表 3-1）。白蛋白和大多数球蛋白主要由肝脏产生，正常血浆白蛋白/球蛋白（A/G）的比值约为 1.5～2.5，发生肝脏疾病时，可致 A/G 比值下降，甚至倒置，此种变化可作为某些肝病的辅助诊断指标。

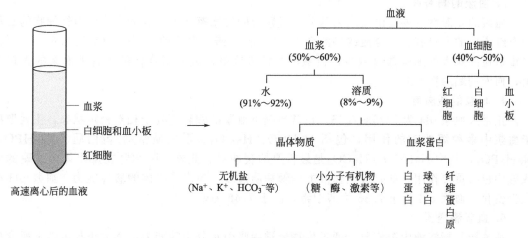

图 3-1 血液的组成

表 3-1 正常成人血浆蛋白含量及主要生理作用

血浆蛋白	正常值/(g/L)	主要功能
白蛋白(A)	40~48	形成血浆胶体渗透压
球蛋白(G)	15~30	免疫、防御
纤维蛋白原	2~4	参与血液凝固

　　血细胞包括红细胞、白细胞和血小板。其中红细胞最多,约占血细胞总数的 99%,白细胞数量最少。血细胞在全血中所占的容积百分比称为血细胞比容,也称为红细胞比容。正常成年男性血细胞比容约为 40%~50%,女性为 37%~48%。血细胞比容可以反映血液中红细胞的相对浓度,红细胞数量或血浆容量发生变化时,血细胞比容随之发生改变。

> **知识链接**
>
> **血常规检查**
>
> 　　血常规是最一般、最基本的血液检查,它检验的是血液中的细胞部分。血液中有三种不同功能的细胞——红细胞、白细胞和血小板。血常规检查通过观察血细胞数量变化及形态分布来帮助判断疾病,是医生诊断病情的常用辅助检查手段之一。临床上常见的血常规检查项目包括红细胞计数、血红蛋白浓度、白细胞计数、血小板计数、中性粒细胞计数、淋巴细胞计数等共计十几个。

(二) 血液的理化特性

1. 血液的颜色

　　血液的颜色取决于红细胞内的血红蛋白。动脉血中氧合血红蛋白含量较高,呈鲜红色;静脉血中还原血红蛋白含量较高,呈暗红色。空腹血浆清澈透明,进食后,尤其摄入较多的脂质食物后会变得混浊。因此临床上进行某些血液化学成分检测时,要求空腹采血,以避免食物对检测结果造成影响。

2. 血液的比重

　　正常人全血比重为 1.050~1.060,主要取决于红细胞数量;血浆的比重为 1.025~1.030,主要取决于血浆蛋白的含量。

3. 血液的黏滞性

血液的黏滞性主要是由血液内部分子或颗粒间的摩擦产生，其大小主要与红细胞的数量和血红蛋白的含量有关。全血的黏滞性为水的 4～5 倍；血浆的黏滞性为水的 1.6～2.4 倍。严重贫血的病人红细胞数目减少，血液的黏滞性降低；大面积烧伤的患者因血浆的大量渗出，血液的黏滞性增高。

4. 血浆的酸碱度

正常人血浆 pH 为 7.35～7.45。正常情况下血浆的酸碱度处于相对稳定状态，主要取决于血浆中多种缓冲对的作用，包括 $NaHCO_3/H_2CO_3$、蛋白质钠盐/蛋白质、Na_2HPO_4/NaH_2PO_4，其中 $NaHCO_3/H_2CO_3$ 是最重要的缓冲对。此外，肺和肾在排出体内过剩的酸或碱中也有重要作用。如果进入血液的酸碱物质过多，超出了机体的缓冲能力，血浆 pH 可发生变化。血浆 pH 低于 7.35 为酸中毒，高于 7.45 为碱中毒。

5. 血浆渗透压

渗透压是指溶液中溶质分子通过生物半透膜吸引水分子的能力，其大小与溶液中所含溶质的颗粒数目成正比，而与溶质颗粒的种类和大小无关。

正常人的血浆渗透压约为 $300mOsm/kgH_2O$，相当于 $5330mmHg$❶。血浆渗透压由两部分组成：由血浆中的电解质（主要是 NaCl）、葡萄糖等晶体物质形成的血浆晶体渗透压，其数值占血浆渗透压的绝大部分；由血浆蛋白（主要是白蛋白）所形成的血浆胶体渗透压，其数值很小，约为 25mmHg。

细胞膜和毛细血管壁是具有不同通透性的半透膜，因此，血浆晶体渗透压和胶体渗透压的生理作用也不同（图 3-2）。

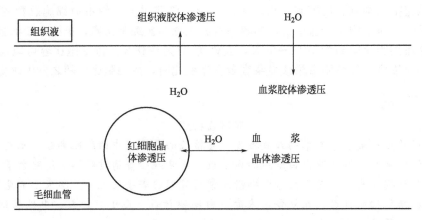

图 3-2 血浆渗透压的意义

（1）血浆晶体渗透压的作用　由于血浆中大部分晶体物质不易透过红细胞膜，水分子却可以自由通过，这就造成细胞膜两侧溶液的渗透压梯度。因此，血浆渗透压对于维持红细胞内外体液平衡、维持红细胞的正常形态和功能具有重要作用。在正常情况下，细胞膜两侧的渗透压保持相对稳定。当血浆晶体渗透压升高（严重腹泻、呕吐）时，红细胞内水分渗出而发生皱缩变形；当血浆晶体渗透压降低时，大量水分子进入红细胞，会导致红细胞膨胀，甚至破裂，血红蛋白逸出，发生溶血现象。

（2）血浆胶体渗透压的作用　由于毛细血管壁的通透性比较大，允许晶体类物质和水分子自由通过，但不允许分子量较大的血浆蛋白自由通过，在正常生理状态下，血浆中的蛋白

---

❶　1mmHg=133.322Pa，全书余同。

质浓度高于组织液，所以血浆胶体渗透压高于组织胶体渗透压。血浆胶体渗透压可以调节血管内外的水平衡，从而维持血浆容量。当血浆蛋白质减少而导致血浆胶体渗透压降低时，可以导致组织液增多，引起水肿现象的发生。

　　临床或生理实验中使用的各种溶液，其渗透压与血浆渗透压相等或相近的称为等渗溶液，如0.9%NaCl溶液（生理盐水）和5%葡萄糖溶液；高于血浆渗透压的溶液称为高渗溶液；低于血浆渗透压的溶液称为低渗溶液。临床上给患者输液时应输入等渗溶液，以保证血浆渗透压的稳定。

知识链接

等渗溶液和等张溶液

　　所谓等张溶液，是指渗透压与红细胞张力相等的溶液。当红细胞悬浮于等张溶液时，其正常形态和大小不会发生改变。而对于有些等渗溶液而言，因为其溶质分子能够自由通过细胞膜，如果将红细胞置于其中会立即发生溶血。例如1.9%的尿素溶液是等渗溶液，但因为尿素能自由通过红细胞膜，不能在溶液中保持与红细胞内相等的张力，所以它不是等张溶液，将红细胞置于其中会立即发生溶血，不能将其输入血液中。而0.9%的NaCl溶液，因为NaCl不能自由通过红细胞膜，故其既是等渗溶液也是等张溶液。简而言之，等张溶液就是由不能自由通过红细胞膜的溶质所形成的等渗溶液，因此等渗溶液不一定是等张溶液，而等张溶液一定是等渗溶液。

二、血细胞

（一）红细胞

1. 红细胞的形态、数量和功能

　　正常成熟的红细胞（RBC）无核，呈双凹圆碟形。红细胞是血液中数量最多的细胞，其数量的多少与性别、年龄、地域和机体功能状态有关。我国正常成年男性红细胞数量为$(4.0\sim5.5)\times10^{12}/L$，女性为$(3.5\sim5.0)\times10^{12}/L$，新生儿可超过$6.0\times10^{12}/L$。红细胞含有丰富的血红蛋白，正常成年男性为$120\sim160g/L$，女性为$110\sim150g/L$，新生儿可达$200g/L$。临床上将外周血中红细胞数量或血红蛋白含量低于正常值的现象称为贫血。

　　红细胞的主要功能是运输O_2和CO_2，并能缓冲血液的酸碱度，这两项功能是通过细胞内的血红蛋白来完成的。血红蛋白只有存在于红细胞内才能发挥其功能，一旦红细胞破裂，血红蛋白逸出，其功能即丧失。

2. 红细胞的生理特性

　　红细胞具有可塑变形性、悬浮稳定性和渗透脆性，这些特性均与红细胞的双凹碟形结构有关。

　　（1）可塑变形性　当红细胞通过小于其直径的毛细血管和血窦孔隙时会发生变形，通过后又恢复原状，这种特性称为可塑变形性。衰老、受损或球形红细胞的变形能力下降。

　　（2）悬浮稳定性　红细胞具有稳定地悬浮于血浆中而不易下沉的特性，称为红细胞的悬浮稳定性。临床上常用红细胞在第1h末下沉的距离即红细胞沉降率简称血沉（ESR），来衡量红细胞的悬浮稳定性。血沉越快表示红细胞的悬浮稳定性越差。血沉加快多见于病理情况（如活动性肺结核、风湿热、肿瘤等），因此测定血沉有助于某些疾病的诊断。

　　（3）渗透脆性　红细胞对低渗溶液具有一定的抵抗力，这种特性称为红细胞的渗透脆性。渗透脆性越大，对低渗溶液的抵抗力越小，容易发生溶血，如衰老的红细胞；渗透脆性越小，对低渗溶液的抵抗力越大，不易发生溶血，如新生的红细胞。

3. 红细胞的生成与破坏

（1）红细胞的生成 胚胎时期红细胞的生成部位为肝脏、脾脏和骨髓，出生后主要在红骨髓。红细胞的主要成分是血红蛋白，合成血红蛋白的主要原料是铁和蛋白质。造血所需的蛋白质来自于日常膳食，而铁 95％来自于衰老红细胞在体内破坏释放而来的"内源性铁"，其余 5％来自食物提供的"外源性铁"。长期慢性失血或食物中长期铁缺乏，使血红蛋白合成减少，引起小细胞低色素性贫血，又称缺铁性贫血。

叶酸和维生素 B_{12} 是红细胞发育成熟必不可少的重要辅酶，当机体缺乏叶酸或维生素 B_{12} 时，会引起红细胞核内 DNA 合成障碍，红细胞分裂延缓甚至停滞在幼红细胞阶段，导致巨幼红细胞贫血。

（2）红细胞的破坏 红细胞的平均寿命约为 120 天。衰老的红细胞渗透脆性增大、可塑变形性减弱，因而在血流湍急处易受机械撞击而破裂，或容易滞留于小血管和血窦孔隙内被巨噬细胞所吞噬。

（二）白细胞

白细胞（WBC）是一类有核的血细胞。正常成年人白细胞总数是 $(4\sim10)\times10^9/L$。白细胞按其形态特点可分为粒细胞和无粒细胞两大类，其中粒细胞包括中性粒细胞、嗜酸性粒细胞和嗜碱性粒细胞三种，而无粒细胞包括单核细胞和淋巴细胞两种（表3-2）。白细胞的主要功能是通过吞噬和免疫反应，实现对机体的保护和防御。临床通过检测血液中的白细胞总数及分类计数来辅助诊断某些疾病，如白细胞升高往往意味着患者症状（炎症、组织损伤、组织和器官的急慢性感染等）是由细菌性感染而引起，而白细胞不升高或升高幅度较小则被认为是这些感染症状因病毒入侵而导致。

表 3-2　正常成人白血病分类计数及功能

分类	正常值/($\times10^9/L$)	主要功能
粒细胞		
中性粒细胞	$2.0\sim7.0$	吞噬与消化细菌和衰老的红细胞
嗜酸性粒细胞	$0.02\sim0.5$	限制过敏反应，参与蠕虫免疫
嗜碱性粒细胞	$0\sim0.1$	参与释放组胺与肝素，参与过敏反应
无粒细胞		
单核细胞	$0.12\sim0.8$	吞噬作用，参与特异性免疫
淋巴细胞	$0.8\sim4.0$	细胞免疫和体液免疫

（三）血小板

血小板（PTL）是骨髓中成熟的巨核细胞脱落下来的具有生物活性的细胞质碎片。正常成年人血小板数量为 $(100\sim300)\times10^9/L$。血小板的数量可随机体的功能状态发生一定变化，如进食、运动、妊娠和缺氧可使血小板数量增多，女性月经期血小板数量减少。当血小板数量超过 $1000\times10^9/L$ 时，称为血小板过多，易发生血栓；当血小板数量减少到 $50\times10^9/L$ 以下时，毛细血管壁脆性增加，在皮肤、黏膜下出现出血点，临床上称为血小板减少性紫癜。

血小板的生理功能主要有如下方面。

1. 参与生理性止血

小血管损伤后，血液从血管流出，数分钟后出血自行停止的现象，称为生理性止血。在这个复杂的过程中，血管、血小板和血浆凝血因子协同作用，共同完成三部分功能活动。首先是受损的血管收缩，使血管破口封闭；然后是血小板血栓形成，在这个过程中损伤的血管暴露内膜下的胶原组织，激活血小板，使血小板黏附、聚集于血管破损处，形成血小板血栓堵塞伤口；最后是止血栓的形成。

2. 维持血管内皮的完整性

血小板可沉着于毛细血管壁上，填补血管内皮细胞脱落留下的空隙，从而对毛细血管内皮细胞有支持和修复的作用。

3. 促进血液凝固

血小板可以为凝血因子提供磷脂表面，也可以释放许多与凝血有关的因子，从而大大加速血液凝固过程。

三、血液的凝固与纤溶

(一) 血液凝固

血液由流动的液体状态变成不能流动的凝胶状态的过程，称为血液凝固。其实质是使血浆中可溶性的纤维蛋白原转变为不可溶性的纤维蛋白的过程。血液凝固后析出的淡黄色液体称为血清。它与血浆相比最主要的区别在于不含纤维蛋白原。

1. 凝血因子

血浆与组织中直接参与血液凝固的物质统称为凝血因子。目前已知的凝血因子主要有14种，其中按国际命名法命名的有12种（表3-3）。此外，还有前激肽释放酶、血小板磷脂等也参与凝血过程。在这些凝血因子中，除因子IV是Ca^{2+}外，其他因子均为蛋白质，且大多数以无活性的酶原形式存在，需激活后才具有活性。通常活化的凝血因子在右下角用字母"a"标记，如因子IXa、因子Xa等。因子III是组织释放的，其他因子都存在于新鲜血浆中。因子II、VII、IX、X在肝脏中合成，而且需要维生素K的参与，因此肝功能损伤或维生素K缺乏，都会导致凝血障碍而发生出血倾向。

表3-3 凝血因子

因子	同义名	因子	同义名
I	纤维蛋白原	VIII	抗血友病因子
II	凝血酶原	IX	血浆凝血激酶
III	组织因子	X	Stuart-Prower 因子
IV	Ca^{2+}	XI	血浆凝血激酶前质
V	前加速素	XII	接触因子
VII	前转变素	XIII	纤维蛋白稳定因子

2. 凝血过程

凝血过程大体可以分为以下三个步骤（图3-3），即凝血酶原激活物的形成；凝血酶的形成；纤维蛋白的形成。

(1) 凝血酶原激活物的形成 凝血酶原激活物是因子Xa与因子V、Ca^{2+}、PF_3形成的复合物的总称。根据因子X激活的途径和参与的凝血因子不同，可分为内源性凝血和外源性凝血两种。

① 内源性凝血 启动因子是因子XII，而参与凝血的因子全部来源于血液。当血管损伤暴露内膜下的组织就会使因子XII被激活，因子XIIa可通过激活前激肽释放酶而正反馈促进大量因子XIIa形成。随后，XIIa激活因子XI转变为XIa。因子XIa在Ca^{2+}参与下又使得因子IX转为IXa。因子IXa与因子VIII和Ca^{2+}在血小板磷脂表面形成"因子VIII复合物"，共同激活因子X。在此过程中，因子VIII是一个辅助因子，可加速因子X的激活。

② 外源性凝血 启动因子是因子III。当组织、血管损伤时，受损组织释放因子III，与血浆中的因子VII、Ca^{2+}形成复合物，从而激活因子X。

(2) 凝血酶的形成 在凝血酶原激活物的作用下，凝血酶原激活成为有活性的凝血酶。

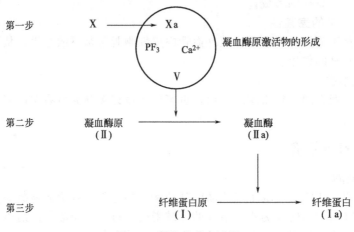

图 3-3 凝血的基本过程

（3）纤维蛋白的形成 凝血酶能迅速催化纤维蛋白原分解成为纤维蛋白单体。在 Ca^{2+} 参与下，凝血酶还能激活因子 XIII，因子 XIIIa 使纤维蛋白单体变为牢固的不溶性的纤维蛋白多聚体，并交织成网，网罗红细胞形成血凝块（图 3-4）。

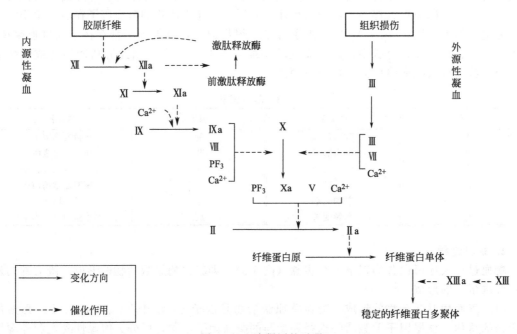

图 3-4 血液凝固的过程

在上述的凝血过程中，需要强调的是：①血液凝固是一个正反馈过程，一旦触发，就会迅速连续激活凝血因子，形成"瀑布"式的级联反应，直到完成凝血过程为止；②凝血过程是一系列连锁的酶促反应，任何一个环节受阻，整个凝血过程就会受到影响甚至停止；③Ca^{2+} 在多个凝血环节中起到重要作用，因此在临床或实验室研究中可以用加入或除去 Ca^{2+} 的方法来促凝血或抗凝血；④目前认为，外源性凝血途径在体内生理性凝血反应的启动中起关键作用，而内源性凝血途径对凝血反应开始后的放大和维持过程发挥着重要作用。

3. 抗凝血

在正常情况下，血液在血管中循环往复流动是不发生凝固的，这是一个多因素共同作用的结果，主要包括如下方面。

（1）**循环血液的稀释作用** 血液在血管中流动速度快，即使局部有凝血因子被激活，也会被血流冲走稀释。

（2）**血管内皮光滑完整** 血管内皮光滑完整不易激活因子Ⅻ，避免血小板的吸附和聚集，同时血液中无因子Ⅲ，故不会启动内源和外源性凝血过程。

（3）**血浆中抗凝血物质的作用** 血浆中含有多种抗凝物质，其中最重要的是抗凝血酶Ⅲ和肝素。抗凝血酶Ⅲ由肝脏和血管内皮细胞产生，能与凝血酶及因子Ⅸa、Ⅹa、Ⅺa、Ⅻa的活性中心结合而使这些因子失活，从而达到抗凝的作用。肝素是由肥大细胞和嗜碱性粒细胞产生的一种酸性黏多糖，主要通过增强抗凝血酶Ⅲ的活性而发挥间接抗凝作用，在临床实践中广泛应用于体内、体外抗凝。

（4）**纤维蛋白溶解系统的作用**（后述）。

> **知识链接**
>
> **促凝和抗凝**
>
> 在临床和科学研究工作中，常常需要采取各种措施加快或延缓凝血。常用的方法主要有：①调节血液中 Ca^{2+} 浓度，从而起到促凝或抗凝的作用。如向血液中加入除钙剂枸橼酸钠，可以抗凝血。②升高或降低局部温度，调节酶的活性，也可以起到促凝和抗凝的作用。③应用促凝剂（如维生素K）或抗凝剂（肝素）。④改变与血液接触的表面的粗糙程度，接触表面越粗糙则越有利于血液凝固。例如，外科手术时采用温热的生理盐水纱布等压迫伤口止血。

（二）纤维蛋白溶解

纤维蛋白在纤溶酶的作用下被降解液化的过程，称为纤维蛋白溶解，简称纤溶。纤溶过程包括纤溶酶原的激活和纤维蛋白的降解两个过程。纤溶系统主要包括纤溶酶原、纤溶酶、纤溶酶原激活物和抑制物四种成分（图 3-5）。

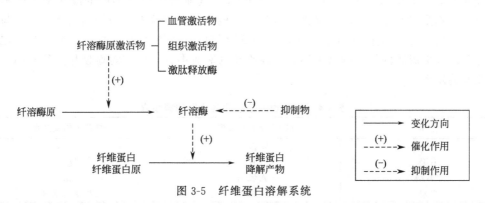

图 3-5 纤维蛋白溶解系统

1. 纤溶酶原的激活

当血液发生凝固时，纤溶酶原在纤溶酶原激活物的作用下，被激活成具有催化活性的纤溶酶。纤溶酶原激活物根据来源可分为三类：第一类为血管激活物，由血管内皮合成后释放于血液中；第二类为组织激活物，存在于很多组织中，以子宫、甲状腺、前列腺、肾脏等处居多；第三类为依赖因子Ⅻ的激活物，如被因子Ⅻa激活的激肽释放酶。

2. 纤维蛋白的降解

纤溶酶是一种活性很强的蛋白酶，可以将纤维蛋白或纤维蛋白原逐步水解为许多可溶性的小肽，总称为纤维蛋白降解产物。它们一般不能再发生凝固，而且其中一部分具有抗凝作用。

3. 纤溶抑制物

体内能抑制纤维蛋白溶解的物质统称为纤溶抑制物，主要包括两大类：一类为抗活化素，如纤溶酶原激活物抑制剂-1，能抑制纤溶酶原的激活；另一类为抗纤溶酶（如 α_2-抗纤溶酶）可以抑制纤溶酶的活性。

第二节　输　血

人体内血液的总量称为血量。正常成年人血量约占体重的 7%～8%，即每千克体重有 70～80ml 血液。正常情况下，在神经和体液的调节下，体内血液的总量是相对恒定的，它使血管保持一定的充盈度，维持正常血压和血流，保证细胞、组织和器官能获得充足的血液。若机体失血过多，临床上必须采用输血来及时补充血容量，而输血又受到血型的限制。因此，血量、血型与临床输血密不可分。

一、血型

血型（blood group）通常是指血细胞膜上特异性凝集原的类型。目前已发现的人类血型系统有红细胞血型系统、白细胞血型系统和血小板血型系统。现已确认的红细胞血型系统有 23 个，与临床关系最密切的是 ABO 血型系统和 Rh 血型系统。

（一）ABO 血型系统

ABO 血型的凝集原存在于红细胞表面，包括 A 凝集原和 B 凝集原两种。ABO 血型系统是根据红细胞膜上所含凝集原的种类和有无而分为四型（表3-4）。红细胞膜上只含有 A 凝集原者为 A 型；只含有 B 凝集原者为 B 型；A、B 凝集原均有者为 AB 型；A、B 凝集原均无者为 O 型。在人类的血浆中含有与自身红细胞凝集原相反的凝集素，即抗 A 凝集素和抗 B 凝集素，它们均属天然抗体。不同血型的人，其血清中含有不同的凝集素，即不含有与自身红细胞凝集原相对应的凝集素。这是因为根据免疫学原理，当相同类型的抗原与抗体相遇时，会发生抗原-抗体的凝集反应，红细胞凝集成一簇簇不规则的细胞团，然后在补体的参与下，凝集成簇的红细胞破裂溶血。在临床的输血中，也应注意血型相配的问题，避免凝集反应的发生。

表 3-4　ABO 血型系统的凝集原和凝集素

血型	红细胞膜上的凝集原	血浆中的凝集素
A 型	A	抗 B
B 型	B	抗 A
AB 型	A 和 B	无
O 型	无	抗 A+抗 B

（二）Rh 血型系统

Rh 血型系统是人类红细胞膜上存在的另一类凝集原，该血型系统的凝集原最早发现于恒河猴的红细胞而得名。该血型系统红细胞膜上有 5 种凝集原：C、c、D、E、e，其中 D 凝集原的抗原性最强。凡红细胞膜上含有 D 凝集原者称为 Rh 阳性，没有 D 凝集原者称为 Rh 阴性。Rh 血型系统没有天然的凝集素，但是 Rh 阴性者在输入 Rh 阳性的血液后可产生抗 Rh 凝集素。抗 Rh 凝集素为 IgG，分子量小，可以通过胎盘，有可能发生母婴血型不合，从而导致胎儿红细胞溶血，致使胎儿死亡，这种情况主要发生在 Rh 阴性的母亲第二次孕育 Rh 阳性胎儿的时候。因此，Rh 血型系统在临床中具有重要意义。

> ### 知识链接
>
> #### Rh 血型与"熊猫血"
>
> Rh 血型的 Rh 是恒河猴（Rhesus Macacus）外文名称的前两个字母。Karl Landsterner 等科学家在 1940 年做动物实验时发现，恒河猴和多数人体内的红细胞上存在 Rh 血型的抗原物质，故而命名为 Rh 血型。Rh 阴性血的分布因种族不同而差异很大。在我国，汉族和其他少数民族，Rh 阴性血的人约占 0.34%。Rh 阴性血比较罕见，是非常稀有的血液种类，所以又被称为"熊猫血"。如果同时考虑 ABO 和 Rh 血型系统，在汉族人群中寻找 AB 型 Rh 阴性同型人的机会不到万分之三，十分罕见。

二、输血

输血是临床上一种重要的治疗方法。为了安全有效地进行输血，必须遵循输血的基本原则，即保证供血者的红细胞不被受血者的血浆所凝集。为此，输血前首先要鉴定血型，首选同型血相输。在特殊情况下如无同型血时，可采用异型输血，但必须遵循少量、缓慢输血的原则。此外由于红细胞血型种类较多并且有亚型存在，输血前还必须做交叉配血试验（图 3-6），并根据交叉配血试验结果考虑输血。主侧次侧均不凝集为配血相合，可以输血；主侧发生凝集反应为配血不合，禁止输血；主侧不凝集但次侧凝集时，为配血基本相合，只能在紧急情况下输血，而且输血不宜太快太多，并应密切观察，一旦有输血反应发生，应立即停止输血。

图 3-6　交叉配血试验

第三节　循环系统解剖

心血管系统是由心脏和血管两部分组成，心脏和血管的基本解剖结构为血液的流动提供了基本保证，可使其循环往复的运转，运输营养物质、代谢产物、O_2、CO_2 等，从而维持机体内环境的相对稳定。

一、心脏

（一）心脏的位置和外形

心脏位于胸腔的中纵隔内，约 2/3 位于身体正中线的左侧，1/3 位于正中线的右侧（图 3-7）。

心脏的外形类似倒置的、前后稍偏的圆锥体形（图 3-8）。心尖圆钝，朝向左前下方，在体表的投影位于左侧第五肋间隙和左侧锁骨中线交点内侧 1～2cm 处；心底与出入心脏的大血管相连，朝向右后上方。心脏分为两面，即胸肋面与膈面。胸肋面朝向前上方，膈面朝向后下方，近似水平。心的表面有三条浅沟，分别为靠近心底近似环形的冠状沟，它是心房和心室在心脏表面的分界；肋面上自冠状沟向心尖稍右侧延伸的前室间沟和膈面上的后室间沟，前、后室间沟是左、右心室的表面分界标志。冠状沟和室间沟内均有心脏的血管走行。

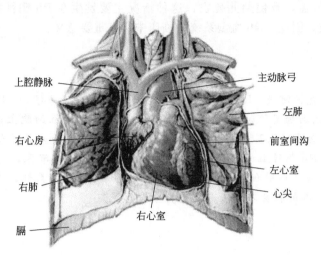

图 3-7 心的位置

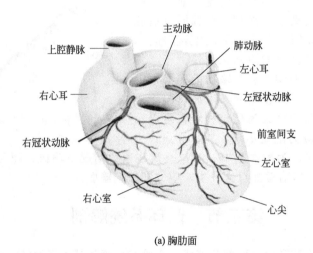

(a) 胸肋面

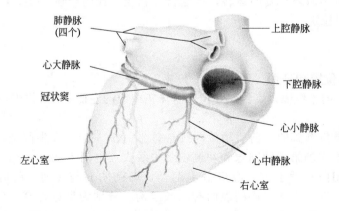

(b) 膈面

图 3-8 心脏的外形和血管

（二）心腔的结构

心脏是由心肌细胞围成的中空的肌性器官。心脏被房间隔和室间隔分成左右两半，每半心又分为上方的心房和下方的心室，整个心腔就包括左心房、左心室、右心房和右心室四个部分。心房与心室借房室口相通，通口部位存在的瓣膜为房室瓣；心房与静脉相连，心室与动脉相通。血液在心脏和动、静脉之间按照一定的顺序周而复始的流动，按照血流的方向，每个心腔都有一定的入口和出口（表3-5）：①右心房包括三个入口和一个出口。上腔静脉口、下腔静脉口和冠状窦口为入口，血液通过这些入口可以进入右心房。右房室口为出口，是血液流入右心室的流出道。②右心室有一个入口，即为右房室口。在此侧附有三尖瓣，可在心室收缩时封闭右房室口。右心室有一个出口，称为肺动脉口。该口与肺动脉干相通，边缘有肺动脉瓣，此瓣膜可在心室舒张时封闭肺动脉口。③左心房有四个入口和一个出口。入口为其后壁两侧各1对的肺静脉口；出口为左房室口。④左心室与右心室相似也有一个入口和一个出口，分别是左房室口和主动脉口。两口边缘均附有瓣膜，左房室口处为二尖瓣，左心室收缩时可关闭，而主动脉口处为主动脉瓣膜，可阻止主动脉内的血液向左心室反流。

表3-5 心腔的入口、出口及瓣膜

心腔	入口（瓣膜）	出口（瓣膜）
右心房	上腔静脉口；下腔静脉口；冠状窦口	右房室口
右心室	右房室口（三尖瓣）	肺动脉口（肺动脉瓣）
左心房	左上肺静脉口；左下肺静脉口；右上肺静脉口；右下肺静脉口	左房室口
左心室	左房室口（二尖瓣）	主动脉口（主动脉瓣）

（三）心脏的传导系统

心脏的传导系统主要由特殊分化的心肌细胞构成，包括窦房结、房室结、房室束及左右束支、浦肯野纤维。其构成、分布及功能见表3-6。

表3-6 心的传导系统

结构	分布	主要作用
窦房结	上腔静脉与右心房交界处心外膜下	心的正常起搏点
房室结	房间隔下部右侧	兴奋延搁，使心房肌、心室肌分别收缩
房室束	室间隔膜部后缘	兴奋从心房向心室传导
左、右束支	室间隔左、右侧心内膜下	兴奋在左、右心室传导
浦肯野纤维	心室肌	兴奋在心室肌内传导

（四）心脏的血管

心脏的血液供应来自左、右冠状动脉，它们均发自升主动脉的根部。左冠状动脉发出后向左前方走行，分支为沿前室间沟下行的前室间支（降支）和沿冠状沟左行的旋支，主要分布于左心室前壁、室间隔前2/3、左心房等处。右冠状动脉沿冠状沟右行，到达心脏的膈面后沿后室间沟下行成为后室间支，通常分布于右心房、右心室、左心室后壁的一部分、室间隔后1/3、窦房结和房室结。心脏的静脉大部分由冠状窦收集后注入右心房，小部分直接注入右心房。冠状窦主要属支包括心大静脉、心中静脉和心小静脉。

二、血管

血管分布于身体各部，分为动脉、静脉和毛细血管三类（图3-9）。动脉是将血液从心脏输送到毛细血管的管道，起于心室，止于毛细血管；静脉是将血液输送回心脏的血管，起于毛细血管，止于心房；毛细血管是连接动、静脉之间的微细管道，通常彼此吻合成网。动脉和静脉依照管腔直径的大小可分为大、中、小三级，各级之间逐渐移行无明显界限。

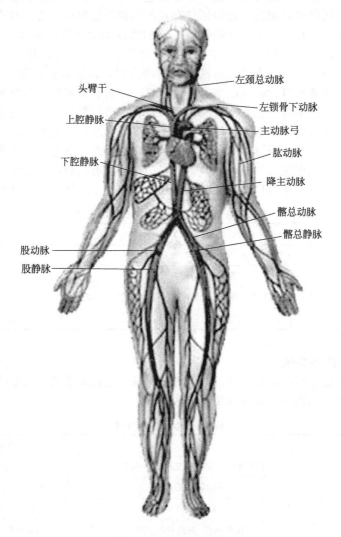

图 3-9　全身主要血管

（一）肺循环的血管

肺循环的动脉起自于右心室，称为肺动脉干（图 3-9）。在升主动脉前方向左后上方斜行，至主动脉弓的下方分为左、右肺动脉，然后分别经左、右肺门进入左、右两肺。肺动脉内流动的是静脉血。肺循环的静脉包括左上肺静脉、左下肺静脉、右上肺静脉和右下肺静脉四条，它们途径肺门，向内穿过心包膜注入左心房。肺静脉内流动的是动脉血。

（二）体循环的血管

体循环的血管分为动脉和静脉两大体系，它们分支多，途径长，遍布全身各处。体循环动脉中流动的是富含氧气和营养物质的动脉血，而静脉是收集身体各处静脉血的血管。

1. 体循环的动脉

体循环的动脉主干是主动脉，它从左心室发出后，先向右上斜行，然后呈弓形弯向左后方至第四胸椎体下缘，再沿脊柱的左前方下行，穿过膈的主动脉裂孔进入腹腔，至第四腰椎体下缘分为左、右髂总动脉。以胸骨角平面为界，主动脉全长可分为升主动脉、主动脉弓和降主动脉三段（图 3-9）。

（1）升主动脉　升主动脉起自左心室，在肺动脉干和上腔静脉间向右上方斜行，至右侧第 2 胸肋关节后方移行为主动脉弓，其根部发出左、右冠状动脉。

（2）主动脉弓　主动脉弓在右侧第 2 胸肋关节后方续于升主动脉，在胸骨柄后方弓形弯向左后下方，至第 4 胸椎体下缘左侧移行为降主动脉。主动脉弓的凸侧自右向左依次发出三大分支，分别为头臂干、左颈总动脉和左锁骨下动脉，其中头臂干向右上方斜行至右侧胸锁关节后方分为右颈总动脉和右锁骨下动脉。

（3）降主动脉　降主动脉是主动脉的下降部分。以膈为分界，上方的部分称为胸主动脉，下方为降主动脉。降主动脉下行至第 4 腰椎体下缘分为左、右髂总动脉。胸主动脉和腹主动脉又分别发出壁支和脏支，分别分布于胸壁和腹壁以及胸腔和腹腔脏器中；髂总动脉则在骶髂关节前分为髂内和髂外动脉，其中髂内动脉下行进入骨盆腔，分出壁支和脏支，分布于盆壁和盆腔脏器。

2. 体循环的静脉

体循环的静脉分为浅、深两类，深静脉位于深筋膜深面，多与同名动脉伴行；浅静脉位于皮下，又称皮下静脉。临床上常经浅静脉穿刺，进行输血和输液。体循环静脉包括上腔静脉系、下腔静脉系和心静脉系（图 3-9）。上腔静脉系是由上腔静脉及其各级属支构成，主要收集头颈部、上肢、胸背部（心除外）等上半身的静脉血；下腔静脉系由下腔静脉及其属支构成，是人体最大的静脉干，收集腹部、盆腔部及下肢的静脉血回流注入右心房。

第四节　心脏的泵血

心脏的泵血是指通过心肌细胞节律性的收缩和舒张活动而将血液周期性的从心室泵入动脉，推动静脉中的血液回到心房的过程。在这个过程中，伴随着心肌细胞的收缩和舒张活动，心腔内的压力、容积发生周期性变化，引起心脏内各种瓣膜有规律的开放和关闭，从而推动血液按照一定方向循环流动。

一、心脏的泵血过程

（一）心率和心动周期

1. 心率

每分钟心脏收缩舒张的次数称为心率。正常成年人安静时心率为 60～100 次/min，平均 75 次/min。心率可因年龄、性别、生理状态的不同而有所差异。新生儿心率可达 130 次/min 以上，老年人心率较慢；女性一般比男性稍快；运动或情绪激动时心率增快。

2. 心动周期

心房或心室每收缩和舒张一次所经历的时间称为一个心动周期。心脏的泵血是以一个心动周期为单位进行的。由于心室在心脏泵血功能中起主要作用，所以心动周期通常指心室的活动周期。

心动周期的长短与心率成反变关系。以心率为 75 次/min 计算，一个心动周期为 0.8s（图 3-10）。在这段时间中，心房的收缩期为 0.1s，舒张期为 0.7s；心室的收缩期为 0.3s，舒张期为 0.5s。心房和心室不能同时收缩，但是在心室舒张的前 0.4s 期间，心房也处于舒张状态，此段时间称为全心舒张期。当心率加快时，心动周期会缩短，收缩期和舒张期均缩短，但以舒张期缩短尤为明显。这样导致心肌的工作时间延长，而休息时间相对缩短，不利于心脏的持久活动，从而影响心脏的泵血功能。

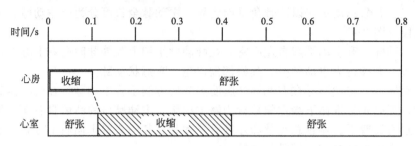

图 3-10　心动周期

（二）心脏的泵血过程

在心脏的泵血过程中，心室起主要作用，左、右心室的泵血活动基本相同。现以左心室为例说明在一个心动周期中，心脏的泵血过程（图 3-11）。

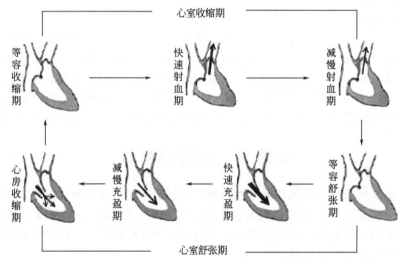

图 3-11　心室泵血过程示意

1. 心室收缩期

从心室肌细胞开始收缩到收缩结束进入舒张阶段的时期称为心室的收缩期。在这个时期中，主要包括两个过程：等容收缩期和射血期。其中射血期又可分为快速射血期和减慢射血期。

（1）等容收缩期　心室肌细胞开始收缩之前，心室内压力低于房内压和主动脉压，此时房室瓣是开放的，而动脉瓣是关闭的。心室开始收缩，室内压迅速升高。当室内压超过房内压时，心室内血液向心房反流推动房室瓣关闭，而此时室内压仍低于主动脉压，主动脉瓣处于关闭状态，心室成为一个密闭的腔，血液不发生流动，心室容积不发生改变。心室肌继续收缩，室内压急剧升高，当室内压高于主动脉压时，血液推开动脉瓣，等容收缩期结束进入射血期。从房室瓣关闭到动脉瓣开放前的这段时间称为等容收缩期，持续约 0.05s。该期的特点是室内压升高速度快，升高幅度大。

（2）心室射血期　等容收缩期结束，主动脉瓣开放，血液顺着压力梯度流入主动脉中，该时期称为射血期。在射血期的前 0.1s 内，由于心室与主动脉间的压差较大，心室内的血液会快速地射入主动脉，心室内容积迅速缩小，称为快速射血期。在快速射血期末，室内压与主动脉压达到最高。因大量血液射入主动脉，使主动脉血压升高，而此时心室肌收缩力和心室内压开始减小，射血速度逐步减慢，进入减慢射血期，历时 0.15s。减慢射血期结束时，心室容积达到最小，心室肌细胞开始舒张，心室进入舒张期。

2. 心室舒张期

心室舒张期是指从心室肌细胞开始舒张到下次收缩期开始的一段时间。在这段时期中，血液回流到心室，为下次射血储备血量。该时期也包括两个过程：等容舒张期和充盈期，其中充盈期又可分为快速充盈期和减慢充盈期。

（1）等容舒张期　心室肌细胞开始舒张，室内压迅速下降，当室内压低于主动脉压时，主动脉内的血液反流推动主动脉瓣关闭，但此时室内压仍高于房内压，房室瓣仍处于关闭状态，心室再次成为一个密闭的腔室。这时，心室肌继续舒张，室内压急剧下降，当室内压低于房内压时，房室瓣被推开，等容舒张期结束进入心室充盈期。从动脉瓣关闭到房室瓣开放前的这段时间称为等容舒张期，历时约 0.06～0.08s。

（2）心室充盈期　等容舒张期结束，房室瓣开放，心房和大静脉内的血液顺着压力梯度进入心室，该时期称为充盈期。此期的早期，由于室内压较低，血液会快速地流入心室内，心室容积迅速增大，称为快速充盈期，持续约 0.11s。随着心室内血量的增多，心室与心房、大静脉之间的压差逐渐减小，血流返回心室的速度变慢，进入减慢充盈期，历时约 0.22s。

（3）心房收缩期　在心室舒张的最后 0.1s 时间内，心房肌细胞开始收缩，使得房内压升高，将心房内的血液进一步挤入心室，称为心房收缩期。在心房收缩期内，由心房挤入心室的血量占心室总充盈量的 10%～30%。心室充盈完成后又开始下一次收缩和射血的过程。

综上所述，在心脏泵血的过程中，心室肌的收缩和舒张引起了室内压周期性的升高和降低，从而导致了心房和心室以及心室和动脉之间产生压力差，推动瓣膜的开闭，使得血液发生定向流动，即从心房流入心室，再从心室流向动脉（表3-7）。瓣膜在保证血液定向流动和影响心室内压变化方面发挥着重要的作用。

表 3-7　心动周期中心腔内压、瓣膜状态、血流方向、心室内容积等变化

心脏活动	心腔内压力			瓣膜开闭		血流方向	心室容积
	心房	心室	主动脉	房室瓣	动脉瓣		
等容收缩期	房内压 <	室内压 <	动脉压	关闭	关闭	不流动	不变
心室射血期	房内压 <	室内压 >	动脉压	关闭	开放	心室→动脉	↓
等容舒张期	房内压 <	室内压 <	动脉压	关闭	关闭	不流动	不变
心室充盈期	房内压 >	室内压 <	动脉压	开放	关闭	心房→心室	↑
心房收缩期	房内压 >	室内压 <	动脉压	开放	关闭	心房→心室	↑↑

（三）心音

在心动周期中，心肌细胞收缩、瓣膜关闭、血液对心室壁和大动脉血管壁的冲击等因素引起的机械振动，通过心脏周围组织传导到胸壁，使用听诊器听到的声音，称为心音。正常心脏在一个心动周期中可出现四个心音，分别为第一、第二、第三和第四心音。一般情况下只能听到第一和第二心音，在某些健康儿童和青年人有时也可听到第三心音，第四心音用心音图可以记录。

1. 第一心音

主要是由于房室瓣的突然关闭和室内血液冲击房室瓣，以及心室射出的血液撞击大动脉壁引起的振动所产生的声音。其音调低沉，持续时间长，在心尖搏动处听得最清楚，是心室开始收缩的标志。

2. 第二心音

主要是由于动脉瓣的突然关闭，以及血液反流冲击大动脉根部和心室壁的振动所引起。其音调较高，持续时间较短，在心底部听得最清楚，是心室开始舒张的标志。

二、心脏泵血的评价指标

心脏泵血过程是否正常对于机体的正常活动具有重要影响，因此，在临床实践中非常重视对心脏泵血功能的评价。以下介绍几种较为广泛使用的重要指标。

（一）每搏输出量和射血分数

一侧心室每次收缩时射出的血量，称为每搏输出量，简称搏出量。左、右心室的搏出量基本相等。正常成年人在安静状态下，搏出量约为 60～80ml。搏出量占心室舒张末期容积的百分比，称为射血分数。正常成年人在安静状态时约为 55%～65%。一般来说，搏出量与心室舒张末期容积相适应，射血分数基本保持不变。但是，在心肌收缩功能减弱、心室异常扩大时，搏出量可能没有明显变化，射血分数却显著下降。因此，射血分数比搏出量更能准确地反映心脏的射血功能。

（二）每分输出量和心指数

1. 每分输出量

一侧心室每分钟射出的血量称为每分输出量，简称为心输出量。心输出量等于搏出量与心率的乘积。正常成年人心输出量约为 5L/min，左、右两心室的心输出量基本相等。性别、年龄、生理状态等因素都可以引起心输出量的变化。

2. 影响每分输出量的因素

心输出量取决于搏出量和心率两大基本因素，而搏出量的多少取决于心室肌细胞收缩的强度和速度。与骨骼肌一样，心肌细胞收缩的强度和速度也受前负荷、后负荷和心肌收缩能力的影响。

（1）前负荷　心室肌收缩前所承受的负荷称为前负荷，相当于心室舒张末期容积。心室舒张末期容积是静脉回心血量与心室射血后残存于心室内的余血量之和，因此凡是影响这两者的因素都能影响心室的前负荷。在正常情况下射血分数基本不变，搏出量主要取决于静脉回心血量。在一定范围内，静脉回心血量越多，心室舒张末期容积越大，心肌初长度越长，收缩力越大，搏出量就越多；反之，静脉回心血量减少，搏出量相应减少。

（2）后负荷　心室收缩射血时所遇到的阻力称为后负荷。动脉血压即为心室射血的后负荷。在其他因素不变的情况下，动脉血压突然升高，使心室的等容收缩期延长，射血期相应缩短，同时心肌细胞缩短的速度和程度减小，搏出量减少。

（3）心肌的收缩能力　心肌不依赖于前、后负荷而能改变其收缩功能的内在特性称为心肌的收缩能力。心肌的收缩能力与搏出量成正比关系。正常情况下，心肌收缩能力与心肌细胞内部兴奋收缩偶联过程及横桥 ATP 酶活性等因素有关，也受神经和体液因素的影响，这种特性能对持续的、剧烈的循环变化有较强的调节作用。临床经常使用的一些强心药，如肾上腺素、强心苷等就是通过增加心肌收缩能力而增加心输出量的。

（4）心率　正常机体的心率变化范围很大。在一定范围内，伴随着心率的增加，心输出量相应增大。但是，如果心率过快（>180 次/min）或过慢（<40 次/min）时，心输出量都会减少。由此可见，心率最适宜时，心输出量最大。

3. 心指数

在相同条件下，不同个体因代谢水平的不同，对心输出量的需求也存在差异，因此若以心输出量评价不同个体的心功能是不全面的。以单位体表面积计算的心输出量称为心指数。

心指数是比较不同个体心功能的常用指标。心指数随着不同体重条件而不同，一般个体在10 岁左右时，心指数达到最大值，随着年龄增长心指数逐渐下降。

（三）心力储备

心输出量随机体代谢需要而增加的能力称为心力储备。正常成年人安静时心输出量约为5.0～6.0L/min，剧烈运动后可达到25.0～30.0L/min，这说明健康人的心脏具有相当大的储备力量。心力储备来自心率储备和搏出量储备两方面。因为正常机体的心率变化范围很大，可以由安静状态下的 75 次/min 变为运动后的 160～180 次/min，所以在一般情况下动用心率储备是提高心输出量的主要途径。搏出量储备包括舒张期储备和收缩期储备，其中收缩期储备是搏出量储备的主要成分。

第五节 心肌电生理

心脏的泵血功能是由心肌细胞节律性收缩和舒张活动而得以实现，这种节律性的舒缩活动是在心肌细胞的生物电基础上产生的。心肌细胞在安静和活动时均伴有生物电变化，分别称为静息电位和动作电位。心肌的生物电现象也对理解心肌生理特性具有重要意义。

一、心肌细胞的生物电现象

心肌细胞可分为非自律细胞和自律细胞两大类。非自律细胞主要包括心房肌和心室肌细胞，它们有稳定的静息电位，主要具有收缩功能，故被称为工作细胞。自律细胞是一类特殊的心肌细胞，主要由特殊传导系统的细胞构成，包括窦房结、大部分房室交界区细胞和浦肯野细胞。这类细胞大多没有稳定的静息电位，具有自动产生节律性兴奋的能力。

（一）非自律细胞的生物电现象及形成机制

以心室肌细胞为例说明非自律细胞的生物电现象。心室肌细胞的跨膜电位分为 0、1、2、3、4 期五个时期，其中 0～3 期为动作电位，4 期为静息电位时期（图 3-12）。

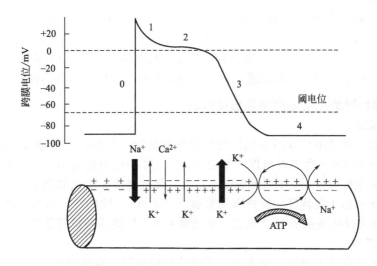

图 3-12 心室肌细胞跨膜电位图形及形成机制

1. 静息电位

心室肌细胞的静息电位约为-90mV，形成机制与神经细胞和骨骼肌细胞相似，主要由K^+外流所致。

2. 动作电位

心室肌细胞的动作电位包括去极化和复极化两个过程。与神经细胞相比，其主要特征是复极化过程时间较长，造成上升支和下降支明显不对称。

（1）0期（去极化期）　心室肌细胞受到刺激后，由安静时的-90mV快速升至+30mV左右的过程称为0期，该期持续时间很短大约1～2ms。其形成机制主要与心肌细胞膜上的Na^+通道有关。当心室肌细胞受到刺激时，细胞膜上少量Na^+通道开放，Na^+顺浓度差和电位差进入膜内，使膜电位升高达到阈电位水平（约-70mV），从而引起细胞膜上Na^+通道开放的数量增多，大量Na^+快速内流，膜电位迅速升高达到0mV左右。由于Na^+通道激活快，失活也快，当膜电位达到0mV时，膜上的Na^+通道开始失活。在膜电位达到+30mV时，Na^+通道关闭，Na^+内流停止。这种心肌细胞上的Na^+通道可以被河豚毒素（TTX）选择性地阻断，但是对TTX的敏感性低于神经、骨骼肌细胞。

（2）1期（快速复极初期）　膜电位水平由+30mV快速降至0mV左右，称为1期，该期历时约10ms。其机制为细胞膜上K^+通道开放，K^+外流所致。0期与1期的电位变化都非常迅速，在动作电位图形上呈尖锋状，称为心室肌细胞的锋电位。

（3）2期（平台期）　该期细胞膜电位复极缓慢，时程可长达100～150ms，电位维持在0mV左右，动作电位图形平坦，称为缓慢复极期，又称平台期。其产生是由心室肌细胞膜上Ca^{2+}的缓慢内流和K^+外流共同作用的结果。在细胞膜去极化达-40mV左右时，膜上的Ca^{2+}通道开始激活，至2期开始时，Ca^{2+}通道处于全面激活状态，Ca^{2+}大量内流；与此同时，膜上的K^+通道仍然处于开放状态，K^+外流。当Ca^{2+}内流与K^+外流的跨膜电荷相平衡时，膜电位维持在0mV左右，形成平台期。随着时间推移，Ca^{2+}通道逐渐失活直至内流停止，K^+继续外流，进入动作电位的3期。平台期中的Ca^{2+}通道可被多种Ca^{2+}通道阻断剂（如维拉帕米）所阻断。

（4）3期（快速复极末期）　2期结束后，膜上的Ca^{2+}通道关闭，Ca^{2+}内流停止；K^+通道的通透性随时间增大，K^+外流逐渐增多，膜电位迅速下降直至恢复到静息电位水平，历时约100～150ms。

3期复极结束，跨膜电位恢复到静息电位水平，称为4期。此时电位水平稳定在-90mV，但心肌细胞膜内外离子的分布尚未恢复到静息状态，细胞膜上的Na^+泵被激活，逆浓度梯度转运Na^+和K^+。此外，膜上的钙泵也将胞内的Ca^{2+}泵出到胞外。这一系列活动使得细胞膜内外离子恢复至正常浓度，从而维持心室肌细胞的正常兴奋性。

（二）自律细胞的生物电现象及形成机制

1. 浦肯野细胞

浦肯野细胞的跨膜电位（图3-13）与心室肌细胞的（图3-12）很相似，也包括0～4共5个时期，但是在图形上也表现出以下几点不同：①2期电位历时较短；②3期复极结束时膜电位达到最大复极电位；③4期膜电位不稳定，具有自动去极化的能力，这也是自律细胞区别于非自律细胞的主要特征。浦肯野细胞动作电位0～3期的产生机制与心室肌细胞基本相同。4期自动去极化是由于Na^+内流逐渐增强和K^+外流逐渐减弱所致。

2. 窦房结细胞

窦房结细胞又称为P细胞。它与浦肯野细胞一样也属于自律细胞，4期均能够发生自动去极化，但是在跨膜电位的图形表现上存在一定的不同。P细胞的跨膜电位（图3-14）具有以下主要特点：①0期自动去极化速度较慢，幅度较低；②没有明显的1期和2期；③最大复极电位（-70mV）与阈电位（-40mV）均较高；④4期自动去极的速度较快。

窦房结P细胞0期去极缓慢是由于慢Ca^{2+}通道介导的Ca^{2+}内流所致，而4期自动去极

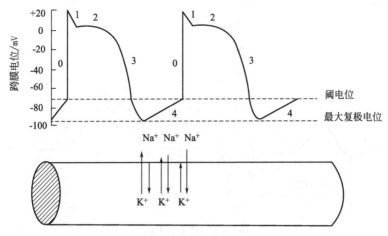

图 3-13 浦肯野细胞动作电位示意

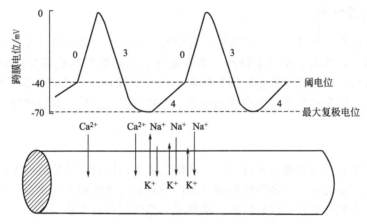

图 3-14 窦房结细胞动作电位示意

快速是由于三种因素共同作用的结果：①K^+外流的进行性衰减；②Na^+内流的进行性增强；③Ca^{2+}内流。

二、心电图

将心电图机的测量电极放置于体表的特定部位所记录到的心电变化曲线称为心电图（图3-15）。心电图引导记录的是所有心肌细胞膜外生物电的综合变化，可以反映整个心脏从兴奋的产生、传导到恢复的全过程，在临床上对于帮助诊断某些心脏疾病具有重要的参考价值。

心电图的基本组成包括 P 波、QRS 波群、T 波以及各波间的线段，各部分的图像特点和意义如表 3-8 所示。心电图上一般看不到心房复极过程的波形，这是因为心房的复极波与P-R 间期、QRS 波群等重叠在一起。

表 3-8 心电图各部分的特点及生理意义

名称	时间/s	幅度/mV	意 义
P 波	0.08～0.11	0.25	左、右两心房去极化过程
QRS 波	0.06～0.10		左、右两心室去极化过程
T 波	0.05～0.25	0.1～0.8	左、右两心室复极化过程
P-R 间期	0.12～0.20		兴奋从心房到心室的传导时间
S-T 段	0.05～0.15		心室肌动作电位处于平台期
Q-R 间期	0.3～0.4		心室去极化开始到复极化结束的时间

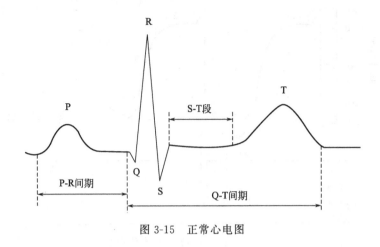

图 3-15　正常心电图

三、心肌的生理特性

心肌的生理特性包括自律性、兴奋性、传导性和收缩性。其中前三者是以心肌细胞膜的生物电活动为基础，称为电生理学特性；而收缩性是以心肌细胞收缩蛋白的功能活动为基础，称为机械特性。不同类型的心肌细胞具有不同的生理特性。工作细胞一般具有兴奋性、传导性和收缩性，没有自律性，而自律细胞则具有兴奋性、传导性和自律性，它们的收缩性较弱。

（一）自律性

心肌细胞在没有外来刺激的条件下能自动地发生节律性兴奋的特性称为自动节律性，简称自律性。在正常情况下，心脏特殊传导系统内的某些自律细胞表现出自动节律性，但是它们的自律性高低不同，即在单位时间内自动发生节律性兴奋的次数不等。

> **知识链接**
>
> **人工心脏起搏器**
>
> 人工心脏起搏器是一种植入于体内的电子治疗仪器，通过脉冲发生器发放一定频率、振幅的电脉冲，通过电极刺激心肌，从而使心脏有规律地兴奋和收缩。主要用于治疗由于某些心律失常所致的心脏功能障碍。自 1958 年瑞典医生 Senning 将第一台心脏起搏器植入人体以来，起搏器的功能日趋完善。在应用起搏器成功地治疗缓慢性心律失常、挽救了成千上万患者生命的同时，起搏器也开始应用到快速性心律失常及非心电性疾病。

在心脏特殊传导系统中，窦房结的自律性最高，约为 100 次/min，它控制着整个心脏的节律性搏动，故把窦房结称为心脏的正常起搏点。由窦房结控制的心跳节律称为窦性心律。其次为房室交界区的自律性，约为 50 次/min；浦肯野细胞最低，约为 25 次/min。在生理情况下，窦房结以外的心脏自律组织受窦房结兴奋的控制，不表现其兴奋性，称为潜在起搏点。但是，在某些病理情况下，窦房结的自律性降低、兴奋传导阻滞或潜在起搏点自律性增高时，潜在起搏点就会取代窦房结而控制心脏的兴奋和收缩，称为异位起搏点。由异位起搏点控制的心跳节律称为异位节律。

（二）兴奋性

心肌细胞具有接受刺激产生动作电位的能力或特性，称为心肌的兴奋性。

1. 兴奋性的周期性变化

心肌在发生一次兴奋后，兴奋性会发生一系列周期性变化，这些变化与膜电位的改变、通道状态等因素有关。现以心室肌为例说明心肌兴奋性的周期性变化及特点（图 3-16）。

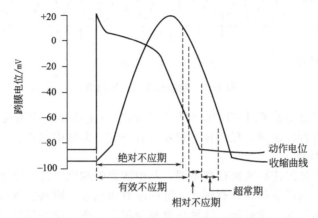

图 3-16 心室肌细胞兴奋性的周期性变化

（1）绝对不应期和有效不应期 从动作电位 0 期去极化开始到 3 期复极化达 -55mV 时，由于膜上的 Na^+ 通道完全失活，细胞膜对任何强度的刺激均产生不了去极化，兴奋性为 0，称为绝对不应期。从 -55mV 复极到 -60mV 时，少量 Na^+ 通道开始复活，必须给予足够强的刺激才可以引起 Na^+ 内流，产生局部兴奋。因此从动作电位 0 期去极化开始到 3 期复极化达 -60mV 这段期间称为有效不应期。

（2）相对不应期 膜电位从 3 期复极 -60mV 到 -80mV 期间，如果给予阈上刺激可以使心肌细胞再次产生动作电位，称为相对不应期。此期大部分 Na^+ 通道已经逐渐复活，但是尚未达到正常状态，故只有阈上刺激才能引起兴奋。

（3）超常期 膜电位从 3 期复极 -80mV 到 -90mV 期间，给予阈下刺激就能够引起心肌细胞膜再次产生动作电位，这段时期称为超常期。此期细胞膜上几乎全部的 Na^+ 通道都已经复活，而且膜电位与阈电位之间的差距较小，因此较小的刺激就可以引起兴奋。但此时动作电位仍较正常小，而且传导能力也较弱。

2. 兴奋性周期性变化的意义

在兴奋性周期性变化中，有效不应期特别长是最显著的特征，它相当于整个收缩期和舒张早期（图 3-16）。因此，只有每次心肌细胞开始舒张后才有可能再次接受刺激产生新的收缩，这就保证了心肌细胞不会发生强直收缩，从而使心肌收缩和舒张得以交替进行，有利于心室的充盈和射血。

在正常情况下，整个心脏是按照窦房结的节律性进行活动的。如果心室在有效不应期后，下一次窦性兴奋到达前，受到一次人工或病理性的刺激就可能产生一次提前的兴奋和收缩，称为期前兴奋和期前收缩。由于期前兴奋也有有效不应期，如果此时有正常的窦性兴奋传来，恰好落于期前兴奋的有效不应期内，就会出现一次兴奋的"失脱"。因此在一次期前收缩之后往往出现一段较长的舒张期，称为代偿间歇（图 3-17）。

（三）传导性

心肌细胞具有传导兴奋的能力称为传导性。兴奋以局部电流的形式在心脏各类细胞间迅速传导，使得两侧心室或两侧心房可以同步收缩和舒张，从而有利于心脏的泵血活动。

1. 兴奋在心脏内传导的过程

正常情况下，心脏的兴奋由窦房结产生后，一方面可以通过心房肌直接传导到左、右心

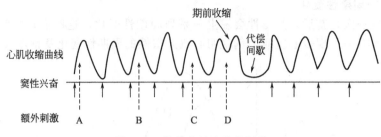

图 3-17　期前收缩和代偿间歇

房，另一方面也可通过心房肌上的"优势传导通路"迅速传导到房室交界区，再经过房室束、左右束支和浦肯野纤维网，最后传导到左、右心室，最终引起左、右心室同时兴奋。

2. 兴奋传导的特点

兴奋在心脏各部分的传导速度存在不同，其中浦肯野细胞的传导速度最快，因此使得两侧心房或两侧心室可以同步收缩，有利于心脏的泵血和充盈；而兴奋在房室交界区传导速度最慢，使得兴奋在此延搁一段时间，这种现象称为房室延搁。房室延搁的重要生理意义是使心房收缩在前，心室收缩在后，不会出现房室收缩的重叠，从而有利于心室的充盈和射血。

（四）收缩性

心肌细胞接受兴奋后能够产生收缩的特性，称为收缩性。心肌的收缩机制与骨骼肌基本相同，都是由于兴奋-收缩耦联引发的肌丝滑行而导致肌细胞收缩。心肌细胞的收缩又具有其自身的特点。

1. 对细胞外液 Ca^{2+} 的依赖性大

心肌细胞的肌浆网不如骨骼肌发达，Ca^{2+} 的储备量少，因此心肌兴奋-收缩耦联所需的 Ca^{2+} 主要依赖于细胞外液。

2. 不发生强直收缩

心肌细胞兴奋后有效不应期特别长，相当于整个收缩期和舒张早期，心肌只能在收缩期结束舒张期开始后才能再次接受刺激而发生新的收缩，因此心肌细胞不会发生强直收缩，这也有利于心脏有序的充盈和泵血。

3. 同步收缩

由于心肌细胞之间存在闰盘结构，使得心房和心室各自构成一个功能合胞体，而且兴奋在心房和心室内的传导速度很快，因此当心房或心室受到刺激而发生兴奋时，会引起所有心房肌和心室肌同时收缩，即发生同步收缩。这种方式的收缩力量大，可提高心脏的泵血效率。

第六节　血管生理

血液在心血管中流动表现出一系列物理学现象属于血流动力学范畴，基本研究对象是血流量（Q）、血流阻力（R）和血压（P）。血流量是指单位时间内流过血管某一截面的血量，它与血管两端的压力差成正比，而与血流阻力成反比，即 $Q \propto \triangle P/R$。在整体情况下，供应不同器官血液的动脉血压基本相等，所以器官血流量主要取决于该器官血流阻力的大小。血流阻力是指血液在血管中流动时所遇到的阻力，这种阻力来自血液内部各种成分之间的摩擦以及血液与血管壁之间的摩擦。血流阻力（R）与血管半径（r）、血管长度（L）和血液黏滞度（η）有关，它们之间的关系可表达为：$R \propto 8\eta L/(\pi r^4)$。在正常情况下，血管半径是影响血流阻力最主要的因素，因此外周小动脉和微动脉是产生外周阻力的主要部位，由小动脉和微动脉产生的阻力称为外周阻力。血压是指血管内流动的血液对单位面积血管壁的侧压力，主要包括动脉血压、毛细血管血压和静脉血压。血压一般用毫米汞柱（mmHg）或千帕（kPa）作为计量单位。

一、动脉血压

动脉血压一般是指主动脉血压，即主动脉内流动的血液对单位面积血管壁的侧压力。由于在大动脉和中动脉内测得的压力变化很小，因此在临床上通常用上臂肱动脉血压来代表机体的动脉血压。

（一）动脉血压的有关概念和正常值

在一个心动周期中，动脉血压随心脏的舒缩活动而发生周期性变化。心室收缩泵血时，主动脉血压上升所达到的最高值，称为收缩压。在心室舒张时，主动脉血压下降所达到的最低值，称为舒张压。收缩压与舒张压之差称为脉搏压，简称脉压。一个心动周期中各个瞬间动脉血压的平均值，称为平均动脉压，约等于舒张压加1/3脉压。

我国健康青年人在安静状态时收缩压为100～120mmHg，舒张压为60～80mmHg，脉压为30～40mmHg。正常人的动脉血压会因个体、年龄和性别而存在差异。个体随着年龄的增加动脉血压逐渐升高；男性动脉血压比女性略高；运动或情绪激动也会引起动脉血压暂时升高。动脉血压如果持续偏离正常范围就会引起异常情况的发生，常见的如高血压和低血压。如果个体在安静时舒张压持续高于90mmHg，或收缩压持续高于140mmHg，则可视为高血压；反之，如果舒张压持续低于60mmHg，或收缩压持续低于90mmHg，则可视为低血压。

（二）动脉血压的形成

动脉血压是在足够血液充盈血管的前提下，由心室收缩泵血所产生的动力与血液流动所遇到的外周阻力同时作用于血液而形成的对动脉管壁的侧压力。此外，主动脉和大动脉血管壁的弹性在动脉血压的形成中起着缓冲作用。

当心室收缩泵血时，血液在压差的推动下进入主动脉，然后沿着各级动脉逐级向外周流动。由于外周阻力的作用，大约只有1/3的搏出量流向外周，其余约2/3则暂时贮存在大动脉中，这部分血液会扩张大动脉壁使动脉血压升高，形成较高的收缩压（图3-18）。由此可见，收缩压的形成是由于心室收缩射血和外周阻力共同作用的结果。当心室舒张停止泵血后，被扩张的大动脉管壁发生弹性回缩，把在心缩期内贮存的部分势能重新转变为动能，推动血液流向外周，并对血管壁产生侧压力。随着动脉管壁的回缩，在下一个心动周期心室射血前，动脉管壁被扩张的幅度和产生的张力最小，血压降至最低，形成舒张压（图3-18）。由此可见，舒张压的形成是由于主动脉和大动脉的弹性回缩和外周阻力共同作用所致。

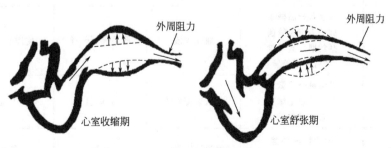

图3-18　动脉血压的形成

(三) 影响动脉血压的因素

凡能影响动脉血压形成的各种因素均能影响动脉血压。

1. 搏出量

在外周阻力和心率不变的情况下，当搏出量增加时，血液泵入主动脉的血量增多，故收缩压明显升高。在心室舒张期，流向外周的血量也会相应增多，心室舒张末期存留于大动脉的血量会有所增加，但是量并不多，所以舒张压升高较小，脉压增大；反之，若搏出量减少，则脉压减小。因此，在一般情况下，收缩压的高低主要反映搏出量的多少。

2. 心率

在其他条件不变时，心率加快，心室舒张期时间缩短，舒张期内流向外周的血量减少，滞留于大动脉的血量增多，因此舒张压升高。因为搏出量不变，收缩压也会相应升高，但是与舒张压相比升高幅度小，导致脉压减小。反之，心率减慢时，脉压升高。

3. 外周阻力

外周阻力增大时，心室舒张期内血液流向外周的速度减慢，心室舒张末期存留于主动脉内的血量增多，故舒张压升高。在心室收缩期内流向外周的血液较多，收缩压的升高不如舒张压升高明显，脉压减小；反之，外周阻力减小时，脉压增大。一般情况下，舒张压的高低主要反映外周阻力的大小。

4. 主动脉和大动脉壁的弹性

主动脉和大动脉壁的弹性具有缓冲血压波动的作用。在正常情况下，由于主动脉和大动脉壁的弹性使收缩压不至于过高，舒张压不至于过低。如果弹性作用减小，缓冲血压的功能减弱，就会出现收缩压升高而舒张压降低，脉压明显增大的现象。

5. 循环血量与血管容积

在正常情况下，循环血量与血管容积是相适应的，血液在血管中保持一定的充盈程度，形成循环系统平均充盈压，维持正常动脉血压。如果循环血量减少而血管容积不变（如大出血）或循环血量不变而血管容积增大（如过敏反应），都将使动脉血压下降。

二、微循环

微动脉和微静脉之间的血液循环称为微循环，其主要作用是完成血液与组织之间的物质交换，并在调节循环血量方面起到重要作用。

典型的微循环由 7 部分组成，包括微动脉、后微动脉、毛细血管前括约肌、真毛细血管、通血毛细血管、动-静脉吻合支和微静脉。微循环的血液可以通过三条途径由微动脉流向微静脉。其血流通路及功能特点见表 3-9。

表 3-9 微循环的血流通路及功能

名称	血流通路	血流特点	常见部位	作用
迂回通路	微动脉→后微动脉→毛细血管前括约肌→真毛细血管→微静脉	血流缓慢	肠系膜、肝、肾	物质交换的主要场所
直捷通路	微动脉→后微动脉→通血毛细血管→微静脉	血流速度较快	骨骼肌	有利于血液回流到心脏
动-静脉短路	微动脉→动-静脉吻合支→微静脉	血流速度最快	皮肤	参与体温调节

三、静脉血压

静脉是血液流回心脏的通道，由于它具有壁薄腔大的特点，因此在机体中主要发挥贮血库的作用。静脉也可以通过其舒缩活动有效地调节回心血量和心输出量。

（一）静脉血压

在静脉中流动的血液对单位面积血管壁的侧压力称为静脉血压。静脉血压明显比动脉血压低，而且由于静脉的解剖结构特点，在身体各处的静脉血压存在一定的不同，主要分为中心静脉压和外周静脉压。

1. 中心静脉压

右心房和胸腔内大静脉的血压，称为中心静脉压。其正常值为 $4\sim12cmH_2O$[❶]。中心静脉压的高低取决于心脏泵血能力和静脉回心血量之间的相互关系。它与心脏的泵血能力成反比关系，与静脉回心血量成正比关系。

2. 外周静脉压

各器官静脉的血压称为外周静脉压。通常以机体平卧时肘静脉压为代表，正常值为 $5\sim14cmH_2O$。

（二）影响静脉回流的因素

单位时间内静脉回心血量取决于两个因素，即外周静脉压与中心静脉压之差以及静脉对血流的阻力。因此，任何引起这两个因素改变的条件都有可能引起静脉回流发生变化。

1. 循环系统平均充盈压

循环系统平均充盈压与血管内血液的充盈程度以及静脉回心血量成正比。当循环血量增加或血管容量减小时，循环系统平均充盈压升高，静脉回心血量增多；反之，静脉回心血量减少。

2. 心室收缩能力

心室肌收缩能力增强，搏出量增多，舒张早期室内压就较低，外周静脉压与中心静脉压的压差增大，静脉回流速度加快，静脉回心血量增多；反之，则回心血量减少。右心衰时，由于右心室收缩能力下降，体循环静脉回心血量减少，会造成体循环静脉瘀血，患者表现为颈静脉怒张、肝脾充血肿大、下肢水肿等症状；左心衰时，左心房内压和肺静脉压升高，肺循环静脉回心血量减少，可造成肺瘀血和肺水肿。

3. 骨骼肌的挤压作用

静脉血管中有静脉瓣，可防止血液逆流。肌肉收缩时，肌肉间的静脉受挤压而压力升高，血液可回流至心脏；肌肉舒张时，静脉扩张而压力降低，有利于血液从毛细血管流入静脉。因此，骨骼肌和静脉瓣一起对静脉回流起着"肌肉泵"的作用，尤其是对下肢静脉血回流至心脏有重要作用。长期静止站立，肌肉泵的作用不能充分发挥容易引起下肢静脉瘀血，甚至形成下肢静脉曲张。

4. 重力和体位

静脉管壁薄，可扩张性大，当体位发生变化时，重力可影响静脉回流。当人由持久的下蹲位突然变为直立位时，由于重力作用，心脏水平以下部位的静脉充盈扩张，导致静脉回流血量减少，进而引起心输出量减少，动脉血压下降，可能出现暂时性的头晕和眼花症状，称为直立性低血压。长期卧床或体弱多病的个体，由于静脉壁的紧张性较低，如果从平卧位突然转为直立，则有可能导致脑供血不足而发生昏厥。

---

❶　$1cmH_2O=1333.22Pa$，全书余同。

5. 呼吸运动

呼吸运动对静脉回流起着"呼吸泵"的作用。吸气时，中心静脉压降低，外周静脉血回流加速，回心血量增加；呼气时，静脉回心血量相应减少。

第七节　循环系统常用药

一、作用于血细胞的药物

常见的血细胞异常主要包括贫血、白细胞减少症等，与此相对应，主要有抗贫血药和促白细胞增生药等。

1. 抗贫血药

临床上常见的贫血包括缺铁性贫血、巨幼红细胞性贫血及再生障碍性贫血等不同类型，常用的药物也有所不同。

（1）缺铁性贫血可用铁剂治疗　常见的铁制剂有硫酸亚铁、枸橼酸铁铵和右旋糖酐铁。它们经口服进入机体，都是以 Fe^{2+} 形式在十二指肠和空肠上段吸收，参与血红蛋白的生成过程。

（2）巨幼红细胞性贫血可用叶酸和维生素 B_{12} 治疗　叶酸广泛存在于动、植物中，肝、酵母和绿叶蔬菜中含量较高。一般情况下正常进食就可满足机体需要。药用维生素 B_{12} 为氰钴胺、羟钴胺，经口服后在胃内与内因子结合形成复合物，方能在回肠吸收。叶酸与维生素 B_{12} 都主要参与 DNA 的合成过程，它们联合使用治疗巨幼红细胞性贫血疗效更佳。

（3）再生障碍性贫血可用红细胞生成素治疗　药用红细胞生成素是重组人红细胞生成素，经皮下或静脉注射给药，对多种贫血有效。

2. 促白细胞增生药

粒细胞集落刺激因子和粒细胞-巨噬细胞集落刺激因子，可用于白细胞减少、粒细胞缺乏症的治疗。

二、促凝血药及抗凝血药

血液凝固是一系列凝血因子经蛋白酶水解活化的级联反应过程。促凝血药和抗凝血药就是通过影响凝血过程而促进或阻止血液凝固的药物。

1. 促凝血药

是指一类能通过促进血液凝固、抑制纤维蛋白溶解或者降低毛细血管通透性而使出血停止的药物。包括：①促凝血因子生成药，例如维生素 K，它可以通过促进凝血因子 Ⅱ、Ⅶ、Ⅸ、Ⅹ 等在肝脏的合成而发挥促凝血作用。②抗纤维蛋白溶解药，可以通过抑制纤溶酶原激活物或纤溶酶的活性，进而抑制纤维蛋白的溶解，产生止血效应。常见药物有氨甲苯酸和氨甲环酸。③作用于血管的促凝药，如静脉注射垂体后叶素。④其他，如局部止血药凝血酶、凝血因子制剂抗血友病球蛋白等。

2. 抗凝血药

通过干扰机体生理性凝血过程而阻止血液凝固的药物。包括：①体内、体外抗凝血药，例如肝素、枸橼酸钠、华法林等。肝素可使多种凝血因子灭活，在体内、体外均有强大的抗凝作用；华法林是维生素 K 的拮抗剂，经口服吸收后参与体内代谢而发挥抗凝作用；枸橼酸钠主要为体外抗凝药，通过降低血液中的 Ca^{2+} 浓度而产生抗凝作用。②纤维蛋白溶解药，通过促进纤溶酶原转变为纤溶酶而加速纤维蛋白水解过程，从而起到溶解血栓的作用，也称为血栓溶解药，主要包括链激酶、尿激酶等。

三、抗高血压药

抗高血压药是一类能降低血压用于治疗高血压的药物。根据其作用部位或机制可分为以下几类：①利尿药，主要通过排水排钠而起到降低血压的作用。例如氢氯噻嗪。②钙离子通道阻滞剂，主要通过选择性阻滞血管平滑肌细胞膜上的钙通道，而使钙离子内流减少，血管平滑肌松弛，从而降低血压，如硝苯地平。③血管紧张素转化酶抑制药，主要通过抑制血管紧张素转化酶，减少循环和组织中的血管紧张素Ⅱ的生成而起到降低血压的作用。常用的有卡托普利、氯沙坦等。

四、抗心律失常药

心律失常是指心脏搏动的频率和节律异常，是临床常见疾病之一。抗心律失常药通过影响心肌电生理特性而起到治疗心律失常的作用。常用的抗心律失常药有以下几种：①钠离子通道阻滞药，通过阻滞心肌细胞膜 Na^+ 内流，抑制 K^+ 外流和 Ca^{2+} 内流，而使有效不应期延长、传导减慢、自律性降低，从而起到抗心律失常的作用。主要药物有奎尼丁（适度阻滞钠离子通道药）、利多卡因（轻度阻滞钠离子通道药）、普罗帕酮（重度阻滞钠离子通道药）等。②钙离子通道阻滞药，主要通过阻滞心肌细胞膜上的钙离子通道，抑制 Ca^{2+} 内流，而降低窦房结自律性，减慢房室结传导，延长有效不应期，降低心肌收缩力。主要药物有维拉帕米。

五、抗心绞痛药

心绞痛是冠状动脉供血不足引起的心肌急剧的、暂时的缺血缺氧综合征。抗心绞痛药物通过减少心肌耗氧量、增加心肌血液供应，改善心肌代谢障碍来治疗心绞痛。常见的药物有：①硝酸酯类药，主要有硝酸甘油。其基本作用是松弛平滑肌，增加心肌供氧量而降低心肌耗氧量。硝酸甘油是目前防治心绞痛最常用的药物，常舌下给药，经口腔黏膜迅速吸收，起效快、经济方便。②钙离子通道阻滞药，是临床预防和治疗心绞痛的常用药。主要通过阻滞心肌细胞膜上钙离子通道，抑制 Ca^{2+} 内流，而降低心肌收缩力，减慢心率，扩张外周动脉，进而降低心肌耗氧量，保护缺血心肌细胞。主要药物有维拉帕米、硝苯地平、地尔硫草等。

课后习题

一、单选题

1. 内源性凝血途径的启动因子是（　　）。
   A. 因子Ⅲ　　　　B. 凝血酶原　　　　C. Ca^{2+}　　　　D. 因子Ⅻ　　　　E. 因子Ⅹ

2. 维生素 B_{12} 的吸收减少会引起下面哪一种疾病（　　）。
   A. 缺铁性贫血　　　　B. 再生障碍性贫血　　　　C. 巨幼红细胞性贫血
   D. 肾性贫血　　　　E. 小细胞性贫血

3. 某人的红细胞在抗 B 血清中凝集，在抗 A 血清中不凝集，其血型可能是（　　）。
   A. A 型　　　　B. B 型　　　　C. AB 型　　　　D. O 型　　　　E. 不确定

4. 下列哪个凝血因子的生成不需要维生素 K（　　）。
   A. 因子Ⅱ　　　　B. 因子Ⅻ　　　　C. 因子Ⅶ　　　　D. 因子Ⅸ　　　　E. 因子Ⅹ

5. 心肌不会产生强直收缩的原因是（　　）。
   A. 心脏是机能上的合胞体　　　　B. 心肌的有效不应期特别长　　　　C. 肌浆网不发达

　　D. 心肌呈"全或无"收缩　　E. 心肌有自律性

6. 心室肌细胞平台期的形成主要是由于（　　　）。

　　A. Ca^{2+}内流和K^+外流　　　　B. Na^+内流和K^+外流　　　　C. Ca^{2+}外流和K^+内流

　　D. Na^+内流和Ca^{2+}内流　　　　E. Na^+外流和K^+内流

7. 心脏的正常起搏点是（　　　）。

　　A. 窦房结　　　B. 房室结　　　C. 房室束　　　D. 左、右数支　　　E. 浦肯野纤维网

8. 左心室的入口是（　　　）。

　　A. 主动脉口　　B. 冠状窦口　　C. 下腔静脉口　　D. 左房室口　　　E. 上腔静脉口

9. 第二心音标志着（　　　）。

　　A. 心房舒张的开始　　　　　　B. 心室收缩的开始　　　　　　C. 心房收缩的开始

　　D. 心房和心室收缩的开始　　　E. 心室舒张的开始

10. 收缩压的高低，主要反映（　　　）。

　　A. 外周阻力的大小　　　　　B. 循环血量的变化　　　　　C. 大动脉弹性

　　D. 心率的快慢　　　　　　　E. 搏出量的大小

11. 房室延搁的意义是（　　　）。

　　A. 使有效不应期延长　　　　B. 使心室肌动作电位幅度增加　C. 增强心肌收缩力

　　D. 使心房、心室不会同时收缩 E. 使心肌不会发生强直收缩

12. 中心静脉压是（　　　）。

　　A. 右心房的压力　　　　　　B. 右心室的压力　　　　　　C. 小静脉内的压力

　　D. 左心房的压力　　　　　　E. 左心室的压力

13. 在心脏泵血过程中，房室瓣被推开见于（　　　）。

　　A. 等容收缩期末　　　　　　B. 等容舒张期末　　　　　　C. 心室收缩期初

　　D. 等容舒张期初　　　　　　E. 等容收缩期初

14. 心输出量是指（　　　）。

　　A. 每分钟由一侧心房射出的血量　　　　B. 每分钟由一侧心室射出的血量

　　C. 一次心跳一侧心室射出的血量　　　　D. 一次心跳两侧心室同时射出的血量

　　E. 每分钟由左、右心室射出的血量之和

15. 心室有效不应期的长短主要取决于（　　　）。

　　A. 动作电位2期的长短　　B. 动作电位3期的长短　　　C. 钠泵

　　D. 阈电位水平的高低　　　E. 动作电位0期去极的速度

16. 下列哪种贫血可选择铁剂进行治疗（　　　）。

　　A. 巨幼红细胞性贫血　　　B. 小细胞低色素性贫血　　　C. 溶血性贫血

　　D. 再生障碍性贫血　　　　E. 恶性贫血

17. 肝素抗凝作用的机制是（　　　）。

　　A. 促进血小板聚集　　　B. 激活抗凝血酶Ⅲ　　　　C. 抑制纤溶酶原的合成

　　D. 抑制抗凝血酶Ⅲ　　　E. 与维生素K发生竞争性抑制

18. 抗心绞痛药发挥治疗作用是通过（　　　）。

　　A. 减少心室容量　　　　B. 减慢心率，抑制心肌收缩力　C. 扩张血管

　　D. 减少心室壁肌张力　　E. 降低心肌耗氧及增加冠状动脉供血

二、多选题

1. 心肌的电生理特性包括（　　　）。

　　A. 自律性　　　B. 兴奋性　　　C. 收缩性　　　D. 传导性　　　E. 非自律性

2. 心肌兴奋性周期性变化包括（　　　）。

A. 静息期　　　B. 舒张期　　　C. 有效不应期　D. 相对不应期　E. 超常期

3. 影响静脉回流的因素有（　　）。

A. 心肌收缩力　　　　　　　B. 呼吸运动　　　　　　　C. 体位变化

D. 肌肉泵　　　　　　　　　E. 体循环平均充盈压

4. 等容收缩期的特点是（　　）。

A. 心室容积不变　　　　　B. 室内压下降速度最快　　C. 室内压高于动脉压

D. 室内压升高速度最快　　E. 房室瓣和动脉瓣都关闭

5. 主动脉的分支有（　　）。

A. 右颈总动脉　　　　　　B. 左颈总动脉　　　　　　C. 左锁骨下动脉

D. 右锁骨下动脉　　　　　E. 头臂干

三、简答题

1. 简述血浆胶体渗透压的组成及生理意义。

2. 影响心输出量的因素有哪些，各有什么作用？

3. 简述在心室收缩期中，心室内压、瓣膜、血流和室内容积的变化如何。

4. 试述影响动脉血压的因素有哪些？

5. 试述心室肌动作电位的特点及形成机制。

答案

一、单选题：1. D　2. C　3. B　4. B　5. B　6. A　7. A　8. D　9. E　10. E　11. D　12. A　13. B　14. B　15. A　16. B　17. B　18. E

二、多选题：1. ABCD　2. CDE　3. ABCDE　4. ADE　5. BCE

三、简答题：（略）

第四章　呼吸系统

学习目标

1. 能说出呼吸系统的组成及结构特点；肺、支气管的形态、位置和组织结构；肺通气的原理及影响因素；基本肺容积几个参数的基本概念；气体交换过程及影响因素。

2. 能运用本章所学的相关知识，解释呼吸系统常见病变对正常呼吸影响的基本原理。

3. 能运用本章所学知识，解释呼吸系统常用药的基本药理作用，并对临床用药做出初步判断。

第一节　呼吸系统解剖

呼吸系统是执行机体和外界进行气体交换的器官的总称。呼吸系统的机能主要是与外界进行气体交换，吸进氧气，呼出二氧化碳，进行新陈代谢。呼吸系统包括呼吸道（鼻腔、咽、喉、气管、支气管）和肺。呼吸道，包括鼻、咽、喉（上呼吸道）和气管、支气管及其在肺内的分支（下呼吸道）。见图 4-1。

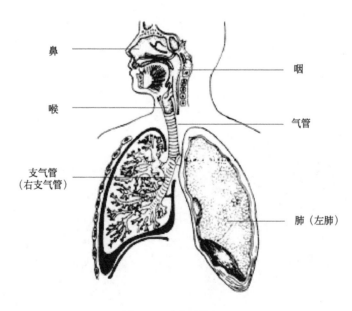

图 4-1　呼吸系统概观

一、气管与支气管

（一）气管

气管是位于喉与气管叉之间的通气管道。气管由黏膜、气管软骨、平滑肌、结缔组织构成。气管软骨由 14～17 个 "C" 形缺口向后的透明软骨环构成。气管切开术常在第 3～5 环形软骨处施行。

(二) 支气管

支气管是气管分出的各级分支。其中一级分支为左、右主支气管，二级分支为肺叶支气管，三级为肺段支气管，如此反复分支达 23～25 级直至肺泡管。见图 4-2。

右主支气管是气管分叉与右肺门之间的通气管道。气管中线与左主支气管下缘间夹角称隆下角。左主支气管是气管分叉与左肺门之间的通气管道。左右主支气管的区别为：前者细而长，隆下角大，斜行；后者短而粗，隆下角小，走行相对直，经气管坠入异物多进入右主支气管。

二、肺

肺上端叫做肺尖，向上经胸廓上口突入颈根部，肺底位于膈上面，朝向肋和肋间隙的面叫肋面，朝向纵隔的面叫内侧面，该面中

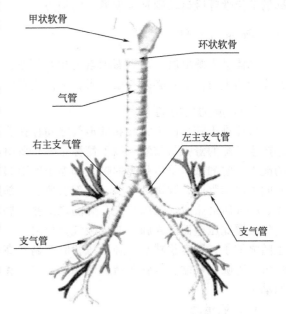

图 4-2　气管及支气管

央的支气管、血管、淋巴管和神经出入处叫做肺门，被结缔组织包裹在一起叫做肺根。左肺由斜裂分为上、下两个肺叶，右肺除斜裂外，还有一水平裂将其分为上、中、下三个肺叶。见图 4-3。

肺是以支气管反复分支形成的支气管树为基础构成的。左、右支气管在肺门分成第二级支气管，第二级支气管及其分支所辖的范围构成一个肺叶，每支第二级支气管又分出第三级支气管，每支第三级支气管及其分支所辖的范围构成一个肺段，支气管在肺内反复分支可达 23～25 级，最后形成肺泡。支气管各级分支之间以及肺泡之间都由结缔组织性的间质所填充，血管、淋巴管、神经等随支气管的分支分布在结缔组织内。肺泡之间的间质内含有

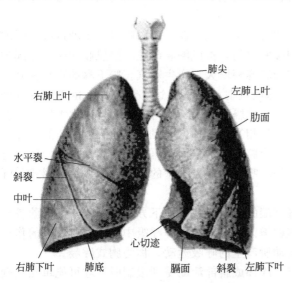

图 4-3　肺的结构

丰富的毛细血管网，毛细血管膜与肺泡共同组成呼吸膜，血液和肺泡内气体进行气体交换必须通过呼吸膜才能进行，呼吸膜面积较大，平均约 $70m^2$。

第二节　肺通气

肺通气是肺与外界环境之间的气体交换过程。实现肺通气的器官包括呼吸道、肺泡和胸廓等。呼吸道是沟通肺泡与外界的通道；肺泡是肺泡气与血液气进行交换的主要场所；而胸

廓的节律性呼吸运动则是实现通气的动力。

一、肺通气原理

气体进入肺取决于两方面因素的相互作用：一个是推动气体流动的动力；另一个是阻止其流动的阻力。前者必须克服后者，方能实现肺通气。

（一）肺通气的动力

气体进出肺是由于大气和肺泡气之间存在着压力差的缘故。在自然呼吸条件下，此压力差产生于肺的舒张与收缩（以下简称张缩）所引起的肺容积的变化。肺本身不具有主动张缩的能力，它的张缩是由胸廓的扩大和缩小所引起，而胸廓的扩大和缩小又是由呼吸肌（包括肋间外肌和膈肌，胸锁乳突肌、背部肌群、胸部肌群等）的收缩和舒张所引起。当吸气肌收缩、呼气肌舒张时，胸廓扩大，肺随之扩张，肺容积增大，肺内压暂时下降并低于大气压，空气就顺此压差而进入肺，造成吸气。反之，当吸气肌舒张、呼气肌收缩时，胸廓缩小，肺也随之缩小，肺容积减小，肺内压暂时升高并高于大气压，肺内气便顺此压差流出肺，造成呼气。呼吸肌收缩、舒张所造成的胸廓的扩大和缩小，称为呼吸运动。呼吸运动是肺通气的原动力。

1. 呼吸运动

引起呼吸运动的肌为呼吸肌。使胸廓扩大产生吸气动作的肌肉为吸气肌，主要有膈肌和肋间外肌；使胸廓缩小产生呼气动作的是呼气肌，主要有肋间内肌和腹壁肌。此外，还有一些辅助呼吸肌，如斜角肌、胸锁乳突肌和胸背部的其他肌肉等，这些肌肉只在用力呼吸时才参与呼吸运动。

（1）吸气运动　只有在吸气肌收缩时，才会发生吸气运动，所以吸气是主动过程。膈的形状似钟罩，静止时向上隆起，位于胸腔和腹腔之间，构成胸腔的底。膈肌收缩时，隆起的中心下移，从而增大了胸腔的上下径，胸腔和肺容积增大，产生吸气。膈下移的距离视其收缩强度而异，平静吸气时，下移约 $1\sim2cm$，深吸气时，下移可达 $7\sim10cm$。由于胸廓呈圆锥形，其横截面积上部较小，下部明显加大，因此膈稍稍下降就可使胸腔容积大大增加。据估计，平静呼吸时因膈肌收缩而增加的胸腔容积相当于总通气量的 $4/5$，所以膈肌的张缩在肺通气中起重要作用。膈肌收缩而膈下移时，腹腔内的器官因受压迫而使腹壁突出，膈肌舒张时，腹腔内器官恢复原位，膈肌张缩引起的呼吸运动伴以腹壁的起伏，所以这种形式的呼吸称为腹式呼吸。

肋间外肌的肌纤维起自上一肋骨的近脊椎端的下缘，斜向前下方走行，止于下一肋骨近胸骨端的上缘。肋间外肌收缩越强，胸腔容积增大越多，在平静呼吸中肋间外肌所起的作用较膈肌为小。由肋间肌舒缩使肋骨和胸骨运动所产生的呼吸运动，称为胸式呼吸。

腹式呼吸和胸式呼吸常同时存在，只有在胸部或腹部活动受到限制时，才可能单独出现某一种形式的呼吸。

（2）呼气运动　平静呼气时，呼气运动不是由呼气肌收缩所引起，而是因膈及肋间外肌舒张，肺依靠本身的回缩力量而回位，并牵引胸廓缩小，恢复其吸气开始前的位置，产生呼气。所以平静呼吸时，呼气是被动的。

用力呼气时，呼气肌参与收缩，使胸廓进一步缩小，呼气也有了主动的成分。肋间内肌走行方向与肋间外肌相反，收缩时使肋骨和胸骨下移，肋骨还向内侧旋转，使胸腔前后、左右缩小，此外腹壁肌的收缩一方面压迫腹腔器官，推动膈上移，另一方面牵拉下部的肋骨向下向内移位，两者都使胸腔容积缩小，协助呼气。

（3）平静呼吸和用力呼吸　安静状态下的呼吸称为平静呼吸。其特点是呼吸运动较为平衡均匀，每分钟呼吸频率约 12～18 次，吸气是主动的，呼气是被动的。机体活动或吸入气中的二氧化碳含量增加或氧含量减少时，呼吸将加深、加快，成为深呼吸或用力呼吸，这时不仅有更多的吸气肌参与收缩，收缩加强，而且呼气肌也主动参与收缩。在缺氧或二氧化碳增多较严重的情况下，会出现呼吸困难，不仅呼吸大大加深，而且出现鼻翼扇动等，同时主观上有不舒服的困压感。

2. 肺内压

肺内压是指肺泡内的压力。在呼吸暂停、声带开放、呼吸道畅通时，肺内压与大气压相等。吸气之初，肺容积增大，肺内压暂时下降，低于大气压，空气在此压差推动下进入肺泡，随着肺内气体逐渐增加，肺内压也逐渐升高，至吸气末，肺内压已升高到和大气压相等，气流也就停止。反之，在呼气之初，肺容积减小，肺内压暂时升高并超过大气压，肺内气体便流出肺，使肺内气体逐渐减少，肺内压逐渐下降，至呼气末，肺内压又降到和大气压相等。

平静呼吸时，呼吸缓和，肺容积的变化也较小，吸气时，肺内压较大气压约低 0.133～0.266kPa（1～2mmHg），即肺内压为 $-0.266～-0.133$kPa（$-2～-1$mmHg），呼气时较大气压约高 0.133～0.266kPa（1～2mmHg）。用力呼吸时，呼吸深快，肺内压变化的程度增大。当呼吸道不够通畅时，肺内压的升降将更大。例如紧闭声门，尽力做呼吸动作，吸气时，肺内压可为 $-13.3～-3.99$kPa（$-100～-30$mmHg），呼气时可达 7.89～18.62kPa（60～140mmHg）。

由此可见，在呼吸过程中正是由于肺内压的周期性交替升降，造成肺内压和大气压之间的压力差，这一压力差成为推动气体进出肺的直接动力。

3. 胸膜腔和胸膜腔内压

胸膜有两层，即紧贴于肺表面的脏层和紧贴于胸廓内壁的壁层。两层胸膜形成一个密闭的潜在的腔隙，称为胸膜腔。胸膜腔内仅有少量浆液，没有气体，这一薄层浆液有两方面的作用：一是在两层胸膜之间起润滑作用，减小两层胸膜互相滑动的摩擦；二是浆液的张力使两层胸膜贴附在一起，不易分开，使得肺可以随胸廓的运动而运动。如果胸膜腔破裂，与大气相通，空气将立即进入胸膜腔，形成气胸，两层胸膜彼此分开，肺将因其本身的回缩力而塌陷。

胸膜腔内的压力为胸膜腔内压，测量表明胸膜腔内压比大气压低，为负压。平静呼气末胸膜腔内压约为 $-0.665～-0.399$kPa（$-5～-3$mmHg），吸气末约为 $-1.33～-0.665$kPa（$-10～-5$mmHg）。关闭声门，用力吸气，胸膜腔内压可降至 -11.97kPa（-90mmHg），用力呼气时，可升高到 14.63kPa（110mmHg）。

有两种力通过胸膜脏层作用于胸膜腔：一是肺内压，使肺泡扩张；一是肺的弹性回缩力，使肺泡缩小。因此，胸膜腔内的压力实际上是这两种方向相反的力的代数和，即：

胸膜腔内压=肺内压-肺弹性回缩力

在吸气末和呼气末，肺内压等于大气压，因而：

胸膜腔内压=大气压-肺弹性回缩力

若以 1atm❶ 为 0 位标准，则：

胸膜腔内压=-肺弹性回缩力

如果肺弹性回缩力是 0.665kPa（5mmHg），胸膜腔内压就是 -0.665kPa（-5mmHg），实际的压力值便是 101.08-0.665=100.415kPa（760-5=755mmHg）。可见，胸膜腔负压是由肺的弹性回缩力造成的。吸气时，肺扩张，肺的弹性回缩力增大，胸膜腔负压也加大。呼气时，肺缩小，肺弹性回缩力也减小，胸膜腔负压也减少。胎儿出生后，胸廓生长的速度

❶ 1atm=101325Pa，全书余同。

比肺快，以致胸廓经常牵引着肺，即便在胸廓因呼气而缩小时，仍使肺处于一定程度的扩张状态，只是扩张程度小些而已。所以，正常情况下，肺总是表现出回缩倾向，胸膜腔内压因而经常为负值。

综上所述，可将肺通气的动力概括如下：呼吸肌的张缩是肺通气的原动力，它引起胸廓的张缩，由于胸膜腔和肺的结构特征，肺便随胸廓的张缩而张缩，肺容积的这种变化又造成肺内压和大气压之间的压力差，此压力差直接推动气体进出肺。

（二）肺通气的阻力

肺通气的动力需要克服肺通气的阻力方能实现肺通气。阻力增高是临床上肺通气障碍最常见的原因。肺通气的阻力有两种：弹性阻力（肺和胸廓的弹性阻力）是平静呼吸时的主要阻力，约占总阻力的 70%；非弹性阻力，包括气道阻力、惯性阻力和组织的黏滞阻力，约占总阻力的 30%，其中又以气道阻力为主。

1. 弹性阻力和顺应性

弹性组织在外力作用下变形时，有对抗变形和弹性回位的倾向，称为弹性阻力。用同等大小的外力作用时，弹性阻力大者，变形程度小；弹性阻力小者，变形程度大。一般用顺应性（compliance）来度量弹性阻力。顺应性是指在外力作用下弹性组织的可扩张性，容易扩张者顺应性大，弹性阻力小；不易扩张者，顺应性小，弹性阻力大。顺应性（C）与弹性阻力（R）成反变关系：

$$C=1/R$$

顺应性用单位压力变化（ΔP）所引起的容积变化（ΔV）来表示，$C=\Delta V/\Delta P$，单位是 L/cmH_2O。

（1）肺弹性阻力和肺顺应性　肺具有弹性，在肺扩张变形时产生的弹性回缩力，其方向与肺扩张的方向相反。肺的弹性阻力可用肺顺应性表示。

① 肺静态顺应性曲线　测定肺顺应性时，进行分步吸气（或打气入肺）或分步呼气（或从肺内抽气），每步吸气或呼气后，屏气，放松呼吸肌，测定肺容积的变化和胸膜腔内压（因为这时呼吸道内没有气流流动，肺内压等于大气压，所以只测胸膜腔内压就可知道跨肺压）。然后绘制容积-压力（V-P）曲线，就是肺的顺应性曲线。曲线的斜率反映不同肺容量下顺应性或弹性阻力的大小。曲线斜率大，顺应性大，弹性阻力小；曲线斜率小，则意义相反。正常成年人在平静呼气末，肺容积约为肺总量的 40% 左右时，肺顺应性正好位于曲线的中段，此段斜率最大，故平静呼吸时肺弹性阻力小，呼吸省力。

② 比顺应性　肺顺应性还受肺总量的影响。在肺总量较大者，其扩张程度较小，弹性回缩力也较小，弹性阻力小，仅需较小的跨肺压变化即可，故顺应性大；而在肺总量较小者，其扩张程度大，弹性回缩力也大，弹性阻力大，需较大的跨肺压变化，故顺应性小。由于不同个体间肺总量存在着较大差别，在比较其顺应性时必须排除肺总量的影响，进行标准化，测定单位肺容量下的顺应性，即比顺应性。

比顺应性＝测得的肺顺应性（L/cmH_2O）/肺总量（L）

③ 肺弹性阻力的来源　肺弹性阻力来自肺组织本身的弹性加回缩力和肺泡内侧的液体层同肺泡内气体之间的液-气界面的表面张力所产生的回缩力，两者均使肺具有回缩倾向，故成为肺扩张的弹性阻力。

肺组织的弹性阻力主要来自弹力和胶原纤维，当肺扩张时，这些纤维被牵拉便倾向于回缩。肺扩张越大，对纤维的牵拉程度越大，回缩力也越大，弹性阻力越大，反之则小。

肺泡表面活性物质是复杂的脂蛋白混合物，主要成分是二棕榈酰卵磷脂，由肺泡Ⅱ型细胞合成并释放，分子的一端是非极性疏水的脂肪酸，不溶于水；另一端是极性的易溶于水。

正常肺泡表面活性物质不断更新，以保持其正常的功能。

肺泡表面活性物质降低表面张力的作用，有重要的生理功能。表面活性物质使肺泡液-气界面的表面张力降至10^{-4}N/cm 以下，比血浆的 5×10^{-4}N/cm 低得多，这样就减弱了表面张力对肺毛细血管中液体的吸引作用，防止了液体渗入肺泡，使肺泡得以保持相对干燥。此外，由于肺泡表面活性物质的密度大，降低表面张力的作用强，表面张力小，使小肺泡内压力不致过高，防止了小肺泡的塌陷。大肺泡表面张力则因表面活性物质分子的稀疏而不致明显下降，维持了肺内压力与小肺泡相等，不致过度膨胀，这样就保持了大小肺泡的稳定性，有利于吸入气在肺内得到较为均匀的分布。

成年人患肺炎、肺血栓等疾病时，可因表面活性物质减少而发生肺不张。初生儿也可因缺乏表面活性物质，发生肺不张和肺泡内表面透明质膜形成，造成呼吸窘迫综合征，导致死亡。现在已可应用抽取羊水并检查其表面活性物质含量的方法，协助判断发生这种疾病的可能性，以采取措施，加以预防。

（2）胸廓的弹性阻力和顺应性　胸廓也具有弹性，呼吸运动时也产生弹性阻力。但是，因胸廓弹性阻力增大而使肺通气发生障碍的情况较为少见，所以临床意义相对较小。胸廓处于自然位置时的肺容量，相当于肺总量的 67% 左右，此时胸廓毫无变化，不表现弹性回缩力。肺容量小于总量的 67% 时，胸廓被牵引向内而缩小，胸廓的弹性回缩力向外，是吸气的动力、呼气的弹性阻力；肺容量大于肺总量的 67% 时，胸廓被牵引向外而扩大，其弹性回缩力向内，成为吸气的弹性阻力、呼气的动力。

2. 非弹性阻力

非弹性阻力包括惯性阻力、黏滞阻力和气道阻力。惯性阻力是气流在发动、变速、换向时因气流和组织的惯性所产生的阻止运动的因素。黏滞阻力来自呼吸时组织相对位置所发生的摩擦。气道阻力来自气体流经呼吸道时气体分子间和气体分子与气道之间的摩擦，是非弹性阻力的主要成分，约占 80%～90% 的非弹性阻力是气体流动时产生的，并随流速加快而增加，故为动态阻力。

气道阻力可用维持单位时间内气体流量所需压力差来表示：

$$气道阻力 \ (R) = (气道口腔压 - 肺泡压)/流量$$

健康人平静呼吸时的总气道阻力为 $1～3$cmH$_2$O/(L·s)，主要发生在鼻（约占 50%）、声门（约占 25%）及气管和支气管（约占 15%）等部位，仅 10% 的阻力发生在口径小于 2mm 的细支气管。

气道阻力受气流流速、气流形式和管径大小的影响。流速快，阻力大；流速慢，阻力小。气流形式有层流和湍流，层流阻力小，湍流阻力大。气流太快和管道不规则容易发生湍流。如气管内有黏液、渗出物或肿瘤、异物等时，可用排痰、清除异物、减轻黏膜肿胀等方法减少湍流，降低阻力。气道管径（r）大小是影响气道阻力的另一个重要因素。管径缩小，阻力大增，因为 $R \propto 1/r^4$。气道管径又受如下四方面因素影响。

（1）跨壁压　跨壁压是指呼吸道内外的压力差。呼吸道内压力高，跨壁压增大，管径被动扩大，阻力变小；反之则增大。

（2）肺实质对气道壁的外向放射状牵引　小气道的弹力纤维和胶原纤维与肺泡壁的纤维彼此穿插，这些纤维像帐篷的拉线一样对气道发挥牵引作用，以保持那些没有软骨支撑的细支气管的通畅。

（3）自主神经系统对气道管壁平滑肌活动的调节　呼吸道平滑肌受交感、副交感双重神经支配，两者均有紧张性。副交感神经使气道平滑肌收缩，管径变小，阻力增大；交感神经使平滑肌舒张，管径变大，阻力减小。近来发现呼吸道平滑肌的张缩还受自主神经释放的非乙酰胆碱共存递质的调节，如神经肽（血管活性肠肽、神经肽 Y、速激肽等）。它们或作用于接头前受体，调节递质的释放；或作用于接头后，调节对递质的反应或直接改变效应器的反应。

（4）化学因素的影响　如儿茶酚胺可使气道平滑肌舒张；前列腺素 F 可使之收缩，而前列腺素 E 则使之舒张；过敏反应时由肥大细胞释放的组胺使支气管收缩；吸入气 CO_2 含量的增加可以刺激支气管、肺的 C 类纤维，反射性地使支气管收缩，气道阻力增加。此外，气道上皮可合成、释放内皮素，使气道平滑肌收缩。哮喘病人肺内皮素的合成和释放增加，提示内皮素可能参与哮喘的病理生理过程。

在上述四种因素中，前三种均随呼吸而发生周期性变化，气道阻力也因而出现周期性改变。跨壁压增大（因胸膜内压下降），交感神经兴奋都能使气道口径增大，阻力减小；呼气时发生相反的变化，使气道口径变小，阻力增大，这也是支气管哮喘病人呼气比吸气更为困难的主要原因。

知识链接

哮喘

一般指支气管哮喘，是一种气道慢性炎症性疾病，这种慢性炎症与气道高反应性相关，通常出现广泛而多变的可逆性气流受限，导致反复发作的喘息、气促、胸闷、咳嗽等症状，多在夜间或清晨发作、加剧，多数患者可自行缓解或经治疗缓解。

针对哮喘急性症状的首选方案为 β_2 受体激动剂吸入；长期抗感染治疗为基础性治疗方案，首选糖皮质激素吸入进行抗感染治疗；对于效果不理想的患者，可考虑增加长效 β_2 受体激动剂。

二、肺通气评价指标

（一）基本肺容积

不同情况下的肺容积如图 4-4 所示。

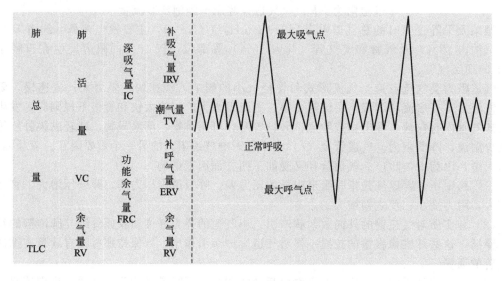

图 4-4　不同情况下的肺容积

1. 潮气量（TV）

每次正常呼吸时吸入或呼出的气量为潮气量。平静呼吸时，潮气量为 400～600ml，一般以 500ml 计算。运动时，潮气量将增大。

2. 补吸气量（也称吸气贮备量，IRV）

平静吸气末，再尽力吸气所能吸入的气量为补吸气量，正常成年人约为 1500～2000ml。

3. 补呼气量（也称呼气贮备量，ERV）

平静呼气末，再尽力呼气所能呼出的气量为补呼气量，正常成年人约为 900～1200ml。

4. 余气量或残气量（RV）

最大呼气末尚存留于肺中不能再呼出的气量为余气量。只能用间接方法测定，正常成人约为 1000～1500ml。支气管哮喘和肺气肿患者，余气量增加。

（二）肺容量

是基本肺容积中两项或两项以上的联合气量，见图 4-4。

1. 深吸气量

从平静呼气末做最大吸气时所能吸入的气量为深吸气量（IC），它也是潮气量和补吸气量之和，是衡量最大通气潜力的一个重要指示。胸廓、胸膜、肺组织和呼吸肌等的病变，可使深吸气量减少而降低最大通气潜力。

2. 功能余气量

平静呼气末尚存留于肺内的气量为功能余气量（FRC），是余气量和补呼气量之和。正常成年人约为 2500ml，肺气肿患者的功能余气量增加，肺实质性病变时减小。功能余气量的生理意义是缓冲呼吸过程中肺泡气氧和二氧化碳分压（P_{O_2} 和 P_{CO_2}）的过度变化。由于功能余气量的稀释作用，吸气时，肺内 P_{O_2} 不至突然升得太高，P_{CO_2} 不致降得太低；呼气时，肺内 P_{O_2} 则不会降得太低，P_{CO_2} 不致升得太高。这样，肺泡气和动脉血液的 P_{O_2} 和 P_{CO_2} 就不会随呼吸而发生大幅度的波动。

3. 肺活量和时间肺活量

最大吸气后，从肺内所能呼出的最大气量称作肺活量（VC），是潮气量、补吸气量和补呼气量之和。肺活量有较大的个体差异，与身材大小、性别、年龄、呼吸肌强弱等有关。正常成年男性平均约为 3500ml，女性为 2500ml。

肺活量反映了肺一次通气的最大能力，在一定程度上可作为肺通气功能的指标。但是，由于测定肺活量时不限制呼气的时间，所以不能充分反映肺组织的弹性状态和气道的通畅程度，即通气功能的好坏。时间肺活量为单位时间内呼出的气量占肺活量的百分数。测定时，让受试者先做一次深吸气，然后以最快的速度呼出气体，同时分别测量第 1s、第 2s、第 3s 末呼出的气量，计算其所占肺活量的百分数，分别称为第 1s、第 2s、第 3s 的时间肺活量，正常人各为 83%、96% 和 99% 肺活量。时间肺活量是一种动态指标，不仅反映肺活量容量的大小，而且反映了呼吸所遇阻力的变化，是评论肺通气功能的较好指标。阻塞性肺疾病患者往往需要 5～6s 或更长的时间才能呼出全部肺活量。

4. 肺总量

肺所能容纳的最大气量为肺总量（TLC），是肺活量和余气量之和。其值因性别、年龄、身材、运动锻炼情况和体位而异。成年男性平均为 5000ml，女性 3500ml。

（三）每分通气量

每分通气量是指每分钟进或出肺的气体总量，等于呼吸频率与潮气量之积。平静呼吸时，正常成年人呼吸频率为每分钟 12～18 次，潮气量为 500ml，则每分通气量为 6～9L。每分通气量随性别、年龄、身材和活动量不同而有差异。为便于比较，最好在基础条件下测定，并以每平方米体表面积为单位来计算。

运动时，每分通气量增大。尽力做深快呼吸时，每分钟所能吸入或呼出的最大气量为最大通气量。它反映单位时间内充分发挥的全部通气量，是估计一个人能进行多大运动量的生理指标之一。测定时，一般只测量 10s 或 15s 最深最快的呼出或吸入量，再换算成每分钟的，即为最大通气量。最大通气量一般可达 70～120L。比较平静呼吸时的每分通气量和最大通气量，可以了解通气功能的贮备能力，通常用通气贮量百分比表示：

通气贮量百分比＝[（最大通气量－每分平静通气量）/最大通气量]×100%

正常值一般等于或大于 93%。

（四）无效腔和肺泡通气量

每次吸入的气体，一部分将留在从上呼吸道至呼吸性细支气管以前的呼吸道内，这部分气体均不参与肺泡与血液之间的气体交换，故称为解剖无效腔，其容积约为 150ml。进入肺泡内的气体，也可因血流在肺内分布不均而未能都与血液进入气体交换，未能发生气体交换的这一部分肺泡容量称为肺泡无效腔。肺泡无效腔与解剖无效腔一起合称生理无效腔。健康人平卧时生理无效腔等于或接近于解剖无效腔。

由于无效腔的存在，每次吸入的新鲜空气不能都到达肺泡进入气体交换。因此，为了计算真正有效的气体交换，应以肺泡通气量为准。肺泡通气量是每分钟吸入肺泡的新鲜空气量。

肺泡通气量＝（潮气量－无效腔气量）×呼吸频率

潮气量和呼吸频率的变化，对肺通气和肺泡通气有不同的影响。在潮气量减半和呼吸频率加倍或潮气量加倍而呼吸频率减半时，肺通气量保持不变，但是肺泡通气量却发生明显的变化，如表 4-1 所示。故从气体交换效率而言，浅而快的呼吸是不利的。

表 4-1　不同呼吸频率和潮气量时的肺通气量和肺泡通气量

呼吸频率/（次/min）	潮气量/ml	肺通气量/（ml/min）	肺泡通气量/（ml/min）
8	1000	8000	6800
16	500	8000	5600
32	250	8000	3200

知识链接

高频通气

近年来，临床上在某些情况下（如配合支气管镜检查，治疗呼吸衰竭等）使用一种特殊形式的人工通气，即高频通气。这是一种频率很高、潮气量很低的人工通气，其频率可为每分钟 60～100 次或更高，潮气量小于解剖无效腔。目前，对于高频通气何以能维持有效的通气和换气还不太清楚，可能其通气原理与通常情况下的通气原理不尽相同，有人认为它和气体对流的加强及气体分子扩散的加速有关。高频通气的临床应用和通气原理都有待进一步研究。

（五）呼吸功

在呼吸过程中，呼吸肌为克服弹性阻力和非弹性阻力而实现肺通气所做的功为呼吸功。通常以单位时间内压力变化乘以容积变化来计算，单位是 kg·m。正常人平静呼吸时，呼吸功不大，每分钟约为 0.3～0.6kg·m，其中 2/3 来克服弹性阻力，1/3 用来克服非弹性阻力。劳动或运动时，呼吸频率、深度增加，呼气也有主动成分的参与，呼吸功可增至 10kg·m。病理情况下，弹性或非弹性阻力增大时，也可使呼吸功增大。

平静呼吸时，呼吸耗能仅占全身耗能的 3%。剧烈运动时，呼吸耗能可升高 25 倍，但由于全身总耗能也增大 15～20 倍，所以呼吸耗能仍只占总耗能的 3%～4%。

第三节　呼吸气体的交换

肺通气使肺泡气不断更新，保持了肺泡气 P_{O_2}、P_{CO_2} 的相对稳定，这是气体交换得以顺利进行的前提。气体交换包括肺换气和组织换气，这两种换气的原理基本相同。

一、气体交换原理

（一）气体的扩散

气体分子不停地进行着无定向的运动，其结果是气体分子从分压高处向分压低处发生净转移，这一过程称为气体扩散，于是各处气体分压趋于相等。机体内的气体交换就是以扩散方式进行的。单位时间内氧化扩散的容积为气体扩散速率，它受下列因素的影响。

1. 气体的分压差

在混合气体中，每种气体分子运动所产生的压力为各该气体的分压，它不受其他气体或其分压存在的影响，在温度恒定时，每一气体的分压只取决于其自身的浓度。混合气的总压力等于各气体分压之和。

气体分压可按下式计算：

气体分压＝总压力×该气体的容积百分比

两个区域之间的分压差（ΔP）是气体扩散的动力，分压差越大，扩散越快。

2. 气体的分子量和溶解度

一般而言，质量轻的气体扩散较快，在相同条件下，气体扩散速率与其相对分子质量（M_W）的平方根成反比。

气体的溶解度（S）指单位分压下溶解于单位容积溶液中的气体量。一般以 1atm、38℃时，100ml 液体中溶解的气体的体积数（ml）来表示。例如：CO_2 在血浆中的溶解度（51.5）约为 O_2 的（2.14）24 倍，CO_2 的相对分子质量（44）略大于 O_2（32），综合计算，CO_2 的扩散系数是 O_2 的 20 倍。

3. 扩散面积和距离

扩散面积越大，扩散的分子总数也越大，故气体扩散速率与扩散面积（A）成正比。分子扩散的距离越大，扩散经全程所需的时间就越长，故扩散速率与扩散距离（d）成反比。

4. 温度

扩散速率与温度（T）成正比。在人体，体温相对恒定，温度因素可忽略不计。

（二）呼吸气和人体不同部位气体的分压

既然气体交换的动力是分压差，则有必要首先了解进行气体交换各有关部位的气体组成和分压。

1. 呼吸气和肺泡气的成分和分压

人体吸入的气体是空气，主要成分是 O_2、CO_2 和 N_2，具有生理意义的是 O_2 和 CO_2。空气中各气体的容积百分比一般不因地域不同而异，但分压却因总大气压的变动而改变，例如高原大气压降低，各气体的分压也随之降低。

吸入气是指在呼吸道内被水蒸气所饱和的空气，其成分已不同于大气，各成分的分压已发生改变。

从肺内呼出的气体为呼出气，它由无效腔的吸入气和来自肺泡的肺泡气两部分气体混合而成。

上述各部分气体的成分和分压如表 4-2 所示。

表 4-2　海平面处各气体的容积百分比和分压

气体	大气		吸入气		呼出气		肺泡气	
	容积百分比/%	分压/kPa (mmHg)	容积百分比/%	分压/kPa (mmHg)	容积百分比/%	分压/kPa (mmHg)	容积百分比/%	分压/kPa (mmHg)
O_2	20.84	21.15(159.0)	19.67	19.86(149.3)	15.7	15.96(120.0)	13.6	13.83(104.0)
CO_2	0.04	0.04(0.3)	0.04	0.04(0.3)	3.6	3.59(27.0)	5.3	5.32(40.0)
N_2	78.62	79.40(597.0)	74.09	74.93(563.4)	74.5	75.28(566)	74.9	75.68(569)
H_2O	0.50	0.49(3.7)	6.20	6.25(47)	6.20	6.25(47)	6.20	6.25(47)
合计	100.0	101.08(760)	100.0	101.08(760)	100	101.08(760)	100	101.08(760)

注：N_2 在呼吸过程中并无增减，只是因 O_2 和 CO_2 百分比的改变，使 N_2 的百分比发生相对改变。

2. 血液气体和组织气体的分压（张力）

液体中的气体分压称为气体的张力（P），其数值与分压相同。表 4-3 示血液和组织中 P_{O_2} 和 P_{CO_2} 的分压。不同组织的 P_{O_2} 和 P_{CO_2} 不同，同一组织的 P_{O_2} 和 P_{CO_2} 还受组织活动和水平的影响，表中的数值是安静状态下的大致估计值。

表 4-3　血液和组织中气体的分压

分压	动脉血		混合静脉血		组织	
	kPa	mmHg	kPa	mmHg	kPa	mmHg
P_{O_2}	12.9~13.3	97~100	5.32	40	4.00	30
P_{CO_2}	5.32	40	6.12	46	6.65	50

二、气体在肺的交换及影响因素

（一）交换过程

混合静脉血流经肺毛细血管时，血液 P_{CO_2} 是 5.32kPa（40mmHg），比肺泡气的 13.83kPa（104mmHg）低，肺泡气中的 O_2 由于分压差向血液扩散，血液的 P_{CO_2} 逐渐上升。最后混合静脉血的 P_{CO_2} 达到 6.12kPa（46mmHg），而肺泡的 P_{CO_2} 是 5.32kPa（40mmHg），CO_2 则向相反的方向扩散，从血液到肺泡（图 4-5）。O_2 和 CO_2 的扩散都极为迅速，仅需约 0.3s 即可达到平衡。通常情况下血液流经肺毛细血管的时间约 0.7s，所以当血液流经肺毛细血管全长约 1/3 时，已经基本上完成了交换过程。

（二）影响肺部气体交换的因素

前面已经提到气体扩散速率受分压差、扩散面积、扩散距离、温度和扩散系数的影响。下面具体说明肺的扩散距离和扩散面积以及影响肺部气体交换的其他因素，即通气/血流比值的影响。

1. 呼吸膜的厚度

呼吸膜由六层结构组成（图 4-6）：含表面活性物质的液体分子层、肺泡上皮细胞层、肺泡上皮基底膜层、肺泡上皮和毛细血管膜之间的间隙、毛细血管的基膜层和毛细血管内皮细胞层。

正常状态下，此六层结构很薄，总厚度不到 1μm，气体易于扩散通过。病理情况下，任何使呼吸膜增厚或扩散距离增加的疾病，都会降低扩散速率，减少扩散量，如肺纤维化、肺水肿等，由此可导致低氧血症。运动时，由于血流加速，缩短了气体在肺部的交换时间，这时呼吸膜的厚度和扩散距离的改变显得更有意义。

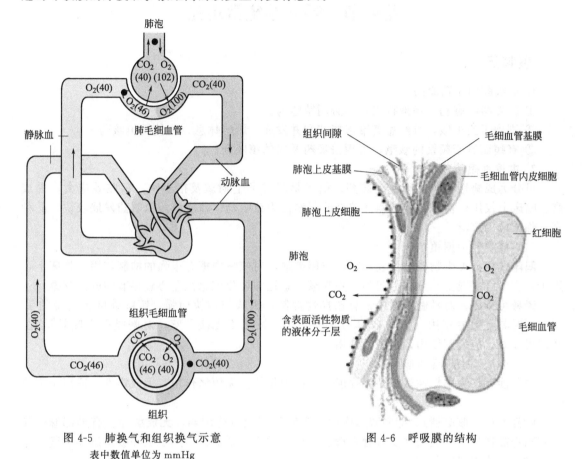

图 4-5 肺换气和组织换气示意
表中数值单位为 mmHg

图 4-6 呼吸膜的结构

2. 呼吸膜的面积

气体扩散速率与扩散面积成正比。正常成人肺有 3 亿左右的肺泡，总扩散面积约 $70m^2$。安静状态下，呼吸膜的扩散面积约 $40m^2$，故有相当大的贮备面积。运动时，因肺毛细血管开放数量和开放程度的增加，扩散面积也大大增大。肺不张、肺实变、肺气肿或肺毛细血管关闭和阻塞等病变均可使呼吸膜扩散面积减小。

3. 通气/血流比值的影响

通气/血流比值是指每分肺通气量（VA）和每分肺血流量（Q）之间的比值（VA/Q），正常成年人安静时约为 4.2/5＝0.84。如果 VA/Q 比值增大，这就意味着通气过剩，血流不足，部分肺泡气未能与血液气充分交换，致使肺泡无效腔增大；反之，VA/Q 下降，则意味着通气不足，血流过剩，部分血液流经通气不良的肺泡，混合静脉血中的气体未能得到充分更新。

VA/Q 增大时，肺泡无效腔增加；VA/Q 减小时，发生功能性动-静脉短路。两者都妨碍了有效的气体交换，可导致血液缺 O_2 或 CO_2 潴留，但主要是血液缺 O_2。这是因为，动、静脉血液之间 O_2 分压差远远大于 CO_2 的，所以动-静脉短路时，动脉血 P_{O_2} 下降的程度大于 P_{CO_2} 升高的程度；CO_2 的扩散系数是 O_2 的 20 倍，所以 CO_2 的扩散较 O_2 为快，不易潴留。此外，动脉血 P_{O_2} 下降和 P_{CO_2} 升高，可以刺激呼吸，增加肺泡通气量，有助于 CO_2 的排出，却几乎无助于 O_2 的摄取，这是由氧解离曲线和 CO_2 解离曲线的特点所决定的。

第四节　呼吸系统常用药

一、镇咳药

1. 镇咳药的用药原则

① 轻度咳嗽有利于痰液排出，不必用镇咳药。

② 剧烈无痰干咳，可给患者带来痛苦和并发症，影响休息，应使用镇咳药。

③ 有痰而过于频繁的咳嗽，可用祛痰药及弱的镇咳药。

2. 中枢性镇咳药

可分为成瘾性和非成瘾性镇咳药。前者是吗啡类生物碱及衍生物，镇咳效应大，易成瘾。临床上仅用可待因几种成瘾性较小的药物作为镇咳药。非成瘾性镇咳药发展较快，品种多，临床应用广泛。

（1）成瘾性中枢镇咳药

吗啡。阿片类生物碱的代表药物，作用最强，对咳嗽中枢有很强的抑制作用。临床上可用于：支气管癌或主动脉瘤引起的剧烈咳嗽及急性肺梗死或急性左心衰伴有的剧烈咳嗽。

磷酸可待因。对延髓咳嗽中枢有选择性抑制，镇咳作用快而强，镇咳强度为吗啡的 1/10，同时具有镇痛作用（为吗啡的 1/10～1/7），适用于无痰干咳，对胸膜炎干咳较适宜。久用可成瘾，应控制使用，痰多者禁用。

（2）非成瘾中枢性镇咳药

右美沙芬。为中枢性镇咳药，强度与可待因相等。无镇痛作用，无成瘾性，适用于无痰干咳。

喷托维林（咳必清）。抑制咳嗽中枢，镇咳作用较可待因弱，无成瘾性。有局部麻醉作用和阿托品样作用，能松弛支气管平滑肌，抑制呼吸感受器。适用于上呼吸道感染引起的急性咳嗽，青光眼患者禁用。

3. 外周性镇咳药

盐酸那可汀。外周性镇咳药，用来抑制肺不张反射引起的咳嗽，同时具有兴奋呼吸中枢的作用。无成瘾性，痰多者慎用。

二、平喘药

1. 肾上腺素受体激动剂

一般是通过激动支气管平滑肌细胞膜上的 β 受体，产生松弛支气管平滑肌的作用。本类药长期应用可使支气管对各种刺激反应性增高，而使哮喘发作加重，应注意。

（1）非选择性肾上腺素受体激动剂

肾上腺素。可同时兴奋 α、β 受体，使支气管黏膜收缩、减轻水肿，同时使支气管平滑肌松弛畅通气道，从而缓解哮喘症状。作用特点为平喘作用迅速、强大、维持时间短，皮下注射用于控制急性发作。

异丙肾上腺素。选择性作用于 β 受体，平喘作用强，一般吸入给药。

麻黄碱。作用与肾上腺素类似，但弱而久，适用于轻症哮喘和预防。

（2）选择性 β_2 肾上腺素受体激动剂

沙丁胺醇。对 β_2 受体的作用强于 β_1 受体，对心脏兴奋的不良反应仅为异丙肾上腺素的 1/10，口服、吸入均可。缓控释剂型适用于夜间发作。

克伦特罗。选择性作用于 β_2 受体，松弛支气管平滑肌的作用强于沙丁胺醇 100 倍。

特布他林。作用类似于沙丁胺醇，口服、吸入、皮下注射给药均可，但重复给药易出现蓄积。

2. 茶碱类

代表药物为氨茶碱、胆茶碱等，可抑制磷酸二酯酶，减缓 cAMP 的水解速率，使细胞内 cAMP 上升，从而松弛支气管平滑肌，此外还可间接抑制组胺等过敏介质释放。对急慢性哮喘，口服、注射、直肠给药均有效。主要用于治疗哮喘，为最常用的平喘药。

此外，还能增强心肌收缩，扩张冠脉，有微弱的利尿作用，尤其适用于心衰引发的气喘（心源性哮喘）。

此类药物安全范围小，静注过速可引起心律失常、血压骤降、兴奋不安，甚至惊厥。

3. M 胆碱受体阻断药

内源性乙酰胆碱的释放在引发哮喘中有重要作用，M 胆碱受体阻断药可阻断乙酰胆碱的作用，用于治疗哮喘。代表药物为异丙基阿托品，临床上常与 β_2 受体联用对抗重症哮喘和夜间哮喘。

4. 抗炎性平喘药（主要指肾上腺皮质激素）

本类药具有抗炎、抗过敏作用，能抑制前列腺素、白三烯等炎性介质的生成、释放，使小血管收缩，渗出减少，并提高 β_2 受体的敏感性。吸入性皮质激素是目前治疗哮喘的主要药物，代表药物为二丙酸倍氯米松、氟尼缩松、布地奈德等。

二丙酸倍氯米松。为地塞米松衍生物，局部抗炎作用比地塞米松强 500 倍。气雾吸入可直接作用于支气管产生抗炎作用，无全身不良反应，可长期低剂量或短期高剂量用于中、重度哮喘患者。该药起效慢，不能用于急性发作。长期使用，可发生口腔霉菌感染，宜多漱口对抗之。

5. 抗过敏药

色甘酸钠。可抑制肥大细胞内的磷酸二酯酶，提高细胞内 cAMP 水平，从而稳定细胞膜，促进细胞内游离 Ca^{2+} 下降，从而抑制肥大细胞释放过敏性介质。适用于预防吸入性哮喘发作，起效慢，对季节性哮喘和儿童哮喘效果尤佳。因本品对已释放的过敏性介质无对抗作用，故必须预防用药，发作后用药无效。

奈多罗米。抑制支气管膜炎症细胞释放多种炎症介质，作用强于色甘酸钠，吸入给药可预防性治疗哮喘、喘息性支气管炎。

课后习题

一、选择题

1. 肺通气的直接动力来自于（　　）。
   - A. 呼吸机的收缩
   - B. 肺舒缩运动
   - C. 肺内压与大气压之差
   - D. 胸廓的舒缩
   - E. 肺内压和胸膜腔内压之差
2. 胸膜腔负压形成的主要原因是（　　）。
   - A. 肺的回缩力
   - B. 肺弹性阻力
   - C. 大气压力
   - D. 胸膜腔密闭性

    E. 胸膜腔的扩张

3. 维持胸膜腔负压的必要条件是（　　　）。
    A. 呼吸运动
    B. 胸膜腔的密闭性
    C. 胸膜腔中浆液分子的内聚力
    D. 肺的自然容积小于胸廓的自然容积
    E. 胸廓扩张

4. 肺表面活性物质减少将导致（　　　）。
    A. 呼气力阻力增大
    B. 肺弹性阻力增大
    C. 肺顺应性增大
    D. 肺泡表面张力降低
    E. 肺容易扩张

5. 气体扩散速率与（　　　）。
    A. 分压差成反比
    B. 温度成反比
    C. 扩散面积成反比
    D. 扩散距离成正比
    E. 扩散系数成正比

6. 肺换气中，造成临床上缺 O_2 比 CO_2 潴留更为常见的主要原因是（　　　）。
    A. O_2 的分压差比 CO_2 大
    B. CO_2 的溶解度比 O_2 大
    C. CO_2 的分子量比 O_2 大
    D. CO_2 通过呼吸膜的距离比 O_2 小
    E. CO_2 的扩散率比 O_2 大

7. 下列关于通气/血流比值的叙述，哪项错误（　　　）。
    A. 是指每分钟肺泡通气量和每分钟肺血流量之间的比值
    B. 正常成年人安静时约为 0.84
    C. 可作为衡量肺换气功能的指标
    D. 该比值减少，意味着肺泡无效腔增大
    E. 人体直立时，肺尖部该比值增大，而肺底部该比值减小

8. 通气/血流比值增大，意味着（　　　）。
    A. 肺泡无效腔增大
    B. 解剖无效腔增大
    C. 肺扩散容量增大
    D. 呼吸膜通透性增大
    E. 通气/血流比值增大

9. 决定肺内气体交换方向的主要因素是（　　　）。
    A. 气体分压差
    B. 气体溶解度
    C. 气体分子量
    D. 呼吸膜通透性
    E. 气体与血红蛋白的亲和力

二、名词解释

1. 每分通气量
2. 肺活量
3. 潮气量

三、问答题

1. 简述呼吸膜的组成。
2. 简述影响气体扩散的因素。

答案

一、选择题：CABAEEDAA

二、名词解释：（略）

三、问答题：（略）

第五章　消化系统

学习目标

1. 能说出消化系统的组成器官及其基本结构、大体位置；各消化腺的种类及功能；消化系统各部位消化液的基本成分；胃肠各部位的主要运动形式。

2. 能运用本章所学知识，分析常见营养物质的消化吸收过程，解释小肠作为主要吸收部位的原因。

3. 能解释消化系统常用药的基本药理作用，并对临床用药做出初步判断。

消化系统是人体的重要系统之一，主司对摄入食物的消化、吸收、排泄功能，保证人体从食物中获得营养及能量。此外，该系统中的消化腺还可分泌多种激素，参与消化、吸收过程乃至全身其他生理过程的调节。

消化系统是人体不可或缺的组成部分，它的健康是机体健康的根本保障。消化系统一旦出现病变，轻则影响营养物质的消化、吸收，给机体的正常生理活动造成障碍，削弱机体正常功能，导致各种疾病发生，重则造成营养不良，进而出现消瘦、水肿、感染、酮症等，严重者则可危及生命。

因此，重视消化系统的健康是确保生活质量的重要一环，每个人都应该自幼养成规律、均衡、卫生的饮食习惯，杜绝暴饮暴食、不均衡饮食、酗酒、滥用药物（如非甾体抗炎药等）等不良行为。同时，健康的心理也是防止消化道疾病发生的一个重要因素，长期的焦虑、紧张情绪会增加消化系统病变的概率，近年来消化道溃疡的高发病率多与此有关，值得引起重视。

知识链接

关于营养不良

营养不良是一个描述健康状况的用语，由不适当或不足饮食所造成。通常指的是起因于摄入不足、吸收不良或过度损耗营养素所造成的营养不足，但也可能包含由于暴饮暴食或过度摄入特定的营养素而造成的营养过剩。如果不能长期摄取由适当数量、种类和质量的营养素所构成的健康饮食，个体将营养不良。长期的营养不良可能导致饥饿死亡。

常见的营养不良包括蛋白质能量营养不良及微量养分营养不良，经常发生在经济落后的发展中国家。然而近年来，由于不适当的节食、暴饮暴食或缺乏平衡的饮食而造成的营养不良，经常在经济较发达的国家和地区出现（由肥胖症发病率增加程度可见一斑）。

第一节　消化系统解剖

消化系统可分为消化道与消化腺两大部分。消化道（也称消化管）由口腔、咽、食道、胃、小肠（十二指肠、空肠、回肠）和大肠［盲肠（包括阑尾）、结肠、直肠、肛管］自上而下首尾相接组成。习惯上，口腔到十二指肠的这一段被称为上消化道，空肠以下的部分被称为下消化道。消化腺包括大消化腺（大唾液腺、胰腺和肝脏）以及分布于消化道管壁内的小消化腺（小唾液腺、胃腺和肠腺等）（如图 5-1 所示）。

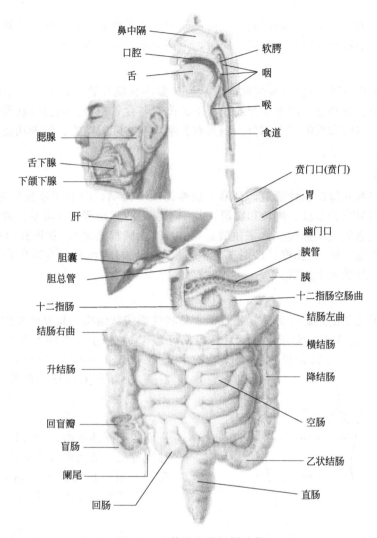

图 5-1 人体消化道解剖示意

一、消化道

（一）口腔

口腔是消化道的起始部分，内有牙、舌等器官。前方开口于唇，后方与咽相连，前壁为唇，侧壁为颊，顶为腭，底为舌及其他肌肉结构。口腔借上、下牙弓分为前外侧部的口腔前庭和后内侧部的固有口腔。

1. 牙

牙为人体的咀嚼器官，根据其形态和功能不同，可分为切牙（即门牙，单牙根，凿形，用于切断食物）、尖牙（椎形，单牙根，用于撕扯食物）、前磨牙和磨牙（近似方形，2～3个牙根，用于磨碎食物）。

成人恒牙共 32 颗，上、下颌左右两侧各 8 颗，自前向后分别为切牙（2 颗）、尖牙（1 颗）、前磨牙（2 颗）、磨牙（3 颗）。其中，第三磨牙（上下两侧共 4 颗）一般在 18～30 岁萌出，故又称智齿，也可能终生不萌出或部分萌出，因此正常恒牙数目可在 28～32 颗不等。

2. 舌

为辅助消化器官，是口腔底部向口腔内突起的一条平滑肌，具有味觉感知功能，同时可起到辅助进食（如搅拌食物）的作用。同时，舌还是重要的语言器官。

（二）咽

咽位于口腔后下部、第1～6颈椎前方，为一漏斗状肌性管道，上端附于颅底，前端开口与口腔、鼻腔、喉相通，向下于第6颈椎下缘位置与食管相接。咽腔以软腭与会厌上缘为界，分为鼻咽、口咽和喉咽三个部分。咽具有吞咽功能、呼吸功能、防御功能以及语言功能（发音共振器）。

（三）食道

食道为连接咽和胃的肌性管道，自第6颈椎高度上接咽，向下穿过膈后与胃接于贲门。自上而下，食道可分为颈段、胸段和腹段，其中于食道的起始部位（水平位置：第6颈椎）、食道与左主支气管的交叉部位（水平位置：第4、第5胸椎之间）、食道穿过膈肌食道裂孔的部位（水平位置：第10胸椎）出现三个生理性狭窄。自内而外，食道可分为黏膜层、黏膜下层、肌层、外膜四个层次。

（四）胃

胃为人体消化道的最膨大部分，呈近似牛角状的囊袋状结构，具有极强的弹性，饥饿时胃的容积仅有50ml左右，而正常进食后其容积可达1.5L以上。胃的上端与食管下端相连的部分叫贲门（位于第11胸椎左侧），下端与十二指肠相连接的部分叫幽门（位于第1腰椎右侧）。胃分为前壁（腹侧）和后壁（背侧），前后壁相连接的上缘较短，称胃小弯，下缘较长，称胃大弯（最低点可至脐平面乃至髂嵴平面）。贲门平面以上的部分称为胃底（最高点可达第6肋骨高度），胃底以下至胃角切迹平面的部分称为胃体，胃角切迹平面以下靠近幽门的部分称为胃窦（图5-2）。自外向内，胃壁可分为浆膜层、肌层、黏膜下层和黏膜层。

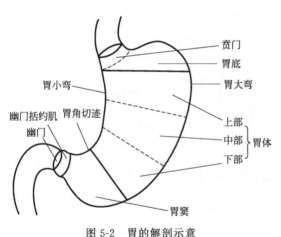

图5-2　胃的解剖示意

（五）小肠

小肠上端接幽门与胃相通，下端与大肠相连，自上而下分为十二指肠、空肠、回肠三部分。小肠全长约3～5m，直径4cm左右，内表面积可达200m²，是食物及营养物质最主要的消化、吸收器官。

自内而外，小肠管壁由黏膜层、黏膜下层、肌层和浆膜层构成。其结构特点是管壁有环形皱襞，皱襞黏膜上分布有许多绒毛，绒毛根部的上皮下陷形成管状的肠腺，开口于绒毛根部之间（图5-3）。绒毛和肠腺的存在与小肠的消化吸收功能关系密切。

1. 十二指肠

十二指肠上接胃（幽门），下接空肠，紧贴腹腔后壁，包绕胰头，呈C字状。成人十二指肠长度20～25cm，管径4～5cm，是小肠中长度最短、管径最大、位置最深且最为固定的一段，因其长度约为自身的手指12根并列时的宽度，故名十二指肠。除与胃相连外，胰管与胆总管均开口于十二指肠，故十二指肠内同时有胃液、胰液和胆汁的注入，具有十分重要的消化功能。

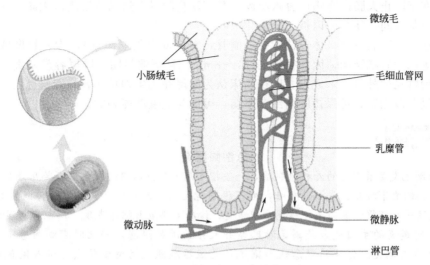

图 5-3 小肠内皱襞及绒毛结构示意

知识链接

十二指肠溃疡

十二指肠溃疡是我国人群中常见病、多发病之一，是消化性溃疡的常见类型。本病多发于十二指肠球部（95%），局部表现为位于十二指肠壁的局限性圆形或椭圆形的缺损，可有反酸、嗳气、上腹疼痛等症状。研究显示，本病与幽门螺杆菌（Hp）感染、胃酸分泌过多、非甾体抗炎药（NSAID）滥用、生活及饮食不规律、吸烟、饮酒以及精神心理因素等密切相关。倡导戒除不良生活习惯，减少烟、酒、辛辣、浓茶、咖啡及某些药物的刺激，对溃疡的愈合及预防复发有重要意义。

2. 空肠

连接于十二指肠之后，占空、回肠全长的 2/5，位于腹腔的左上部。空肠内部的表面有大量的环形皱襞和绒毛，消化和吸收力较强，蠕动速度较快，食糜在肠内停留时间较短，肠内多呈排空状态，故此得名空肠。

3. 回肠

连接于空肠之后，占空、回肠全长的 3/5，大部分位于腹腔右下部。回肠黏膜中的环形皱襞和绒毛都不如空肠发达，但孤立淋巴小结（特别是集合淋巴小结）的数量则远多于空肠，也具有相当重要的吸收功能。

（六）大肠

大肠自上至下分为盲肠（包括阑尾）、升结肠、横结肠、降结肠、乙状结肠、直肠、肛管。大肠上方通过回盲瓣与回肠相接，回盲瓣可控制流入大肠的消化物流速，同时可防止倒流；下方通过肛门开口于体外。

大肠在结构上与小肠明显不同：①口径较粗、肠壁较薄；②结肠表面沿着纵轴方向有结肠带；③结肠壁上存在横沟，将结肠隔成囊状的结肠袋；④结肠带附近存在大小不一的脂肪突起——肠脂垂。

1. 结肠

（1）盲肠　盲肠位于人体腹腔右下部，为大肠的起始段，是一长约 6~8 厘米的袋状结构，因下侧形成盲端而得名。盲肠上端与回肠相连处有一回盲瓣，具有类似于括约肌的功能，作用在于防止大肠内容物反流入小肠，并控制食糜以合适的速度进入大肠，保证食物在小肠内的停留时间，使其可以被充分消化吸收。

阑尾连接于盲肠下部（体表位置接近髋骨，对应麦克伯尼氏点），为一长度数厘米至十数厘米不等的细管状结构，因管径较细（7～8mm）且下端封闭，阑尾容易发炎，阑尾切除术也是最为常见的外科手术之一。以往临床认为阑尾并无生理功能，最新研究发现，阑尾能向肠道提供免疫细胞，可保持肠内细菌平衡，可能与免疫功能相关。

> **知识链接**
>
> ### 急性阑尾炎
>
> 急性阑尾炎是最常见的外科急腹症，一般指发病3个月以内的阑尾炎。临床表现为持续伴阵发性加剧的右下腹痛、恶心、呕吐，右下腹阑尾区（麦氏点）压痛，亦可伴随发烧、呕吐、便秘或腹泻等。值得注意的是，该病症状多变，诊断主要依靠临床表现，所以容易误诊。
>
> 急性阑尾炎的主因通常是阑尾淋巴结肿大导致阑尾阻塞，若此时有细菌感染，就很可能引发急性阑尾炎。传统的观念认为阑尾炎是饭后激烈运动使食物残渣进入阑尾所致，此种说法缺乏临床依据。真正造成急性阑尾炎的原因尚不明确，有研究认为该病与膳食纤维含量及饮食卫生习惯有关。

（2）升结肠　位于腹腔右侧，由盲肠向上延续形成，由右下腹部向斜后方上升，大体呈竖直走行，结束于结肠右曲（位于肝脏下缘，故又称结肠肝曲），与左侧横结肠形成直角连接，全长约25cm。

（3）横结肠　横结肠横行于腹腔中部，前接升结肠，后续降结肠，长约40～50cm，是结肠中游离度最大的部分。开始于结肠右曲（肝曲），向左横行并呈弓状下垂，于脾门下方弯成锐角，结束于结肠左曲（位于脾脏下缘，故又称结肠脾曲）。横结肠全部被腹膜包绕并形成较宽的横结肠系膜。此系膜在肝曲及脾曲逐渐变短，而中间较长，致使横结肠做弓状下垂，其下垂程度可因生理情况的变化而有所差别，其最低位可达脐下，甚至可下降到盆腔。横结肠上方有胃结肠韧带连于胃大弯，下方续连大网膜，与十二指肠下部、十二指肠空肠曲和胰腺等器官生理位置紧邻。

（4）降结肠　位于腹腔左侧，大体呈竖直走行，上自结肠左曲（脾曲）与横结肠相接，下在髂嵴水平位置移行为乙状结肠，全长约20cm。

（5）乙状结肠　乙状结肠于左髂嵴处接续降结肠，呈"乙"字形弯曲或"S"形弯曲，至第3骶椎前面移行为直肠。乙状结肠的长度变化很大，短的13～15厘米，长的超过60厘米，平均约25～40厘米。乙状结肠肠脂垂多而明显，腹膜包绕全部乙状结肠，并形成扇形乙状结肠系膜。

2. 直肠

直肠为大肠的末段，长约15～16cm，位于骨盆内。上端平第3骶椎处接续乙状结肠，沿骶骨和尾骨的前面下行，穿过盆膈，下端至肛门而终。肛门是消化道末端通于体外的开口。

直肠在盆膈以上的部分称为直肠盆部，盆部的下段肠腔膨大，称为直肠壶腹。盆膈以下的部分缩窄称为肛管，即直肠肛门部。直肠周围有内、外括约肌围绕。肛门内括约肌由直肠壁环行平滑肌增厚而成，收缩时能协助排便。肛门外括约肌是位于肛门内括约肌周围的环行肌束，为骨骼肌，受意识支配收缩或者扩张，可随意括约肛门，对排便过程有重要作用。

二、消化腺

（一）肝脏和胆囊

肝脏（图5-4）是人体消化系统中最大的消化腺（成人肝脏平均重达1.5kg，占体重2%

左右）。肝脏位于右上腹，隐藏在右侧膈下和肋骨深面，大部分肝为肋弓所覆盖，仅在腹上区、右肋弓间露出并直接接触腹前壁，肝上面则与膈及腹前壁相接。一般认为，成人肝在正常生理状况下于体表不可触及，如在肋弓下触及肝脏，则多为病理性肝肿大。

肝脏呈不规则楔形结构，右侧钝厚而左侧扁窄，借助韧带和腹腔内压力固定于上腹部。外观可分膈、脏两面，膈面光滑隆凸，大部分与横膈贴附，其前上面有镰状韧带，前下缘于脐切迹处有肝圆韧带；镰状韧带向后上方延伸并向左、右伸展称冠状韧带，冠状韧带又向左、右伸展形成左、右三角韧带。右纵沟后上端为肝静脉进入下腔静脉处，即第2肝门所在，其后下端为肝短静脉汇入下腔静脉处，此为第3肝门所在；左

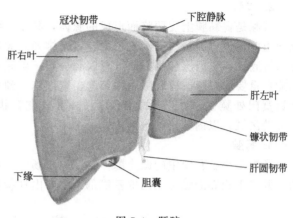

图 5-4 肝脏

纵沟则由脐静脉窝和静脉韧带组成；横沟连接两纵沟，为第1肝门所在，在横沟右端伸向肝右方，常见一侧沟，称右切迹。

肝脏功能以代谢功能为主，在身体里面起着去氧化、贮存肝糖、分泌性蛋白质的合成、分泌胆汁等作用。

胆囊，是位于右方肋骨下肝脏后方的梨形囊袋构造，分底、体、颈、管四部，颈部连接胆总管，并最终开口于十二指肠乳头。胆囊壁由黏膜、肌层和外膜三层组成，胆管的肌纤维构成环状带，称为胆囊颈括约肌，可以规律性地控制胆汁进入与排出。胆囊腔的容积约40～70ml，用于贮存和浓缩肝产生的胆汁，适时排入十二指肠内。

（二）胰脏

胰脏（图5-5）为一个大而细长的葡萄串状的腺体，横行于腹后壁（水平位置在第一、第二腰椎间），位在胃的后侧、脾脏和十二指肠之间。胰脏长约12cm，厚约2.5cm，重约80g。胰脏分为头部、体部、尾部：头部膨大位于右侧，被十二指肠C字形环抱；体部占胰的大部分，略向左上方横行；尾部末端朝向左上方，与脾相触。胰脏内部有一横行腺管，称为胰管，胰管开口于十二指肠乳头。

胰脏有两部分：一部分为胰腺，是外分泌腺，产生胰液；另一部分为胰岛（因似散落在海中的岛屿而得名），是由胰岛细胞团构成的器官，胰岛是内分泌腺，产生胰高血糖素和胰岛素。胰脏是人体内唯一的一个既是外分泌腺又是内分泌腺的腺体。

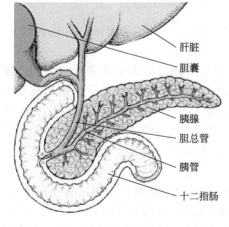

图 5-5 胰脏

肝脏
胆囊
胰腺
胆总管
胰管
十二指肠

（三）其他消化腺

1. 唾液腺

唾液腺是口腔内分泌唾液的腺体。人体有三对较大的唾液腺：腮腺、下颌下腺和舌下腺，位于口腔周围，导管开口于口腔黏膜。另外还有许多散在于各部口腔黏膜内的小唾液腺（如唇腺、颊腺、腭腺、舌腺等）。

腮腺是最大的唾液腺，略呈三角楔形，位于外

耳道前下方，咬肌后部的表面。下颌下腺呈卵圆形，位于下颌下三角内，下颌骨体和舌骨舌肌之间。舌下腺最小，形态细长而略扁，位于口底黏膜深面。

2. 胃腺

胃腺是胃黏膜上皮凹陷而形成的腺体，黏膜表面许多小凹就是胃腺开口，胃腺分泌的消化液由此进入胃腔。胃壁固有层内有紧密排列的大量胃腺，根据其所在部位与结构的不同可分为胃底腺、贲门腺和幽门腺。胃底腺分布于胃底和胃体部，约有 1500 万个，是数量最多、功能最重要的胃腺。胃底腺由主细胞、壁细胞、颈黏液细胞及内分泌细胞组成。贲门腺分布于近贲门处宽 5～30mm 的狭窄区域，为分支管状的黏液腺。幽门腺分布于幽门部宽 4～5cm 的区域，以内分泌细胞为主。

3. 肠腺

肠腺是小肠黏膜中的微小腺体，又称小肠腺，可分泌碱性肠液。小肠腺位于小肠固有膜内，开口于相邻的绒毛之间的基底部，主要由柱状细胞、杯状细胞和潘氏细胞构成。

第二节　胃内消化

消化包括机械性消化和化学性消化两种形式。

机械性消化是指经咀嚼及胃肠道平滑肌的运动，将大块食物变小，并使之与消化液充分混合的过程。

化学性消化是指消化液将食物中的各种营养物质分解为肠壁可以吸收的简单化合物的过程，如糖类分解为单糖，蛋白质分解为氨基酸，脂类分解为甘油及脂肪酸等。

机械性消化和化学性消化两种功能同时进行，共同完成消化过程。食物在口腔内基本不被消化（仅有少量淀粉被唾液淀粉酶水解），只发生物理形态的改变。胃是食物在体内经过的第一个主要消化器官，可将大块食物研磨成小块（即机械性消化），并将食物中部分大分子（主要是蛋白质）降解成较小的分子（即化学性消化），以便于进一步被吸收。

一、胃液

胃腺每日可分泌 1.5～2.5L 胃液，胃液是一种无色透明液体，pH 介于 0.9～1.5 之间，呈强酸性。胃液的主要成分包括：①盐酸，由胃底和胃体部（又称泌酸腺区）的壁细胞（又称盐酸细胞）分泌。②胃蛋白酶原，由泌酸腺区的主细胞（又称胃酶细胞）分泌。③黏液，由泌酸腺区的颈黏液细胞和幽门部的黏液细胞共同分泌产生。④内因子，由泌酸腺区的壁细胞分泌。

（一）盐酸

由胃腺壁细胞分泌的盐酸又称胃酸，包括两种存在形式：一种为游离酸，占绝大部分；另一种为结合酸，即与蛋白质结合的盐酸蛋白质。

正常情况下，胃液中的 H^+ 浓度比其他体液（如血液）高出百万倍之多，壁细胞分泌 H^+ 的过程必然是逆浓度梯度的主动转运过程。H^+ 来源于壁细胞内物质氧化代谢所产生的水，水解离成 OH^- 和 H^+ 之后，H^+ 借助 H^+ 泵主动转运入分泌小管内并在此贮存。Cl^- 来自于血浆，一部分为顺浓度梯度扩散入壁细胞内；另一部分为主动转运，进入壁细胞后主动转运入分泌小管内。H^+ 和 Cl^- 在分泌小管中形成 HCl，然后进入腺腔，借助能量主动转运分泌出腔。

盐酸的生理作用主要包括：①抑制和杀死随食物进入胃内的细菌；②激活胃蛋白酶原，使之转变为有活性的胃蛋白酶，并为胃蛋白酶进一步的消化过程提供适宜的酸性环境；③进入小肠后促进胰液、胆汁和小肠液的分泌；④分解食物中的结缔组织和肌纤维，使食物中的蛋白质变性，辅助进一步消化；⑤与 Ca^{2+} 和 Fe^{2+} 结合，形成可溶性盐，促进其吸收。

（二）胃蛋白酶

胃腺主细胞向胃腔内分泌胃蛋白酶原，在胃酸作用下，无活性的胃蛋白酶原被激活为有活性的胃蛋白酶（已激活的胃蛋白酶对胃蛋白酶原也有一定激活作用）。胃蛋白酶的主要作用是水解蛋白质，主要水解产物是眎类（小分子蛋白质）、少量多肽和氨基酸。胃蛋白酶只有在酸性较强的环境中才能发挥作用，其最适pH 为 2。随着 pH 的升高，胃蛋白酶的活性降低，当 pH 升至 6 以上时，此酶发生不可逆的变性，失去消化功能。

（三）黏液和碳酸氢盐

胃的黏液是由表面上皮细胞、泌酸腺的黏液颈细胞、贲门腺和幽门腺共同分泌的，其主要成分为糖蛋白。黏液具有较高的黏滞性和形成凝胶的特性，覆着在胃黏膜的表面，形成一个厚约0.5mm 的凝胶层，具有润滑作用，可减少粗糙的食物对胃黏膜的机械性损伤。

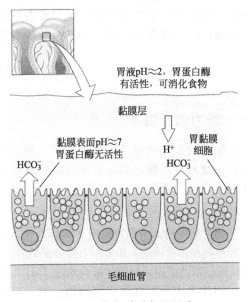

图 5-6 黏液-碳酸氢盐屏障

除 H^+ 外，胃内还有少量 HCO_3^-，主要由胃黏膜的非泌酸细胞分泌。碳酸氢盐和黏液在胃内形成"黏液-碳酸氢盐屏障"（图 5-6），其黏稠度较高，使得胃黏液的 H^+ 和 HCO_3^- 等离子在黏液层内的扩散速度很慢。胃腔内的 H^+ 向黏液凝胶深层弥散的过程中，不断与向表面扩散的 HCO_3^- 遭遇，两种离子在黏液层内发生中和，在胃黏液层形成一个 pH 梯度，靠近胃腔内一侧呈酸性（此位置与食物直接接触，胃蛋白酶活性较强），靠近胃黏膜一侧接近中性（此位置与胃壁细胞直接接触，胃蛋白酶几乎无活性）。因此，由黏液和碳酸氢盐共同构筑的"黏液-碳酸氢盐屏障"能有效地阻挡 H^+ 的逆向弥散，避免了黏膜细胞被胃蛋白酶消化。

二、胃的运动

1. 容受性舒张

吞咽食物时，食物刺激咽、食管等处的感受器，可反射性地引起平滑肌紧张性降低从而导致胃的舒张。容受性舒张的作用是容纳、贮存食物，并使胃随着内容物的增加而伸展，而不会明显升高胃内压。容受性舒张是胃特有的运动形式。

2. 蠕动

进食以后，从胃中部开始，有节律地向幽门推进。每分钟 3 次左右。胃的蠕动有利于食物与胃液充分混合，完成食物在胃内的机械性和化学性消化。

3. 移行性复合运动

空胃情况下的大部分时间，胃处于静止状态，但胃的尾区及上段小肠可发生间断性的强烈收缩，每隔约 90min 进行一次，每次持续 3～5min。此种运动可将上次进食后遗留的食物残渣和积聚的黏液推送到十二指肠，为下次进食做好准备。

4. 胃的排空

胃的排空是指食物由胃排入十二指肠的过程。排空动力是胃收缩造成的胃内压和十二指肠内压之差，排空速度与食物的理化性质有关，由快至慢为：糖类＞蛋白质＞脂肪。混合性食物由胃完全排空的时间约为 4～6h。

胃的排空速度除与胃内容物的量呈正相关外，还可受其他因素影响。如：①情绪，在激动、兴奋时加快，忧虑、悲伤及疼痛时排空减慢；②消化产物，如蛋白质消化产物可促进促胃液素释放，促胃液素可以加强胃体和胃窦收缩，同时也增强幽门括约肌的收缩，两个方面相抵消后的作用是延缓排空。

在胃内，食物中的蛋白质被胃液中的胃蛋白酶（在胃酸参与下）初步分解，其他营养成分的化学结构则未发生明显变化。胃内容物变成粥样的食糜状态，少量多次地通过幽门向十二指肠推送。食糜由胃进入十二指肠后，开始肠内消化。

第三节　肠内消化

一、肠内消化液

肠内的消化液包括胆汁和胰液。胆汁主要由肝脏分泌，未进食时经肝总管排入胆囊暂存，进食时自胆囊由胆总管经肝胰壶腹排入十二指肠，参与肠内消化。胰液由胰腺分泌，经胰管排入十二指肠。

（一）胆汁

胆汁是一种具有苦味的有色液体。成人每日分泌量约 800～1000ml。胆汁的颜色由所含胆色素的种类和浓度决定，由肝脏直接分泌的肝胆汁呈金黄色或橘棕色，而在胆囊贮存过的胆囊胆汁则因浓缩使颜色变深。肝胆汁呈弱碱性（pH 7.4），胆囊胆汁因碳酸氢盐被吸收而呈弱酸性（pH 6.8）。

胆汁是一种不含消化酶的消化液，但具有乳化脂肪的作用，对脂肪的消化吸收具有重要意义。胆汁中含有胆汁酸、胆红素（肝脏排泄物，与消化无关）、磷脂、胆固醇、可溶性无机盐以及少量蛋白质等成分。胆盐、胆固醇和卵磷脂等成分可降低脂肪的表面张力，促进脂肪的乳化过程，使脂肪变为易于消化吸收的微滴状。胆盐还可与脂肪酸甘油一酯等脂肪代谢产物结合，形成水溶性复合物，促进脂肪消化产物的吸收。此外，由于脂溶性维生素与脂类的消化吸收过程密切相关，故胆汁也能间接促进脂溶性维生素的吸收。

> **知识链接**
>
> **肝肠循环**
>
> 胆汁酸是脂类食物消化必不可少的物质，是体内胆固醇代谢的最终产物。初级胆汁酸随胆汁流入肠道，在促进脂类消化吸收的同时，受到肠道（小肠下端及大肠）内细菌作用而变为次级胆汁酸，肠内的胆汁酸约有 95% 被肠壁重吸收，重吸收的胆汁酸经门静脉重回肝脏，经肝细胞处理后，与新合成的结合胆汁酸一道再经胆道排入肠道，此过程称为胆汁酸的肝肠循环。胆汁酸的体内总含量约 3～5g，餐后即使全部进入小肠也难达到消化脂类所需的临界浓度，然而由于每次餐后都可进行 2～4 次肝肠循环，使有限的胆汁酸能最大限度地发挥作用，从而维持了脂类食物消化吸收的正常进行。
>
> 某些经肝脏代谢、经胆汁排泄的药物的吸收过程也存在类似于胆汁酸的肝肠循环现象（如氯霉素、洋地黄毒苷等），排入十二指肠后部分药物可再经小肠上皮细胞被重新吸收，导致该药物的药一时曲线出现双峰现象，使药物的作用时间明显延长。因此，对于该类药物，在应用时应注意控制合理剂量，避免出现用药过量导致中毒。

（二）胰液

胰液是胰腺外分泌部分泌的一种碱性溶液，成年人每日分泌量为 1～2L。胰液中的无机物主要是水和碳酸氢盐。碳酸氢盐是由胰腺小导管管壁细胞所分泌，其主要作用是中和进入十二指肠的胃酸，为小肠内多种消化酶的活动提供最适宜的碱性环境，并保护肠黏膜免受胃酸侵蚀。胰液中的有机物是多种消化酶，包括胰淀粉酶、胰脂肪酶、胰蛋白酶等，可作用于糖、脂肪和蛋白质三种营养成分，因而是消化液中最重要的一种。胰淀粉酶能将淀粉分解为麦芽糖，胰麦芽糖酶可进一步将麦芽糖分解成葡萄糖，胰蛋白酶能将蛋白质分解成胨类，胰脂肪酶能将脂肪分解成甘油和脂肪酸。

（三）肠的分泌液

除上述两类消化液外，肠腺本身也分泌一部分消化液，其中含有的消化酶种类包括：蔗糖酶、乳糖酶、麦芽糖酶、核酸分解酶、卵磷脂酶、氨肽酶、二肽酶、淀粉酶及肠激酶（作用为活化胰蛋白酶原）等，以上酶类的作用主要是消化小分子营养物质。

此外，大肠分泌的黏液还有润滑粪便的作用，对保护肠黏膜及促进排便具有一定意义。

二、肠的运动

小肠的运动形式包括紧张性收缩、分节运动（图 5-7）和蠕动三种。

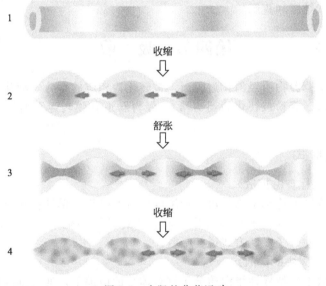

图 5-7 小肠的分节运动

1. 紧张性收缩

可使小肠保持一定的形状和位置，并使肠腔内保持一定压力，是其他运动形式有效进行的基础。当小肠紧张性降低时，肠腔易于扩张，肠内容物的混合和转运减慢；相反，当小肠紧张性升高时，食糜在小肠内的混合和运转过程就加快。

2. 分节运动

这是一种以环行肌为主的节律性收缩和舒张运动。在食糜所在的一段肠管上，环行肌在许多点同时收缩，把食糜分割成许多节段；随后，原来收缩处舒张，而原来舒张处收缩，使原来的节段分为两半，而相邻的两半则合拢形成一个新的节段；如此反复进行，食糜得以不断地分开，又不断地混合。

分节运动的推进作用很小，它的作用在于使食糜与消化液充分混合，便于进行化学性消化，它还使食糜与肠壁紧密接触，为吸收创造了良好的条件。分节运动还能挤压肠壁，有助于血液和淋巴的回流。

分节运动在空腹时几乎不存在，进食后逐渐变强。小肠各段分节运动的频率不同，上部频率较高，下部较低。十二指肠分节运动的频率约为每分钟 11 次，回肠末端降低为每分钟 8 次。这种频率梯度对于将食糜从小肠上部推进至下部具有一定意义。

3. 蠕动

蠕动是一种波状收缩的运动形式，收缩波远端的平滑肌舒张，近段的平滑肌收缩，从而使该肠段排空。其作用在于将肠内食糜向后推进，完成消化后的吸收和排泄过程。

大肠的运动形式包括袋状往返运动、分节推进运动和蠕动三种。

（1）袋状往返运动 是由环行肌不规则的自发收缩引起的，空腹时最常见。作用是使结肠袋中的内容物向两个相反的方向做短距离的往返移动，有利于研磨及混合肠内容物，使其与肠黏膜充分持久接触，促进水和电解质的吸收。

（2）分节推进运动 分节推进运动是指环行肌有规则的收缩，将一个结肠袋的内容物推移到邻近肠段，功能是结肠在挤压粪便的同时缓慢地把粪便推向远端。

如果在一段结肠同时发生多个结肠袋协同收缩，并使其内全部或一部分内容物向更远处推移，则这种运动称为多袋推进运动。

（3）蠕动 类似于小肠的蠕动。快速、推进较远的蠕动，称为集团蠕动，可将部分肠内容物快速推送到乙状结肠和直肠。

第四节 吸 收

食物中的大分子营养物质经消化过程后，被转化为相应的小分子消化产物（如蛋白质被转化为肽类或氨基酸、淀粉被转化为葡萄糖），经胃肠道黏膜转运至血液和淋巴循环，此过程称为吸收。

一、物质的转运形式

1. 单纯扩散（又称自由扩散）

指分子从高浓度区域跨越细胞膜进入低浓度区域的过程。单纯扩散方式的吸收过程不消耗能量，物质分子依浓度梯度或电位梯度移动。单纯扩散不是小肠吸收营养物质的重要方式，只有少部分脂溶性分子以此方式进行吸收。

2. 易化扩散（又称协助扩散）

为分子在细胞膜上的特异性蛋白质分子（载体）的协助下，通过细胞膜的扩散过程。类似于单纯扩散，易化扩散也是顺浓度梯度进行的，不需要消耗能量。一些非脂溶性的物质的吸收通过这种方式完成。

3. 主动转运

为分子在膜载体的协助下，逆浓度梯度通过细胞膜的转运方式，转运过程需要消耗一定的能量。主动转运是大部分营养分子肠内吸收的主要途径。例如，小肠内的葡萄糖和氨基酸就是以主动转运方式逆浓度差转运的。

4. 内吞

通过细胞膜的内陷包围待转运物质（营养分子或食物微粒），再经细胞膜向内融合将物质转运至胞内的过程为内吞。小肠细胞对一些大分子物质和物质团块，如完整的蛋白质、甘油三酯等，可用内吞方式进行吸收。

二、物质的吸收部位

消化管不同部位的吸收能力有很大差异，这主要与消化管各部位的组织结构、食物在该部位停留时间的长短和食物被分解的程度等因素有关。在正常情况下，口腔和食管基本上没有吸收功能，胃仅能吸收少量的水、无机盐和酒精，小肠吸收葡萄糖、氨基酸、甘油、脂肪酸、大部分水、无机盐和维生素（大部分营养物质在小肠内已被吸收完毕，食糜进入大肠时营养物质含量已所剩无几），大肠主要吸收水、无机盐和部分维生素。

根据图 5-8 可以看出，小肠是人体最主要的吸收部位，这主要与小肠的生理结构相关（详见图 5-3）。其结构基础在于：

① 小肠是整个消化道中直径最小、长度最长的一段，这使得食物可以以较分散的形式（食糜的直径与小肠内径相当）在小肠内停留较长的时间（由其长度和排空速度决定，一般为 3～8h），故而得以与小肠上皮细胞充分接触。

② 小肠内有许多环状皱襞，皱襞上又有许多小肠绒毛，这使得小肠的吸收面积得以成倍增加。

③ 构成小肠绒毛的是一层柱状上皮细胞，而每一个柱状上皮细胞的游离面（指向肠腔内的一

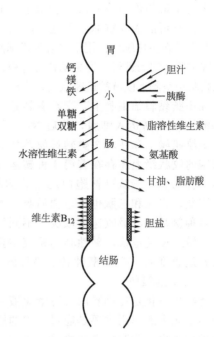

图 5-8 主要营养物质在肠道内的吸收部位

面）上又存在数千根微绒毛，再次增大了小肠的内表面积。

上述②、③两项因素共同决定了小肠巨大的内表面积，小肠长约 3～5m，直径仅 4cm，而其内表面积则可达 200m² 左右（约相当于其外表面积的 600 倍）。

④ 小肠绒毛襞和绒毛内毛细血管壁均由单层上皮细胞构成，非常易于营养物质分子通过，有助于提高营养物质的吸收效率。

⑤ 小肠的每个绒毛内均分布有毛细血管和淋巴管，这些毛细血管和淋巴管构成了庞大的网状结构，为营养物质的吸收提供了数以亿计的"终端"，大大提高了营养物质的吸收效率。

三、营养物质的吸收

1. 糖的吸收

糖被消化成单糖后的主要吸收部位是小肠上段。己糖尤其是葡萄糖被小肠上皮细胞摄取是一个依赖 Na^+ 的耗能的主动摄取过程，有特定的载体参与。在小肠上皮细胞刷状缘上，存在着与细胞膜结合的 Na^+-葡萄糖联合转运体，当 Na^+ 经转运体顺浓度梯度进入小肠上皮细胞时，葡萄糖随 Na^+ 一起被移入细胞内，这时对葡萄糖而言是逆浓度梯度转运。这个过程的能量是由 Na^+ 的浓度梯度（化学势能）提供的，可将葡萄糖从低浓度转运到高浓度。

当小肠上皮细胞内的葡萄糖浓度增高到一定程度，葡萄糖经小肠上皮细胞基底面向葡萄糖转运体顺浓度梯度被动扩散到血液中。小肠上皮细胞内增多的 Na^+ 通过钠钾泵（Na^+,K^+-ATP 酶），利用 ATP 提供的能量，从基底面被泵出小肠上皮细胞外，进入血液，从而降低小肠上皮细胞内的 Na^+ 浓度，维持刷状缘两侧 Na^+ 的浓度梯度，使葡萄糖能不断地被转运。

除葡萄糖外，其他各种单糖亦可在小肠内吸收，但吸收速率有很大差别，己糖的吸收很快，而戊糖则很慢。在己糖中，又以半乳糖和葡萄糖的吸收为最快，果糖次之，甘露糖最慢。

2. 蛋白质的吸收

未经水解的蛋白质一般不被吸收，在异常情况下被吸收的微量蛋白质不仅没有营养作用，反而有可能成为抗原而引起过敏反应。

蛋白质在蛋白酶的作用下水解为氨基酸和寡肽，寡肽在肽酶的作用下水解为氨基酸。氨基酸的吸收主要在空肠进行，为主动转运过程。经烹饪后的蛋白质因变性而易于消化成为氨基酸，在十二指肠和空肠上段就被迅速吸收；未经烹饪过的蛋白质较难消化，进入回肠后才被吸收。

在小肠黏膜细胞膜上，存在着转运氨基酸的载体，能与氨基酸及 Na^+ 形成三联体，将氨基酸及 Na^+ 转运入细胞，此后 Na^+ 再借助钠泵排出细胞外，并消耗 ATP。目前认为，上皮细胞纹状缘上存在着 3 类转运氨基酸的载体，分别运载酸性、中性、碱性氨基酸。小肠上皮细胞的纹状缘上还存在着第 4 种转运载体，可将肠腔中的二肽和三肽转运到细胞内，进入细胞内的二肽和三肽可被胞内的二肽酶和三肽酶进一步分解为氨基酸，再扩散进入血液循环。因此，二肽和三肽也是蛋白质吸收的一种形式。

各种氨基酸的吸收速度取决于不同的转运系统，如中性转运系统可转运组氨酸、谷氨酰胺等，转运速度最快；碱性转运系统主要转运赖氨酸、精氨酸，转运速度较慢，仅为中性氨基酸转运速度的 10%；酸性转运系统转运门冬氨酸和谷氨酸，转运速度是最慢的。

3. 脂类的吸收

脂类的消化是在小肠内三种消化液——胰液、小肠液和胆汁的共同作用下完成的。胆汁在脂肪消化中的作用主要是通过其中的胆汁酸盐将脂肪粒乳化成微粒，增加脂肪与脂肪酶的接触面积，提高脂肪的消化效率。胰液中的胰脂肪酶将大部分脂肪水解为甘油一酯和脂肪酸，少量脂肪水解为甘油和脂肪酸，磷脂酶 A_2 水解磷脂为溶血磷脂和脂肪酸，胆固醇酯酶将胆固醇酯水解生成游离胆固醇和脂肪酸。

胆盐对脂肪的消化吸收具有重要的作用，它可与脂肪的水解产物形成水溶性复合物，这些复合物进一步聚合为脂肪微粒，这种脂肪微粒进入小肠上皮细胞后可在外面包上一层卵磷脂和蛋白质膜，形成乳糜微粒。脂肪的吸收途径有两条：一是乳糜微粒以及多数长链脂肪酸进入中央乳糜管，经淋巴途径间接进入血液；二是可溶于水的短、中链脂肪酸和甘油，可直接进入血液循环。由于食物中的脂类以长链脂肪酸酯为主，因此，脂肪的吸收是以淋巴途径为主。

第五节　消化系统常用药

一、抗溃疡药

1. 抗酸药

一般为铝、镁制剂等碱性物质，代表药物包括铝碳酸镁、氢氧化铝等。此类药物口服后可通过中和胃酸而达到降低胃酸的目的，此类药物的作用特点是作用时间短，服药次数多，不良反应大，尤其对于肾功能不全患者更应引起重视。传统剂量的镁-铝抗酸药能够促进溃疡愈合，但其效果要逊于抑酸药。

2. 抑酸药

抑酸药是抑制胃酸分泌的药物，是目前治疗消化性溃疡的首选药物。抑酸药通常包括 H_2 受体拮抗剂和质子泵抑制剂。

H_2 受体拮抗剂可通过阻断组胺 H_2 受体减少胃酸分泌，尤其是可以非常有效地抑制夜间基础胃酸分泌，对促进溃疡愈合具有重要意义。H_2 受体拮抗剂能够促进溃疡的愈合，尤其是十二指肠溃疡，高剂量 H_2 受体拮抗剂还可用于治疗卓-艾综合征。代表药物包括：西咪替丁、雷尼替丁、法莫替丁等。

质子泵抑制剂即 H^+,K^+-ATP 酶抑制剂，通过抑制胃壁细胞内 H^+,K^+-ATP 驱动细胞内 H^+ 与小管内 K^+ 交换阻断了胃酸分泌的最后通道，此外该类药物对抑制和根除幽门螺杆菌也有辅助作用。其作用特点为：夜间的抑酸作用好、起效快，抑酸作用强且时间长、服用方便。近十几年来，质子泵抑制剂逐渐取代 H_2 受体拮抗剂，成为临床应用最广泛、疗效最好的药物。代表药物包括：奥美拉唑、兰索拉唑、雷贝拉唑等。

3. 黏膜保护剂

包括前列腺素衍生物、铋剂等，分别通过促进前列腺素 E_2（PGE_2）、前列环素（PGI_2）分泌及形成氧化铋胶体保护膜等机制起到保护溃疡面的作用。代表药物包括：米索前列醇、恩前列醇、胶体枸橼酸铋等。

4. 抗幽门螺旋菌药

研究表明，幽门螺旋菌毒素和其产生的有毒性作用的酶以及幽门螺杆菌诱导的黏膜炎症反应均可造成胃黏膜屏障的损伤，幽门螺杆菌感染是导致慢性胃炎和胃溃疡的主要病因。因此，抗幽门螺杆菌在消化性溃疡的治疗过程中具有极其重要的意义。

除上述的抑酸药（主要是质子泵抑制剂）可通过穿透黏液层与 Hp 菌体表层的尿素酶结合并抑制尿素酶活性从而达到抑制 Hp 的作用之外，临床上还常联用 2～3 种抗菌药治疗 Hp 感染。其具体治疗方案包括：

① 以标准剂量质子泵抑制剂为基础，联用阿莫西林＋甲硝唑呋喃唑酮、克拉霉素＋阿莫西林或甲硝唑，疗程 7～14 天；

② 以铋剂为基础，联用阿莫西林＋替硝唑（或甲硝唑）、克拉霉素＋甲硝唑（或呋喃唑酮），疗程 7～14 天。

二、助消化药

包括酶制剂及活菌制剂。酶制剂包括胃蛋白酶、胰酶等，用于治疗消化酶分泌不足导致的消化不良。活菌制剂包括乳酶生等，能分解糖类产生乳酸，抑制肠内腐败菌繁殖，减少发酵和产气。用于消化不良、消化不良性腹泻。

三、止吐药及胃肠动力药

多潘立酮：可阻断外周多巴胺（DA）受体，发挥止吐和加强胃肠蠕动作用，可促进胃的排空并协调胃肠运动。

西沙必利：除阻断多巴胺受体外，还能拮抗 5-羟色胺（5-HT）引起的胃松弛作用，促进消化道运动，促进胃排空。

四、泻药及止泻药

泻药分为容积性、刺激性和润滑性三类。容积性泻药一般是在肠道难以吸收的盐类或糖类，大量口服后在肠内形成高渗透压而阻止肠内水分的吸收，达到扩张肠道、刺激肠壁、促进蠕动进而促进排便的作用。代表药物包括硫酸镁、乳果糖等。刺激性泻药亦称接触性泻药，是通过影响肠道活动和对肠黏膜中水分、电解质吸收而引起泻下作用的一类药物。代表药物为含有蒽醌类成分的大黄、番泻叶和芦荟等植物药。润滑性泻药是通过局部润滑并软化粪便而发挥泻下作用的一类药物。代表药物有液状石蜡、甘油等。

止泻药是一类通过减少肠道蠕动或保护肠道免受刺激而达到止泻作用的药物。临床用于控制腹泻，从而防止出现脱水、电解质紊乱、消化及营养障碍等。根据其药理作用可分为以下几类。①阿片及其衍生物类：通过提高胃肠张力、抑制肠蠕动、抑制推进性收缩，延长水分在肠道内的吸收时间而发挥止泻作用。代表药物包括复方樟脑酊、苯乙哌啶等。②吸附剂类：通过药物的吸附作用，吸收肠道中气体、细菌、病毒、毒素等引发腹泻的物质。代表药物有蒙脱石散、药用炭等。③收敛保护剂类：可在肠黏膜上形成保护膜，使其免受刺激而缓解腹泻症状。代表药物有鞣酸蛋白、次碳酸铋等。④其他类：乳酶生（通过治疗肠消化不良而止泻）、盐酸小檗碱（通过抑菌而腹泻）、阿司匹林（通过抑制肠道前列腺素合成而止泻）、消胆胺（通过与胆酸络合而止泻）、整肠生（通过调整肠道正常菌群的生长和组成而止泻）。

课后习题

一、名词解释
1. 化学性消化　2. 容受性舒张　3. 抗酸药和抑酸药　4. 吸收

二、选择题
1. 以下消化道由上到下的排列顺序正确的是（　　）。
   A. 食道、胃、回肠、空肠、直肠、结肠
   B. 食道、胃、空肠、回肠、结肠、直肠
   C. 胃、食道、空肠、回肠、直肠、结肠
   D. 食道、胃、空肠、回肠、直肠、结肠
2. 胃与十二指肠接界的位置称为（　　）。
   A. 贲门　　　　　　B. 胃窦　　　　C. 幽门　　　　　　D. 胃底
3. 以下不属于小肠范畴的是（　　）。
   A. 十二指肠　　　　B. 盲肠　　　　C. 回肠　　　　　　D. 空肠
4. 正常情况下，胆汁自始至终从未经过的位置是（　　）。
   A. 胃　　　　　　　B. 十二指肠　　C. 胆囊　　　　　　D. 肝脏
5. 不属于小肠运动形式的是（　　）。
   A. 紧张性收缩　　　B. 分节运动　　C. 蠕动　　　　　　D. 袋状往返运动
6. 胆汁排入肠道的位置位于（　　）。
   A. 十二指肠　　　　B. 空肠　　　　C. 回肠　　　　　　D. 结肠
7. 食物的主要吸收部位在（　　）。
   A. 胃　　　　　　　B. 小肠　　　　C. 大肠　　　　　　D. 口腔
8. 治疗 Hp 感染的药物联用方案中，不包括（　　）。
   A. 质子泵抑制剂　　B. 铋剂　　　　C. 抗菌药　　　　　D. 胃肠动力药
9. 胃的排空速度与下列哪个因素无关（　　）。
   A. 吞咽速率　　　　B. 情绪因素　　C. 消化产物性质　　D. 胃内压与十二指肠内压差
10. 人体最大的消化腺是（　　）。
   A. 胃腺　　　　　　B. 胰脏　　　　C. 唾液腺　　　　　D. 肝脏

三、简答题
1. 试述小肠作为主要吸收器官的解剖学基础。
2. 简述小肠分节运动的过程。
3. 简述胃壁细胞蛋白质不被胃液消化的原因。

答案
一、名词解释：（略）
二、选择题：BCBADABDAD
三、简答题：（略）

第六章 泌尿系统

学习目标

1. 能说出泌尿系统的组成及结构特点；肾的形态、位置和组织结构；球旁器、肾小球滤过率、有效滤过压、肾糖阈等概念；尿生成的基本过程及影响因素；葡萄糖、NaCl、水和 HCO_3^- 重吸收的部位、方式和特点。

2. 能运用本章所学的相关知识，解释和区别生活和临床中遇到的各种现象，例如大量饮用清水造成的尿量增多现象、注射大量生理盐水造成的尿量增多现象、糖尿病患者出现的多尿和尿糖现象等。

3. 能运用本章所学的尿的生成过程原理，解释为什么临床上尿常规检查是判断肾脏疾病以及肾脏功能最重要的指标。

泌尿系统由肾、输尿管、膀胱和尿道组成（图 6-1），主要作用是将机体新陈代谢中产生的代谢废物和水及时排出体外，从而保持内环境的相对稳定。其中，肾是产生尿液的器官，输尿管是将尿液从肾运输至膀胱的管道，而膀胱可以暂时贮存尿液。当膀胱内的尿液达到一定量时，最终经尿道排出体外。肾是人体排出代谢废物数量最多、种类最多的排泄器官，对

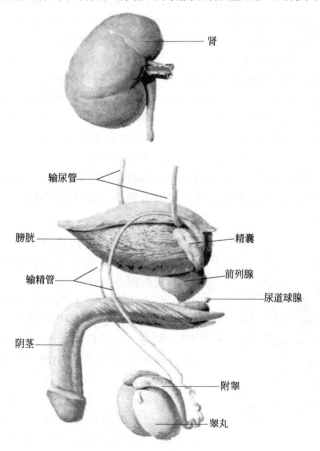

图 6-1　男性泌尿生殖系统

于机体水和电解质平衡及酸碱平衡起到重要的作用。此外，肾还具有内分泌功能，可以分泌肾素、促红细胞生成素等，从而影响动脉血压和骨髓造血功能。

排泄

排泄是指将机体新陈代谢所产生的各种代谢产物、进入人体的异物、药物或毒物，通过血液循环排出体外的过程。机体的排泄过程主要有以下几种途径：①肾脏。这是机体排泄最主要的途径，主要以尿液的形式去除机体多余的水分、无机盐和大部分的代谢终产物，如尿酸、尿酸、肌酐等。②呼吸道。通过呼吸过程以气体的形式排出二氧化碳、少量水和挥发性物质等。③消化器官。唾液腺可以排出少量的铅和汞，粪便可以排出胆色素和一些无机盐。④皮肤。以汗液的形式排出部分水分、无机盐、尿素等。

第一节　泌尿系统解剖

一、肾的解剖结构与血液循环

（一）肾的位置和形态

肾是成对的实质性器官，位于腹膜的后方，脊柱的两侧，左、右各有一个。左肾上端平对第11胸椎体下缘，下端平对第2～3腰椎间盘之间，第12肋斜行跨过左肾后面中部；由于受肝脏的影响，右肾位置比左肾约低半个椎体。两肾上端相距较近，而下端相聚较远。肾的位置存在个体差异。一般而言，女性低于男性，儿童低于成人，新生儿位置最低，甚至可达髂嵴附近。

肾的外形似蚕豆，前后略扁，上宽下窄。新鲜的肾呈现红褐色，表面光滑，质地柔软。肾可分为上、下两端，前、后两面，内侧、外侧两缘。肾的内侧缘中部凹陷，称为肾门，是肾盂、肾的血管、神经和淋巴管出入肾的部位。这些出入肾门的结构被结缔组织所包绕组成肾蒂。肾蒂内各结构的排列关系，自前向后的顺序依次为：肾静脉、肾动脉和肾盂；自上而下的顺序为：肾动脉、肾静脉和肾盂。肾门向肾内凹陷并扩大而成的腔隙，称为肾窦，窦内容纳肾小盏、肾大盏、肾盂、肾血管的分支和神经等结构。成人的肾门约平第一腰椎体平面，位置比较固定。临床上将肾门在腹后壁的体表投影称为肾区，一般位于竖脊肌外侧缘与第12肋所成的夹角内。当肾发生病变时，叩击或触压此处可引起疼痛。

（二）肾的结构
1. 肾的一般结构

肾的实质分为浅层的肾皮质和深层的肾髓质两部分（图6-2）。肾皮质富含血管，呈红褐色，主要由肾小体和肾小管构成。肾皮质深入肾髓质内的部分称为肾柱。肾髓质位于皮质的深面，色泽较浅，由15～20个肾锥体组成。肾锥体呈圆锥形，尖端深入肾窦，称为肾乳头，其顶端的开口称为乳头孔，是集合管在肾小盏内的开口。肾小盏是漏斗状的膜性结构，每2～3个肾小盏汇合形成一个肾大盏，每侧肾约有2～3个肾大盏，它们共同汇合成一个扁漏斗状的肾盂，肾盂出肾门以后移行成为输尿管。

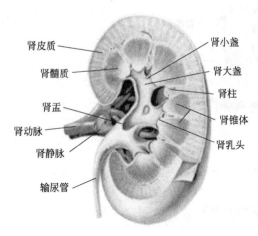

肾皮质　　　　　肾小盏
肾髓质　　　　　肾大盏
　　　　　　　　肾柱
肾盂　　　　　　肾锥体
肾动脉　　　　　肾乳头
肾静脉
输尿管

图 6-2　肾的剖面结构

2. 肾的微细结构

肾实质由大量的肾单位和集合管组成［图 6-3(a)］。

（1）**肾单位**　肾单位是肾结构和功能的基本单位，正常人每侧肾约有 100 万个以上的肾单位。肾单位是由肾小体和肾小管构成的。①肾小体形似球状，由内部的肾小球和外侧的肾小囊组成。肾小球是位于入球小动脉和出球小动脉之间的一团盘曲的毛细血管网［图 6-3(b)］，其管壁由一层内皮细胞和其外的基膜构成。肾小囊是包绕于肾小球外的膨大的双层囊，它是肾小管的起始部。肾小囊的外层（壁层）与肾小管相续，内层（脏层）上皮细胞与肾小球毛细血管内皮细胞及基膜一起构成滤过膜。②肾小管由近端小管、细段和远端小管三部分组成（图 6-3）。近端小管和远端小管均又分为曲部和直部，分别称为近曲小管、近直小管、远曲小管、远直小管。由近直小管（也称为髓袢降支粗段）、细段和远直小管（也称为髓袢升支粗段）组成的 U 形结构称为髓袢。远曲小管末端与集合管相连。

（2）**集合管**　集合管自肾皮质向肾髓质走行，沿途有多条远曲小管汇入，至肾锥体的肾乳头时，几条集合管汇合成乳头管，末端开口于肾乳头。集合管具有重吸收水分的功能。

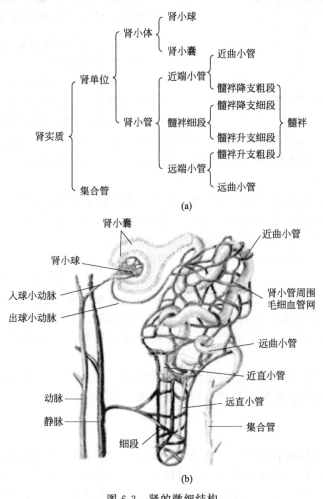

图 6-3　肾的微细结构

（三）肾的被膜

肾的表面有三层被膜，由内向外依次为纤维囊、脂肪囊和肾筋膜。纤维囊贴于肾的表面，薄而坚韧。脂肪囊是位于纤维囊外周的脂肪层，其作用主要是缓冲、保护作用。肾筋膜位于脂肪囊外侧，分为肾前筋膜和肾后筋膜，包裹肾和肾上腺，是固定肾的主要结构。

（四）球旁器

球旁器又称为球旁复合体，主要包括球旁细胞、致密斑和球外系膜细胞三部分（图

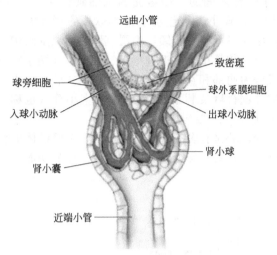

6-4）。球旁细胞是入球小动脉的平滑肌细胞特化而成的上皮样细胞，内含分泌颗粒，能合成、贮存和分泌肾素。致密斑是由远曲小管的上皮细胞增高变窄而形成的椭圆形结构，其细胞排列紧密。致密斑与球旁细胞相接触，能感受小管液中 Na^+ 浓度的变化，并将信息传递至球旁细胞，从而调节肾素的分泌。球外系膜细胞是位于入球小动脉、出球小动脉和致密斑之间的一群细胞，具有吞噬和收缩功能。

图 6-4　肾小体的结构

（五）肾的血液循环

1. 肾的血管

肾动脉直接起自腹主动脉，经过肾门进入肾脏后经多次分支成为入球小动脉进入肾小体，形成毛细血管球，再汇合成出球小动脉出肾小体。出球小动脉离开肾小体后再次形成毛细血管网，围绕在肾小管和集合管的周围，然后汇合成各级静脉，最后经肾静脉出肾门，汇入下腔静脉。

2. 肾血流的特点

（1）血流量大，分布不均匀　肾的血液供应非常丰富，血流量较大。正常成人安静时每分钟流过两肾的血液量约为 1200ml，约占心输出量的 20%～25%。其中约 94% 的血液分布于肾皮质，5%～6% 分布在外髓，其余不足 1% 供应内髓。

（2）两套毛细血管网的血压差异大　肾内的毛细血管网主要包括肾小球毛细血管网和肾小管周围毛细血管网两种。其中肾小球毛细血管网介于入球小动脉和出球小动脉之间，由于入球入动脉比出球小动脉短而粗，使得肾小球血液的流入量大于流出量，所以肾小球毛细血管网内血压较高，这有利于肾小球的滤过功能。肾小管周围毛细血管网是由出球小动脉分支形成，特点是血压较低，血浆胶体渗透压较高，从而有利于肾小管的重吸收作用。

（3）肾血流量主要受自身调节，血流量相对稳定　当全身的动脉血压在 80～180mmHg 范围内变动时，肾血流量能够通过自身调节保持相对稳定。

二、输尿管

输尿管是一对细长的肌性管道，长约 20～30cm，其上端与肾盂相接，下端开口于膀胱。输尿管根据其行程可分为腹段、盆段和壁内段。其全长粗细不均，有 3 处明显的狭窄，分别位于肾盂与输尿管的移行处、跨过髂总动脉分支处和穿膀胱壁处。当尿路结石下降时，易嵌顿于这些狭窄处，引起剧烈疼痛和尿路梗阻等症状。

三、膀胱

膀胱是一个贮存尿液的肌性囊状器官，有较大的伸缩性，成人膀胱的容积约为 300～

500ml，最大可达 800ml。膀胱的大小、形状、位置均可随尿液的充盈程度而发生改变。当膀胱空虚时呈锥体形，可分为尖、体、底、颈四部分。膀胱壁内面被覆变移上皮，在膀胱空虚收缩时，内壁黏膜形成很多皱襞，充盈时则消失。在膀胱底的内面，左、右两侧输尿管口和尿道内口之间的三角形区域，黏膜始终光滑无皱襞，称膀胱三角，是炎症、结核和肿瘤的好发部位。

四、尿道

尿道是将尿液从膀胱通向体外的管道。男性尿道兼有排尿和排精的功能。女性尿道长约 3～5cm，起自尿道内口，向前下方穿过尿生殖膈，开口于尿道外口。女性尿道仅有排尿功能。与男性尿道相比，女性尿道短、宽、直，因此易于发生逆行性泌尿系统感染。

第二节 尿的生成

尿的生成包括三个相互联系的过程，即肾小球的滤过、肾小管和集合管的重吸收、肾小管和集合管的分泌（图6-5）。尿的生成受到神经、体液和自身的调节，从而决定终尿量的多少。尿的生成是一个连续不断的过程，而排放则是间断的。尿生成后进入肾盂，然后经输尿管送入膀胱贮存，当膀胱充盈达到一定限度时，可引起排尿反射，尿液经尿道排出体外。在本节中将讨论尿的生成过程及调节方式。

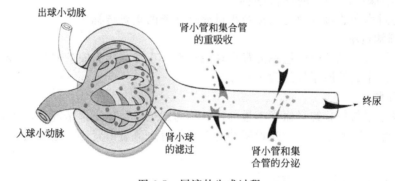

图 6-5 尿液的生成过程

一、肾小球的滤过功能

血液流经肾小球毛细血管网时，血浆中的水分和小分子物质在有效滤过压的作用下经滤过膜进入肾小囊形成原尿的过程，称为肾小球滤过。原尿中除不含有大分子蛋白质外，其余成分及浓度均与血浆近似。由此可见，原尿就是血浆的超滤液。

（一）肾小球滤过的结构基础——滤过膜

滤过膜具有一定的通透性，这种通透性是由机械屏障和电屏障共同作用的结果。机械屏障是由三层结构构成，由内向外依次为肾小球毛细血管内皮细胞、基膜和肾小囊脏层上皮细胞。其中，毛细血管内皮细胞上有许多直径为70～90nm的圆形小孔，允许血浆中的小分子蛋白质和溶质自由通过，但可以阻止血细胞通过。基膜是由基质和带负电荷的蛋白质构成，形成直径2～8nm的网孔，可允许水和部分溶质通过，但是蛋白质很难通过。基膜是机械屏障的最主要结构。肾小囊脏层上皮细胞相互交错形成裂隙，可限制大分子蛋白质通过。在滤过膜的三层结构中，都覆盖着一层带负电荷的糖蛋白，对带有负电荷的大分子物质具有排斥作用，限制其滤过，这就形成了电学屏障。

（二）肾小球滤过的动力——有效滤过压

肾小球有效滤过压是指促使肾小球滤过的力量与阻止肾小球滤过力量的代数和，主要由肾小球毛细血管血压、血浆胶体渗透压和肾小囊内压三种力量共同组成（图6-6）。其中，肾小球毛细血管血压是促使血浆滤出的动力；血浆胶体渗透压和肾小囊内压是阻止血浆滤出的阻力。其计算公式为：

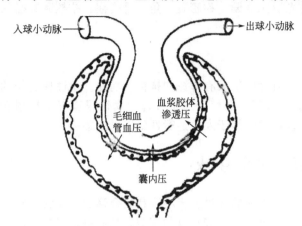

入球小动脉 出球小动脉

毛细血管血压 血浆胶体渗透压 囊内压

图 6-6 肾小球有效滤过压示意

有效滤过压＝肾小球毛细血管血压－（血浆胶体渗透压＋肾小囊内压）

肾小球毛细血管的血压平均为45mmHg，肾小囊内压约为10mmHg，入球端的血浆胶体渗透压约为25mmHg，所以入球端的有效滤过压为10mmHg，该段有滤过作用。在血液流向出球小动脉端的过程中，水和晶体物质不断被滤出，使血液中血浆蛋白浓度相对增加，血浆胶体渗透压逐渐升高，有效滤过压逐渐下降。当有效滤过压为零时，滤过停止。

（三）肾小球滤过功能的评价指标

肾小球滤过率和滤过分数是衡量肾小球滤过功能的重要指标。

1. 肾小球滤过率

每分钟两肾所生成的原尿量称为肾小球滤过率。正常成年人安静时约为125ml/min，因此每天由两肾所生成的原尿量约为180L。

2. 滤过分数

肾小球滤过率与每分钟肾血浆流量的比值称为滤过分数。正常情况下，肾血浆流量约为660ml/min，滤过分数为19％，这说明约有1/5的肾血流量由肾小球毛细血管滤出到肾小囊形成原尿。

（四）影响肾小球滤过的因素

肾小球的滤过作用主要受滤过膜、有效滤过压和肾血浆流量的影响。当这些因素发生变化时，肾小球的滤过率改变，进而影响尿液的成分和尿量。

1. 滤过膜的面积和通透性

正常情况下，肾小球滤过膜的面积和通透性是保持相对稳定的。但是在某些病理情况下，如急性肾小球肾炎时，由于肾小管毛细血管的管腔变得狭窄，有效滤过面积减少，肾小球滤过率下降，从而导致少尿或无尿现象。若滤过膜的机械或电屏障作用被破坏，则其通透性增加，蛋白质甚至血细胞会滤出，可出现蛋白尿或血尿。

2. 有效滤过压

凡能影响肾小球毛细血管血压、血浆胶体渗透压和肾小囊内压的因素，都有可能改变有效滤过压，从而影响肾小球滤过率。

（1）肾小球毛细血管血压 当动脉血压在80～180mmHg范围内变动时，通过肾血流量的自身调节机制，肾小球毛细血管血压保持相对稳定，肾小球滤过率基本不变。当动脉血压降低到80mmHg以下时，肾小球毛细血管血压下降，有效滤过压降低，可导致尿量减少。

（2）血浆胶体渗透压 生理条件下血浆胶体渗透压的变化不大。当静脉输入大量生理盐水或某些病理情况（如肝、肾功能下降）时，血浆蛋白浓度明显降低，血浆胶体渗透压下降，有效滤过压和肾小球滤过率增加，尿量增多。

（3）肾小囊内压　正常人肾小囊内压比较稳定。但是当尿液的流出通路发生阻塞时，例如肾盂或输尿管结石、肿瘤等，会导致肾小囊内压增高，从而使有效滤过压和肾小球滤过率降低，尿量减少。

3. 肾血流量

在其他条件不变时，肾血浆流量主要影响滤过平衡的位置，使有效滤过面积发生改变，从而影响肾小球滤过率。当肾血浆流量增多时，肾小球毛细血管的血浆胶体渗透压上升速率减慢（或有效滤过压下降速率减慢），滤过平衡点向出球小动脉端移动，从而使得具有滤过作用的毛细血管长度增加，肾小球滤过率升高，尿量增多。反之，当剧烈运动、大失血、休克时，肾血浆流量减少，滤过平衡点向入球小动脉端移动，肾小球滤过率明显降低，尿量减少。

二、肾小管和集合管的重吸收功能

原尿进入肾小管后称为小管液。小管液在流经肾小管和集合管时，大部分的水和溶质通过管壁细胞重新回到血液的过程，称为肾小管和集合管的重吸收（图 6-7）。

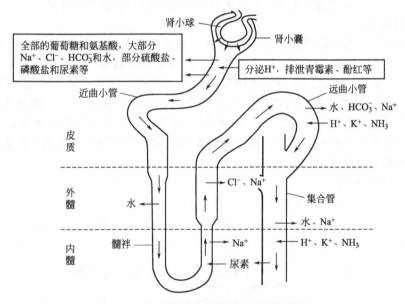

图 6-7　肾小管和集合管的重吸收和分泌

（一）重吸收的特点

正常成人每天两肾生成的原尿量约为 180L，但终尿量仅为 1.5L，这表明 99％的水由肾小管和集合管吸收入血。经过对终尿和原尿成分的比较发现：原尿中的葡萄糖和氨基酸等全部被重吸收；Na^+、K^+、HCO_3^- 等大部分被重吸收；尿素和磷酸根等可部分重吸收；肌酐等代谢产物和进入体内的异物则不被重吸收而全部排出体外。由此可见，肾小管和集合管的重吸收具有选择性。

（二）重吸收的方式

不同类型的物质重吸收的方式不同，主要包括被动转运和主动转运。例如，小管液中的水和某些溶质通过扩散、渗透和易化扩散等被动转运方式顺浓度梯度、电位梯度或渗透压梯度进入小管周围组织间隙。小管上皮细胞膜上的钠泵、钙泵通过原发性主动转运方式重吸收

Na^+ 和 Ca^{2+}。

(三) 重吸收的部位

肾小管各段和集合管都具有重吸收的功能，但近端小管重吸收物质的种类最多、量最大，是物质重吸收的主要部位。正常情况下，小管液中 65%～70% 的 Na^+、K^+、Cl^- 和水，80%～90% 的 HCO_3^- 以及全部的葡萄糖和氨基酸等，都是在近端小管被重吸收的。

(四) 几种主要物质的重吸收

1. Na^+、Cl^-、K^+ 的重吸收

小管液中 99% 以上的 Na^+ 被重吸收。Na^+ 在肾小管各段的重吸收率不同，其中近端小管重吸收量约占肾小球滤过量的 65%～70%，故近端小管是 Na^+ 重吸收的主要部位；髓袢升支重吸收约 20%；其余 10% 左右的 Na^+ 在远曲小管和集合管重吸收。Na^+ 主要以主动转运的方式被重吸收。

小管液中约 99% 的 Cl^- 被重吸收。在肾小管各段和集合管大部分区域，Cl^- 的重吸收是随着 Na^+ 的重吸收而被动重吸收，只有在髓袢升支粗段是主动重吸收的。

小管液中约 94% 的 K^+ 被重吸收回血，其中近端小管是重吸收的主要部位。K^+ 的重吸收属于主动转运。终尿中排出的 K^+ 主要来自于远曲小管和集合管的分泌。

2. 水的重吸收

水主要是由溶质重吸收后造成的渗透压差而被动重吸收的。原尿中的水约有 99% 被重吸收，仅有 1% 排出体外，因此水的重吸收量对终尿量的影响很大。水的重吸收可分为两部分：①必然性重吸收。在近端小管，水的重吸收与体内是否缺水无关，水重吸收比率固定，占原尿量的 65%～70%，不参与机体对水的调节，为必然性重吸收。②调节性重吸收。在远曲小管和集合管，水的重吸收受抗利尿激素的调节，重吸收量随机体水分的多少改变较大，从而可以决定终尿量的多少以及尿液渗透压的高低，该种调节称为调节性重吸收，对于机体水平衡的调节有重要意义。

3. HCO_3^- 的重吸收

原尿中的 HCO_3^- 几乎全部被重吸收，其中 80%～85% 在近端小管重吸收。近端小管重吸收 HCO_3^- 是以 CO_2 的形式进行的。重吸收的过程如图 6-8 所示，小管液中的 HCO_3^- 与小管上皮细胞分泌的 H^+ 结合生成 H_2CO_3，再迅速分解为 CO_2 和 H_2O，CO_2 以单纯扩散

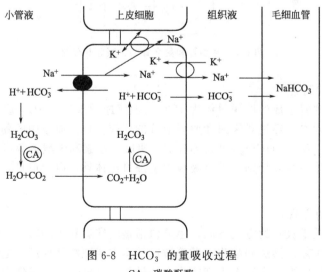

图 6-8 HCO_3^- 的重吸收过程

CA—碳酸酐酶

的形式迅速进入上皮细胞内，并在碳酸酐酶作用下与 H_2O 结合生成 H_2CO_3；在上皮细胞内，H_2CO_3 再解离为 HCO_3^- 和 H^+，H^+ 通过 Na^+-H^+ 交换分泌到小管液中，HCO_3^- 则与 Na^+ 生成 Na_2CO_3，最终运回血液。HCO_3^- 的重吸收对调节体内的酸碱平衡起着重要作用。

4. 葡萄糖的重吸收

正常情况下，原尿中的葡萄糖全部被重吸收回血液，故尿液中不含葡萄糖。葡萄糖的重吸收仅限于近端小管，其余各段均不能重吸收葡萄糖，重吸收的方式属于继发性主动转运，需要消耗能量（图6-9）。由于葡萄糖的重吸收需要载体蛋白帮助，而载体蛋白的数量有限，因此近端小管对葡萄糖的重吸收能力有一定限度。当血糖浓度超过 $8.96\sim10.08$mmol/L（$1.6\sim1.8$g/L）时，小管液中的葡萄糖不能被全部重吸收，尿中开始出现葡萄糖，即为糖尿。尿中刚开始出现葡萄糖时的最低血糖浓度，称为肾糖阈。若血糖浓度继续升高，则尿中葡萄糖含量也将随之增加。

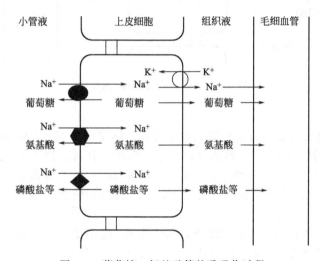

图6-9 葡萄糖、氨基酸等的重吸收过程

5. 其他物质的重吸收

小管液中的氨基酸、HPO_4^{2-}、SO_4^{2-} 等的重吸收机制与葡萄糖相似，但转运体不同（图6-9）。部分尿酸在近端小管重吸收。大部分 Ca^{2+}、Mg^{2+} 在髓袢升支粗段重吸收。滤出的少量蛋白质以入胞方式在近端小管被重吸收。

三、肾小管和集合管的分泌功能

肾小管和集合管上皮细胞将自身的代谢产物分泌入小管液的过程，称为分泌。肾小管和集合管主要分泌 H^+、K^+ 和 NH_3，这一过程对于维持体内酸碱平衡和电解质平衡有重要意义。

1. H^+ 的分泌

肾小管和集合管上皮细胞均可分泌 H^+，但主要的分泌部位在近端小管。近端小管分泌 H^+ 主要是通过 Na^+-H^+ 交换实现的，同时促进 $NaHCO_3$ 的重吸收。由肾小管上皮细胞代谢产生或从小管液中进入上皮细胞内的 CO_2，在上皮细胞内与 H_2O 在碳酸酐酶的帮助下生成 H_2CO_3，然后解离成 H^+ 和 HCO_3^-。其中 H^+ 通过细胞膜上的转运载体转运至小管液中，同时将 Na^+ 转运入上皮细胞，此过程称为 Na^+-H^+ 交换（图6-10）。上皮细胞内的 HCO_3^- 与 Na^+ 结合生成 $NaHCO_3$ 并转运回到血液中。H^+ 分泌的生理意义在于：①排酸保碱。肾小管上皮细胞每分泌 1 个 H^+，可重吸收 1 个 Na^+ 和一个 HCO_3^- 回到血液中。②酸化尿液。在远端小管，分泌的 H^+ 可与 HPO_4^{2-} 结合生成 $H_2PO_4^-$，或与上皮细胞分泌的 NH_3 结合生成 NH_4^+，从而增加尿液的酸度。

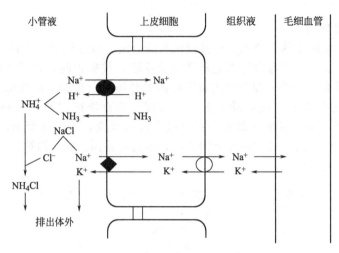

图 6-10　H^+、K^+、NH_3 的分泌

2. K^+ 的分泌

原尿中的 K^+ 绝大部分在近端小管已被重吸收，终尿中的 K^+ 主要是由远曲小管和集合管所分泌。K^+ 的分泌是一种被动转运过程，并与小管液中 Na^+ 的主动重吸收相耦联，这种现象称为 Na^+-K^+ 交换（图 6-10）。Na^+-K^+ 交换和 Na^+-H^+ 交换具有竞争性抑制。当肾衰竭时，K^+ 分泌减少，形成了高血钾，促进 Na^+-K^+ 交换，使 Na^+-H^+ 交换减少，可引起酸中毒。

体内 K^+ 主要由肾排出。正常情况下，机体的 K^+ 排出量与摄入量保持动态平衡，多吃多排，少吃少排，不吃也排。因此，临床上对不能进食及禁食的患者应注意观察并及时予以适量补 K^+，以免引起低血钾。

3. NH_3 的分泌

终尿中排出的 NH_3 主要是肾小管和集合管上皮细胞在代谢过程中由谷氨酰胺脱氨所产生。NH_3 是脂溶性物质，能自由通过管腔膜扩散入小管液中，然后与 H^+ 结合形成 NH_4^+，并进一步与强酸盐的负离子结合为铵盐随尿排出（图 6-10）。NH_3 的分泌可以促进 H^+ 的分泌，具有排酸保碱、维持体内酸碱平衡的作用。

4. 其他物质的排泄

体内的代谢产物和药物如肌酐、青霉素、酚红等，可直接排入小管液中随尿液排出体外。

四、尿生成的调节

机体对尿生成过程的调节是通过影响尿生成的三个基本过程实现的，主要包括自身调节、体液调节和神经调节。

（一）自身调节

包括小管液中溶质浓度对肾小管功能的调节和球-管平衡。

1. 小管液中溶质浓度

小管液中溶质的渗透压是对抗肾小管重吸收水的力量。如果小管液中溶质含量增多，渗透压增大，水的重吸收就会减少，尿量就会增加。这种由于小管液中溶质增多，渗透压升高而引起尿量增多的现象，称为渗透性利尿。临床上给某些患者静脉注射甘露醇或山梨醇等药物利尿，正是利用它们可以经肾小球滤过但不被肾小管重吸收这一特性，从而达到渗透性利尿的效应。

2. 球-管平衡

近端小管的重吸收率与肾小球滤过率保持动态平衡。不论肾小球滤过率增多或是减少，近端小管对滤液的重吸收率始终占肾小球滤过率的65%～70%，这种现象称为球-管平衡。其生理意义在于使尿量和尿中Na^+排出量不会因肾小球滤过量的增减而出现大幅变动。

（二）神经调节

正常安静状态下，神经系统对尿液生成的影响较小。但是，在失血、呕吐、腹泻等因素使体液大量丧失，引起血压下降、血容量减少时，可反射性地引起肾交感神经兴奋性增强，肾血管收缩，肾血流量减少，从而尿量减少，维持循环血量的稳定。

（三）体液调节

1. 抗利尿激素

抗利尿激素也称为血管升压素，主要是由下丘脑的视上核和室旁核的神经内分泌细胞合成，经下丘脑垂体束运输至神经垂体贮存，在机体需要时释放入血。

抗利尿激素的生理作用是提高远曲小管和集合管上皮细胞对水的通透性，促进水的重吸收，使尿量减少。正常人的尿量在很大程度上受血液中抗利尿激素含量的影响。当抗利尿激素合成或释放障碍时，水的重吸收减少，尿量明显增多，会引起尿崩症。

抗利尿激素的释放受多种因素的影响，其中最主要的是血浆晶体渗透压和循环血量的改变。①当血浆晶体渗透压降低时，如短时间内大量饮用清水，抗利尿激素的合成和释放减少，尿量增加，从而可以排出多余的水分。这种大量饮用清水引起尿量明显增多的现象，称为水利尿；反之，如果血浆晶体渗透压升高（如大量出汗、严重呕吐等），抗利尿激素合成和释放增加，尿量减少，可使血浆渗透压得以恢复。②当循环血量减少时，心房和胸腔大静脉壁上的容量感受器兴奋性降低，反射性地引起抗利尿激素的合成和释放增加，尿量减少，从而有利于恢复血容量；反之，当循环血量增多时，容量感受器兴奋性增加，尿量增多，使循环血量恢复到正常水平（图6-11）。

> **知识链接**
>
> **尿崩症**
>
> 尿崩症是指由于下丘脑-神经垂体病变引起抗利尿激素分泌不足，或由于多种病变引起肾脏对抗利尿激素敏感性缺陷，导致肾小管重吸收水的功能发生障碍的一组临床综合征，主要表现为多尿、烦渴及持续性低渗尿或低比重尿。患者每日尿量可达5～10L，尿比重为1.001～1.005，尿渗透压低于$200mOsm/kg\ H_2O$，易引起脱水或其他并发症。这种过量摄水和低渗性多尿的状态，可能是由于正常生理刺激不能引起抗利尿激素释放所致。尿崩症主要可分为中枢性尿崩症和肾性尿崩症两种。

2. 醛固酮

醛固酮是由肾上腺皮质球状带合成并分泌的一种激素。其主要作用是促进远曲小管和集合管上皮细胞对Na^+和水的重吸收增加，同时促进K^+分泌，具有保钠排钾和增加血容量的作用。引起醛固酮分泌的主要因素是血液中的血管紧张素Ⅱ和血管紧张素Ⅲ增加，或血K^+

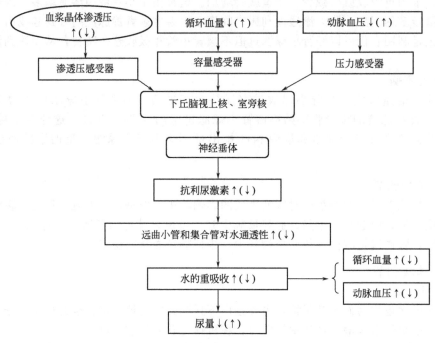

图 6-11 抗利尿激素的分泌及作用

升高、血 Na^+ 降低。

3. 心房钠尿肽

心房钠尿肽是由心房肌细胞合成和释放的一种肽类激素，其主要作用是使血管平滑肌舒张，促进肾排水排 Na^+。其作用机制为：①使入球小动脉舒张，增加肾小球滤过率；②抑制肾素、醛固酮和抗利尿激素的分泌；③抑制集合管对 Na^+ 的重吸收，使水的重吸收量减少。

五、尿液

尿液的质和量主要反映肾本身的结构和功能状态。

（一）尿量

尿量的多少与饮水量成正比，与其他途径排出的水量成反比。正常成人每天的尿量约为 $1.0\sim2.0L$，平均为 $1.5L$。如果尿量每天持续超过 $2.5L$，称为多尿；多于 $0.1L$ 而少于 $0.5L$ 为少尿；少于 $0.1L$ 则为无尿。多尿会使机体丧失大量水分，干扰内环境的正常状态；少尿或无尿会使代谢产物堆积于体内无法排出，导致氮质血症及水盐代谢紊乱，严重影响机体的正常生命活动。

（二）尿的理化性质

正常新鲜尿液为淡黄色的透明液体，其颜色深浅受食物、药物、尿量等因素的影响。尿液的主要成分为水，约占 $95\%\sim97\%$。其余为溶解于水中的固体物质，其中主要是电解质和非蛋白含氮化合物。正常情况下，尿液中糖、蛋白质的含量极低，临床常规方法检测不出。正常尿液比重一般在 $1.015\sim1.025$ 之间。尿的 pH 值在 $5.0\sim7.0$ 之间，呈弱酸性。尿的酸碱度主要取决于食物的成分，食荤者尿液呈酸性，食素者尿液偏碱性。

尿毒症和透析疗法

尿毒症不是一个独立的疾病，而是各种晚期肾脏病共有的临床综合征。肾脏功能渐进性不可逆性减退，直至功能丧失，主要表现为水、电解质、酸碱代谢紊乱，蛋白质、糖类、脂肪和维生素的代谢紊乱及多系统功能障碍等。当患者进入尿毒症期时，患者肾脏应该损坏了超过90％以上，如果这时一直拖延而不采取替代治疗，那么毒素存留在体内，对身体其他的脏器也会带来不可逆的损害，此时应采取肾脏替代治疗，即透析治疗。

常见的透析方法有血液透析和腹膜透析两种。①血液透析：将患者的血液经血管通路引入透析机，在透析器中通过透析膜与透析液之间进行物质交换，再把经过净化的血液回输至体内，以达到排出废物，纠正电解质、酸碱平衡紊乱的目的。②腹膜透析：把制备的透析液灌进腹腔，使患者血液中的代谢产物通过腹膜扩散入透析液，透析液在腹腔保留3~4h后，把这些含有代谢废物的腹透液从腹腔里放出来，就可达到排出体内毒素和多余水分的目的。但是，无论血透还是腹透，都只能代替肾脏的清除代谢废物，维持水、电解质、酸碱平衡的作用，而无法替代肾脏的内分泌功能。

肾移植是尿毒症病人最合理、最有效的治疗方法。

第三节　泌尿系统常用药

泌尿系统的常用药一般都是通过参与肾的尿液生成（即肾小管的滤过、肾小球和集合管的重吸收和分泌）过程，从而影响尿量的多少，达到治疗的目的。临床上主要有利尿药和脱水药两大类。

一、利尿药

利尿药是一类直接作用于肾脏，增加水和电解质排出，而使尿量增多的药物。临床上主要用于治疗各种原因引起的水肿，也可用于高血压、尿崩症等非水肿性疾病的治疗。

利尿药可通过作用于肾单位的不同部位而产生利尿作用。它可以增加肾小球的滤过，减少肾小管和集合管的重吸收和分泌。不同类型的利尿药在作用部位上有一定的特异性。高效药作用于髓袢升支粗段髓质部和皮质部，中效利尿药作用于皮质部和远曲小管起始部，低效药则作用于远曲小管和集合管。

利尿药按照利尿效能分为三类：①高效利尿药，以呋塞米为代表，通过口服或静脉注射，作用于髓袢升支粗段，选择性地抑制NaCl重吸收而起到利尿作用，主要用于治疗急性肺水肿、脑水肿、防治肾衰竭等。②中效利尿药，主要有噻嗪类利尿药，例如氢氯噻嗪。一般经口服作用于髓袢升支粗段皮质部和远曲小管的起始部，抑制NaCl重吸收，主要用于治疗各种原因引起的水肿、高血压及尿崩症等。③低效利尿药，主要包括螺内酯、氨苯蝶啶、乙酰唑胺等，作用于远曲小管和集合管，直接抑制Na^+-K^+交换，使Na^+和水的排出增加而利尿。低效利尿药的作用较弱，一般常与强效和中效利尿药联合使用治疗心、肝和肾性水肿。

二、脱水药

脱水药又称渗透性利尿药，在静脉注射给药后，能迅速提高血浆渗透压，产生组织脱水作用。通过肾脏时，可以被滤过但不易被重吸收，可增加尿液渗透压而产生渗透性利尿作用。常用药物包括甘露醇、山梨醇和高渗葡萄糖等，它们一般采用静脉注射给药。其中甘露醇是治疗脑水肿、降低颅内压的首选药，也可用于预防或治疗急性肾衰竭；山梨醇为甘露醇的同分异构体，基本作用与甘露醇相似，但疗效不如甘露醇；高渗葡萄糖可产生高渗性利尿和脱水的作用，临床主要用于脑水肿和急性肺水肿，一般与甘露醇交替使用。

课后习题

一、单选题

1. 肾糖阈是指（   ）。
   A. 肾小管吸收葡萄糖的最大能力
   B. 尿中刚开始出现葡萄糖时的血糖浓度
   C. 肾小管开始吸收葡萄糖的最大能力
   D. 肾小球开始滤过葡萄糖时的血糖浓度
   E. 肾小球开始滤过葡萄糖的临界尿糖浓度

2. 可分泌肾素的结构是（   ）。
   A. 致密斑   B. 间质细胞   C. 球旁细胞
   D. 球外系膜细胞   E. 感受器细胞

3. 下列哪种物质的重吸收与 K^+ 分泌有关（   ）。
   A. H^+ B. NH_4^+ C. Na^+
   D. Cl^- E. $H_2PO_4^-$

4. 滤过膜的结构不包括下列哪项（   ）。
   A. 基膜   B. 肾小囊脏层   C. 肾小囊壁层
   D. 滤过裂孔膜   E. 毛细血管内皮细胞层

5. 人每日尿量多少称为少尿（   ）。
   A. ＜100ml   B. 100～500ml   C. 500～1000ml
   D. 1000～1500ml   E. ＞1500ml

6. 球旁器中的致密斑是（   ）。
   A. 化学感受器   B. 容量感受器   C. Na^+ 感受器
   D. 牵张感受器   E. 压力感受器

7. 下列原尿中哪一种物质可被肾小管全部重吸收（   ）。
   A. H^+ B. 葡萄糖   C. H_2O
   D. 尿酸   E. Na^+

8. 肾小球滤过率是指（   ）。
   A. 一个肾单位生成的原尿量   B. 一个肾生成的原尿量
   C. 两肾生成的原尿量   D. 一个肾生成的终尿量
   E. 两肾生成的终尿量

9. 肾的基本功能单位是（   ）。
   A. 肾小体   B. 肾小球   C. 肾小管
   D. 肾单位   E. 集合管

10. 抗利尿激素的主要作用是（   ）。
    A. 促进近球小管对水的重吸收   B. 提高远曲小管和集合管对水的通透性
    C. 保 Na^+、排 K^+、保水   D. 提高内髓部集合管对尿素的通透性
    E. 增强髓袢升支粗段对 NaCl 的主动重吸收

11. 各类利尿药的利尿作用主要是通过（   ）。

A. 降低肾血管阻力，增加肾血流量

B. 对抗 ADH 的作用

C. 提高肾小球滤过率

D. 抑制肾小管对水和电解质的重吸收

E. 抑制肾素释放，使醛固酮分泌减少

12. 治疗脑水肿的首选药是（   ）。

    A. 甘露醇   B. 呋塞米   C. 氢氯噻嗪

    D. 螺内酯   E. 糖皮质激素

二、多选题

1. 下列哪些因素与肾小球滤过率有关（   ）。

    A. 血浆晶体渗透压   B. 肾小囊内压   C. 血浆胶体渗透压

    D. 肾小球毛细血管血压   E. 肾小球滤过膜的面积

2. 肾单位中包括下列哪些结构（   ）。

    A. 肾小球   B. 远曲小管   C. 集合管

    D. 近曲小管   E. 肾小囊

3. 对肾小管的重吸收功能产生影响的物质有（   ）。

    A. 抗利尿激素   B. 心房钠尿肽   C. 醛固酮

    D. Ca^{2+} E. 甲状腺激素

三、简答题

1. 简述尿液生成的基本过程。

2. 简述影响肾小球滤过率的因素有哪些？

3. 大量饮用清水后，尿量有何变化？为什么？

4. 试述糖尿病患者为什么会出现糖尿和多尿。

四、案例分析

患者，男，64 岁，有高血压病史近 20 年，近来常感疲倦。2h 前突感头痛、头晕，并有喷射状呕吐。急诊入院诊断为：原发性高血压、脑出血、颅内高压。立即给予 20％的甘露醇快速静脉滴注处理。请阐明此时使用甘露醇的目的是什么？原理为何？如无甘露醇还可用什么药物替代？

答案

一、单选题：1. B　2. C　3. C　4. B　5. B　6. C　7. B　8. C　9. D　10. B　11. D　12. A

二、多选题：1. BCDE　2. ABDE　3. ABC

三、简答题：（略）

四、案例分析：（略）

单词表（生理学部分）

B

白细胞 white blood cell，WBC
病理生理学 physiopathology
补呼气量 espiratory reserve volume，ERV
补吸气量 inspiratory reserve volume，IRV

C

超常期 supranormal period
潮气量 tidal volume，TV
重吸收 reabsorption
传出神经纤维 efferent nerve fiber
传导性 conductivity
传入神经纤维 afferent nerve fiber
刺激 stimulus
刺激强度 intensity

D

大肠 intestinum crissum
低常期 subnormal period
动脉 artery
动脉血压 arterial blood pressure
动作电位 action potential
窦性心律 sinus rhythm

F

反射 reflex
反射弧 reflex arc
反应 reaction
房室延搁 atrioventricular delay
肺 lung
肺活量 vital capacity，VC
肺泡通气量 alveolar ventilation
肺通气 pulmonary ventilation
肺总量 total lung capacity，TLC
分泌 secretion
负反馈 negative feedback
腹式呼吸 abdominal breathing

G

肝脏 liver
感受器 receptor
功能余气量 functional residual capacity，FRC

H

红细胞 red blood cell，RBC

呼吸困难 dyspnea

呼吸系统 respiratory system

化学性消化 chemical digestion

J

机械性消化 mechanical digestion

激素 hormone

集合管 collecting tubule

降主动脉 descending aorta

交叉配血试验 cross-match test

静脉 vein

绝对不应期 absolute refractory period

K

抗利尿激素 antidiuretic hormone，ADH

可塑变形性 plastic deformation

克隆 clone

口腔 oral cavity

L

利尿药 diuretics

M

脉搏压 pulse pressure

毛细血管 capillary

每搏输出量 stroke volume

每分通气量 minute ventilation volume

泌尿系统 urinary system

N

内环境 internal environment

尿道 urethra

凝血因子 coagulation factor

P

膀胱 bladder

平静呼吸 eupnea

Q

气道阻力 airway resistance

球旁器 juxtaglomerular apparatus

醛固酮 aldosterone

R

染色质 chromatin

S

深吸气量 inspiratory capacity，IC
神经调节 nervous regulation
神经中枢 reflex center
肾 kindey
肾单位 nephron
肾皮质 renal cortex
肾髓质 renal medulla
肾糖阈 renal glucose threshold
肾小管 renal tubule
肾小囊 renal capsule
肾小球 glomerulus
肾小体 renal corpuscle
渗透脆性 osmotic fragility
升主动脉 ascending aorta
生理学 physiology
生殖 reproduction
食道 esophagus
收缩压 systolic pressure
受体 receptor
舒张压 diastolic pressure
输尿管 ureter
髓袢 medullary loop

T

体液 body fluid
体液调节 humoral regulation
脱水药 dehydrant agents

W

微循环 microcirculation
胃 stomach
稳态 homeostasis

X

细胞核 nucleus
细胞膜 membrane
细胞内液 intracellular fluid
细胞外液 extracellular fluid
细胞质 cytoplasm
纤维蛋白溶解 fibrinolysis
相对不应期 relative refractory period
消化道 digestive tract
消化系统 digestive system

消化腺 digestive gland

小肠 intestinum tenue

效应器 effector

心 heart

心电图 electrocardiogram，ECG

心动周期 cardiac cycle

心率 heart rate，HR

心输出量 cardiac output

心音 heart sound

心指数 cardiac index

新陈代谢 metabolism

兴奋 excitation

兴奋性 excitability

胸式呼吸 thoracic breathing

悬浮稳定性 suspension stability

血沉 erythrocyte sedimentation rate，ESR

血浆 blood plasma

血浆胶体渗透压 colloid osmotic pressure

血浆晶体渗透压 crystal osmotic pressure

血流量 blood flow

血细胞 blood cells

血细胞比容 hematocrit

血小板 platelet，PTL

血压 blood pressure

血液 blood

血液凝固 blood coagulation

血液循环 blood circulation

Y

咽 pharynx

胰脏 pancreas

抑制 inhibition

营养不良 malnutrition

幽门螺杆菌 helicobacter pylori，Hp

余气量 res idual volume，RV

阈刺激 threshold stimulus

阈强度（阈值）threshold intensity

Z

正反馈 positive feedback

主动脉 aorta

主动脉弓 aortic arch

自身调节 autoregulation

下 篇

生物化学

第七章　生物化学概述

第一节　生物化学及其发展概况

　　生物化学或生物的化学即生命的化学，是一门在分子水平上研究生物体内基本物质的化学组成和生命活动过程中化学变化规律与生命本质的学科。当代生物化学的研究除采用化学的原理和方法外，亦运用物理学等其他学科的技术方法揭示组成生物体的物质，特别是生物大分子的结构规律，并与细胞生物学、分子遗传学等密切联系，研究和阐明生长、分化、遗传、变异、衰老和死亡等基本生命活动的规律。

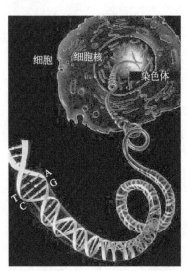

图 7-1　DNA 的双螺旋结构

　　自 1877 年 Felix Hoppe Seyler 提出"生物化学"的概念以来，生物化学的沿革已经超过了 130 个年头，其中经历了静态生物化学时期、动态生物化学时期和机能生物化学及分子生物学时期等三个重要时期（表7-1）。特别是 20 世纪下半叶以来，生物化学得到了前所未有的迅猛发展（表 7-2），其显著特征是分子生物学的崛起。

　　1953 年，Watson 和 Crick 提出了 DNA 分子的双螺旋结构模型（图 7-1），是生物化学发展进入分子生物学时代的重要标志。此后，在此基础上形成的遗传信息传递的"中心法则"，奠定了现代分子生物学的基础。分子生物学的主要研究内容为探讨不同生物体所含基因的结构、复制和表达，以及基因产物——蛋白质或 RNA 的结构，互相作用以及生理功能，以此了解不同生命形式特殊规律的化学基础。可见，当今生物化学与分子生物学不能截然分割，后者是前者深入发展的结果。总之，生物化学与分子生物学是在分子水平上研究生命奥秘的学科，代表当前生命科学的主流和发展的趋势。

表 7-1　生物化学的历史沿革及重要里程碑

时期	年代	里程碑人物及事件
静态生物 化学时期	1869 年	Friedrich Miescher 分离出脱氧核糖核蛋白
	1877 年	Felix Hoppe Seyler 提出"生物化学"的概念
	1897 年	Eduard Buchner 发现无细胞发酵现象,建立了酶化学
动态生物 化学时期	20 世纪初	Otto Meyerhof 等阐明了糖酵解途径
	1926 年	Sumner 首次得到脲酶结晶
	1929 年	Northrop 首次证明了酶的化学本质
	1937 年	Hans Krebs 阐明了三羧酸循环
	1945 年	Fritz Lipmann 发现、分离出辅酶 A,并证明其生理活性
	1951 年	Linus Pauling 提出蛋白质的 α 螺旋和 β 折叠二级结构
	1955 年	Frederick Sanger 测出牛胰岛素分子中全部氨基酸的排列顺序
	1980 年	Frederick Sanger 等设计测定 DNA 内核苷酸排列顺序的方法
功能生物 化学时期	1953 年	Watson 和 Crick 提出 DNA 分子的双螺旋结构
	1958 年	Crick 提出中心法则
	1959 年	Marshall W Nirenberg 首次用实验解答了遗传密码
	1964 年	Robert W Holley 等阐明遗传密码及其在蛋白质合成中的作用
	1965 年	曹天钦等首次人工全合成蛋白质——结晶牛胰岛素
	1978 年	Sidney Altman 等发现 RNA 的生物催化作用
	1985 年	Kary B Mullis 建立了"聚合酶链反应"(PCR)方法
	1997 年	Wilmut 等培育出首只克隆动物——多利羊
	2001 年	人类基因组草图的绘制工作完成
	2003 年	人类基因组计划(HGP)完成

表 7-2　近代生物化学技术的发展成果及临床应用

年代	成　果	应　用
1953 年	提出 DNA 双螺旋结构模型	
70 年代	限制性核酸内切酶的发现	基因工程学
70 年代	DNA 杂交技术的建立	基因工程学
1972 年	首个重组 DNA 克隆的产生	
1976 年	DNA 实验技术首次用于临床诊断	α-地中海贫血的出生前诊断
1977 年	首个人类基因被克隆	体外生产出人生长抑素
1981 年	核酶的发现	
1986 年	PCR 技术的建立	实现简便的体外 DNA 扩增
1990 年	基因治疗进入临床实验阶段	
1992 年	蛋白激酶的发现	
2001 年	人类基因组草图的绘制工作完成	

第二节　生物化学的主要研究内容

一、生物体的物质组成及生物分子的结构与功能

在研究生命形式时,首先要了解生物体的化学组成,测定其含量和分布。这是生物化学发展的开始阶段的工作,此部分内容曾被称为叙述生化。

现知生物体是由多种化学元素组成的,其中 C、H、O 和 N 四种元素的含量占活细胞量的 99％以上。各种元素进而构成约 30 种小分子化合物（氨基酸、核苷酸、单糖等）,这些小分子化合物可以构成生物大分子,所以把这些小分子称为生物分子或构件分子。例如 20 种 L-α-氨基酸是蛋白质的构件分子,4 种核苷酸是核酸的构件分子,单糖可构建成多糖、脂

肪酸组成多种脂类化合物。

当前研究的重点为生物大分子的结构与功能，特别是蛋白质和核酸，二者是生命的基础物质，对生命活动起着关键性的作用。

天然氨基酸虽然只有 20 种，但可构成数量繁多的蛋白质，由于不同的蛋白质具有特殊的一级结构（氨基酸残基的线性序列）和空间结构（二级、三级、四级结构），因而具有不同的生理功能，从而能体现瑰丽多彩的生命现象，现在已从单一蛋白质深入至细胞或组织中所含有的全部蛋白质，即蛋白质组的研究。将研究蛋白质组的学科称为蛋白质组学。

蛋白质的一级结构是由核酸决定的，人类基因组即人的全部遗传信息，是由 23 对染色体组成，约含 2.9×10^9 碱基对，测定基因组中全部 DNA 的序列，将为揭开生命的奥秘迈开一步。研究基因组的结构与功能的科学称为基因组学，经过包括我国在内许多科学家十多年的努力，2003 年已完成人类基因组计划中全部 DNA 序列的测定，接着面临更艰巨的任务，就是要研究目前所知 3 万～4 万个基因的功能及其与生命活动的关系。这就是后基因组计划。

生物大分子需要进一步组装成更大的复合体，然后装配成亚细胞结构、细胞、组织、器官、系统，最后成为能体现生命活动的机体，这些都是尚待研究和阐明的问题。

二、物质、能量代谢及其调节

组成生物体的物质不断地进行着多种有规律的化学变化，即新陈代谢，一旦这些化学反应停止，生命即告终结。可见，新陈代谢是生命的基本特征，生物体一方面需要与外界环境进行物质交换，另一方面在体内也进行着各种代谢变化，以维持其内环境的相对稳定，通过代谢变化将摄入营养物中储存的能量释放出来，供机体活动所需。要维持体内错综复杂的代谢过程有序地进行，需要有严格的调节机制，否则代谢的紊乱可影响正常的生命活动，从而发生疾病。因此，研究物质代谢、能量代谢及其调节规律是生物化学课程的主要内容，也称为动态生化。

三、基因的复制、表达及调控

遗传信息传递的"中心法则"，也是分子生物学的中心法则。DNA 是储存遗传信息的物质，通过复制（即 DNA 合成），可形成结构完全相同的两个拷贝，将亲代的遗传信息真实地传给子代。现知基因表达的第一步是将遗传信息转录成 RNA（即 RNA 的合成），后者作为蛋白质合成的模板，并决定蛋白质的一级结构，即将遗传信息翻译成能执行各种各样生理功能的蛋白质（即蛋白质的合成）。上述过程涉及生物的生长、分化、遗传、变异、衰老及死亡等生命过程，体内存在着一整套严密的调控机制，包括一些生物大分子的互相作用，如蛋白质与蛋白质、蛋白质与核酸、核酸与核酸间的作用。

第三节 研究生物化学的目的及其与药学的关系

生物化学的基本目标是揭示生命的奥秘。若将组成生物体的物质逐一分离研究，均为非生命物质，然而由这些物质组成的生物体何以能呈现及维持各种生命现象，这是生物化学要探讨和阐明的问题。可见，研究生物化学的根本目的是了解和掌握生命的规律，从而使人类进一步适应自然规律，不断提高人类的生存质量。

生物化学与分子生物学是边缘性学科，发展又十分迅速，形成了许多新理论、新概念，如基因组学、蛋白质组学、RNA 组学等；同时发展了许多新技术，如重组 DNA 技术、基因工程技术、克隆技术等。生物化学与分子生物学的理论和方法已广泛被其他基础医学、药学学科应用，并已形成了许多新的学科分支，如分子免疫学、分子遗传学、分子细胞生物学、分子病理学、分子药理学等。相反，这些基础学科也进一步促进了生物化学的发展。例如，免疫学的方法被广泛应用于蛋白质及受体的研究，遗传学的方法被应用于基因分子生物学的研究。总之，当前生命科学中各相关的学科互相渗透、互相促进，不断形成并将会出现更多新的学科。

健康科学涉及两大关键问题：其一是为了解和维持人体的健康生活，正常的生化反应和过程是健康的基础，人体必须不断地与外环境进行物质交换，摄入必需的营养成分，适应外环境的变化，以维持体内环境的稳定；其二是为有效防治疾病，了解代谢紊乱的环节并纠正之，是有效治疗疾病的重要依据，通过生化检查有助于疾病的诊断。例如，糖代谢障碍可导致糖尿病，充分了解糖代谢及其调节规律能为治疗糖尿病制定有效的方案，也为疾病的诊断和预防提供依据。可见，临床医学无论在预防和治疗工作中都会应用到生物化学的知识。临床实践也为生物化学的研究提供了丰富的源泉，例如恶性肿瘤的发病使生物化学和分子生物学深入至癌基因研究的层次，通过深入研究又加深了对正常细胞生长、分化的规律和信号转导途径的研究和了解。

生物化学的发展还为药学学科直接提供了更为广阔的发展空间。当代生物化学的各类先进技术已经越来越多地被应用于药物生产领域，各类通过基因重组技术生产的生化药品逐渐被临床接受且正在逐步取代某些传统化学药。2005年版《中华人民共和国药典》将原《中国生物制品规程》并入药典，增设为药典第三部，是生物制品广泛应用于临床的重要标志。此外，药物分析、药理学领域也越来越多地应用着生物化学的研究成果，例如鲎试剂法在药品微生物检验中的广泛应用。同时，生物化学的不断发展也为药学提出了更为严格的要求，例如随着分子生物学的发展，对药物设计靶向性的要求也不断提高，药物作用的靶点由整体、器官，现今已经发展到细胞乃至基因水平。

可以说，当前医药学的发展已进入分子水平时代，其主要的任务是：在分子水平研究人体生命的规律，阐明人体的生长、发育、分化、结构和功能；观察人与病原体以及人与自然环境之间的关系；分析疾病的发病机制及各种疾病主要病变的分子基础并开发与之相应的有效的预防、诊断和治疗药物。

第八章　蛋白质化学

学习目标
1. 熟悉氨基酸的结构特点、蛋白质分子组成及结构。
2. 掌握蛋白质的主要生物功能及蛋白质结构与功能的关系。
3. 掌握蛋白质分离纯化的原理。

为什么有的人头发乌黑亮丽，皮肤有光泽、富有弹性，而有的人头发枯黄、断裂、脱发，皮肤没有光泽、缺乏弹性？这些现象都和人体必需的营养蛋白质有密切关系。

蛋白质是所有生命活动的主要物质基础，它参与了几乎所有的生命活动过程。

第一节　蛋白质的功能与分类

一、蛋白质的主要功能

1. 催化功能

生物体的各种组成部分的自我更新是生命活动的本质，而构成新陈代谢的所有化学反应，几乎都是在一类特殊的生物高分子——酶的催化下进行的，目前已发现的酶基本上都是蛋白质。

2. 调节功能

生物体的一切生物化学反应能有条不紊地进行，是由于有调节蛋白在起作用，调节蛋白包括激素、受体、毒蛋白等。

3. 结构功能

蛋白质是一切生物体的细胞和组织的主要组成成分，也是生物体形态结构的物质基础。体表和机体构架部分还具有保护、支持功能。

4. 运输功能

生命活动中所需要的许多小分子和离子是由蛋白质来输送和传递的。例如 O_2 的运输由红细胞中的血红蛋白（Hb）来完成，脂质的运输由载脂蛋白来完成，铁离子由运铁蛋白在血液中运输等。

5. 免疫功能

生物机体产生的用以防御致病微生物或病毒的抗体，就是一种高度专一的免疫蛋白，它能识别外源性生命物质并与之结合，起到防御作用，使机体免受伤害。

6. 运动功能

生物体的运动也由蛋白质来完成。例如动物肌肉的主要成分就是蛋白质，肌肉收缩和舒张是由肌动蛋白和肌球蛋白的相对运动来实现的。草履虫、眼虫的运动由纤毛和鞭毛完成，纤毛和鞭毛都是蛋白质。

7. 储藏功能

乳液中的酪蛋白、蛋类中的卵清蛋白、植物种子中的醇溶蛋白等，它们有储藏氨基酸的作用，以备机体及其胚胎或幼体生长发育的需要。

8. 生物膜的功能

生物膜的通透性、信号传递、遗传控制、生理识别、动物记忆、思维等多方面的功能都是由蛋白质参与完成的。

二、蛋白质的分类

研究蛋白质与研究其他任何物质一样，常人为地将它们分成不同的类别，以便认识和了解。但在任何一个简单的分类系统内要把握住各种蛋白质的重要特征或全部变化范围是很困难的。

现在采用的蛋白质的分类方法主要有3种：一是根据蛋白质分子的形状；二是根据蛋白质组成的繁简；三是根据蛋白质的溶解性质。大多数采用的是按蛋白质组成进行分类的方法。

1. 根据化学组成成分分类

分为单纯蛋白质和结合蛋白质。

（1）单纯蛋白质　仅由氨基酸组成的蛋白质，水解后产物只有氨基酸。也就是分子组成中，除氨基酸外无别的成分。例如清蛋白、球蛋白、谷蛋白、醇溶蛋白、精蛋白、组蛋白、硬蛋白都属于单纯蛋白质。

（2）结合蛋白质　除含有氨基酸外，还含有糖、脂肪、核酸、磷酸以及色素等非蛋白质成分。故结合蛋白质由两部分组成：一部分含有各种氨基酸，为蛋白质部分；另一部分为非蛋白质部分，称为辅基。主要的结合蛋白质有以下几类。

① 核蛋白　由蛋白质与核酸组成，在生命活动过程中的作用极为重要，存在于一切细胞中。

② 色蛋白　由蛋白质与含金属的色素物质结合而成。例如含铁的血红蛋白、肌红蛋白、细胞色素，含镁的叶绿蛋白，含铜的血蓝蛋白等。

③ 糖蛋白　由蛋白质与糖类物质结合而成。糖类物质常常是半乳糖、甘露糖、氨基己糖、葡萄糖醛酸等。例如黏性蛋白、软骨素蛋白等。糖蛋白几乎存在于所有组织中，在血液、骨骼、角膜、内脏、黏膜等组织及生物膜中都存在大量的各类糖蛋白，并具有多种功能。

④ 脂蛋白　由蛋白质与脂类结合而成。主要存在于乳汁、血液、生物膜和细胞核中，如血浆脂蛋白、膜脂蛋白等。脂蛋白与脂质代谢、运输等功能有关。

⑤ 磷蛋白　由蛋白质与磷酸结合而成。例如酪蛋白、卵黄蛋白等。

2. 根据生物学功能分类

（1）活性蛋白质　例如酶、调节蛋白（胰岛素、促生长素）、运输蛋白、贮存蛋白、运动蛋白、受体蛋白、防御蛋白等。

（2）非活性蛋白　例如角蛋白、胶原蛋白、弹性蛋白等。

3. 根据分子形状分类

分为球状蛋白和纤维状蛋白。这是根据分子轴比（即分子长度与直径之比）来区分的。

（1）球状蛋白　分子形状呈球状，轴比小于10，甚至接近1∶1，较易溶解（能形成结晶，生物及多数蛋白质属于球形蛋白，有特异性生物活性）。例如血液中的血红蛋白、血清球蛋白、豆类的球蛋白等，还有胰岛素、酶、免疫球蛋白。

（2）纤维状蛋白　分子形状似纤维，轴比大于10，不溶于水，如指甲、羽毛中的角蛋白和蚕丝中的丝蛋白，皮肤、骨、牙、结缔组织中的胶原蛋白和弹性蛋白等。

知识链接

19世纪中叶，荷兰生理学家 Mulder 从动物组织和植物体液中提取出一种共同的物质，并认为生命的存在很可能与这种物质有关。1883年，根据著名瑞典化学家 Berzelius 的提议，Mulder 就把这种物质命名为蛋白质（protein）。protein 一词来自希腊语 Πρστο，意指"最重要的"、"最原始的"、"第一的"。

第二节　蛋白质的组成

一、蛋白质的元素组成

蛋白质的元素组成与糖、脂相比，都含有 C、H、O，而蛋白质还含有 N 等元素。从动植物组织细胞中提取的各种蛋白质经分析得知，其主要元素 C、H、O、N 的含量分别是 $50\%\sim55\%$、$6\%\sim8\%$、$20\%\sim23\%$、$15\%\sim18\%$；其中 N 元素的含量在各种蛋白质中很相近，平均为 16%，故 N 为蛋白质的特征性元素，即蛋白质是一类含氮的生物大分子。除了上述主要元素，蛋白质大多数还含有 S（$0\sim4\%$）、P（$0.4\%\sim0.9\%$）、Fe^{3+}、Cu^{2+}、Zn^{2+}、Mn^{2+} 等，个别的还含有碘。

由于蛋白质中含 16% 的 N 元素，即每 100g 蛋白质中约含有 16g 氮，因此生物样品中蛋白质的含量约等于样品含氮量 $\times 6.25$（6.25 被称为蛋白质系数或蛋白质因数，即 100/16）。

二、蛋白质的基本结构单元——氨基酸

蛋白质在酸、碱或酶的作用下，可被水解得到约 20 种氨基酸的混合物。这些氨基酸的结构各不相同，但结构中的氨基（—NH_2）或亚氨基（=NH）都与邻接羧基（—COOH）的 α 碳原子相连接，故它们都属于 α-氨基酸。

除最简单的甘氨酸外，其他氨基酸的 α 碳原子都是不对称的碳原子（又称手性碳原子），故它们有 L 型和 D 型两种构型。然而，组成天然蛋白质的氨基酸，除甘氨酸外，其化学结构均属 L-α-氨基酸，氨基酸的结构通式见图 8-1。

透视式　　　　投影式

图 8-1　α-氨基酸的结构通式

（一）蛋白质中的常见氨基酸

组成蛋白质的 20 种氨基酸称为基本氨基酸（见表 8-1）。它们中除脯氨酸外都是 α-氨基酸，即在 α 碳原子上有一个氨基。基本氨基酸都符合通式，都有单字母和三字母缩写符号。

表 8-1　20 种基本氨基酸的相对分子质量及等电点

名　称	符号与缩写	相对分子质量	等电点
丙氨酸（Alanine）	A 或 Ala	89.079	6.02
缬氨酸（Valine）	V 或 Val	117.133	5.97
亮氨酸（Leucine）	L 或 Leu	131.160	5.98
异亮氨酸（Isoleucine）	I 或 Ile	131.160	6.02
甲硫氨酸（Methiomne）	M 或 Met	149.199	5.75
苯丙氨酸（Phenylalanine）	F 或 Phe	165.177	5.48
色氨酸（Tryptophan）	W 或 Trp	204.213	5.89
脯氨酸（Proline）	P 或 Pro	115.117	6.30
甘氨酸（Glycine）	G 或 Gly	75.052	5.97

续表

名　　称	符号与缩写	相对分子质量	等电点
丝氨酸（Serine）	S 或 Ser	105.078	5.68
苏氨酸（Threonine）	T 或 Thr	119.105	6.53
半胱氨酸（Cysteine）	C 或 Cys	121.145	5.02
天冬酰胺（Asparagine）	N 或 Asn	132.104	5.41
谷氨酰胺（Glutamine）	Q 或 Gln	146.131	5.65
酪氨酸（Tyrosine）	Y 或 Tyr	181.176	5.66
精氨酸（Arginine）	R 或 Arg	174.188	10.76
赖氨酸（Lysine）	K 或 Lys	146.17	9.74
组氨酸（Histidine）	H 或 His	155.141	7.59
谷氨酸（Glutamic acid）	E 或 Glu	147.116	3.22
天冬氨酸（Aspartic acid）	D 或 Asp	133.089	2.97

氨基酸的分类如下。

1. 按照氨基酸侧链性质分类

① 非极性氨基酸（图 8-2）：Ala、Val、Leu、Ile、Met、Phe、Trp、Pro 共八种。

② 极性中性氨基酸（图 8-3）：Gly、Ser、Thr、Cys、Asn、Gln、Tyr 共七种。

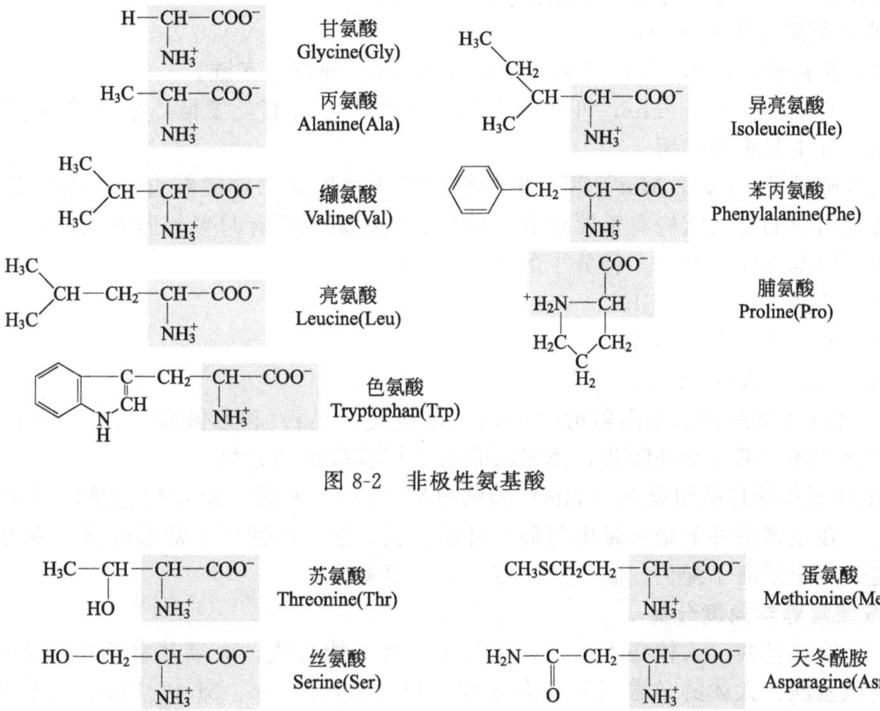

图 8-2　非极性氨基酸

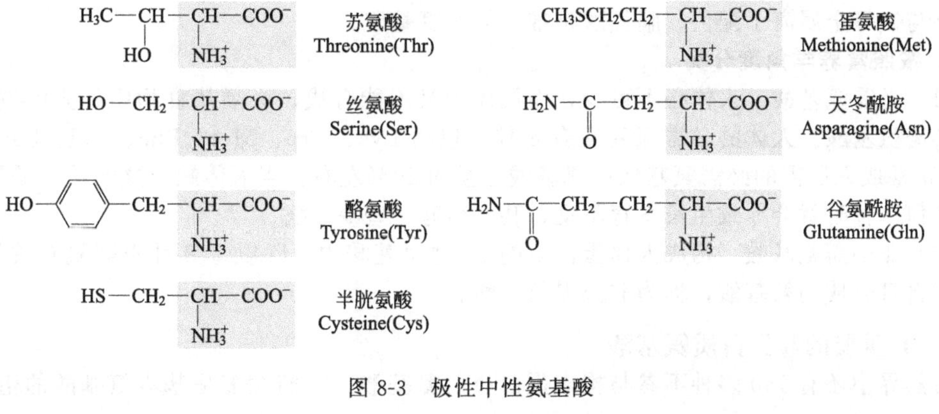

图 8-3　极性中性氨基酸

③ 碱性氨基酸（图 8-4）：Arg、Lys、His 共三种。

④ 酸性氨基酸（图 8-5）：Asp、Glu 共两种。

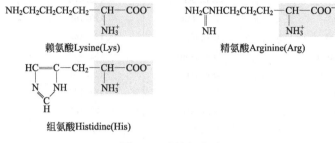

赖氨酸Lysine(Lys)

精氨酸Arginine(Arg)

组氨酸Histidine(His)

图 8-4 碱性氨基酸

天冬氨酸Aspartic acid(Asp)

谷氨酸Glutamic acid(Glu)

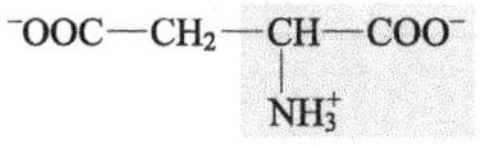

图 8-5 酸性氨基酸

2. 按照氨基酸的侧链结构分类

分为脂肪族氨基酸、芳香族氨基酸和杂环氨基酸。

① 脂肪族氨基酸共 15 种。

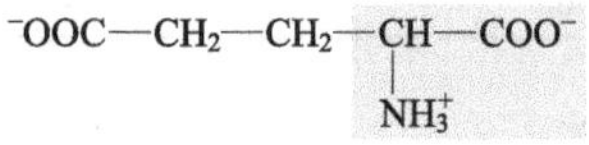

侧链只是烃链：Gly，Ala，Val，Leu，Ile，后三种带有支链。

侧链含有羟基：Ser，Thr，许多蛋白酶的活性中心含有丝氨酸，它还在蛋白质与糖类及磷酸的结合中起重要作用。

侧链含硫原子：Cys，Met，两个半胱氨酸可通过形成二硫键结合成一个胱氨酸。二硫键对维持蛋白质的高级结构有重要意义。甲硫氨酸的硫原子有时参与形成配位键。甲硫氨酸可作为通用甲基供体，参与多种分子的甲基化反应。

侧链含有羧基：Asp，Glu。

侧链含酰氨基：Asn，Gln。

侧链显碱性：Arg，Lys。

② 芳香族氨基酸包括苯丙氨酸（Phe）、酪氨酸（Tyr）和色氨酸（Trp）三种。芳香族氨基酸都含苯环，都有紫外吸收，酪氨酸是合成甲状腺素的原料。

③ 杂环氨基酸包括组氨酸（His）和脯氨酸（Pro）两种。组氨酸也是碱性氨基酸，但碱性较弱，在生理条件下是否带电与周围环境有关，它在活性中心常起传递电荷的作用。组氨酸能与铁等金属离子配位。脯氨酸是唯一的亚氨基酸。

3. 按照营养学角度分类

（1）必需氨基酸　人体必不可少，而机体内又不能合成，必须从食物中补充的氨基酸，称为必需氨基酸。人体的必需氨基酸有 8 种，包括 Lys、Trp、Met、Phe、Val、Leu、Ile、Thr。正常成人所需的必需氨基酸占氨基酸总量的 20%左右。当人体缺乏这 8 种必需氨基酸中的任何一种时就会导致生长发育不良，甚至引起一些缺乏病。

（2）非必需氨基酸　构成人体蛋白质的 20 种氨基酸中，除以上 8 种必需氨基酸外，人体可以自身合成的氨基酸，称为非必需氨基酸。

（二）重要的非蛋白质氨基酸

自然界中还有 150 多种不参与构成蛋白质的氨基酸。它们大多是基本氨基酸的衍生物，也有一些是 D-氨基酸或 β、γ、δ-氨基酸。这些氨基酸中有些是重要的代谢物前体或中间产物，如瓜氨酸和鸟氨酸是合成精氨酸的中间产物，β-丙氨酸是遍多酸（泛酸、辅酶 A 前体）的前体，γ-氨基丁酸是传递神经冲动的化学介质。

一些非蛋白质氨基酸的分子结构如下：

H_2N—CH_2—CH_2—CH_2—$COOH$　　　γ-氨基丁酸

HO_3S—CH_2—CH_2—$COOH$　　　牛磺酸

H_2N—CH_2—CH_2—$COOH$　　　β-丙氨酸

（三）氨基酸的理化性质

1. 物理性质

① 氨基酸均为无色结晶体或粉末，可用于鉴定；α-氨基酸为无色结晶，每种氨基酸都有自己特有的结晶形状。

② 氨基酸的熔点较高，一般都大于 200℃，在 200～300℃ 之间。各种氨基酸有不同的味觉，例如甘氨酸、丙氨酸、丝氨酸有甜味，缬氨酸、亮氨酸、异亮氨酸有苦味，天冬氨酸、谷氨酸有酸味，谷氨酸的单钠盐有鲜味，是味精的主要成分。

③ 光吸收性：除甘氨酸外，每种氨基酸都有旋光性和一定的比旋光度。

一般氨基酸对可见光没有吸收能力，但有几种氨基酸对紫外光有明显的吸收能力，例如酪氨酸、色氨酸和苯丙氨酸，由于大多数蛋白质含有酪氨酸，也有紫外吸收能力，一般最大吸收峰在 280nm 波长处，因此利用紫外分光光度计可以很方便地测定出样品中蛋白质的含量。

④ 溶解性质：除个别氨基酸外，一般都溶于水、稀酸或稀碱，但不溶于有机溶剂，利用此性质，通常可用酒精把氨基酸从溶液中沉淀出来。

⑤ 旋光性质：氨基酸的比旋光值 $[\alpha]_D^t$ 受分子立体结构和测定时溶液 pH 的影响，其数值为旋光性物质的特征常数。

2. 化学性质

（1）两性性质——氨基酸是弱两性电解质　氨基酸的同一分子中含有碱性的氨基（—NH_2）和酸性的羧基（—$COOH$），因此它是两性电解质。它的—$COOH$ 可解离释放 H^+，其自身变为—COO^-，释放出的 H^+ 与—NH_2 结合，使—NH_2 变成—NH_3^+，此时氨基酸成为同一分子上带有正、负两种电荷的偶极离子或称兼性离子，这也是氨基酸在水中或结晶态时的主要存在形式。

氨基酸的氨基和羧基的解离情况以及氨基酸本身带电情况取决于它所处环境的酸碱性。当它处于酸性环境时，由于羧基结合质子而使氨基酸带正电荷；当它处于碱性环境时，由于氨基的解离而使氨基酸带负电荷；当它处于某一 pH 值时，氨基酸所带正电荷和负电荷相等，即净电荷为零，此时的 pH 值称为氨基酸的等电点（isoelectric point），用 pI 表示。

氨基酸的两性解离式为：

$$\underset{\substack{\text{在酸性溶液中}\\(\text{pH}<\text{p}I)}}{R\text{—}\overset{\overset{+}{N}H_3}{\underset{|}{C}}H\text{—}COOH} \underset{H^+}{\overset{OH^-}{\rightleftharpoons}} \underset{\substack{\text{晶体或水溶液中}\\(\text{pH}=\text{p}I)}}{R\text{—}\overset{\overset{+}{N}H_3}{\underset{|}{C}}H\text{—}COO^-} \underset{H^+}{\overset{OH^-}{\rightleftharpoons}} \underset{\substack{\text{在碱性溶液中}\\(\text{pH}>\text{p}I)}}{R\text{—}\overset{\overset{+}{N}H_2}{\underset{|}{C}}H\text{—}COO^-}$$

两性离子是指在同一氨基酸分子上带有能放出质子的—NH_3^+ 正离子和能接受质子的—COO^- 负离子。

在生理 pH 值时，大多数氨基酸以两性离子形式为主存在。由于静电作用，在等电点时，氨基酸的溶解度最小，容易沉淀。利用这一性质可以分离制备某些氨基酸。例如谷氨酸的分离就是将微生物发酵液的 pH 值调节到 3.22（谷氨酸的等电点）而使谷氨酸沉淀析出。

（2）氨基酸的一些特殊反应用于定性与定量　氨基酸的化学性质主要表现在所发生的化学反应方面。氨基酸的化学反应主要是指它的 α-氨基、α-羧基以及侧链上的基团所参与的一些反应。在蛋白质化学中具有重要意义的化学反应有以下几种。

① 成肽反应　氨基酸分子间脱水生成肽。一个氨基酸的 α-氨基与另一个氨基酸的 α-羧基缩合失水而形成的酰胺键，也称为肽键（式中—CO—NH—），是多肽蛋白质的主要化学键。反应过程可表示为：

$$\underset{\text{H}_2\text{N—CH—COOH}}{\overset{R^1}{|}} + \underset{\text{H}_2\text{N—CH—COOH}}{\overset{R^2}{|}} \xrightarrow{\text{H}_2\text{O}} \underset{\text{H}_2\text{N—CH—}}{\overset{R^1}{|}}\underset{\text{N}}{\overset{O}{\overset{\|}{\text{C}}}}\underset{\text{H}}{}\underset{\text{CH—COOH}}{\overset{R^2}{|}}$$

氨基酸通过肽键连接而成的化合物称为肽，两个氨基酸分子间脱水缩合成二肽，三个氨基酸分子脱水缩合成三肽，多个氨基酸分子所合成的肽称为多肽。

多个氨基酸可按此反应方式生成长链状的肽化合物。

② 与茚三酮的反应　见本章第四节水合茚三酮反应相关内容。

③ 与甲醛反应　氨基酸在溶液中有如下平衡：

$$\underset{\text{R—CH—COO}^-}{\overset{\overset{+}{\text{NH}_3}}{|}} \rightleftharpoons \underset{\text{R—CH—COO}^-}{\overset{\text{NH}_2}{|}} + \text{H}^+$$

氨基酸分子在溶液中主要是两性离子。氨基酸的酸性基团羧基与碱性基团氨基相距很近，当用碱滴定羧基时，由于氨基的影响，致使氨基酸这种两性离子即使达到滴定终点也不会完全分解，因而不能准确测定。如果用中性甲醛与氨基酸的氨基化合，将氨基保护起来使其不生成两性离子，然后再用碱来滴定氨基酸中的羧基，就能测定出氨基酸的量。相关反应为：

$$\underset{\text{NH}_3^+}{\overset{\text{R—CH—COO}^-}{|}} + \text{HCHO} \rightleftharpoons \underset{\text{NH—CH}_2\text{OH}}{\overset{\text{R—CH—COO}^-}{|}} + \text{H}^+ \xrightarrow{\text{OH}^-} 中和$$

$$\downarrow \text{HCHO}$$

$$\underset{\text{N(CH}_2\text{OH)}_2}{\overset{\text{R—CH—COO}^-}{|}}$$

由于氨基酸的氨基与甲醛的反应，使—NH$_3^+$ 解离释放出 H$^+$，从而使溶液酸性增加，据此就可以酚酞作指示剂用 NaOH 溶液来滴定。这是生物化工产品、食品和发酵物等产品中氨基氮的测定原理和方法，称为甲醛滴定法。

④ 羰（tang）氨反应（又称席夫碱反应）

氨基酸的 α-氨基能与醛类化合物反应生成弱碱，即所谓席夫碱，其反应如下：

$$\underset{}{\overset{O}{\overset{\|}{\text{R}'—\text{C}—\text{H}}}} + \underset{\text{H}_2\text{N—CH—COOH}}{\overset{R}{|}} \rightleftharpoons \underset{\overset{|}{\text{H}}}{\overset{R}{\text{R}'—\text{C}—\text{N}—\overset{|}{\text{CH}}—\text{COOH}}} + \text{H}_2\text{O}$$

这是引起食品褐变的反应之一。食品中的氨基酸与葡萄糖醛基发生所谓羰氨反应，生成席夫碱，进一步转变成有色物质，这是非酶促褐变的一种机制。

氨基酸的氨基易与糖类的羰基发生反应，生成羰氨化合物，进而合成更复杂的棕色到黑色的化合物叫类黑色素，食品加工中将这种反应称为褐变，轻度的褐变可赋予食品一定的色、香、味。

知识链接

蛋白质的水解反应

蛋白质是一类含氮的生物高分子，分子质量较大，一般在 $10^4 \sim 10^6$ Da，结构也非常复杂，为了研究其组成和结构，常将蛋白质水解成小分子。蛋白质可通过酸法、碱法和酶法等方法将其水解成氨基酸。

1. 酸水解

蛋白质在进行酸水解时，通常以 5～10 倍的 20%HCl 煮沸回流 16～24h，或加压于 120℃水解 12h，可将蛋白质水解成氨基酸。用盐酸的优点是可加热蒸发除去 HCl。也可用 20%H_2SO_4 水解，然后加 Ba^{2+} 或 Ca^{2+} 沉淀除去硫酸根。酸水解的优点是水解彻底，水解的最终产物是 L-氨基酸，没有旋光异构体产生；缺点是营养价值较高的色氨酸几乎全部被破坏，而且与含醛基的化合物（如糖）作用生成一种黑色物质，称为腐黑质，因此水解液呈黑色，需进行脱色处理。此外，含羟基的丝氨酸、苏氨酸、酪氨酸也有部分被破坏。此法常用于蛋白质的分析与制备。此法是氨基酸工业生产的主要方法之一，也可用于蛋白质的分析。

2. 碱水解

蛋白质在进行碱水解时，用 6mol/L NaOH 或 4mol/L Ba(OH)$_2$ 煮沸 6h 即可完全水解得到氨基酸。此法的优点是色氨酸不被破坏，水解液清亮；但缺点是水解产生的氨基酸发生旋光异构作用，产物有 D 型和 L 型两类氨基酸。D 型氨基酸不能被人体分解利用，因而营养价值减半；此外，丝氨酸、苏氨酸、赖氨酸、胱氨酸等大部分被破坏，因此碱水解法一般很少使用。

3. 蛋白酶水解

蛋白质在一些蛋白酶的作用下可发生水解。这种水解法的优点是条件温和，常温（36～60℃）、常压和 pH 值在 2～8 时，氨基酸完全不被破坏，也不发生旋光异构现象；其缺点是水解不彻底，中间产物（短肽等）较多。

由蛋白质分解的结果来看，氨基酸是蛋白质的基本组成单位。

第三节 蛋白质的分子结构

蛋白质是由各种氨基酸通过肽键连接而成的多肽链，再由一条或多条多肽链按各自特殊方式折叠盘绕，组合成具有完整生物活性的大分子。

蛋白质是生物大分子，结构比较复杂，人们常用四个层次来描述，包括蛋白质的一级、二级、三级和四级结构。

一、蛋白质的结构

1. 蛋白质的一级结构

蛋白质的一级结构是指肽链的氨基酸组成及其排列顺序。氨基酸序列是蛋白质分子结构的基础，它决定蛋白质的高级结构。一级结构可用氨基酸的三字母符号或单字母符号表示，从 N-末端向 C-末端书写。采用三字母符号时，氨基酸之间用连字符（-）隔开。

蛋白质一级结构研究的内容包括蛋白质的氨基酸组成、氨基酸的排列顺序和二硫键的位置、肽键数目、末端氨基酸的种类等，蛋白质一级结构中肽链内和肽链间二硫键示意见图 8-6。

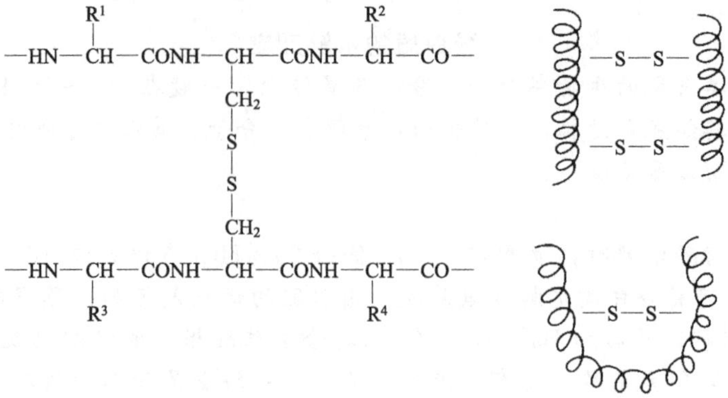

图 8-6 蛋白质一级结构中肽链内和肽链间二硫键示意

氨基酸通过肽键连接形成的链状化合物称为肽（peptide）。肽可由氨基酸缩合形成，也可由蛋白质水解产生，另外还有存在于生物体内的天然活性肽。

肽链中氨基酸间的连接是通过肽键。肽键是由一个氨基酸的 α-氨基与另一个氨基酸的 α-羧基缩合失水而形成的酰胺键。反应过程可表示为：

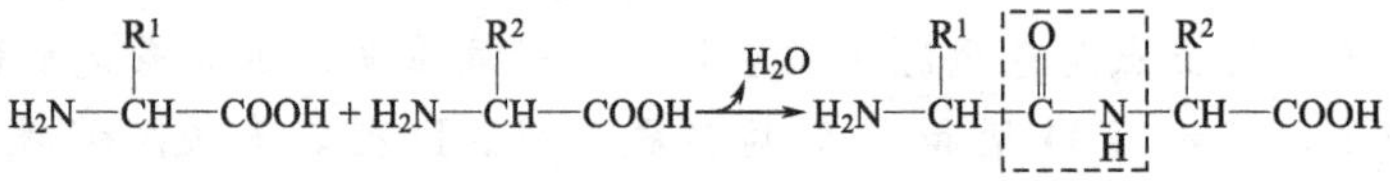

肽键这种酰胺键和一般酰胺键一样，由于酰胺氮上的孤对电子与相邻羧基之间的共振相互作用，从而使 C—N 键具有部分双键的性质，使—CO—具有部分单键的性质。肽键的共振结构形式为：

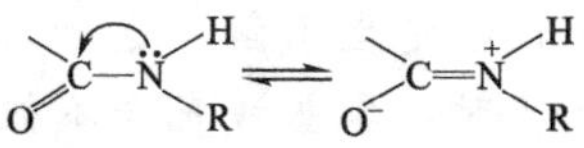

由于肽键具有双键性质，因而不能沿 C—N 轴自由转动。O、C、N、H 4 个原子处于同一个平面内，即，氧和氢分别在 C—N 轴的两边。肽键中 C—N 键长为 0.132nm，介于普通 C—N 单键（0.149nm）和 C＝N 双键（0.127nm）之间。因此肽键中的 C—N 键比较牢固。虽然肽键中的 C—N 键不能自由旋转，但羰基碳原子和 α-碳原子之间以及氨基氮原子和 α-碳原子之间的键是一般的单键，可以旋转。

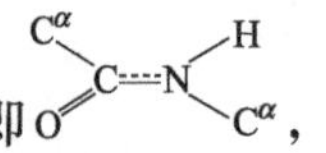

肽呈链状，因而称为肽链。肽链中每个氨基酸单位由于失去 1 分子水，称为氨基酸残基。肽链中仍保留有类似于氨基酸的 α-NH_2 和 α-COOH，它们分别位于肽链的两端，这两端分别称为氨基末端（N-末端）和羧基末端（C-末端）。在阅读和书写时，从左至右则为从 N-末端到 C-末端，这就是肽链的方向性。命名时，从 N-末端开始，氨基酸残基的名称变为某氨酰，C-末端氨基酸残基用氨基酸的本名。

由几个残基构成即称为几肽。按习惯，残基数在 10 个以下的称为寡肽，在 10 个以上的称为多肽。

2. 蛋白质的二级结构

蛋白质的二级结构是指肽链主链的空间走向（折叠和盘绕方式），是有规则重复的构象。肽链主链具有重复结构，其中氨基是氢键供体，羰基是氢键受体。通过形成链内或链间氢键可以使肽链卷曲折叠形成多种二级结构单元。

蛋白的空间结构是一种构象，可以在不破坏共价键情况下发生改变。但是蛋白质中任一氨基酸残基的实际构象的自由度是非常有限的，在生理条件下，每种蛋白质似乎只呈现出称为天然构象的单一稳定形状。

蛋白质的肽链卷曲折叠形成二级结构单元，主要有α螺旋、β折叠、β转角和无规卷曲四种。

（1）α螺旋　α螺旋模型是 Pauling 和 Corey 等研究α-角蛋白时于 1951 年提出的。主要有以下特征。

① α螺旋模型中每隔 3.6 个氨基酸残基螺旋上升一圈，相当于向上平移 0.54nm。螺旋的直径是 1.1nm。螺旋上升时，每个氨基酸残基沿轴旋转 100°，向上平移 0.15nm，比完全伸展的构象压缩 2.4 倍，见图 8-7。

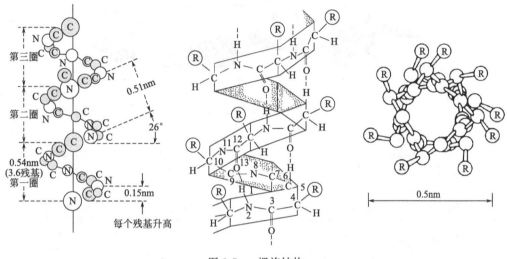

图 8-7　α螺旋结构

② 在α螺旋中氨基酸残基的侧链伸向外侧，相邻的螺圈之间形成链内氢键，氢键的取向几乎与中心轴平行。氢键是由肽键中氮原子上的氢与其 N 端第四个羰基上的氧之间形成的。α螺旋的结构允许所有的肽键都参与链内氢键的形成，因此相当稳定。

③ α螺旋由氢键构成一个封闭环，其中包括四个残基，共 13 个原子，称为 3.6_{13} 螺旋。

④ α螺旋是一种不对称的分子结构，具有旋光能力。α螺旋的比旋不等于其中氨基酸比旋的简单加和，因为它的旋光性是各个氨基酸的不对称因素和构象本身不对称因素的总反映。天然α螺旋的不对称因素引起偏振面向右旋转。

利用α螺旋的旋光性，可以测定它的相对含量。

一条肽链能否形成α螺旋，以及螺旋的稳定性怎样，与其一级结构有极大关系。脯氨酸由于其亚氨基少一个氢原子，无法形成氢键，而且 C_α—N 键不能旋转，所以是α螺旋的破坏者，肽链中出现脯氨酸就中断α螺旋，形成一个"结节"。此外，侧链带电荷及侧链基团过大的氨基酸不易形成α螺旋，甘氨酸由于侧链太小，构象不稳定，也是α螺旋的破坏者。

（2）β折叠　β折叠也称β片层（见图 8-8），在蚕丝丝心蛋白中含量丰富。在此结构中，肽链较为伸展，若干条肽链或一条肽链的若干肽段平行排列，相邻主链骨架之间靠氢键维系。氢键与链的长轴接近垂直。为形成最多的氢键，避免相邻侧链间的空间障碍，锯齿状的主链骨架必须做一定的折叠，以形成一个折叠的片层。侧链交替位于片层的上方和下方，与片层垂直。

β折叠有两种类型：一种是平行式，即所有肽链的氨基端在同一端；另一种是反平行式，所有肽链的氨基端按正反方向交替排列。从能量上看，反平行式更为稳定。反平行式的重复距离是 0.7nm（两个残基），平行式是 0.65nm。

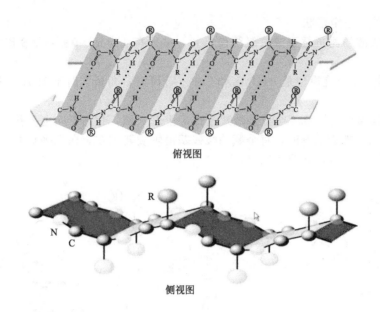

俯视图

侧视图

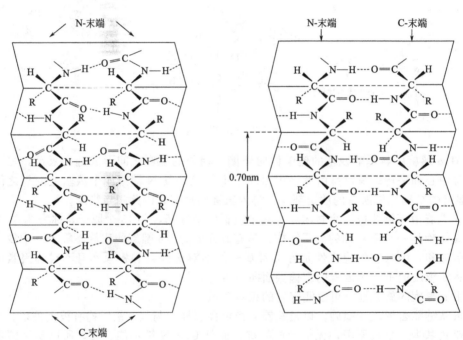

图 8-8　β 折叠结构示意

（3）β 转角　β 转角使肽链形成约 180°的回转，第一个氨基酸的羧基与第四个氨基酸的氨基形成氢键。这种结构在球状蛋白中广泛存在，可占全部残基的 1/4（见图 8-9）。

（4）无规卷曲　无规卷曲指没有一定规律的松散肽链结构。此结构看来杂乱无章，但对一种特定蛋白又是确定的，而不是随意的。在球状蛋白中含有大量无规卷曲，倾向于产生球状构象。这种结构有高度的特异性，与生物活性密切相关，对外界的理化因子极为敏感。

3. 蛋白质的三级结构

三级结构是指多肽链中所有原子和基团的构象。它是在二级结构的基础上进一步盘曲折叠形成的,包括所有主链和侧链的结构。哺乳动物肌肉中的肌红蛋白(见图 8-10)其整个分子由一条肽链盘绕成一个中空的球状结构,全链共有 8 段 α 螺旋,各段之间以无规卷曲相连。在 α 螺旋肽段间的空穴中有一个血红素基团。所有具有高度生物学活性的蛋白质几乎都是球状蛋白。三级结构是蛋白质发挥生物活性所必需的。

在三级结构中,多肽链的盘曲折叠是由分子中各氨基酸残基的侧链相互作用来维持的。二硫键是维持三级结构唯一的一种共价键,能把肽链的不同区段牢固地连接在一起,而疏水性较强的氨基酸则借疏水力和范德华力聚集成紧密的疏水核,极性的残基以氢键和盐键相结合。在水溶性蛋白中,极性基团分布在外侧,与水形成氢键,使蛋白质溶于水。这些非共价键

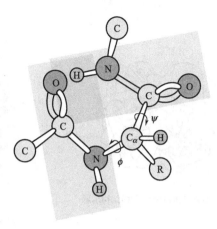

图 8-9 β 转角
ϕ、ψ 表示转角方向

虽然较微弱,但数目庞大,因此仍然是维持三级结构的主要力量。

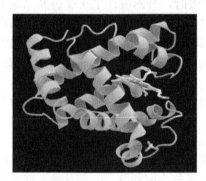

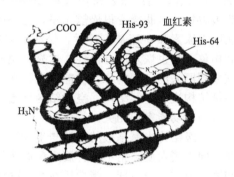

图 8-10 肌红蛋白

4. 蛋白质的四级结构

由两条或两条以上肽链通过非共价键构成的蛋白质称为寡聚蛋白。其中每一条多肽链称为亚基,每个亚基都有自己的一、二、三级结构。亚基单独存在时无生物活性,只有相互聚合成特定构象时才具有完整的生物活性。四级结构就是各个亚基在寡聚蛋白的天然构象中空间上的排列方式。胰岛素可形成二聚体、六聚体,但不是其功能单位,所以不是寡聚蛋白。判断标准是将发挥生物功能的最小单位作为一个分子。

研究得最为透彻的寡聚蛋白是血红蛋白。它由 4 个亚基构成一个四面体构型,每个亚基的三级结构都与肌红蛋白相似,但一级结构相差较大(图 8-11)。成人主要是 HbA,由两个 α 亚基和两个 β 亚基构成,两个 β 亚基之间有一个 DPG(二磷酸甘油酸),它与 β 亚基形成 6 个盐键,对血红蛋白的四级结构起着稳定的作用。因为其结构稳定,所以不易与氧结合。当一个亚基与氧结合后,会引起四级结构的变化,使其他亚基对氧的亲和力增加,结合加快。反之,一个亚基与氧分离后,其他亚基也易于解离。

二、蛋白质结构与功能的关系

在生命活动过程中,不同的多肽和蛋白质执行不同的生理功能。多肽和蛋白质的生理功能不仅与一级结构有关,而且还与其空间结构有直接联系。研究多肽、蛋白质的结构与功能的关系,对于阐明生命活动及分子病的机理有十分重要的意义,是目前蛋白质化学的重大研究课题。

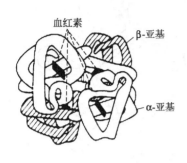

(a) 血红蛋白模型(四级结构示意)

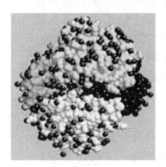

(b) 空间充满模型

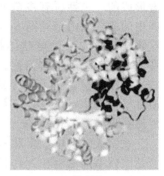

(c) 带式图

图 8-11　血红蛋白的结构

1. 蛋白质的一级结构与其构象及功能的关系

（1）一级结构是空间结构的基础　一级结构决定空间构象这一规律是从对核糖核酸酶的研究后得出的，例如核糖核酸酶是由 124 个氨基酸残基组成的单条肽链，含四对二硫键，可催化 RNA 水解，当用尿素和 β-巯基乙醇处理该酶溶液时，分别破坏了次级键及二硫键，空间构想被破坏，多肽链变得松散无序，但一级结构仍然存在，此时酶失去活性。例如再用透析方法除去尿素和 β-巯基乙醇后，松散的多肽链按其特定的一级结构又卷曲折叠成天然酶的空间构象，酶也恢复原有活性，这充分说明当空间构象被破坏时只要一级结构没有破坏，就可恢复到原来的空间构象，功能依然存在。

一级结构决定空间结构，空间结构是蛋白质生物学功能表现所必需的，因此蛋白质的一级结构也与其功能密切相关。

（2）一级结构中氨基酸的位置与生物活性的关系——同工蛋白质氨基酸的种属差异和分子进化　同工蛋白质是指不同种属来源的执行同种生物学功能的蛋白质。它们在分子组成上基本相同，但有差异。同工蛋白质在氨基酸组成上可区分为两部分：一部分是不变的氨基酸序列，它决定蛋白质的空间结构与功能，各种同工蛋白质的不变氨基酸序列完全一致；另一部分是可变的氨基酸序列，这是同工蛋白质的种属差异的体现。例如牛、猪、羊、鲸、人等，虽在种属上差异很大，但它们的胰岛素在化学结构上几乎完全一致，仅在 A 链的第 8 位、第 9 位、第 10 位上的 3 个氨基酸有差异，但这些差异并不影响功能，这些差异可能仅表现其种属特异性。

同工蛋白质在组成上的差异也表现出生物进化中亲缘关系的远近。例如细胞色素 c 是一种广泛存在于生物体内的含铁卟啉的色蛋白，大多数生物的细胞色素 c 由 104 个氨基酸残基组成，对已弄清的近 100 种生物的细胞色素 c 的氨基酸序列进行比较，发现亲缘关系越近，其结构越相似；亲缘关系越远，在结构组成上差异越大。根据同工蛋白质在组成上的差异程度，可以断定它们亲缘关系的远近，可以反映出生物系统进化树，从而辩证地阐明分子进化。

（3）同工蛋白质中氨基酸序列的个体差异和分子病　对同种生物而言，具有相同生物活性的蛋白质称为同种蛋白质，同种蛋白质的一级结构在不同生物个体中也存在细微差异。这种同种蛋白质的氨基酸序列的细微差异称为个体差异。这种差异常常引起多种疾病，即分子病。这是由于同种蛋白质的氨基酸组成上的个体差异引起蛋白质结构改变，从而导致生物学功能的改变。例如镰刀形细胞贫血病，病人的血红蛋白分子与正常人血红蛋白分子比较，主要差异在于 β 链上第 6 位氨基酸残基，正常人为谷氨酸，病人则为缬氨酸。缬氨酸侧链与谷氨酸侧链的性质和在蛋白质分子结构形成中的作用完全不同，所以导致病人的血红蛋白结构异常。在缺氧时，病人红细胞呈镰刀状，使运输氧的能力减弱，引起贫血症状。

现已发现，多种遗传性疾病都是由于基因突变，导致蛋白质的一级结构改变，进而影响其构象，使其不能行使正常功能，这种由于蛋白质分子结构发生变异所导致的疾病成为"分子病"。

2. 蛋白质空间结构与功能的关系

（1）变构现象 蛋白质空间构象是其生物活性的基础，构象发生改变则功能活性也随之改变。

有些蛋白质在完成其生物功能时往往空间结构发生一定的变化，从而改变分子的性质，以适应生理功能的需要，这种现象称为变构现象，又称为别构现象或变构作用。

例如前面所讲的核糖核酸酶；还有血红蛋白，它的功能是运输 O_2 和 CO_2，它的结构是一个四聚体蛋白质，具有四级结构，由四个多肽亚基组成，四个亚基占据相当于四面体的四个角，有两种能够互变的天然构象，紧密型（T 型）和松弛型（R 型），整个血红蛋白分子接近于一个圆球形。T 型对 O_2 的亲和力低，不易于 O_2 结合；R 型对 O_2 的亲和力高，容易与 O_2 结合。血红蛋白随红细胞在血液循环中往返于肺及各组织之间，随着条件的变化，血红蛋白（在完成运输氧的功能时）就要发生变构作用。在肺部毛细血管，O_2 分压很高，O_2 本身作为变构效应剂促进 T 型转变为 R 型，有利于 Hb 与 O_2 结合；在全身组织毛细血管中，O_2 分压较低，而 CO_2 和 H^+ 浓度较高，CO_2 和 H^+ 可作为变构效应剂促使 R 型 Hb 转变为 T 型，有利于释放 O_2。Hb 分子构象的变化，引起结合 O_2 与释放 O_2 的变化，这就巧妙有效地完成了运输 O_2 功能。

（2）变性作用 天然蛋白质受到各种不同理化因素的影响，由氢键、盐键等次级键维系的高级结构被破坏，分子内部结构发生改变，致使生物学性质、物理化学性质改变，这种现象称为蛋白质的变性作用。

引起蛋白质变性的理化因素包括：温度、紫外线、X 射线、超声波、机械搅拌等物理因素；强酸（碱）、尿素、乙醇、三氯乙酸等化学因素。

蛋白质变性后，理化性质均要发生改变，最显著的是溶解度降低、黏度增大、分子扩散减慢、渗透压降低，由于所带电荷改变而引起等电点改变，以及表现出一些新的颜色反应等。蛋白质变性后其生物活性降低或丧失，例如酶失去活性、激素蛋白失去原有生理功能等，而且变性蛋白质易于被酶水解。

之所以存在蛋白质的变性现象，是由于蛋白质分子内部的结构发生了改变。天然蛋白质分子内部通过氢键等化学键的联系使整个分子具有紧密的结构，变性后，氢键等次级键被破坏，蛋白质分子就从原来有秩序的紧密结构变为无秩序的松散结构。

由变构现象和变性现象可知，蛋白质的空间结构是蛋白质完成其功能所必需的。

第四节 蛋白质的理化性质

由于蛋白质是由氨基酸组成的，所以蛋白质的某些理化性质与氨基酸是相同的，如两性解离、等电点及紫外吸收性质等，但蛋白质的性质又不完全等同于氨基酸的性质，因为从小分子的氨基酸到大分子的蛋白质已发生了质的变化，所以蛋白质又具有氨基酸不具备的许多性质。

一、蛋白质的两性电离和等电点

1. 两性解离——蛋白质是多价解离的两性电解质

末端羧基、氨基及侧链基团均可解离。

由于蛋白质除了仍然具有 α-NH$_2$ 和 α-COOH 外，参与蛋白质结构组成的碱性氨基酸、酸性氨基酸残基侧链也有酸性基团和碱性基团，所以蛋白质也是两性电解质。蛋白质分子的可解离基团主要指侧链的可解离基团，因此蛋白质的两性解离情况比氨基酸复杂。

蛋白质的可解离基团在特定 pH 范围内解离时会产生带一定电荷的基团。但由于蛋白质含有多个可解离基团，因此在一定 pH 条件下可发生多价解离。蛋白质分子所带电荷的性质和数量是由蛋白质分子中的可解离基团的种类和数目以及溶液的 pH 值所决定的。

2. 等电点——在等电点时蛋白质的多种性质达到最低值

调节缓冲液的 pH 值使蛋白质恰成两性离子，所带正负电荷相等，即净电荷为零，则其在电场中不移动，此时溶液的 pH 值就是该蛋白质的等电点，用 pI 表示。

对某一蛋白质而言，当在某一 pH 值时，其所带正负电荷恰好相等（即净电荷为零），这一 pH 值称为该蛋白质的等电点。处于等电点的蛋白质分子在电场中既不向阳极移动，也不向阴极移动；在 pH 值低于等电点的溶液中，蛋白质带正电荷，在电场中向阴极移动；在 pH 值高于等电点的溶液中，蛋白质带负电荷，在电场中向阳极移动。如下式所示：

$$\underset{\substack{(\mathrm{pH}<\mathrm{p}I)\\ \text{阳离子}}}{\overset{+}{\underset{}{\mathrm{NH_3}}}\!\!-\!\mathrm{Pr\!-\!COOH}} \underset{H^+}{\overset{OH^-}{\rightleftharpoons}} \underset{\substack{(\mathrm{pH}=\mathrm{p}I)\\ \text{两性离子}}}{\overset{+}{\mathrm{NH_3}}\!\!-\!\mathrm{Pr\!-\!COO^-}} \underset{H^+}{\overset{OH^-}{\rightleftharpoons}} \underset{\substack{(\mathrm{pH}>\mathrm{p}I)\\ \text{阴离子}}}{\mathrm{NH_2}\!\!-\!\mathrm{Pr\!-\!COO^-}}$$

等电点的特点：
① 净电荷为零；
② 一定离子强度的缓冲溶液，等离子点是蛋白质的特征常数；
③ 多数蛋白质在水中等电点偏酸。

蛋白质分子的等电点不是固定不变的，它随溶剂性质、离子强度等的不同而变化。蛋白质的等电点在一定程度上取决于介质中的离子组成。在不含任何盐的纯水中进行蛋白质等电点测定时，所得的等电点称为等离子点。等电点不一定等于等离子点。

蛋白质分子在等电点时，其电导率、渗透压、溶解度、黏度等均达最低值。这是由于在等电点时，蛋白质分子以两性离子形式存在，总净电荷为零，这样的蛋白质颗粒之间无电荷的排斥作用，就容易凝集成大颗粒，因而最不稳定、溶解度最小、易沉淀析出。研究中常利用这一性质，测定蛋白质的等电点、分离纯化蛋白质、鉴定蛋白质的纯度。

利用蛋白质的两性解离性质，可通过电泳分离各种蛋白质，例如血清蛋白的电泳分离。

二、蛋白质的胶体性质

1. 胶体性质

由于蛋白质分子直径大，一般在 2～20nm 的范围内，在胶体溶液质点大小范围（1～100nm）内，所以蛋白质溶液是胶体溶液，因而具有布朗运动、丁达尔现象、不能透过半透膜等特性。

同时，蛋白质颗粒表面有许多亲水的极性基团，如氨基、羧基、肽键等，在水溶液中能与水发生水合作用，使每一个蛋白质颗粒的表面都包围着较厚的水化膜，因而使蛋白质颗粒间因有水化膜的存在而相互分隔开来，不会凝集而沉淀。因而蛋白质溶液是亲水胶体。

另外蛋白质是两性离子，在非等电点状态下，蛋白质颗粒表面都带有电荷，在酸性溶液中带正电荷，在碱性溶液中带负电荷，通行电荷相互排斥，也使颗粒相互隔开而不相互凝集沉淀。

正是由于蛋白质分子颗粒表面有水化膜和电荷的存在，所以在溶液中不会凝集而沉淀，但是如果将蛋白质溶液的 pH 调整到等电点，使蛋白质分子颗粒表面失去电荷或加脱水机破坏其水化膜，此时溶液中的蛋白质因失去了上述两种稳定因素，就很容易发生沉淀。这种性质就是蛋白质分级分离方法的基础。

2. 蛋白质的渗析和超滤

由于蛋白质相对分子质量大，在溶液中形成的颗粒大，因此不能通过半透膜。利用这种性质可将蛋白质和一些小分子物质分开，这种分离方法称为渗析（或透析）。即将要纯化的蛋白质溶液盛入半透膜袋内放在流水中让无机盐等小分子物质扩散入水中而除去的一种分离方法。

超滤是利用外加压力或离心力使水和其他小分子通过半透膜，而蛋白质留在膜上。超滤是工业生产中常用的一种蛋白质纯化方法。渗析和超滤只能分开大分子物质和小分子物质，而不能分开不同的蛋白质。

透析与超滤装置见图 8-12。

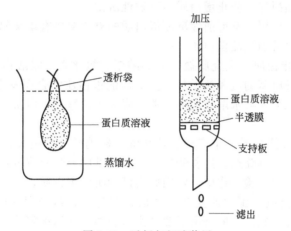

图 8-12　透析与超滤装置

三、蛋白质的沉淀反应

1. 稳定因素

蛋白质溶液这种亲水胶体比较稳定，其稳定因素为：水化膜和带电层（同种电荷），所以在水溶液中不会凝集沉淀，但如果将蛋白质溶液的 pH 值调整到等电点，使蛋白质分子表面失去电荷或加脱水剂破坏其水化膜，则蛋白质就可以从溶液中析出沉淀。

蛋白质溶液的稳定是生物机体正常新陈代谢所必需的，也是相对的、暂时的、有条件的。当条件改变时，稳定性就被破坏，蛋白质分子相互聚集而从溶液中析出，这种现象称为蛋白质的沉淀作用。

蛋白质沉淀主要是破坏了两个稳定因素，任何破坏水化膜和带电层的因素都能使蛋白质分子聚集并沉淀。

2. 沉淀方法

蛋白质的沉淀作用有可逆性沉淀和不可逆性沉淀两种类型。

（1）可逆性沉淀作用

① 中性盐沉淀蛋白质　中性盐对蛋白质的溶解度有显著的影响，当浓度较高时，中性盐降低蛋白质的溶解度，使蛋白质发生沉淀。这种由于在蛋白质溶液中加入大量中性盐，使蛋白质沉淀析出的作用称为盐析。盐析是常用的沉淀方法，盐析产生沉淀的原因是大量中性

盐既中和了蛋白质所带电荷，又破坏了其水膜，即大量中性盐破坏了蛋白质的两个稳定因素。

盐析所需的盐浓度一般较高，但不引起蛋白质变性。不同蛋白质盐析时所需盐浓度不同，所以在蛋白质溶液中逐渐增大中性盐（常用硫酸铵）的浓度，不同蛋白质就会先后析出，这种方法称为分段盐析。如血清中加入 50％饱和度的 $(NH_4)_2SO_4$ 时就可使球蛋白析出，加入 100％饱和度的 $(NH_4)_2SO_4$ 可使白蛋白析出。

蛋白质发生沉淀后，若用透析等方法除去使蛋白质沉淀的因素后，可使蛋白质恢复原来的溶解状态。

② 水溶性有机溶剂沉淀蛋白质　用水溶性有机溶剂如甲醇、乙醇、丙酮等也可以使蛋白质沉淀，因其与水的亲和力比蛋白质强，故能迅速而有效地破坏蛋白质胶体的水膜，使蛋白质溶液的稳定性大大降低，如能再与等电点结合，则沉淀蛋白质的效果更好。

有机溶剂沉淀蛋白质在食品和药品生产中广泛应用，如食品级酶制剂的生产、中草药注射液和胰岛素的制备等。在使用有机溶剂沉淀蛋白质时，要注意有机溶剂的浓度、作用时间、温度等，避免强烈搅拌，防止蛋白质不可逆性沉淀。

（2）不可逆性沉淀作用　不可逆性沉淀蛋白质的方法主要有重金属盐沉淀蛋白质、生物碱试剂沉淀蛋白质和热凝固沉淀蛋白质。

① 重金属盐沉淀蛋白质　重金属盐中的硝酸银、氯化汞、醋酸铅、氯化铁是蛋白质的沉淀剂，这是因为带正电荷的金属离子与带负电荷的蛋白质结合而发生不可逆反应的缘故。在医疗工作中常用汞试剂的稀水溶液消毒灭菌，服用大量富含蛋白质的牛奶或鸡蛋清可达到解毒作用。

② 生物碱试剂沉淀蛋白质　单宁酸、苦味酸、磷钨酸、磷钼酸、鞣酸、三氯醋酸及水杨磺酸等，也是蛋白质的沉淀剂。这些酸的带负电荷基团与蛋白质带正电荷基团结合而发生不可逆性沉淀反应。生化检验工作中，常用此类试剂沉淀蛋白质。

③ 热凝固沉淀蛋白质　蛋白质受热变性后，若有少量盐类存在或将 pH 调至等电点，则很容易发生凝固沉淀。原因可能是由于变性蛋白质的空间结构解体，疏水基团外露，水膜破坏，同时由于等电点破坏了带电状态而发生絮结沉淀。

四、蛋白质的变性和复性

1. 蛋白质变性

（1）概念　天然蛋白因受物理或化学因素影响，高级结构遭到破坏，致使其理化性质和生物功能发生改变，但并不导致一级结构的改变，这种现象称为变性，变性后的蛋白称为变性蛋白。二硫键的改变引起的失活可看做变性。

能使蛋白变性的因素很多，如强酸、强碱、重金属盐、尿素、胍、去污剂、三氯乙酸、有机溶剂、高温、射线、超声波、剧烈振荡或搅拌等。但不同蛋白质对各种因素的敏感性不同。

（2）表现　蛋白质变性后分子性质改变，黏度升高，溶解度降低，结晶能力丧失，旋光度和红外、紫外光谱均发生变化。变性蛋白易被水解，即消化率上升。同时包埋在分子内部的可反应基团暴露出来，反应性增加。蛋白质变性后失去生物活性，抗原性也发生改变。这些变化的原因主要是高级结构的改变，氢键等次级键被破坏，肽链松散，变为无规卷曲。由于其一级结构不变，所以如果变性条件不是过于剧烈，在适当条件下还可以恢复功能。如果变性条件剧烈持久，蛋白质的变性是不可逆的。

2. 蛋白质复性

蛋白质的复性是指蛋白质变性程度较轻，蛋白质分子内部结构的变化不大；去除变性因素后，在适当条件下有些蛋白质仍可恢复或部分恢复其天然构象和生物活性，这种现象称为复性，如图 8-13 所示。

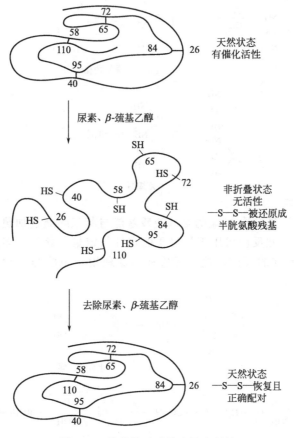

图 8-13　核糖核酸酶的变性和复性

例如胃蛋白酶加热至 $80\sim90℃$ 时，失去溶解性，也无消化蛋白质的能力，如将温度再降低到 $37℃$，则又可恢复溶解性和消化蛋白质的能力。

五、蛋白质的紫外吸收

大部分蛋白质均含有带芳香环的苯丙氨酸、酪氨酸和色氨酸。这三种氨基酸在 280nm 附近有最大吸收值。因此，大多数蛋白质在 280nm 附近有吸收现象。利用这个性质，可以用来对蛋白质进行定性鉴定。

六、蛋白质的颜色反应

1. 双缩脲反应

双缩脲是两分子的脲（尿素）经加热至 $180℃$ 左右脱氨缩合生成的产物。两分子双缩脲在碱性溶液中能与硫酸铜试剂中的 Cu^{2+} 结合成粉红色的复合物，这一呈色反应称为双缩脲反应。一般含有两个或两个以上肽键的化合物与硫酸铜的碱性溶液都能发生双缩脲反应，生成紫红色或蓝紫色的复合物。该颜色反应是用以测定肽键的反应，蛋白质分子中有肽键，其结构与双缩脲相似，一切蛋白质或二肽以上的多肽都有双缩脲反应，但有双缩脲反应的物质不一定是蛋白质或多肽，氨基酸也没有此反应。利用这个反应，借助分光光度法可以测定蛋白质的含量。

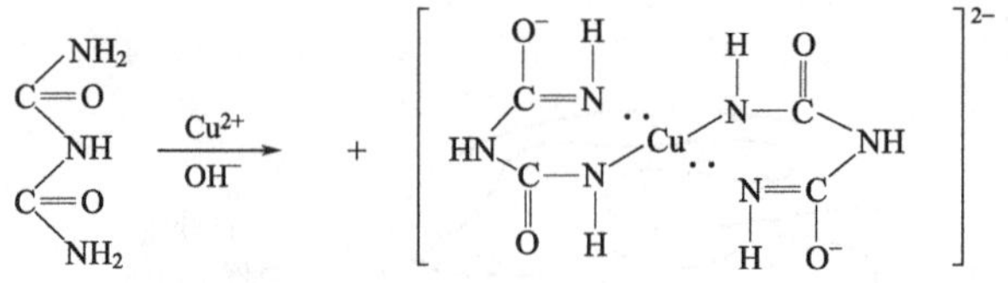

紫红色化合物

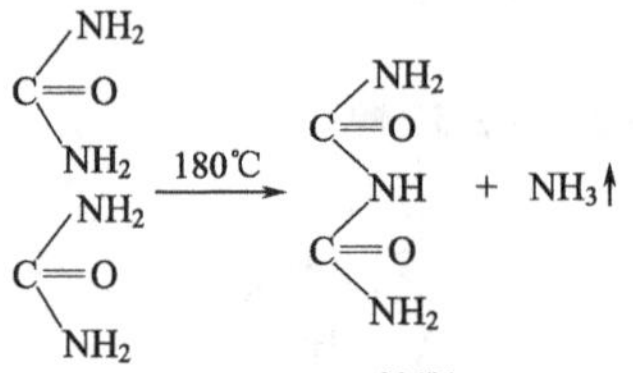

双缩脲

2. 水合茚三酮反应

在 pH 为 5～7 时，蛋白质 N 端的氨基酸残基能与茚三酮通过加热发生反应，生成呈色物质（一般为蓝紫色）。此反应可用于蛋白质的定性与定量。此外，多肽、氨基酸及伯胺类化合物与茚三酮也有同样的反应，这一反应亦广泛地用于短肽的定性和定量测定。其反应如下：

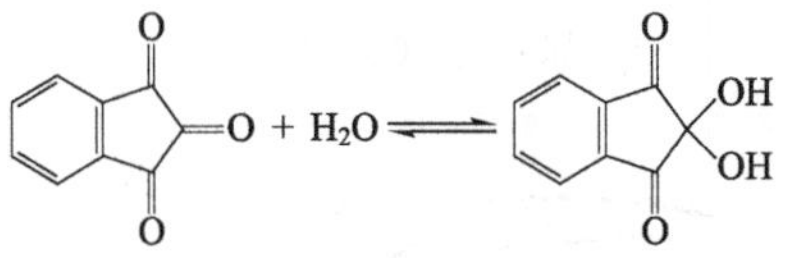

水合茚三酮

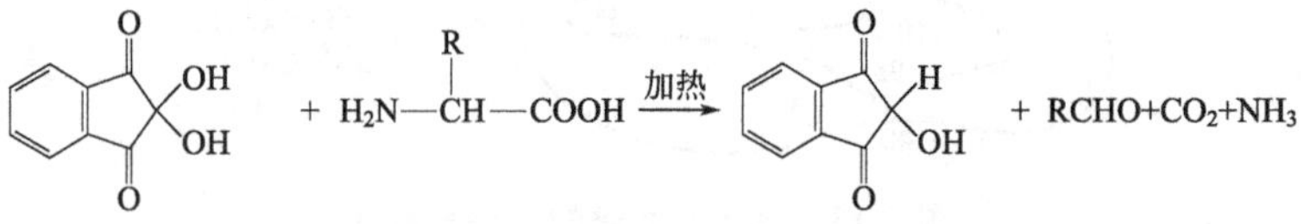

还原茚三酮

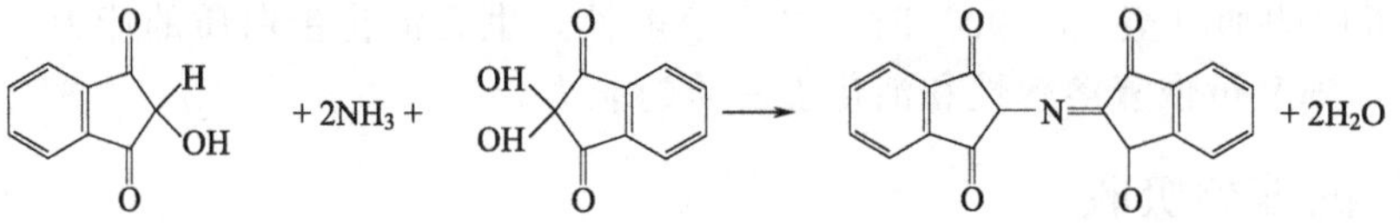

还原茚三酮　　茚三酮　　蓝紫色物质

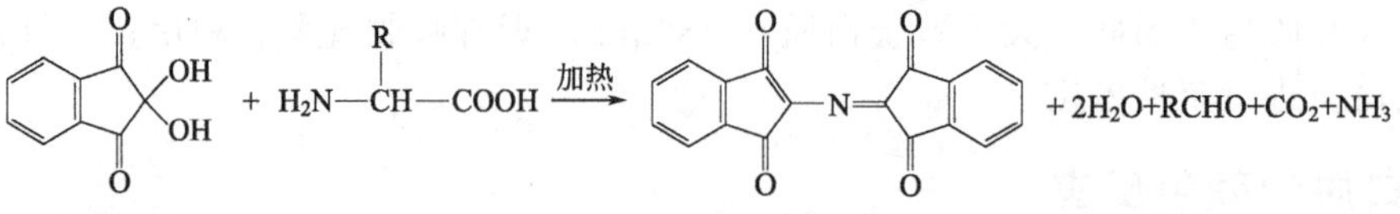

水合茚三酮　　蓝紫色物质

除脯氨酸、羟脯氨酸和茚三酮反应产生黄色物质外，所有 α-氨基酸及一切蛋白质都能和茚三酮反应生成蓝紫色物质。该反应十分灵敏，1：1500000 浓度的氨基酸水溶液即能给出反应，是一种常用的氨基酸和蛋白质的定量测定方法。

反应机理如下：茚三酮反应分为两步，第一步是氨基酸被氧化形成 CO_2、NH_3 和醛，水合茚三酮被还原成还原型茚三酮；第二步是所形成的还原型茚三酮同另一个水合茚三酮分别和氨缩合生成有色物质。此反应的适宜 pH 为 5～7，同一浓度的蛋白质或氨基酸在不同 pH 条件下的颜色深浅不同，酸度过大时甚至不显色。

3. 蛋白质黄色反应

在蛋白质溶液中加入浓硝酸，有白色沉淀析出。加热时，变为黄色沉淀，最后溶解，使溶液变为黄色。如果遇碱，则颜色加深而呈橙黄色。此黄色产物为硝酸与苯环生成的硝基化合物。凡含苯丙氨酸、酪氨酸的蛋白质均有此反应。

4. 乙醛酸反应

将浓硫酸缓慢加入蛋白质与乙醛酸的混合液中，硫酸与混合液形成两层，在两层交界处有紫色环出现，为色氨酸与乙醛酸缩合物的颜色。

5. 考马斯亮蓝反应

考马斯亮蓝 G250 具有红色和蓝色两种色调。在酸性溶液中，其以游离存在呈棕红色；当它与蛋白质通过疏水作用结合后变为蓝色。其染色灵敏度高，比氨基黑高 3 倍。反应速率快，约在 2min 时间达到平衡，在室温 1h 内稳定。在 $0.01 \sim 1.0mg$ 蛋白质范围内，蛋白质浓度与 A_{595nm} 值成正比，所以常用来测定蛋白质含量。

6. 米伦（Millon）反应

在蛋白质溶液中加入米伦试剂（硝酸汞、亚硝酸汞、硝酸及亚硝酸的混合溶液），蛋白质沉淀，加热，即有砖红色沉淀析出。含有酚基的化合物都有这个反应，故含酪氨酸的蛋白质能与米伦试剂生成砖红色沉淀。

7. 酚试剂反应

酚试剂反应也称福林试剂反应。蛋白质分子中的酪氨酸、色氨酸的酚基在碱性条件下，可与酚试剂（硫酸铜及磷钨酸-磷钼酸）反应，生成蓝色化合物。其颜色深浅与蛋白质的含量有关，灵敏度比双缩脲反应高 100 倍，可测定微克级的蛋白质含量，是蛋白质浓度测定的常用方法。酚试剂只与蛋白质中的酪氨酸和色氨酸反应，因此反应结果受蛋白质中这两种氨基酸含量的影响。检测时作为标准的蛋白质中相关氨基酸含量应与样品接近，以减少误差。

8. 醋酸铅反应

凡含有半胱氨酸、胱氨酸的蛋白质都能与醋酸铅起反应，因其中含有—S—S—或—SH基，故能生成黑色的硫化铅沉淀。

第五节　蛋白质的分离纯化

以蛋白质的结构与功能为基础，从分子水平上认识生命现象，已经成为现代生物学发展的主要方向，研究蛋白质，首先要得到高度纯化并具有生物活性的目的物质。蛋白质的制备工作涉及物理、化学和生物等各方面知识，但基本原理不外乎两方面：一是利用混合物中几个组分分配率的差别，把它们分配到可用机械方法分离的两个或几个物相中，如盐析、有机溶剂提取、色谱和结晶等；二是将混合物置于单一物相中，通过物理力场的作用使各组分分配于不同区域而达到分离目的，如电泳、超速离心、超滤等。在所有这些方法的应用中必须注意保存生物大分子的完整性，防止酸、碱、高温、剧烈机械作用而导致所提取物质生物活性的丧失。蛋白质的分离纯化一般分为以下几个阶段。

一、提取

1. 选择材料和预处理

微生物、植物和动物都可作为制备蛋白质的原材料，所选用的材料主要依据实验目的来确定。

对于微生物，应注意它的生长期，在微生物的对数生长期，酶和核酸的含量较高，可以获得高产量，以微生物为材料时有两种情况：①利用微生物菌体分泌到培养基中的代谢产物和胞外酶等；②利用菌体含有的生化物质，如蛋白质、核酸和胞内酶等。

植物材料应注意植物品种和生长发育状况不同，其中所含生物大分子的量变化很大，另外与季节性关系密切。必须经过去壳、去皮等，含油量比较高的材料最后应先用低沸点有机溶剂如乙醚等脱脂。

对于动物组织，必须选择有效成分含量丰富的脏器组织为原材料，先除去结缔组织和脂肪组织，然后进行绞碎、脱脂等处理。另外，对预处理好的材料，若不立即进行实验，应冷冻保存，对于易分解的生物大分子应选用新鲜材料制备。

2. 细胞的破碎

细胞破碎的方法有机械破碎、物理方法、化学方法和酶学方法。

机械破碎主要是通过机械切力的作用使组织细胞破碎，包括捣碎、匀浆和研磨等。物理方法主要是通过各种物理因素的作用，使组织细胞破坏，包括渗透压、超声震荡、压力破碎和冻融等。化学方法包括加入碱、有机溶剂和去污剂等。酶学方法包括加入溶菌酶、葡聚糖酶和几丁质酶等。

（1）高速组织捣碎 将材料配成稀糊状液，放置于筒内约 1/3 体积，盖紧筒盖，将调速器先拨至最慢处，开动开关后，逐步加速至所需速度。此法适用于动物内脏组织、植物肉质种子等。

（2）玻璃匀浆器匀浆 先将剪碎的组织置于管中，再套入研杆来回研磨，上下移动，即可将细胞研碎，此法细胞破碎程度比高速组织捣碎机为高，机械切力对分子破坏较小。适用于量少和动物脏器组织。小量的也可用乳钵与适当的缓冲剂磨碎提取，也可加氧化铝、石英砂及玻璃粉磨细。

（3）超声波处理法 用一定功率的超声波处理细胞悬液，使细胞急剧震荡破裂，此法多适用于微生物材料，如用大肠杆菌制备各种酶，常选用 50～100mg 菌体/ml 浓度，在 1～10kHz 频率下处理 10～15min，此法的缺点是在处理过程会产生大量的热，应采取相应降温措施。应用超声波处理时应注意避免溶液中气泡的存在。处理一些超声波敏感的蛋白酶时应慎用。

（4）反复冻融法 将细胞在 -20℃ 以下冰冻，室温融解，反复几次，由于细胞内冰粒形成和剩余细胞液的盐浓度增高引起溶胀，使细胞结构破碎。

（5）化学处理法 有些动物细胞，例如肿瘤细胞可采用十二烷基磺酸钠（SDS）、去氧胆酸钠等使细胞膜破坏；细菌细胞壁较厚，可采用溶菌酶处理效果更好。

无论用哪一种方法破碎组织细胞，都会使细胞内蛋白质或核酸水解酶释放到溶液中，使大分子生物降解，导致天然物质量的减少，加入二异丙基氟磷酸（DFP）可以抑制或减慢自溶作用；加入碘乙酸可以抑制那些活性中心需要有巯基的蛋白水解酶的活性，加入苯甲磺酰氟化物（PMSF）也能清除蛋白水解酶活力，但不是全部，还可通过选择 pH、温度或离子强度等，使这些条件都适合于目的物质的提取。

3. 细胞器的分离

制备某一种生物大分子需要采用细胞中某一部分的材料，或者为了纯化某一特定细胞器上的生物大分子，防止其他细胞组分的干扰，细胞破碎后常将细胞内各组分先行分离，以便获得更好的分离效果。细胞器的分离一般采用差速离心法，细胞经过破碎后，在适当介质中进行差速离心。利用细胞各组分质量大小不同，沉降于离心管内不同区域，分离后即得所需组分。细胞器的分离制备，介质的选择现一般用蔗糖、Ficoll 或葡萄糖-聚乙二醇等溶液。

4. 蛋白质（包括酶）的提取

大部分蛋白质都可溶于水、稀盐、稀酸或碱溶液，少数与脂类结合的蛋白质则溶于乙醇、丙酮、丁醇等有机溶剂中，因此可采用不同溶剂提取分离和纯化蛋白质及酶。

（1）水溶液提取法 稀盐和缓冲系统的水溶液对蛋白质稳定性好、溶解度大、是提取蛋白质最常用的溶剂，通常用量是原材料体积的 1～5 倍，提取时需要均匀的搅拌，以利于蛋白质的溶解。提取的温度要视有效成分性质而定。一方面，多数蛋白质的溶解度随着温度的升高而增大，因此温度高有利于溶解，可缩短提取时间；但另一方面，温度升高会使蛋白质变性失活，因此基于这一点考虑提取蛋白质和酶时一般采用低温（5℃以下）操作。为了避免蛋白质提取过程中的降解，可加入蛋白水解酶抑制剂（如二异丙基氟磷酸、碘乙酸等）。

（2）有机溶剂提取法 一些和脂质结合比较牢固或分子中非极性侧链较多的蛋白质和酶，不溶于水、稀盐溶液、稀酸或稀碱中，可用乙醇、丙酮和丁醇等有机溶剂，它们具有一定的亲水性，还有较强的亲脂性，是理想的提取脂蛋白的提取液。但必须在低温下操作。丁醇提取法对提取一些与脂质结合紧密的蛋白质和酶特别优越：一是因为丁醇亲脂性强，特别是溶解磷脂的能力强；二是丁醇兼具亲水性，在溶解度范围内（低温下操作）不会引起酶的变性失活。另外，丁醇提取法的 pH 及温度选择范围较广，也适用于动植物及微生物材料。

知识链接

提取液的 pH 值和盐浓度的选择

1. pH 值

蛋白质、酶是具有等电点的两性电解质，提取液的 pH 值应选择在偏离等电点两侧的 pH 范围内。用稀酸或稀碱提取时，应防止过酸或过碱而引起蛋白质可解离基团发生变化，从而导致蛋白质构象的不可逆变化。一般来说，碱性蛋白质用偏酸性的提取液提取，而酸性蛋白质用偏碱性的提取液提取。

2. 盐浓度

稀浓度可促进蛋白质的溶解，称为盐溶作用。同时稀盐溶液因盐离子与蛋白质部分结合，具有保护蛋白质不易变性的优点，因此在提取液中可加入少量 NaCl 等中性盐，一般以 0.15mol/L 浓度为宜。缓冲液常采用 0.02～0.05mol/L 磷酸盐和碳酸盐等渗盐溶液。

二、分离

经前处理得到的蛋白质粗提液中，含有大量的杂蛋白、核酸、多糖等各种杂质，常需要选用一些合适的方法将它们分开，这一级的分离即是粗分级分离。一般这一级的分离方法有盐析、等电点沉淀、有机溶剂分级分离等。对于提取液体积大又不适用沉淀或盐析的，可事先采用超滤、凝胶过滤、冷冻干燥、聚乙二醇浓缩或其他方法进行浓缩，然后再进行粗分级分离。

1. 根据蛋白质溶解度不同的分离方法

（1）蛋白质的盐析 中性盐对蛋白质的溶解度有显著影响，一般在低盐浓度下随着盐浓度升高，蛋白质的溶解度增加，此称为盐溶；当盐浓度继续升高时，蛋白质的溶解度不同程度下降并先后析出，这种现象称为盐析，将大量盐加到蛋白质溶液中，高浓度的盐离子（如硫酸铵的 SO_4^{2-} 和 NH_4^+）有很强的水化力，可夺取蛋白质分子的水化层，使之"失水"，于是蛋白质胶粒凝结并沉淀析出。盐析时若溶液 pH 在蛋白质等电点则效果更好。由于各种蛋白质分子颗粒大小、亲水程度不同，故盐析所需的盐浓度也不一样，因此调节混合蛋白质溶液中的中性盐浓度可使各种蛋白质分段沉淀。

蛋白质盐析常用的中性盐，主要有硫酸铵、硫酸镁、硫酸钠、氯化钠、磷酸钠等。其中应用最多的是硫酸铵，其优点是温度系数小而溶解度大（25℃时饱和溶液为 4.1mol/L，即 767g/L；0℃时饱和溶解度为 3.9mol/L，即 676g/L），在这一溶解度范围内，许多蛋白质和酶都可以盐析出来；另外硫酸铵分段盐析效果也比其他盐好，不易引起蛋白质变性。硫酸铵溶液的 pH 常在 4.5～5.5 之间，当用其他 pH 值进行盐析时，需用硫酸或氨水调节。

蛋白质在用盐析沉淀分离后，需要将蛋白质中的盐除去，常用的办法是透析，即把蛋白质溶液装入透析袋内（常用的是玻璃纸），用缓冲液进行透析，并不断更换缓冲液，因透析所需时间较长，所以最好在低温中进行。此外也可用葡萄糖凝胶 G-25 或 G-50 过柱的办法除盐，所用的时间就比较短。

影响盐析的因素如下。

① 温度　除对温度敏感的蛋白质在低温（4℃）操作外，一般可在室温中进行。一般温度低蛋白质溶解度降低。但有的蛋白质（如血红蛋白、肌红蛋白、清蛋白）在较高的温度（25℃）比 0℃时溶解度低，更容易盐析。

② pH 值　大多数蛋白质在等电点时在浓盐溶液中的溶解度最低。

③ 蛋白质浓度　蛋白质浓度高时，欲分离的蛋白质常常夹杂着其他蛋白质一起沉淀出来（共沉现象）。因此在盐析前血清要加等量生理盐水稀释，使蛋白质含量在 2.5%～3.0%。

（2）等电点沉淀法　蛋白质在静电状态时颗粒之间的静电斥力最小，因而溶解度也最小，各种蛋白质的等电点有差别，可利用调节溶液的 pH 达到某一蛋白质的等电点使之沉淀，但此法很少单独使用，可与盐析法结合用。

（3）低温有机溶剂沉淀法　用与水可混溶的有机溶剂，如甲醇、乙醇或丙酮，可使多数蛋白质溶解度降低并析出，此法分辨力比盐析高，但蛋白质较易变性，应在低温下进行。

2. 根据蛋白质分子大小的差别的分离方法

（1）透析与超滤　透析法是利用半透膜将小分子与蛋白质分开，见图 8-14。超滤法是利用高压力或离心力，强行使水和其他小的溶质分子通过半透膜，而蛋白质留在膜上，可选择不同孔径的滤膜截留不同分子量的蛋白质。

（2）凝胶过滤法　凝胶过滤法也称分子排阻色谱或分子筛色谱，这是根据分子大小分离蛋白质混合物最有效的方法之一，见图 8-15。柱中最常用的填充材料是葡萄糖凝胶和琼脂糖凝胶。

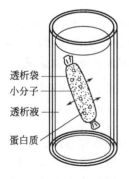

透析袋
小分子
透析液
蛋白质

开始阶段　　　结束阶段
图 8-14　透析的原理

三、纯化

细分级分离即目标蛋白质的精细纯化。经粗分级分离的样品，杂蛋白已大部分去除，并且样品体积往往变得较小，所以细分级分离的规模往往较小，但所得目标蛋白的纯度较高。这一级的分离方法通常使用色谱法，包括吸附色谱、凝胶过滤色谱、离子交换色谱、亲和色谱等。分析性质的分离纯化还用到区带电泳、等电聚焦电泳等电泳法来作为最后的纯化步骤。

1. 根据蛋白质带电性质进行分离

蛋白质在不同 pH 环境中带电性质和电荷数量不同，可将其分开。

（1）电泳法　各种蛋白质在同一 pH 条件下，因分子量和电荷数量不同而在电场中的迁移率不同而得以分开。值得重视的是等电聚焦电泳，这是利用一种两性电解质作为载体，电泳时两性电解质形成一个由正极到负极逐渐增加的 pH 梯度，当带一定电荷的蛋白质在其中泳动时，到达各自等电点的 pH 位置就停止，此法可用于分析和制备各种蛋白质。

（2）离子交换色谱法　离子交换剂有阳离子交换剂（如羧甲基纤维素等）和阴离子交换剂（如二乙氨基乙基纤维素等），当被分离的蛋白质溶液流经离子交换色谱柱时，带有与离子交换剂相反电荷的蛋白质被吸附在离子交换剂上，随后用改变 pH 或离子强度的办法将吸附的蛋白质洗脱下来。

2. 根据配体特异性的分离方法——亲和色谱法

亲和色谱法是分离蛋白质的一种极为有效的方法，它经常只需经过一步处理即可使某种待提纯的蛋白质从很复杂的蛋白质混合物中分离出来，而且纯度很高。这种方法是根据某些蛋白质与另一种称为配体（ligand）的分子能特异而非共价地结合。

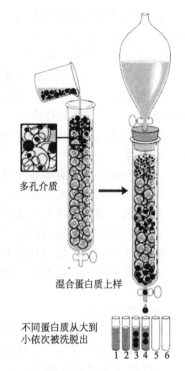

多孔介质

混合蛋白质上样

不同蛋白质从大到小依次被洗脱出

1 2 3 4 5 6

图 8-15　凝胶过滤色谱的原理

四、蛋白质的纯度鉴定

蛋白质的纯度鉴定通常采用物理化学的方法，如电泳、沉降、HPLC 和溶解度分析等。目前采用的电泳方法有等电聚焦电泳、聚丙烯酰胺凝胶电泳、毛细管电泳等。纯的蛋白质在一系列不同的 pH 条件下进行电泳时，都将会以相同的速度移动，电泳图谱只呈现一条。因沉降系数主要是由分子大小和形状决定的，所以作为鉴定纯度的方法，不如电泳分析。纯蛋白质样品在 HPLC 的洗脱图谱上呈现单一的对称峰。

采用任何一种方法鉴定的结果只能作为蛋白质均一性的必要条件而不是充分条件。事实上只有很少几个蛋白质能够全部满足上面严格的要求，往往会出现在一种鉴定过程中表现为均一蛋白质，在另一种鉴定中又表现出不均一性。

课后习题

一、名词解释

1. 肽键　2. 氨基酸的等电点　3. 盐析　4. 蛋白质变性与复性

二、填空题

1. 维持蛋白质分子中的 α 螺旋主要靠（　　）化学键。

2. 维持蛋白质构象的作用力（次级键）有（　　）、（　　）、（　　）和（　　）。

3. 蛋白质是由氨基酸聚合而成的高分子化合物，在蛋白质分子中，氨基酸之间通过（　　）相连，蛋白质分子中的该键是由一个氨基酸的（　　）与另一个氨基酸的（　　）脱水形成的。

4. 蛋白质的平均含氮量为（　　　），组成蛋白质分子的基本单位是（　　　），参与人体蛋白质合成的氨基酸共有（　　　）种。

5. 在 20 种氨基酸中，酸性氨基酸有（　　　）和（　　　）两种，具有羟基的氨基酸是（　　　）和（　　　），能形成二硫键的氨基酸是（　　　）。

6. 精氨酸的 pI 值为 10.76，将其溶于 pH7 的缓冲溶液中，并置于电场中，则精氨酸应向电场的（　　　）方向移动。

7. 稳定蛋白质胶体的因素是（　　　）和（　　　）。

三、简答题

1. 蛋白质分子中有哪些重要的化学键？它们的功能是什么？
2. 蛋白质的氨基酸顺序和它们的立体结构有什么关系？
3. 举例说明蛋白质的理化性质在实际生活中的应用。
4. 蛋白质胶体稳定的因素有哪些？请说明各因素是如何影响蛋白质胶体稳定性的？
5. 简述蛋白质二级结构的要点。
6. 氨基酸等电点在实际生产中有何应用？

答案

一、名词解释

1. 一个氨基酸的 α-氨基与另一个氨基酸的 α-羧基缩合失水而形成的酰胺键。

2. 当蛋白质处于某一 pH 值时，氨基酸所带正电荷和负电荷相等，即净电荷为零，此时的 pH 值称为氨基酸的等电点。

3. 当蛋白质溶液中盐浓度升高时，蛋白质的溶解度下降并先后析出，这种现象称为盐析。

4. 蛋白质受到各种不同理化因素的影响，由氢键、盐键等次级键维系的高级结构被破坏，分子内部结构发生改变，致使生物学性质、物理化学性质改变，这种现象称为蛋白质的变性作用；如蛋白质变性程度较轻，蛋白质分子内部结构的变化不大，去除变性因素后，在适当条件下有些蛋白质仍可恢复或部分恢复其天然构象和生物活性，这种现象称为复性。

二、填空题

1. 氢键；2. 氢键、盐键、疏水键、范德华力；3. 肽键、氨基、羧基；4. 6.25、氨基酸、20；5. Asp、Glu、Thr、Ser、Cys；6. 阴极；7. 电荷、水化膜。

三、简答题：（略）

第九章　酶化学

学习目标
1. 了解酶的命名与分类及基本结构。
2. 熟悉酶活性的调节。
3. 掌握酶的概念、组成及影响酶促反应的因素。

人类对酶的化学本质的认识经历了三次飞跃。第一次飞跃是 1926 年美国生物化学家 James B Sumner 第一次从刀豆中分离得到脲酶结晶，同时通过化学实验证明了脲酶的蛋白质本质。Sumner 因此荣获了 1964 年的诺贝尔化学奖。以后几十年对陆续发现的 2000 多种酶的研究，也证明了酶的本质是蛋白质。所以 20 世纪 30 年代，科学家对酶定义为：酶是一类具有生物催化作用的蛋白质。

第二次飞跃是 20 世纪 80 年代以来的科学研究表明，一些 RNA 也具有酶的催化作用。1982 年美国科罗拉多大学 Cech 等人发现了四膜虫的 26S rRNA 前体在有鸟苷存在而完全无蛋白质的情况下能进行自我拼接，说明 RNA 具有类似酶的性质，被称为核酶。因此 Cech 首次提出了 RNA 具有酶活性的概念。1983 年 Altman 和 Pace 的实验分别证实了 Cech 的发现，1986 年 Cech 又发现 L19 RNA 也有酶促作用的特征。Cech 和 Altman 为此荣获了 1989 年的诺贝尔化学奖。因此科学家又一次对酶定义为：酶是活细胞产生的具有生物催化功能的有机物，其中大部分是蛋白质，少数是 RNA。

第三次飞跃是 1994 年 Toyce 等人的研究证实了具有酶活性的 DNA 的存在。最小的 DNA 催化剂是由 47 个核苷酸组成的单链 DNA——E_{47}，用于连接两段底物 DNA：S_1 和 S_2。由 E_{47} 催化 S_1 和 S_2 的连接反应比无模板的情况至少快 10^{15} 倍，这样使人们认识到除了蛋白质和 RNA 具有酶的功能外，某些 DNA 也具有酶的功能。科学家再次对酶定义为：酶是活细胞产生的具有生物催化功能的有机物，其中大部分是蛋白质，少数是 RNA 或 DNA。

第一节　酶的分类、命名和结构

一、酶的概念

（一）酶的概念——酶是生物催化剂

构成生物机体的各种物质并不是孤立的、静止不动的状态，而是经历着复杂的变化。机体从外界环境摄取的营养物质经过分解、氧化，提供构成机体本身结构组织的原料和能量；体内的一些小分子物质转变成组成机体本身结构所需的大分子物质；生物体个体的繁殖、生长和发育；对食物的消化吸收和新陈代谢所产生的废物的排出，以及生物机体的其他生理活动，如运动、对外界刺激的反应以及由于内外因素对机体损伤的修复等过程，都需要通过许多化学变化来实现。体内进行的这一系列化学变化都由一类特殊的蛋白质所催化，这类蛋白质就是酶。

酶不仅是高效、高度专一的催化剂，而且更重要的还在于它是生物催化剂。

1. 所有酶均由生物体产生

几乎所有的生物都能合成酶，甚至病毒也能合成或含有某些酶，如劳氏肉瘤病毒、痘病毒等。

2. 酶和生命活动密切相关

（1）几乎所有生命活动或过程都有酶参加。酶在生物机体内大体行使四种类型的功能。

① 执行具体的生理机制，如乙酰胆碱酯酶和神经冲动传导有关。

② 参与消除药物毒物转化等过程，如限制性核酸内切酶能特异性地水解外源 DNA，防止异种生物遗传物质的侵入。

③ 协同激素等物质起信号转化、传递与放大作用，如细胞膜上的腺苷酸环化酶、蛋白激酶等可将激素信号转化并放大，使代谢活性增强。

④ 催化代谢反应，在生物体内建立各种代谢途径，形成相应的代谢体系，其中最基本的是生命物质的合成系统和能量的转换生成系统。

酶和生命活动的这种密切关系是以酶的高催化效率和高度专一性为基础的。如果代谢系统中某一环节上的酶出现了异常或者缺失，也会造成许多先天性遗传病。例如，苯丙酮尿症就是由于苯丙氨酸羟化酶先天性缺失，使正常的苯丙氨酸代谢受阻，导致该氨基酸代谢中间物在血液中积累，从而使大脑的智力发育受到影响；同时由于酪氨酸生成途径被切断，因此皮肤中黑色素不能形成，伴随出现"白化"症状。

（2）酶的组成和分布是生物进化与组织功能分化的基础。由于生命物质的合成与能量转化是一切生物所必需的，因此不论动物、植物还是微生物都具有与此相关的酶系和辅酶。但是，不同生物又有各自特殊的代谢途径和代谢产物，它们还有各自相应的特征酶系、酶谱。即使是同类生物，酶的组成与分布也有明显的种属差异，例如精氨酸酶只存在于排尿素动物的肝脏内，而排尿酸的动物则没有。其次，在同种生物各种组织中酶的分布也有所不同，例如由于肝脏是氨基酸代谢与尿素形成的主要场所，因此精氨酸酶几乎全部集中存在于肝脏内。而且，在同一类组织中，由于功能需要与所处的环境不同，酶的含量也可能有显著差异，例如与三羧酸循环、氧化磷酸化系统有关的酶系（见第九章）在心肌中的含量就比骨骼肌中高得多，而与酵解有关的酶，如醛缩酶等则恰恰相反。最后，为适应特定功能的需要，酶在同一细胞内，甚至同一细胞器内，它的组成和分布也是不均一的，例如，线粒体的内膜上集中着与呼吸链和氧化磷酸化有关的酶系，而且呼吸链组成在内膜上的分布也有一定的规律。

（3）在生物的长期进化过程中，为适应各种生理机能的需要，为适应外界条件的千变万化，还形成了从酶的合成到酶的结构和活性各种水平的调节机制。

（二）酶的化学本质——大多数酶都是蛋白质

迄今为止已纯化的酶，从分析其化学组成及其理化性质的结果看来，酶都是蛋白质，因此凡是蛋白质所共有的一些理化性质，酶都具备。酶是蛋白质这一结论，可从下列事实得到证实。

1. 酶的相对分子质量很大

据已测定的酶的相对分子质量来看，其属于典型的蛋白质的相对分子质量的数量级，如胃蛋白酶的相对分子质量为 36000，牛胰核糖核酸酶的相对分子质量为 14000 等。

酶的水溶液具有亲水胶体的性质。酶不能透过半透膜，因而也可用透析的方法纯化。

2. 酶由氨基酸组成

将酶制剂水解后可得到氨基酸。某些酶的氨基酸组成已确定，如核糖核酸酶由 124 个氨基酸组成，木瓜蛋白酶由 212 个氨基酸组成等。

3. 酶具两性性质

酶和蛋白质一样，也是两性电解质，在溶液中是带电的，即在一定 pH 值下，它们的基团可发生解离。由于基团解离情况不同而带有不同电荷，因此每种酶都有其等电点。

4. 酶的变性失活与水解

一切可以使蛋白质变性失活的因素同样可以使酶变性失活。如酶受热不稳定，易失去活性，一般蛋白质变性的温度往往也就是酶开始失活的温度；一些使蛋白质变性的试剂如三氯乙酸等，也是使酶变性的沉淀剂。

由此可见，酶的化学本质是蛋白质。所以在提取和分离酶时，可采用防止蛋白质变性的一些措施来防止酶失去活性。

二、酶的分类

酶的分类方法有两种：一种是根据酶分子的结构特点进行分类；另一种是根据酶催化反应的性质进行分类。

1. 根据酶蛋白质分子的结构特点分类

（1）单体酶　只有一条肽链的酶。这类酶不多，一般都是催化水解反应的酶。如溶菌酶、核糖核酸酶等。

（2）寡聚酶　由几个亚基甚至几十个亚基构成的酶。这些亚基可以是相同的，也可以是不同的，亚基间以非共价键相连，彼此易分开。如肌酸激酶、磷酸化酶a。

（3）多酶复合物　指几种酶彼此嵌合形成的复合体，一般由2～6个功能相关的酶组成。它有利于一系列反应的进行，以提高酶的催化效率，同时便于对酶的活性进行调节。如脂肪酸合成酶系及丙酮酸脱氢酶系等多酶复合物。

2. 根据酶促反应的性质分类

1961年，国际酶学委员会（enzyme committee，EC）根据酶促反应的性质，将酶分成了六类。

（1）氧化还原酶类　即催化底物进行氧化还原反应的酶，如脱氢酶、氧化酶、过氧化物酶、羟化酶以及加氧酶类。例如乳酸脱氢酶、过氧化物酶、谷氨酸脱氢酶等。反应通式如下：

$$AH_2+B \Longleftrightarrow A+BH_2$$

例如，乳酸脱氢酶催化乳酸的脱氢反应：

$$CH_3CHOHCOOH+NAD^+ \longrightarrow CH_3COCOOH+NADH+H^+$$

（2）转移酶类　催化不同物质分子间某种基团的交换或转移的酶，可以转移的基团有甲基、氨基、醛基、酮基、磷酸基和酰基等，如转甲基酶、转氨基酶、己糖激酶、磷酸化酶等。反应通式如下：

$$AR+B \Longleftrightarrow A+BR$$

例如，谷丙转氨酶催化的氨基转移反应：

$$CH_3CHNH_2COOH+HOOCCH_2CH_2COCOOH$$

丙氨酸　　　　　α-酮戊二酸

$$\xrightarrow[\text{谷丙转氨酶}]{} CH_3COCOOH+HOOCCH_2CH_2CHNH_2COOH$$

丙酮酸　　　　　谷氨酸

（3）水解酶类　利用水使共价键分裂的酶，如淀粉酶、蛋白酶、酯酶等。反应通式如下：

$$AB+H_2O \Longleftrightarrow AOH+BH$$

例如，脂肪酶催化的酯的水解反应：

$$RCOOCH_2CH_3+H_2O \longrightarrow RCOOH+CH_3CH_2OH$$

（4）裂合酶类　催化一种化合物裂解为两种化合物，或两种化合物加合成一种化合物的酶，如脱羧酶、醛缩酶和柠檬酸合成酶等。反应通式如下：

$$AB \Longleftrightarrow A+B$$

例如，苹果酸裂合酶即延胡索酸水合酶催化的反应：

$$HOOCCH\!=\!CHCOOH+H_2O\longrightarrow HOOCCH_2CHOHCOOH$$

（5）异构酶类　促进同分异构体相互转化即分子内部基团重新排列的酶，如消旋酶、顺反异构酶等。如6-磷酸葡萄糖异构酶、磷酸甘油酸磷酸变位酶。反应通式如下：

$$A\Longleftrightarrow B$$

（6）合成酶类　促进两分子化合物互相结合，同时使ATP分子中的高能磷酸键断裂的酶，如谷氨酰胺合成酶、谷胱甘肽合成酶、乳丙酮酸羧化酶、谷氨酰胺合成酶等。反应通式如下：

$$A+B+ATP+H\!-\!O\!-\!H\Longleftrightarrow AB+ADP+Pi$$

例如，丙酮酸羧化酶催化的反应：

$$丙酮酸+CO_2\Longleftrightarrow 草酰乙酸$$

三、酶的命名

酶的名称有两种来源：习惯命名和系统分类命名。

1. 系统命名法

国际酶学委员会在制定酶的分类方法的同时，制定了与分类法相应的酶的系统命名法。在系统命名法中，一种酶只可能有一个系统名称。在科技文献中，一般使用酶的系统名称。系统名称包括底物名称及酶促反应类型，若有两种底物，它们的名称均应列出，并用"："隔开，若底物之一为水则可略去。并附有4个数字的分类编号，第1个数字表示此酶所属的大类，第2个数字表示此大类中的某一亚类，第3个数字表示亚类中的某一亚亚类，第4个数字表示此酶在此亚亚类中的顺序号。编号前常冠以酶学委员会的缩写EC。

例如催化下列反应的乳酸脱氢酶的系统命名为L-乳酸：NAD^+氧化还原酶，分类编号为EC 1.1.1.27。

$$L\text{-}乳酸+NAD^+\longrightarrow 丙酮酸+NADH+H^+$$

反应结构式为：

$$\underset{\underset{OH}{|}}{CH_3CHCOOH}\ +NAD^+\longrightarrow \underset{\underset{O}{|\!|}}{CH_3CCH_2OOH_2}\ +NADH+H^+$$

其编号可解释如下：

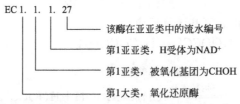

系统命名法根据酶的催化反应的特点，每一种酶对应一个名称，不至于混淆不清，一般在国际杂志、文献及索引中采用，但名称繁琐，使用不便，故为方便起见仍沿用习惯命名法。

2. 习惯命名法

习惯命名法是根据以下原则来命名的：

① 根据作用底物来命名，如淀粉酶、蛋白酶等。

② 根据所催化的反应类型命名，如脱氢酶、转移酶等。

③ 两个原则结合起来命名，例如丙酮酸脱羧酶等。

④ 根据酶的来源或其他特点来命名，如胃蛋白酶、胰蛋白酶等。

习惯命名法使用起来比较简单、通俗和方便，但缺乏系统性和严格性，有时会出现一酶数名或一名数酶的情况，造成一些混乱。

四、酶的结构与功能

酶分子本质多是蛋白质，但蛋白质分子不都具有催化功能。一个蛋白质分子的表面具有可以可逆地结合小的溶质分子或离子的区域，借用有机金属化学的概念，这些溶质分子被称为配体，酶的底物、辅酶或辅基以及各种调节因子等都可以成为配体，所以每一个酶蛋白通常有一个或多个配体结合部位，这是酶分子本身的结构决定的。

（一）酶的一级结构与催化功能的关系

1. 必需基团——酶分子中只有少数几个氨基酸侧链基团与活性直接相关

酶分子中有各种功能基团，如—NH_2、—$COOH$、—SH、—OH 等，但并不是酶分子中所有的这些基团都与酶活性直接相关，而只是酶蛋白一定部位的若干功能基团才与催化作用有关。这种关系到酶催化作用的化学基团称为酶的必需基团。常见的有组氨酸的咪唑基、丝氨酸的羟基、半胱氨酸的巯基等。

必需基团可分为两类：能与底物结合的必需基团称为结合基团；能促进底物发生化学变化的必需基团称为催化基团。有的必需基团兼有结合基团与催化基团的功能。

2. 二硫键的改变与催化功能的关系

许多酶都存在着二硫键（—S—S—）。一般二硫键的断裂将使酶变性而丧失其催化功能，但在某些情况下，二硫键断开，而酶的空间构象不受破坏时，酶的活性并不完全丧失，如果使二硫键复原，酶又重新恢复其原有的生理活性。

（二）酶的活性与其高级结构的关系

1. 活性中心——酶分子中只有很小的结构区域与活性直接相关

酶的活性不仅取决于其一级结构，而且与其高级结构密切相关。就某种程度而言，在酶活性的表现上，高级结构甚至比一级结构更为重要，因为只有高级结构才能形成活性中心。通常把酶分子上必需基团比较集中并构成一定空间构象、与酶的活性直接相关的结构区域称为酶的活性中心或活性部位。

活性中心是直接将底物转化为产物的部位，它通常包括两个部分：

① 与底物结合的部分称为结合中心；

② 促进底物发生化学变化的部分称为催化中心。

前者决定酶的专一性，后者决定酶所催化反应的性质；有些酶的结合中心和催化中心是同一部位。

不同的酶构成活性中心的基团和构象均不同，对不需要辅酶的酶（单纯酶）来说，活性中心就是酶分子在三维结构中比较靠近的少数几个氨基酸残基或是这些残基上的某些基团，它们在一级结构上可能相距甚远，甚至位于不同肽段上，通过肽链的折叠盘绕而在空间构象上相互靠近；对需要辅酶的酶（结合酶）来说，活性中心主要就是辅酶分子或辅酶分子上的某一部分结构，以及与辅酶分子在结构上紧密相连的蛋白质的结构区域。

酶分子的活性中心一般只有一个，有的有数个，催化中心通常只有一个，包括 $2\sim3$ 个氨基酸残基。结合中心则因酶而异，有的仅有一个，有的有数个，每个结合中心的氨基酸数目也很不一致。

2. 二级结构、三级结构与酶活性的关系

酶的二级结构、三级结构是所有酶都必须具备的空间结构，是维持酶的活性部位所必需的构象。当酶蛋白的二级结构和三级结构彻底改变后，就会使酶的空间结构遭到破坏从而使其丧失催化功能，这是以蛋白质变性理论为依据的。另外，有时使酶的二级结构和三级结构

发生改变，能使酶形成正确的催化部位从而发挥其催化功能。由于底物的诱导引起酶蛋白空间结构发生某些精细的改变，与相应的底物相互作用，从而形成正确的催化部位，使酶发挥其催化功能，这就是诱导契合学说的基础。

3. 同工酶——高级结构与酶活性关系的典型

（1）同工酶的概念　同工酶指的是能催化相同的化学反应，但其酶蛋白本身的分子结构组成不同的一组酶。生物体的不同器官、不同细胞或同一细胞的不同部分，以及在生物生长发育的不同时期和不同条件下，都有不同的同工酶分布。自 1959 年 Market C 发现乳酸脱氢酶同工酶以来，迄今已发现的同工酶有许多种。由于蛋白质分离技术的发展，特别是利用凝胶电泳能将许多同工酶从细胞提取物中分离出来，现在已知许多酶都存在着多种分子形式，同工酶是广泛存在的酶的一种分子形式。

（2）同工酶的结构与功能　同工酶的结构主要表现在非活性中心部分不同或所含亚基组合情况不同。对整个酶分子而言，各同工酶与酶活性有关的部分结构相同。

同工酶的存在并不表示酶分子的结构与功能无关或结构与功能的不统一，而只是表示同一种组织或同一细胞中所含的同一种酶可在结构上显示出器官特异性或细胞部位特异性。乳酸脱氢酶（LDH）是最早发现的一种同工酶。

知识链接

蛋白酶的蛋白质属性

　　蛋白酶具有蛋白质属性主要表现在：酶的化学组成中，氮元素含量在 16% 左右；酶具有两性解离的性质，有确定的等电点；酶的相对分子质量很大，其水溶液具有亲水胶体的性质，不能透析；酶分子具有一级、二级、三级、四级结构；受某些物理因素（加热、紫外线照射等）及化学因素（酸、碱、有机溶剂等）的作用变性或沉淀而丧失酶活性。

第二节　影响酶促反应速率的因素

研究酶促反应速率及各种因素对酶促反应速率的影响实际是酶促反应动力学的主要内容。主要包括酶浓度、底物浓度、温度、pH、激活剂、抑制剂等对酶作用的影响。

一、酶的催化机制

1. 酶的催化作用与活化能

酶促反应为什么具有很高的效率呢？酶和一般催化剂加速反应的机制相同，即降低化学反应的活化能。所谓的活化能，是指一般分子成为参加化学反应的活化分子所需的能量。在一个热力学允许的化学反应中，并不是所有的分子都能参加反应，只有那些能量较高的分子即活化分子才能参加反应。

要使化学反应迅速进行，就应增加活化分子的数量，要想使一般分子变成活化分子，途径有两条：一是对反应体系增加能量，比如加热或者光照，一般分子吸收能量后变成活化分子；二是降低活化能，使一般分子不吸收或吸收很少的能量成为活化分子。而酶正是通过降低反应的活化能的途径，来增加活化分子的数量。活化分子愈多，反应速率愈快。例如过氧化氢的分解，当无催化剂时，每摩尔的活化能为 75.3kJ，而过氧化氢酶存在时，每摩尔的活化能仅为 8.36kJ，反应速率可提高一亿倍。

2. 中间产物学说

酶为什么可以降低化学反应的活化能而体现出强大的催化效率呢？目前，比较圆满的解释是 1913 年 Michaelis 和 Menten 提出的中间产物学说。

中间产物的基本理论是：在酶促反应中，酶首先和底物结合成不稳定的中间配合物（ES），然后再生成产物（P），并释放出酶（E）。反应式为

$$E+S \Longleftrightarrow ES \longrightarrow E+P$$

这里 S 代表底物，E 代表酶，ES 为中间产物，P 为反应的产物。

在非酶促反应时，反应 S→P 所需的活化能很高，但是有酶存在的情况下，根据中间产物学说，反应分两步进行，首先 S+E→ES 中，活化能很低，随后 ES→E+P 中，活化能也很低，所以酶促反应比非酶促反应所需的活化能少，因而加快了反应的速度。

中间产物学说是否正确取决于中间产物是否确实存在。由于中间产物很不稳定，易迅速分解成产物，因此不易把它从反应体系中分离出来。但是有不少直接或间接证据表明中间产物确实存在，比如有人在溶菌酶的研究中，已制成它和底物形成复合物的结晶，并已得到了 X 衍射图，证明了 ES 复合物的存在。

3. 酶的活性中心

（1）概念 酶分子中直接与底物特异性结合，并催化底物变成产物的空间区域称为酶的活性中心。

活性部位包括两个功能部位：一个是直接与底物结合的部位称为结合部位，它决定酶的专一性，即决定同何种底物结合；另一个是催化底物变成产物的催化部位，即底物的键在此处被打断或形成新的键，它决定催化反应的类型。有时结合部位与催化部位是难以明确分开的，也就是说有的基团（在活性部位中的基团）既是结合基团，也是催化基团。对单纯酶而言，从一级结构上看，构成活性部位的这些基团相距可能很远，但通过链盘绕，形成高级结构时，这些基团可彼此靠近，形成一个特定构象的空间区域。对结合酶而言，辅因子或辅因子分子的某一部分往往也是构成活性部位的组成成分。

进一步而言，活性部位本质上是蛋白质多肽链上原本相距较远的一系列氨基酸残基经由折叠而形成的特定区域。在这个区域内，特定的、对于催化反应具有贡献的氨基酸残基的侧链基团的空间配置恰到好处，有助于酶与底物的结合，有助于底物的转变。

与酶的活性密切相关的基团称为酶的必需基团，包括—COOH、—NH_2、—OH、—SH等。必需基团包括活性部位，但必需基团不一定就是活性部位，例如维持酶分子高级结构所需的基团就不和底物结合或催化底物变成产物。若被化学修饰（如氧化、还原、酰化、烷化等）而使其改变，则酶的活性丧失（图 9-1）。

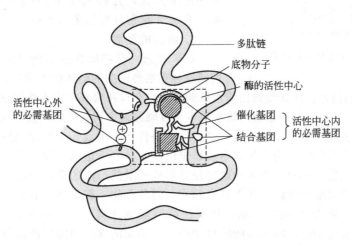

图 9-1 酶活性中心示意

（2）活性中心的特点

① 活性部位存在于酶分子的表面，占每个酶分子体积的 1%～2%。已知几乎所有的酶都由 100 个以上的氨基酸残基组成，而活性部位只有几个氨基酸残基。

② 活性部位不是一个点，也不是一个面，而是一个错综复杂的三维结构（空间区域）。活性部位的三维结构是由酶的一级结构所决定且在一定条件下形成的。活性部分的氨基酸残基可能在一级结构上相距甚远，甚至位于不同的肽链上，通过肽链的盘绕、折叠而在空间结构上相互靠近。一旦空间结构受理化因素的影响导致活性部位被破坏，酶即失去活性。

③ 活性部位的构象并非正好和底物互补，而是在酶和底物结合的过程中，底物或酶分子，有时是两者的构象同时发生了一定的变化后才互补的。

④ 酶的活性部位位于酶分子表面的一个裂缝内，底物分子结合到裂缝内并发生催化作用。

⑤ 底物通过次级键结合到酶上，主要的次级键有氢键、盐键、范德华力和疏水作用力等。

4. "诱导-契合"理论

酶对底物有一定的选择性，为了解释酶作用的专一性，曾提出了不同的假说，主要的有"锁钥学说"和"诱导-契合学说"。

（1）锁钥学说　锁钥学说认为整个酶分子的天然构象是具有刚性结构的，酶表面具有特定的形状。酶与底物的结合如同一把钥匙对一把锁一样。这一学说在一定程度上解释了酶促反应的特性。这个学说的局限性在于无法解释可逆反应，因为底物和产物的结构是不同的；只能解释绝对专一性，无法解释相对专一性和立体异构专一性；而且，酶的活性中心并不像这个模型中显示的那样固定不变，酶的 X 射线衍射研究证明，酶与底物结合时，酶分子的构象的确是发生了变化。

（2）诱导契合学说　1958 年 D E Koshland 提出的"诱导-契合学说"克服了"锁钥学说"的缺点。按照这一学说，酶分子的构象和底物不相吻合，只有当酶和底物接近时，二者才相互诱导适应、变形，酶在底物的诱导下，形成活性中心，并与底物易受催化部位结合，使底物处于不稳定的过渡态，从而使底物转化成产物（图 9-2）。诱导-契合学说比较圆满地说明了酶的作用方式，并得到了某些酶（乳羧肽酶、溶菌酶）的 X 光衍射分析结果的支持。

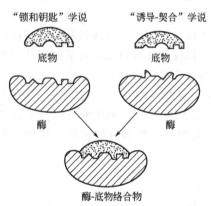

图 9-2　酶和底物结合示意

5. 酶原的激活

（1）概念　有些酶在分泌的时候是无活性的，我们把这种无活性的酶的前体称为酶原。酶原激活是酶原变成有活性的酶的过程。比如使蛋白质水解的消化酶在胃和胰脏中作为酶原被合成，激活后成为蛋白水解酶。再如血液凝固系统的许多酶也是以酶原形式被合成的，被激活后起作用。

（2）激活的机理　酶原的激活通常是在一定条件下一个或几个特定的肽键断裂或水解掉一个或几个短肽来实现的，酶的化学本质是蛋白质，具有一定的空间结构，一级结构的改变导致空间结构的改变，酶分子构象的改变使其形成或暴露出酶的活性中心。比如，胰蛋白酶刚从胰腺细胞分泌出来的时候，并不具有活性，随着食物一起流到小肠后，在 Ca^{2+} 环境下，受肠激酶的作用，切去 N 端的 6 肽，从而使肽链螺旋度增加，组氨酸、丝氨酸、缬氨酸、异亮氨酸等残基相互靠近，形成新的活性中心，于是无活性的胰蛋白酶原就变成了有活性的胰蛋白酶（图 9-3）。

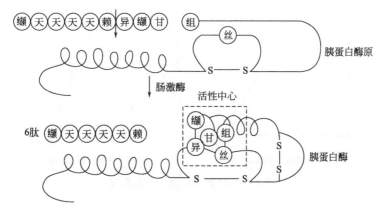

图 9-3　胰蛋白酶原激活示意

（3）生物学意义

① 避免细胞产生的酶对细胞进行自身消化，并使酶在特定的部位和环境中发挥作用，保证体内代谢正常进行。比如，胰脏中有丰富的胰蛋白酶抑制剂抑制蛋白酶的活性，酶原在胰脏中提前活化是胰腺炎的特征，临床上用胰蛋白酶抑制剂进行治疗。

② 有的酶原可以视为酶的贮存形式。在需要时，酶原适时地转变成有活性的酶，发挥其催化作用。

二、pH

酶的活性受 pH 的影响较大。在一定 pH 值下酶表现最大活力，高于或低于此 pH 值，活力均降低。酶表现最大活力时的 pH 值称为酶的最适 pH。

各种酶的最适 pH 各不相同，彼此出入甚大。一般酶的最适 pH 在 4～8 之间。植物和微生物体内的酶，其最适 pH 多在 4.5～6.5，而动物体内的酶，其最适 pH 多在 6.5～8.0，但也有例外，如胃蛋白酶最适 pH 为 1.5，而肝精氨酸酶为 9.8。

酶的最适 pH 不是固定的常数，其数值受酶的纯度、底物的种类和浓度、缓冲液的种类和浓度等的影响。因此酶的最适 pH 只在一定条件下才有意义。

pH 对酶作用影响的机制很复杂，主要有以下几个方面。

① 环境过酸、过碱能使酶本身变性失活。

② pH 改变能影响酶分子活性部位上有关基团的解离。在最适 pH 时，酶分子上活性基团的解离状态最适宜与底物结合，pH 高于或低于最适 pH 时，活性基团的解离状态发生改变，酶和底物的结合力降低，因而酶反应速率降低。

③ pH 能影响底物的解离。可以想象，底物分子上某些基团只有在一定的解离状态下，才适合与酶结合发生反应。若 pH 的改变影响了这些基团的解离，使之不适于与酶结合，当然反应速率亦会减慢。

典型的酶活力-pH 曲线有如钟罩形（图 9-4）。

深入研究发现：①酶反应都有其各自的最适 pH，而这种最适 pH 往往与其等电点不一致；②经过部分修饰的酶，其最适 pH 通常不变；③从某些酶的活性中心结构已经知道，它们的最适 pH 主要和活性中心侧链基团的解离直接相关。pH 对酶活性的影响可能是由于它们改变了酶的活性中心或与之有关的基团的解离状态，也就是说，酶要表现活性，它的活性部位有关基团都必须具有一定的解离形式，其中任何一种基团的解离形式发生变化都将使酶转入"无活性"状态；反之活性部位以外其他基团则无关紧要。

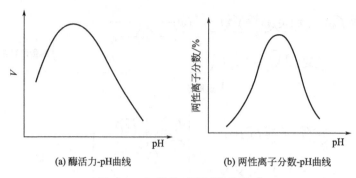

(a) 酶活力-pH曲线　　　　(b) 两性离子分数-pH曲线

图 9-4　pH 数值对酶活性的影响

三、底物浓度（米氏方程）

1. 底物浓度与酶促反应速率的关系

在酶浓度、pH、温度等条件不变的情况下，底物浓度对酶促反应速率的影响如图 9-5 所示：在低底物浓度时，反应速率与底物浓度成正比，表现为一级反应特征；随着底物浓度

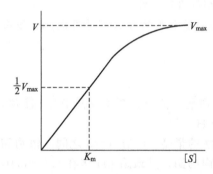

图 9-5　底物浓度对酶促反应速率的影响

的增高，反应速率不再按正比升高，反应表现为混合级反应；当底物浓度达到一定值时，底物浓度对反应速率的影响变小，反应速率接近最大值（V_{max}），此时再增加底物浓度，反应速率不再增加，表现为零级反应。

根据中间产物学说可以解释底物浓度对酶促反应速率影响的矩形双曲线，在酶浓度一定的条件下，当底物浓度很小时，酶未被底物饱和，这时反应速率取决于底物浓度；随着底物浓度变大，会生成更多的 ES，反应的速率取决于 ES 的浓度，故反应速率也随之增高；当底物浓度很高时，溶液中的酶全部被底物饱和，溶液中没有多余的酶，虽增加底物浓度也不会有更多的 ES 生成，因此酶促反应速率和酶浓度无关，达到了最大值。

2. 米氏方程式

1913 年，德国化学家 Michaelis 和 Menten 根据中间产物学说对酶促反应的动力学进行研究，推导出了表示整个反应中底物浓度和反应速率关系的著名公式，称为米氏方程。

$$V=\frac{V_{max}[S]}{K_m+[S]}$$

式中　$[S]$——底物浓度；

　　　V——不同 $[S]$ 时的反应速率；

　　V_{max}——最大反应速率；

　　K_m——米氏常数。

从式中可见，当 $[S]\ll K_m$ 时，$V=(V_{max}/K_m)[S]$，即 V 正比于 $[S]$；当 $[S]\gg K_m$ 时，$V=V_{max}$，即 $[S]$ 增大而 V 不变。

3. K_m 和 V_{max} 的意义

① 由米氏方程可知，当反应速率等于最大反应速率一半时，即 $V=1/2V_{max}$，$K_m=[S]$，由此可得米氏常数的物理意义，即 K_m 是反应速率达到最大速率一半时的底物浓度。

因此，米氏常数的单位为 mol/L。

② K_m 是酶的一个特征性常数，K_m 的大小只与酶的性质有关，而与酶浓度无关。K_m 值随测定的底物、反应的温度、pH 及离子强度不同而改变。因此，K_m 作为常数只是对一定的底物、pH、温度和离子强度等条件而言。故对某一酶促反应，在一定条件下都有特定的 K_m 值，可用来鉴别酶。

③ K_m 值表示酶与底物之间的亲和程度，K_m 值大表示亲和程度小，酶的催化活性低；K_m 值小表示亲和程度大，酶的催化活性高。若一种酶可催化几种底物的反应，每种底物各有相应的 K_m 值，则 K_m 值小的底物是该酶的最适底物。

④ V_{max} 是酶完全被底物饱和时的反应速率，与酶浓度呈正比。

四、抑制剂

1. 酶的抑制剂及抑制作用

使酶的活性降低或丧失的现象，称为酶的抑制作用。能够引起酶的抑制作用的化合物则称为抑制剂。抑制作用不同于由于酶蛋白变性而引起酶活力丧失的失活作用。

酶的抑制剂一般具备两个方面的特点：一是在化学结构上与被抑制的底物分子或底物的过渡状态相似；二是能够与酶的活性中心以非共价或共价的方式形成比较稳定的复合体或结合物。而抑制剂之所以能抑制酶活性，是因为它破坏或改变了酶的活性中心，妨碍了中间产物的形成或分解。

酶的抑制剂多种多样，常见的毒物多是酶的抑制剂，比如有机磷化合物、有机汞化合物、有机砷化合物、重金属离子、氰化物、硫化物、CO 及一些烷化剂等。某些动物组织（如胰脏、肺）和某些植物组织（如大麦、燕麦、大豆、蚕豆、绿豆等）都能产生蛋白酶的抑制剂。也有一些抑制剂用于临床治疗，比如青霉素、磺胺类药物等。因此，研究酶的抑制作用，不仅是研究酶的结构和功能、酶的催化机制以及阐明代谢途径的基本手段，也可以为新药设计和新农药生产提供理论依据。

2. 抑制剂的分类

根据抑制剂与酶结合的紧密程度不同，抑制剂可以分为可逆的抑制剂和不可逆的抑制剂。

（1）不可逆的抑制作用　抑制剂与酶共价结合，不能用透析、超滤等简单物理方法解除抑制来恢复酶的活性，这类抑制作用称为不可逆抑制作用。如某些重金属离子（Hg^{2+}、Ag^+、Pb^{2+} 及 As^{2+}）对巯基酶不可逆的抑制；有机磷农药（敌百虫、敌敌畏、对硫磷等）对羟基酶不可逆的抑制，如图9-6 有机磷农药 DFP（二异丙基氟磷酸酯）与羟基酶的丝氨酸羟基反应，形成不可逆的抑制；氰化物可与含铁卟啉的酶（如细胞色素氧化酶）中的 Fe^{2+} 不可逆地结合；青霉素可与糖肽转肽酶活性部位丝氨酸共价结合，而该酶在细菌细胞壁合成中使肽聚糖链交联，一旦酶失活，细菌细胞壁合成受阻，细菌不能生长。

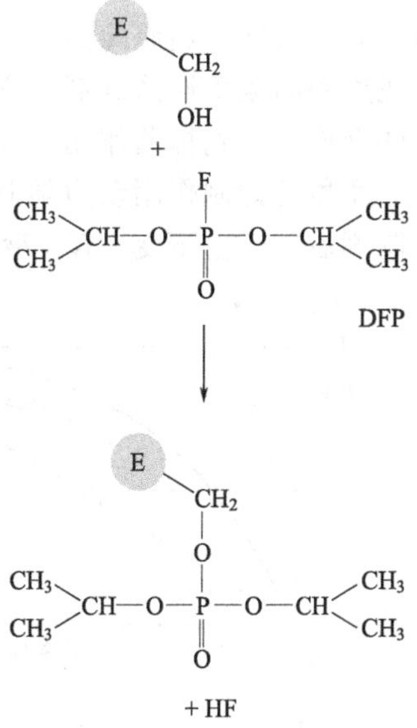

（2）可逆的抑制作用　抑制剂与酶非共价结合，可以用透析、超滤等简单物理方法除去抑制剂来恢复酶的活性，这类抑制作用称为可逆的抑制作用。根据抑制剂与底物的关系，可逆抑制作用可分为三种类型。

① 竞争性抑制剂　这类抑制剂（inhibitor，以下简称 I）

图 9-6　有机磷农药 DFP 对羟基酶不可逆的抑制

的化学结构与底物（substrate，以下简称 S）相似，因而能与底物竞争与酶活性中心结合，如图 9-7(b) 所示。当抑制剂与活性中心结合后，底物被排斥在活性中心之外，其结果是酶的催化活性降低了。底物与酶的结合也可阻止抑制剂与酶的结合，就是说底物和抑制剂与酶的结合是竞争性的。当底物和抑制剂都存在于溶液中时，酶能够形成酶-底物复合物的比例取决于底物和抑制剂的相对浓度以及酶对它们的亲和性。竞争性抑制通常可以通过增大底物浓度，即提高底物的竞争能力来消除。

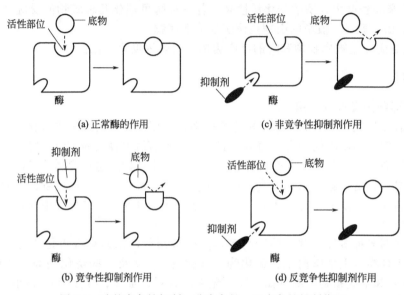

图 9-7 酶的竞争性抑制、非竞争性、反竞争性抑制作用

有些药物属于酶的竞争性抑制剂，比如磺胺类药物及磺胺增效剂就是典型的例子。对磺胺敏感的细菌生长繁殖时不能直接利用叶酸，而是在体内二氢叶酸还原酶的催化下，由对氨基苯甲酸、2-氨基-4-羟基-6-甲基蝶呤啶及谷氨酸合成二氢叶酸，二氢叶酸再进一步还原成四氢叶酸，四氢叶酸是细菌嘌呤核苷酸合成中的重要辅酶。磺胺结构与对氨基苯甲酸结构相似，是二氢叶酸还原酶的竞争性抑制剂；磺胺增效剂的结构与二氢叶酸结构相似，是二氢叶酸还原酶的竞争性抑制剂。它们均可使细菌体内四氢叶酸的合成受阻，从而抑制细菌体内核酸的合成，达到抑菌作用。人不能自己合成叶酸，主要靠食物中摄取，故不受影响。

竞争性抑制作用动力学曲线见图 9-8，从图 9-8(a) 可以看出，在酶促反应中加入竞争性抑制剂后，V_{max} 不变，K_m 变大，$K'_m > K_m$，而且 K'_m 随 $[I]$ 的增加而增大。从图 9-8(b)

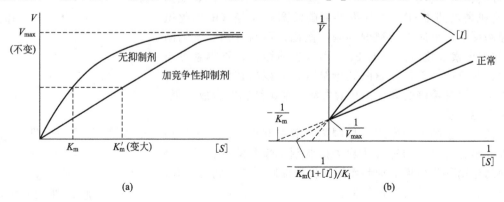

图 9-8 竞争性抑制曲线

可以看出，双倒数作图直线相交于纵轴，这是竞争性抑制作用的特点。抑制分数与 $[I]$ 成正比，而与 $[S]$ 成反比。

②非竞争性抑制剂 非竞争性抑制剂与底物结构不相似，两者没有竞争关系，抑制剂不影响酶和底物的结合，酶和底物的结合也不影响酶与抑制剂的结合。换句话说，抑制剂和底物可以同时和酶的不同部位结合，底物结合酶的活性中心，抑制剂结合活性中心外的部位，但形成的酶-底物-抑制剂复合物不能形成产物。非竞争性抑制作用的强弱取决于抑制剂的绝对浓度，不能用增强底物浓度的方法来消除抑制作用。其反应示意如图 9-7(c) 所示。

非竞争性抑制作用动力学曲线见图 9-9，从图 9-9(a) 可以看出，在酶促反应中加入非竞争性抑制剂后，K_m 不变，V_{max} 变小，$K'_m = K_m$，而且 V_{max} 随 $[I]$ 的增加而减小。从图 9-9(b) 可以看出，双倒数作图直线相交于横轴，这是非竞争性抑制作用的特点。抑制分数与 $[I]$ 成正比，而与 $[S]$ 无关，即 $[I]$ 不变时，任何 $[S]$ 的抑制分数是一个常数。

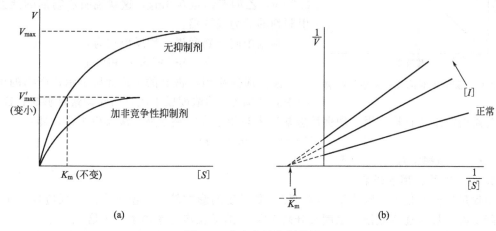

图 9-9 非竞争性抑制曲线

③反竞争性抑制剂 此类抑制剂的特点是酶先和底物结合，然后才与抑制剂结合，换句话说，抑制剂只和酶-底复合物结合，但形成的酶-底物-抑制剂复合物既不能生成产物，也不能解离出游离酶，其反应示意见图 9-7(d)。

反竞争性抑制作用动力学曲线见图 9-10，从图 9-10(a) 可以看出，在酶促反应中加入反竞争性抑制剂后，K_m 及 V_{max} 都变小，$K'_m < K_m$，$V'_{max} < V_{max}$，即表观 K_m 及表观 V_{max} 都

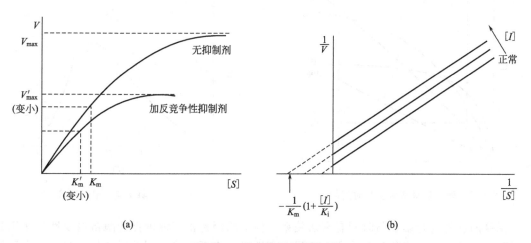

图 9-10 反竞争性抑制作用

随 $[I]$ 的增加而减小。从图 9-10(b) 可以看出，双倒数作图为一组平行线，这是反竞争性抑制作用的特点。抑制分数既与 $[I]$ 成正比，也与 $[S]$ 成正比。

五、其他因素

1. 酶浓度对酶作用的影响

在酶催化的反应中，酶先要与底物形成中间复合物，当底物浓度大大超过酶浓度时，反应速率随酶浓度的增加而增加（当温度和 pH 值不变时），两者成正比例关系（图 9-11）。酶

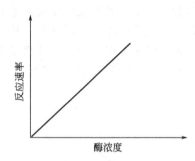

图 9-11 酶浓度对酶反应速率的影响

反应的这种性质是酶活力测定的基础之一，在分离提纯上常被应用。例如，要比较两种酶活力的大小，可用同样浓度的底物和相同体积的甲乙两种酶制剂一起保温一定的时间，然后测定产物的量。如果甲的产物是 0.2mg，乙的产物是 0.6mg，这就说明乙制剂的活力比甲制剂的活力高 3 倍。

根据中间产物学说，酶反应式为：

$$E+S \rightleftharpoons ES \longrightarrow P+E$$

酶反应速率用产物 P 的生成速率表示，产物的生成与中间产物 ES 的浓度成正比，当底物量足够时，ES 的量就与酶的浓度成正比，因此酶促反应初速率与酶浓度的关系呈一级反应规律，即：

$$V=d[P]/dt=k[E]$$

式中 k——速率常数。

2. 温度对酶作用的影响

酶促反应同其他大多数化学反应一样，受温度的影响较大。温度高时，反应速率加快；温度降低时，反应速率减慢。温度每升高 10℃，酶促反应速率约增加 1 倍。

如果在不同温度条件下进行某种酶反应，然后再将测得的反应速率对温度作图，那么一般可得到如图 9-12 所示的曲线。在较低的温度范围内，酶反应速率随温度升高而增大，但超过一定温度后，反应速率反而下降，这种温度通常就称为酶反应的最适温度。这条曲线所表现的酶反应速率的改变，实际上是温度的两种影响的综合结果：温度升高加速酶反应；温度升高加速酶蛋白变性（参见图 9-13 虚线部分）。

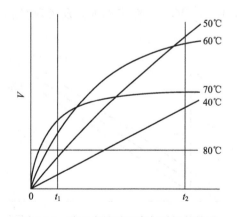

图 9-12 酶反应最适温度与时间的关系

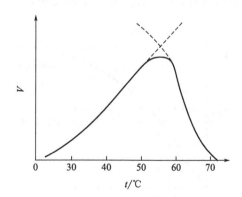

图 9-13 酶反应的最适温度

温度的这种综合影响与时间有密切关系，根本原因是由于温度促使酶蛋白变性的作用是随时间累加的。在反应的最初阶段，酶蛋白变性尚未表现出来，因此反应的（初）速率随温

度升高而加快；但是，反应时间延长时，酶蛋白变性逐渐突出，反应速率随温度升高的效应将逐渐为酶蛋白变性效应所"抵消"，因此在不同反应时间内测得的"最适温度"也就不同，它随反应时间延长而降低。

最适温度不是酶的特征物理常数，因为一种酶的最适宜的温度不是一成不变的，它要受到酶的纯度、底物、激活剂、抑制剂以及酶促反应时间等因素的影响。因此，对同一种酶来讲，应说明是在什么条件下的最适温度。

掌握温度对酶作用的影响规律，具有一定实践意义，如临床上的低温麻醉就是利用低温能降低酶的活性，减慢细胞的代谢速率，以利于手术治疗。低温保存菌种和作物种子，也是利用低温降低酶的活性，以减慢新陈代谢速率这一特性。相反，高温杀菌则是利用高温使酶蛋白变性失活，导致细菌死亡的特性。

3. 激活剂对酶作用的影响

凡能提高酶的活性，加速酶促反应进行的物质都称为激活剂或活化剂。酶的激活与酶原的激活不同，酶激活是使已具活性的酶的活性增强，使活性由小变大；酶原激活是使本来无活性的酶原变成有活性的酶。

有些酶的激活剂是金属离子和某些阴离子，如许多激酶需要 Mg^{2+}，精氨酸酶需要 Mn^{2+}，羧肽酶需要 Zn^{2+}，唾液淀粉酶需要 Cl^- 等；有些酶的激活剂是半胱氨酸、巯基乙醇、谷胱甘肽、维生素 C 等小分子有机物；有的酶还需要其他蛋白质激活。

激活剂的作用是相对的，一种酶的激活剂对另一种酶来说，也可能是一种抑制剂。不同浓度的激活剂对酶活性的影响也不同。

第三节　酶活性的调节

酶的活性调节除了上节介绍的酶原激活外，主要还有两种调节方式：别构调节和共价修饰调节。在介绍别构调节时，为解释别构酶的协同效应机制，引入了底物协同结合模型。

一、别构调节

当调节物与酶分子中的别构中心结合后，诱导出或稳定住酶分子的某种构象，使酶活性部位对底物的结合与催化受到影响，从而调节酶的反应速率及代谢过程，此效应称为酶的别构调节或别构效应。能够进行别构调节的酶称为别构酶，与别构中心结合调节酶活性的配体分子称为别构效应物。起抑制作用的别构效应物称为别构抑制剂，起激活作用的别构效应物称为别构激活剂（见图9-14）。由底物作为别构效应物产生别构效应称为同促效应，否则就

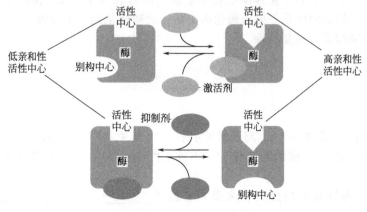

图 9-14　酶活性的别构调节

称为异促效应。许多别构酶具有很多个别构中心，能够与不同的别构效应物结合。

二、底物协同结合模型

说明底物（配体）与别构蛋白（或别构酶）结合协同性的引人关注的模型有两个：齐变模型和序变模型。

（1）齐变模型［见图9-15(a)］可用来解释相同配体的协同结合，该模型认为每个亚基存在两种构象：一种是对底物具有高亲和性的松弛型构象；另一种是低亲和性的紧张型构象。两种构象处于平衡，当一种构象转变为另一种构象时，分子对称性不变。所以蛋白质改变构象时，所有亚基同时发生构象变化，而且每个亚基均呈现相同构象。

（2）序变模型［见图9-15(b)］是近年来更为普遍运用的模型，当不结合配体时，别构酶只呈现T构象，只有当配体与酶结合后才能诱导T向R转化，亚基构象转换不是齐变，而是序变。与齐变模型不同的是，在具有部分饱和的一个寡聚分子中，允许存在着高亲和力R构象和低亲和力T构象亚基。序变理论可以解释负协同性，所谓负协同性是指当配体分子依次结合到一个寡聚体时，其亲和性降级。负协同性只出现在像甘油醛-3-磷酸脱氢酶那样的少数酶中。

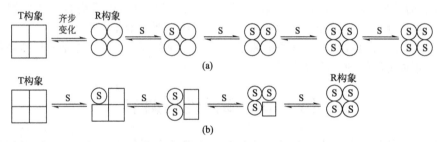

图 9-15　配体协同结合的两种模型
(a) 齐变模型，亚基构象齐步转换；(b) 序变模型，配体结合诱导亚基构象序变

三、共价修饰调节

除了别构调节以外，有些酶的活性是可以通过共价修饰来调节的，最主要的共价修饰方式是在蛋白激活酶和蛋白磷酸化酶催化下，酶中特定 Ser、Thr 或 Tyr 残基的羟基磷酸化和去磷酸化，使酶活性处于活性或非活性状态。

例如丙酮酸脱氢酶活性的调节就是通过共价修饰调节的。丙酮酸脱氢酶是柠檬酸循环丙酮酸脱氢酶复合体的成员，催化丙酮酸脱羧生成乙酰辅酶 A 和二氧化碳的反应。丙酮酸脱氢酶在丙酮酸脱氢酶激酶催化下因磷酸化而失活；而磷酸化的丙酮酸脱氢酶在丙酮酸脱氢酶磷酸酶催化下去磷酸又可恢复活性。

课后习题

一、名词解释

1. 酶　2. 酶的必需基团　3. 酶的活性中心　4. 酶原　5. 同工酶　6. 酶促反应的最适温度　7. 酶的抑制剂　8. 酶的激活剂　9. 不可逆性抑制作用　10. 竞争性抑制作用

二、填空题

1. 国际酶学委员会将酶分为六大类，它们是＿＿＿＿、＿＿＿＿、＿＿＿＿、＿＿＿＿、＿＿＿＿和＿＿＿＿。

2. 酶活性中心以内的基团有两种：_____ 和 _____；其中 _____直接与底物结合，决定酶的专一性，_____是发生化学变化的部位，决定催化反应的性质。

3. 根据抑制剂与酶结合的紧密程度不同，酶的抑制作用分为 _____ 与 _____两类。

4. 可逆性抑制作用的类型可分为 _____ 、 _____ 和 _____三种。

5. 酶促反应具有 _____ 、 _____ 、 _____ 、 _____和 _____等特点。

6. 影响酶促反应速率的因素有 _____ 、 _____ 、 _____ 、 _____ 、 _____和_____。

三、简答题

1. 比较酶和蛋白质之间的不同点。
2. 简述酶作为生物催化剂与一般化学催化剂的相同点和不同点。
3. 酶的化学本质是什么？如何证明？能否说明有催化能力的生物催化剂都是蛋白质？
4. 解释酶的活性部位、必需基团二者之间的关系。
5. 简述酶原激活的生物学意义。
6. 影响酶促反应速率的因素有哪些？试用曲线说明它们各自对酶活力有何影响？

答案

一、名词解释：（略）

二、填空题：1. 氧化还原酶、裂合酶、转移酶、水解酶、异构酶、合成酶；2. 结合部位、催化部位、结合部位、催化部位；3. 可逆性、不可逆性；4. 竞争性、非竞争性、反竞争性；5. 高效性、专一性、不稳定性、组织特异性、可调节性；6. 酶浓度、底物浓度、pH、温度、激活剂、抑制剂。

三、简答题：（略）

第十章　维生素与辅酶

学习目标

1. 掌握各种维生素的活性形式。
2. 掌握维生素 A、维生素 D、维生素 E 和维生素 K 的典型结构。
3. 掌握维生素 B_1、维生素 B_2、维生素 B_6、维生素 C 的结构。
4. 了解维生素 D_3 的体内转化、维生素 K 循环。

维生素是参与生物发育和代谢所必需的一类微量有机物质，已知的绝大多数维生素都是酶的辅酶或辅基的组成成分（活性形式），在物质代谢中起重要作用。辅酶与酶蛋白的结合较为松散，其化学基团可以从一个酶转移至另一个酶上；辅基与酶蛋白的结合较为紧密，在酶促反应中辅基不能离开酶。与脂溶性维生素不同，进入体内的多余水溶性维生素及其代谢产物均自尿中排出，体内不能贮存。

第一节　脂溶性维生素

一、维生素 A

维生素 A，通常称为视黄醇或者抗干眼病维生素，其结构包括环已烯和共轭壬四烯侧链两个部分。维生素 A 包括维生素 A_1 和维生素 A_2 两种，两者的侧链均为全反式，维生素 A_2 比维生素 A_1 在脂环上多了一个双键；两者的生理功能相同，但维生素 A_2 的生理活性只有维生素 A_1 的一半。维生素 A 在参与生理过程时也常以醛的形式存在，称为视黄醛。见图 10-1。

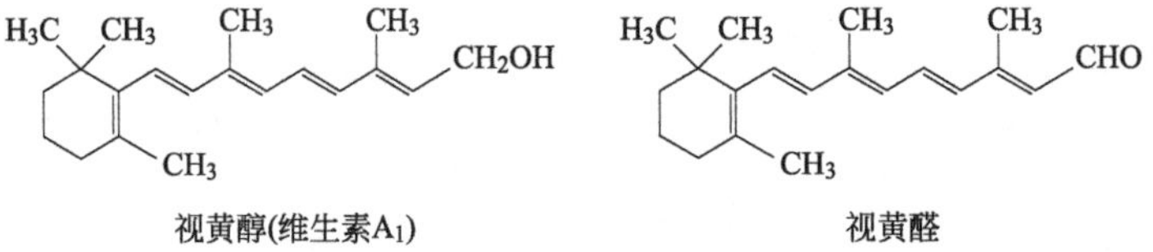

图 10-1　视黄醇与视黄醛的结构

从食物中吸收的维生素 A 以维生素 A 的脂肪酸酯的形式贮存在肝脏中，释放到血浆中时会转化为视黄醇与其转运蛋白结合的形式。视黄醇分别经过异构化和氧化后转化为顺视黄醛（9-顺视黄醛和 11-顺视黄醛），再与视蛋白内赖氨酸的 ε-氨基缩合生成视紫红质，后者是视觉细胞内的感光物质，人眼对弱光的感光性取决于视紫红质的合成，维生素 A 的活性形式是顺视黄醛。见图 10-2。

胡萝卜素可在体内被 β-胡萝卜素-15,15′-二加氧酶所断裂，生成两分子的视黄醛，再还原为视黄醇，所以植物性食物是人体维生素 A 的主要来源，此外动物肝脏、奶制品也可成为补充维生素 A 的来源。除了在视觉系统中起着重要作用外，维生素 A 还可以诱导上皮组织的分化和生长，预防干眼症的发生。由于维生素 A 在结构上具有共轭烯烃结构，稳定性较差，故临床上使用的是维生素 A 醋酸酯或棕榈酸酯。β-胡萝卜素的结构见图 10-3。

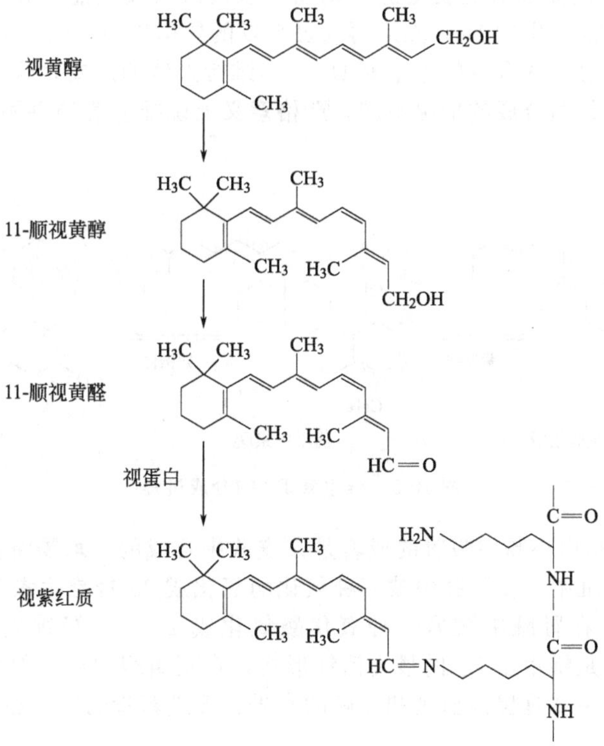

图 10-2 视紫红质的合成步骤

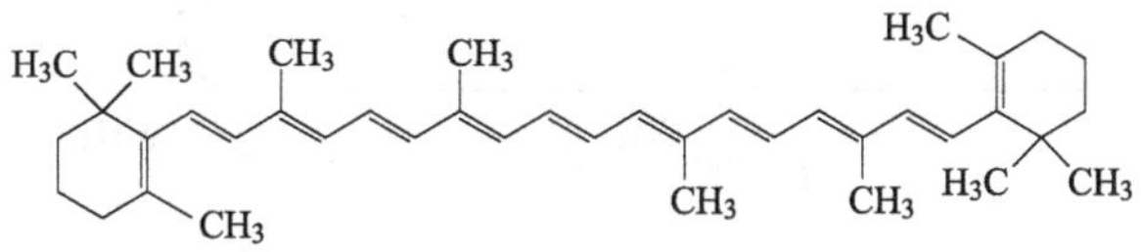

图 10-3 β-胡萝卜素的结构

二、维生素 D

维生素 D，通常称为骨化醇或者抗佝偻病维生素，其属于类甾醇衍生物，维生素 D 家族中最重要的成员是麦角钙化甾醇即维生素 D_2 和胆钙化甾醇即维生素 D_3。维生素 D_2 与维生素 D_3 仅侧链结构不同，维生素 D_2 比维生素 D_3 多一个 C22 烯和 C28 甲基，两者在体内的作用相似。见图 10-4。

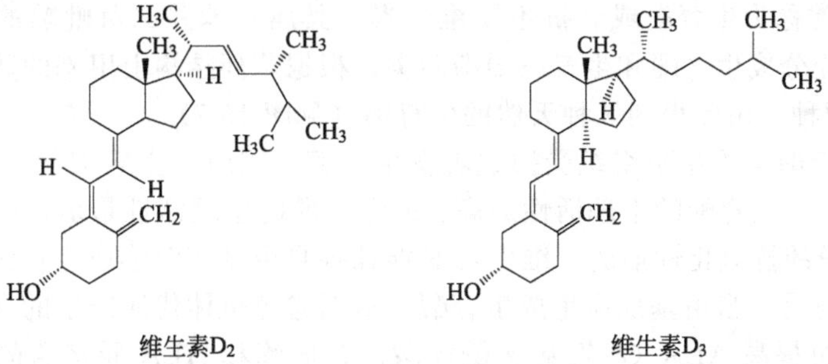

维生素D₂ 维生素D₃

图 10-4 维生素 D 的结构

维生素 D 的重要前体 7-脱氢胆甾醇在动物皮肤通过吸收光能（如太阳光的紫外线）引发光异构作用先得到前维生素 D_3，然后再通过自发的异构作用产生维生素 D_3（见图 10-5）。一般情况下，人体通过皮肤合成的维生素 D_3 足够维持人体的需要，这与 B 族维生素中某些维生素可以由肠道内细菌合成的情况不同，严格意义上说维生素 D 并不是一种维生素。

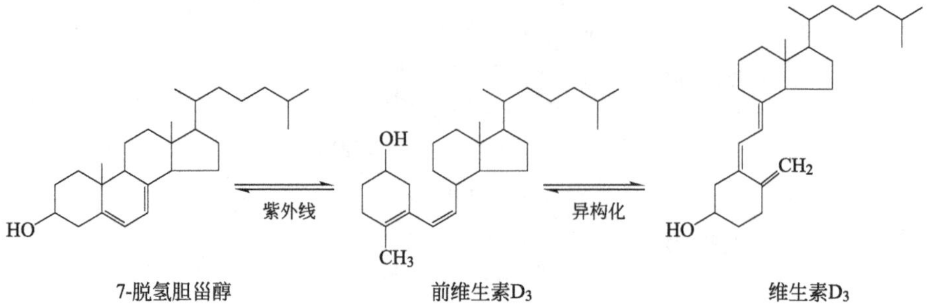

图 10-5　维生素 D_3 的合成过程

维生素 D_3 无论是由小肠中吸收的或者是在皮肤中合成的，均需特异的结合蛋白（简称 DBP）将其转运到肝脏中，在肝脏中被一种氧化酶氧化成 25-羟维生素 D_3；25-羟维生素 D_3 继续转运至肾脏中，在肾脏中被另一种氧化酶氧化成 1,25-二羟维生素 D_3（见图 10-6）。1,25-二羟维生素 D_3 是维生素 D_3 的最终活性形式，在靶组织中可以像激素一样调节钙和磷的代谢，其生理功能主要是提高血钙和血磷的水平，促进新骨的生长和钙化。

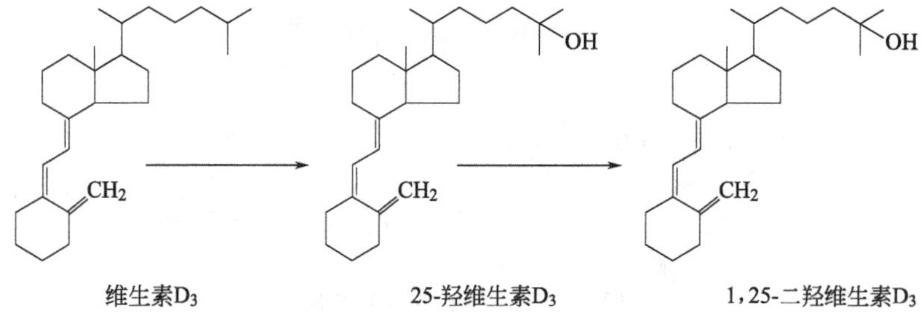

图 10-6　维生素 D_3 的转化

维生素 D 主要含于肝、奶和蛋黄中，以鱼肝油中含量最丰富。在药物化学中，麦角钙化甾醇和胆钙化甾醇也分别称为麦角骨化醇和胆骨化醇；同样的，二羟维生素 D_3 也被称为骨化三醇。

三、维生素 E

维生素 E 通常称为生育酚或者抗不孕维生素，其属于苯并二氢吡喃的衍生物，根据侧链为烷烃或者烯烃分成生育酚和生育三烯酚两类，根据苯环结构上甲基的数目和位置又可分成 α、β、γ、δ 四种，由此得到 8 种天然的生育酚（见图 10-7）。

维生素 E 缺乏时动物生殖组织受损或者发生不育，同时维生素 E 还是动物和人体内最有效的抗氧化剂。α-生育酚的生理活性最高，δ-生育酚的生理活性最弱；δ-生育酚的抗氧化性最强，α-生育酚的抗氧化性最弱。维生素 E 能捕捉自由基同时形成生育酚自由基，生育酚自由基又进一步与另一自由基反应生成生育醌，从而避免机体代谢产生的自由基对人体的影响。维生素 E 通过提高 ALA（δ-氨基-γ 酮戊酸）合成酶和 ALA 脱水酶的活性，促进血红素的合成。

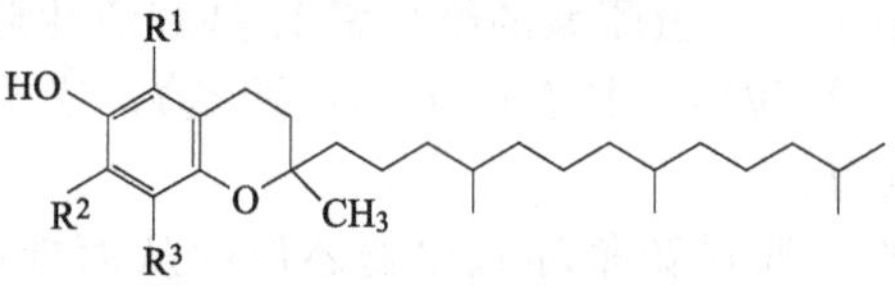

生育酚

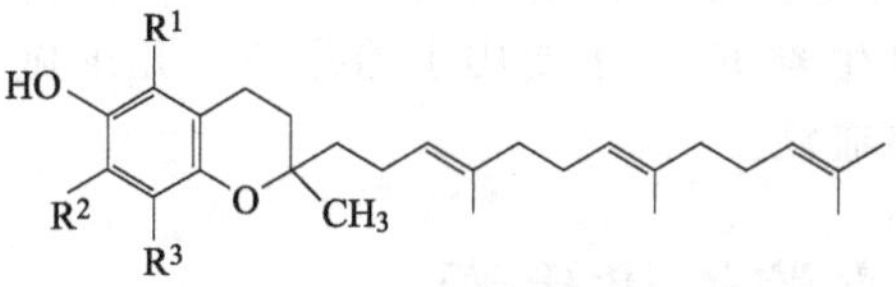

生育三烯酚

	R^1	R^2	R^3
α-型	$-CH_3$	$-CH_3$	$-CH_3$
β-型	$-CH_3$	—H	$-CH_3$
γ-型	—H	$-CH_3$	$-CH_3$
δ-型	—H	—H	$-CH_3$

图 10-7　维生素 E 的结构

维生素 E 的天然来源是麦胚油、大豆油、玉米油、葵花籽油等植物油。《中国药典》收载的维生素 E 实际指的是 α-维生素 E 的醋酸酯，临床上除用于习惯性流产外，还用于肌肉营养不良和动脉粥样硬坏的防治。

四、维生素 K

维生素 K 通常称为叶绿醌或者凝血维生素，结构上属于 2-甲基-1,4-萘醌的衍生物，但维生素 K 族在 C3 上的侧链不同。维生素 K_1 和维生素 K_2 是自然界中天然存在的，其中维生素 K_1 在绿叶植物和动物肝脏中含量丰富，维生素 K_2 可以由肠道中的大肠杆菌合成（见图 10-8）。此外，人工合成的 2-甲基-1,4-萘醌及其类似物也分别称为维生素 K_3、维生素 K_4 等。

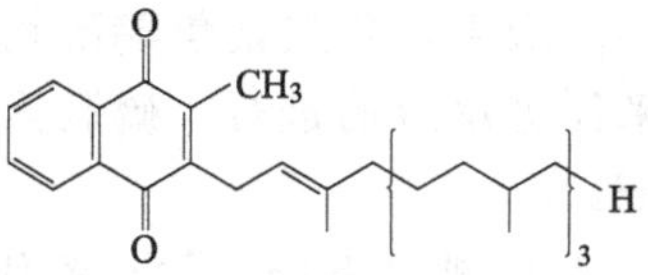

维生素K_1

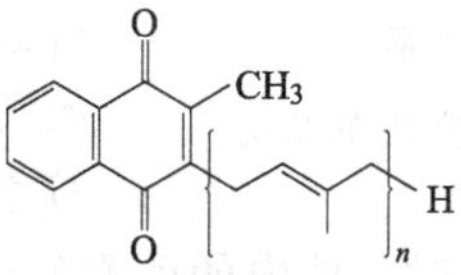

维生素K_2

图 10-8　天然维生素 K 的结构

维生素 K 在人体内通过其循环过程促进凝血因子Ⅱ（凝血酶原）的合成，并调节凝血因子Ⅶ、Ⅸ、Ⅹ的合成。在肝脏线粒体中进行的维生素 K 循环共有三步（见图 10-9）：第一步是单加氧酶催化氢醌型维生素 K 转化为 2,3-环氧化物，同时凝血酶原 N 端的谷氨酸残基被谷氨酰羧化酶羧化为 γ-羧基谷氨酸；第二步是在环氧化还原酶催化下，由二硫苏糖醇作还原剂将 2,3-环氧化物还原为醌型的维生素 K；第三步是在还原酶的作用下，醌型的维生素

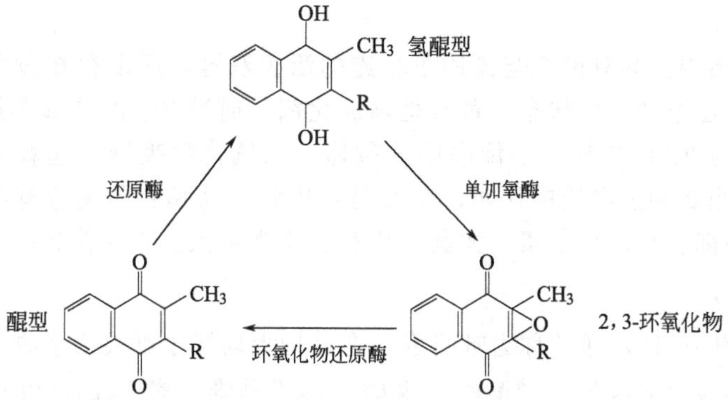

图 10-9　维生素 K 循环

K 被 NADPH 还原为具有活性的氢醌型维生素 K，氢醌型的维生素 K 是其活性形式。

凝血酶原的谷氨酸残基转化为 γ-羧基谷氨酸后（具有两个游离羧基），依次与 Ca^{2+} 螯合，与磷脂结合，最后由蛋白酶水解为凝血酶。

双香豆素和华法林是维生素 K 的类似物，通过竞争环氧化物还原酶从而抑制维生素 K 的还原，减少了氢醌型维生素 K 的水平，进而抑制凝血酶原向凝血酶转化，这就是双香豆素和华法林的抗凝血机制。临床上常使用维生素 K_1，主要用于治疗新生儿出血以及由肠道菌群紊乱（长期口服抗生素引起）导致的出血症。

第二节　水溶性维生素

一、B 族维生素

B 族维生素主要包括维生素 B_1、维生素 B_2、维生素 B_6 和维生素 B_{12} 等，其结构上存在明显的差异，但均在人体内广泛地参与多种反应。

（一）维生素 B_1

维生素 B_1（图 10-10）通常称为硫胺素或者抗神经炎维生素，其化学结构上包括一个噻唑环和一个嘧啶环。在人体内常以其辅酶形式——硫胺素焦磷酸的形式存在，硫胺素在 TPP 合成酶的作用下，消耗 1 分子的 ATP 后可以转化为硫胺素焦磷酸和 1 分子 AMP，硫胺素焦磷酸主要作用于糖代谢中羟基的合成、脱羧反应。在 α-酮酸的脱羧、缩合或者转移反应中，硫胺素焦磷酸均通过稳定羰基碳上的负电荷来促进反应的进行。硫胺素焦磷酸也可称为硫胺素二磷酸。

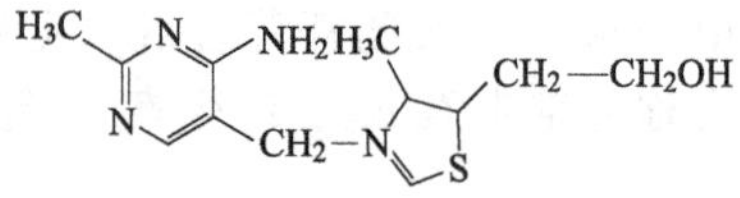

图 10-10　维生素 B_1 的结构

维生素 B_1 缺乏时，体内的丙酮酸会积累，影响神经系统。除与糖代谢关系密切外，维生素 B_1 还可以抑制胆碱酯酶的活性，当缺乏时，乙酰胆碱的水解会加速，影响神经传导。除了神经系统之外，缺乏维生素 B_1 时还会引起肌肉萎缩和消化不良等胃肠道症状。维生素 B_1 主要存在于种子外皮以及胚芽中，由于其极易溶于水，所以反复的淘洗会造成流失。

（二）维生素 B_2

维生素 B_2（图 10-11）通常称为核黄素，在化学结构上是核醇与 7,8-二甲基异咯嗪的缩合物。在人体内，核黄素以黄素单核苷酸（FMN）和黄素腺嘌呤二核苷酸（FAD）两种形式存在，作为起到氧化还原作用的黄素蛋白的辅基，因其与蛋白质结合牢固，故游离的黄素辅酶浓度水平很低。

维生素 B_2 在结构上具有两个与氮原子相连的活泼双键，所以存在黄色的氧化型、蓝色的半醌型和无色的还原型 3 种状态。黄素是强氧化剂，通过电子的转移参加许多类型的氧化还原反应，FMN 与 FAD 均是电子传递中的载体，在氧化呼吸链中起着重要的作用。维生素 B_2 能促进糖、脂肪和蛋白质的代谢，尤其是对皮肤、黏膜和角膜等有维护作用。所有的植物和许多微生物都能合成核黄素，尤其以奶类、蛋类和大豆中含量较高。

（三）维生素 B_6

维生素 B_6（图 10-12）通常称为吡哆素，在结构上均属于吡啶衍生物，包括吡哆醇、吡哆醛、吡哆胺及其各自对应的 5-磷酸酯。磷酸酯形式是维生素 B_6 的活性形式，是氨基酸代谢中多种酶的辅酶。

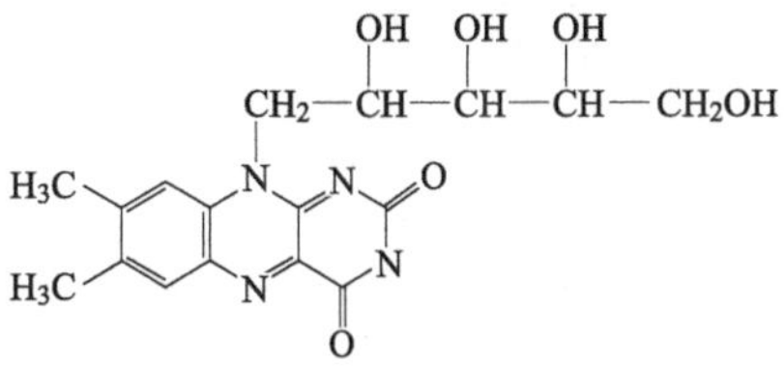

核黄素 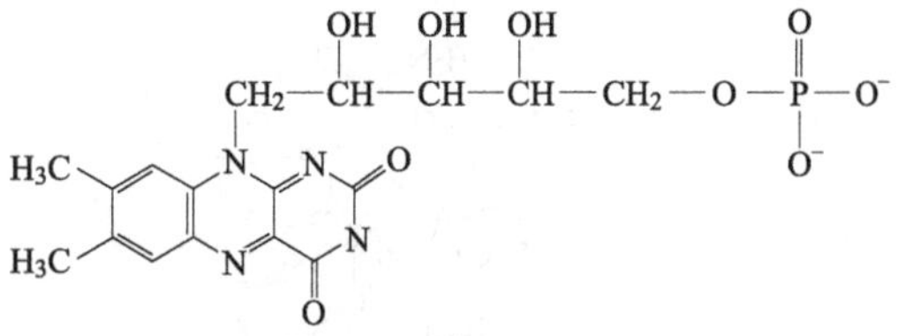　　　　　　　　　　　　黄素单核苷酸

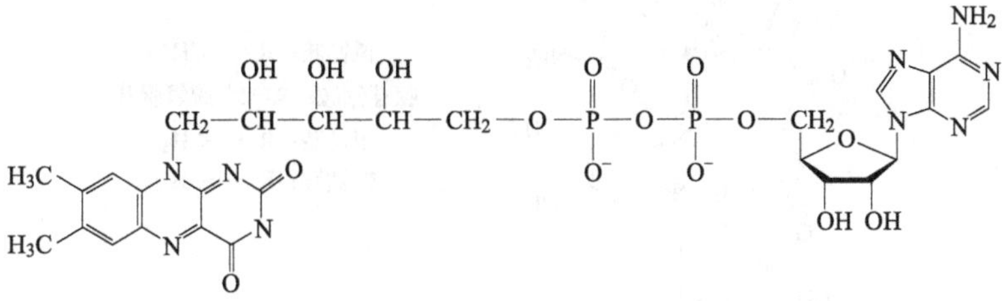

黄素腺嘌呤二核苷酸

图 10-11　维生素 B_2 的结构

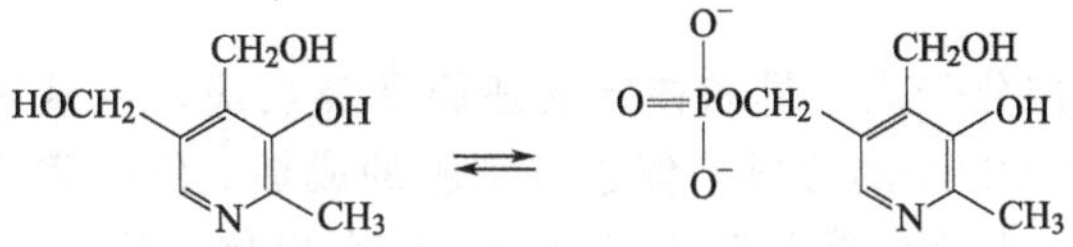

吡哆醇

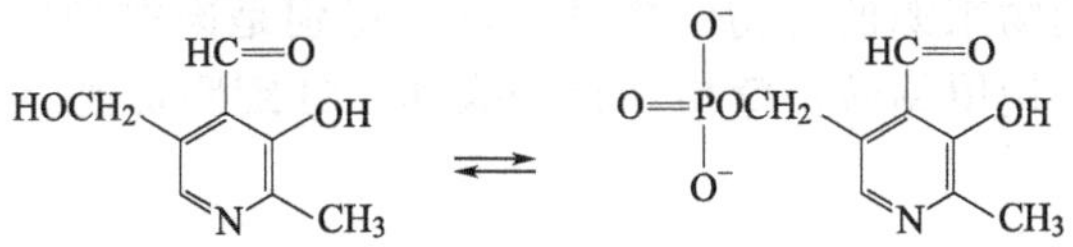

吡哆醛

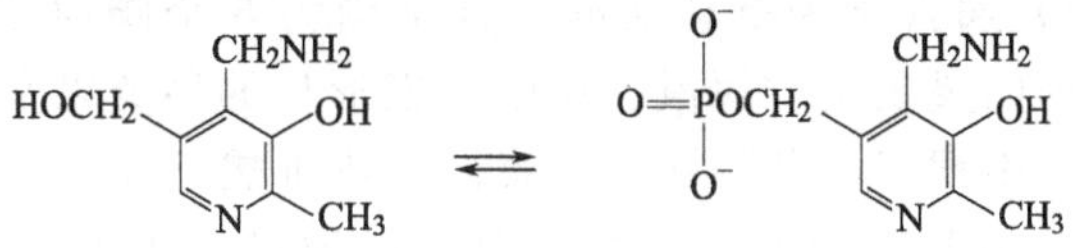

吡哆胺

图 10-12　维生素 B_6 的结构

维生素 B_6 的磷酸酯在人体内存在着醇羟基氢转移至吡啶环上氮原子的互变异构体，该异构体在多种反应中可以起到稳定中间体的作用。维生素 B_6 在植物中分布广泛，尤其是在谷物外皮中含量较高；肠道细菌亦可以合成维生素 B_6。临床使用的维生素 B_6 目前以吡哆醇居多，用于各种黏膜和皮肤炎症。

(四) 维生素 B_{12}

维生素 B_{12}（图 10-13）通常称为钴胺素或者抗恶性贫血维生素，在结构上包括一个咕啉环和一个中心的钴原子，钴原子同 4 个吡咯氮相配位，在轴向上一侧与二甲基苯并咪唑（DMB）的氮配位，另一侧连接不同基团配位。

当氰钴胺在体内转化时，—CN 被—CH_3 和 $5'$-脱氧腺苷基的 $5'$—CH_2 替换，分别形成甲基钴胺和 $5'$-脱氧腺苷钴胺两种活性辅酶。将无活性的氰钴胺转化为 $5'$-脱氧腺苷钴胺要经历 3 个反应步骤：第一步，Co^{3+} 被黄素蛋白还原酶还原成 Co^{2+}；第二步，Co^{2+} 被另一种黄素蛋白还原酶还原成 Co^+；第三步，Co^+ 进攻 ATP 中的 $5'$碳，三磷酸负离子离去，形成 $5'$-脱氧腺苷钴胺。

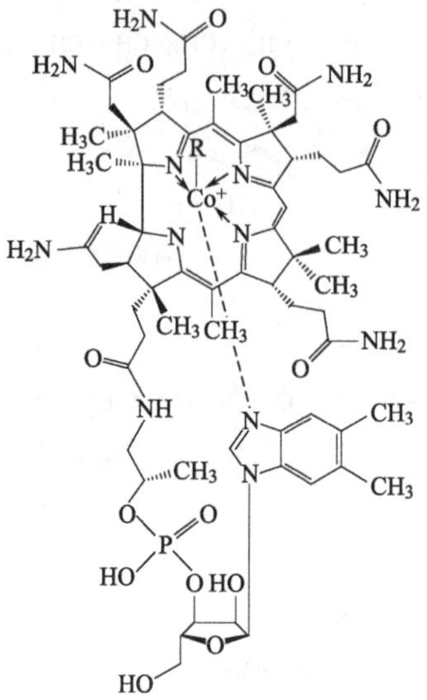

图 10-13　维生素 B_{12} 的结构

氰钴胺：R＝—CH⁻
腺苷钴胺：R＝5′-脱氧腺苷
甲钴胺：R＝—CH₃
羟钴胺：R＝—OH⁻

5′-脱氧腺苷钴胺调控分子内重排和核苷酸还原两类反应，甲基钴胺调控甲基转移反应。此外，维生素 B_{12} 还参与 DNA 的合成，促进红细胞的成熟。维生素 B_{12} 是自然界中非聚合物中结构最复杂的化合物，也是自然存在的仅有的含钴有机化合物，同时还是人们发现最晚的维生素。维生素 B_{12} 在动物来源的食物中含量丰富，特别是肉类和肝脏，肠道中的细菌能合成维生素 B_{12}。临床上常用甲钴胺治疗周围神经病和巨红细胞贫血。

二、维生素 C

维生素 C（图 10-14）通常称为抗坏血酸，其结构为 6 个碳原子的酸性多羟基化合物。在自然界中，包括人在内的灵长类、豚鼠、蝙蝠、雀形目的鸟类以及多数的鱼等因缺少一种氧化酶而不能自身合成维生素 C，需要从外界获得抗坏血酸。维生素 C 具有光学异构体，只有 L 型才具有生理活性，因其是强的还原剂，故可以通过失去电子成为氧化型的脱氢抗坏血酸。脱氢抗坏血酸虽也具有维生素 C 的活性，但其易水解失活。

抗坏血酸与谷胱甘肽之间的氧化还原反应在人体内共同发挥抗氧化和解毒的作用。还原型的谷胱甘肽（GSH）可以将磷脂过氧化物还原为不饱和脂肪酸，从而对细胞结构起到保护作用，同时还原型的谷胱甘肽自身也转化为氧化型的谷胱甘肽（GS-SG），见图10-15。与此类似，重金属离子与体内巯基酶的—SH 键结合使其失活，还原型谷胱甘肽的巯基与重金属络合后排出体外，从而使巯基酶得以复活。在上述两个过程中，还原型的谷胱甘肽都不断被消耗，还原型的抗坏血酸将氧化型的谷胱甘肽还原，使还原型的谷胱甘肽得以补充，维持体内的平衡。在临床上常采用依地酸钙钠等络合剂治疗重金属中毒也是依靠这一机理。

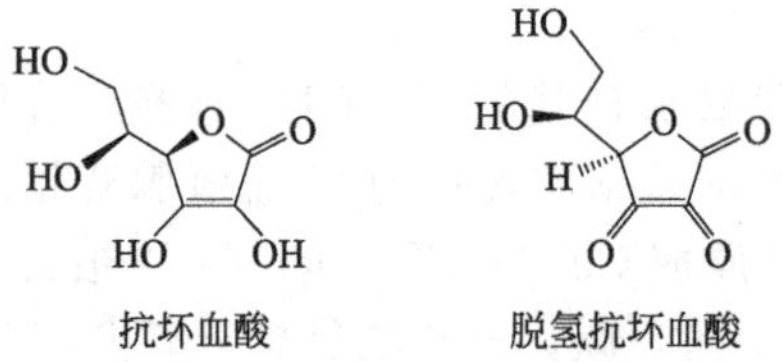

抗坏血酸　　脱氢抗坏血酸

图 10-14　维生素 C 的结构

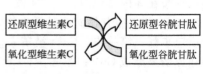

图 10-15　维生素 C 对谷胱甘肽的复活

维生素 C 还参与体内多种羟基化反应，广泛影响胶原蛋白的合成、胆固醇向胆酸的转化、芳香族氨基酸的代谢，还能保护白细胞不被氧化，提高免疫球蛋白的血清水平。维生素 C 在新鲜的水果、蔬菜中含量丰富。临床上常用于防治坏血病，辅助治疗急、慢性传染病。

课后习题

一、填空题

1. 视黄醇分别经过异构化和氧化后转化为_____，再与视蛋白内赖氨酸的_____缩合生成视紫红质。

2. 维生素 D_3 在_____被一种氧化酶氧化成 25-羟维生素 D_3 后继续转运至_____，被另一种氧化酶氧化成 1,25-二羟维生素 D_3，即_____。

3. 维生素 B_6 包括_____、_____和_____，及其各自的磷酸酯。

4. 维生素 B_{12} 具有_____和_____两种辅酶形式。

5. 人体内最高效的抗氧化剂是_____。

二、简答题

1. 简述双香豆素类的抗凝血机制。

2. 简述硫胺素的活性形式，以及转化为活性形式的方式。

3. 简述维生素 C 与谷胱甘肽共同起到解毒和抗氧化作用的机制。

4. 简述人体肠道内细菌能够合成的维生素包括哪几种。

答案

一、填空题：1. 视黄醛、ε-氨基；2. 肝脏、肾脏、维生素 D_3 活性形式；3. 吡哆醇、吡哆醛、吡哆胺；4. 甲基钴胺、5′-脱氧腺苷钴胺；5. 维生素 E。

二、简答题：（略）

第十一章 核酸化学

学习目标
    1. 掌握核酸的化学组成。
    2. 掌握 DNA 模型的要点；mRNA 的结构和功能；tRNA 的结构和功能；rRNA 的功能。
    3. 了解 DNA 的超螺旋结构；熟悉 DNA 双螺旋模型的发现。
    4. 熟悉核酸的性质。

第一节 概 述

1868 年瑞士青年科学家米歇尔（Miescher）由脓细胞分离得到细胞核，并从中提取出一种含磷量很高的酸性化合物，称为核素。米歇尔的德国导师塞勒（Hoppe-Seyler）也从酵母菌中提取出了"核素"。他把酵母中提取出来的"核素"称为"酵母核素"。继任者发展了制备不含蛋白质的核酸的方法。

1889 年 Altmanm 最早提出了核酸的概念。核酸的研究改变了整个生命科学的面貌，并由此诞生了分子生物学这一当今发展最迅速、最有活力的学科。

一、核酸的种类

核酸是以核苷酸为基本组成单位聚合形成的生物分子，分为脱氧核糖核酸（DNA）和核糖核酸（RNA）两大类。所有生物细胞都含有这两类核酸。生物机体的遗传信息以密码形式编码在核酸分子上，表现为特定的核苷酸序列。DNA 是主要的遗传物质，通过复制而将遗传信息由亲代传给子代。RNA 与遗传信息在子代的表达有关。DNA 和 RNA 在结构上的不同与其不同的功能相关联。

1. 脱氧核糖核酸（DNA）

原核生物中 DNA 集中在核区。真核 DNA 分布在核内，组成染色体。线粒体、叶绿体等细胞器也含有 DNA。病毒或只含有 DNA，或只含有 RNA，从未发现两者兼有的病毒。

2. 核糖核酸（RNA）

参与蛋白质合成的 RNA 有三类：转移 RNA（tRNA）、核糖体 RNA（rRNA）和信使 RNA（mRNA）。无论是原核生物还是真核生物都含有这三类 RNA。此外，在细胞中还存在其他 RNA：核内不均一 RNA（hnRNA）、核内小 RNA（snRNA）、核仁小 RNA（snoR-NA）、胞浆小 RNA（scRNA）。原核生物中 RNA 存在于细胞质，真核生物中 RNA 75％在细胞质，15％在线粒体和叶绿体，10％在细胞核。

二、核酸的化学组成

（一）核酸的元素组成

经元素分析证明，核酸由碳、氢、氧、氮、磷 5 种元素组成，其中磷的含量在各种核酸中变化范围不大，大约占整个核酸质量的 9.5％左右，即 1g 磷相当于 10.5g 核酸。因此在核酸的定量分析中可通过磷含量的测定来估算核酸的含量。这是定磷法的理论基础。

$$核酸含量=磷含量\times 10.5$$

（二）核酸的水解产物

采用不同的水解方法（酶解、酸解或碱解）可将核酸降解成核苷酸，核苷酸可再分解生成核苷和磷酸，而核苷可进一步分解生成戊糖和碱基（图 11-1）。

由此可见，核酸的基本组成单位是核苷酸，基本组成成分是磷酸、戊糖和碱基。

DNA 的基本组成单位是脱氧核糖核苷酸，RNA 的基本组成单位是核糖核苷酸。

（三）核酸水解产物的化学结构

核酸在核酸酶的作用下，水解为寡核苷酸或单核苷酸，单核苷酸可进一步降解为碱基、戊糖和磷酸（图 11-1）。生物体也能利用一些简单的前体物质合成嘌呤核

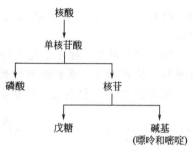

图 11-1　核酸的水解产物

苷酸和嘧啶核苷酸。核苷酸不仅是核酸的基本成分，而且也是一类生命活动不可缺少的重要物质。

1. 碱基

RNA 中碱基主要有四种：腺嘌呤（A）、鸟嘌呤（G）、胞嘧啶（C）、尿嘧啶（U）；DNA 中的碱基主要也是四种：前三种与 RNA 中的相同，只是胸腺嘧啶（T）代替了尿嘧啶（U）。现将两类核酸的基本成分列在表 11-1 中。

表 11-1　两类核酸的基本化学组成

名称	DNA	RNA
嘌呤碱	腺嘌呤(A)、鸟嘌呤(G)	腺嘌呤(A)、鸟嘌呤(G)
嘧啶碱	胞嘧啶(C)、胸腺嘧啶(T)	胞嘧啶(C)、尿嘧啶(U)
戊糖	D-2-脱氧核糖	D-核糖
酸	磷酸	磷酸

核酸中的碱基分为两类：嘧啶碱和嘌呤碱（图 11-2）。

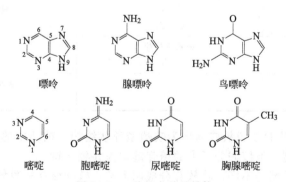

图 11-2　5 种基本碱基结构

（1）嘧啶碱　嘧啶碱是母体化合物嘧啶的衍生物。核酸中常见的嘧啶有三类：胞嘧啶、尿嘧啶和胸腺嘧啶。其中胞嘧啶为 DNA 和 RNA 两类核酸所共有；胸腺嘧啶只存在于 DNA 中，但是 tRNA 也有少量存在；尿嘧啶只存在于 RNA 中。植物 DNA 中有相当量的 5-甲基胞嘧啶。一些大肠杆菌噬菌体 DNA 中，5-羟甲基胞嘧啶代替了胞嘧啶。

（2）嘌呤碱　核酸中常见的嘌呤碱有两类：腺嘌呤和鸟嘌呤。腺嘌呤是由母体化合物嘌

呤衍生而来的。

自然界中存在许多重要的嘌呤衍生物。一些生物碱，如茶叶碱、可可碱、咖啡碱等都是黄嘌呤的衍生物。

嘌呤和嘧啶环中均含有共轭双键，因此对波长 260nm 左右的紫外线光有较强吸收。测定波长 260nm 紫外吸收强度已广泛应用于对核酸、核苷酸、核苷及碱基的定性和定量分析。

（3）稀有碱基　除了上述 5 种基本的碱基外，核酸中还有一些含量很少的碱基，称为稀有碱基，见表 11-2。稀有碱基种类极多，大多数是甲基化碱基。tRNA 中含有较多的稀有碱基，可高达 10%。目前已知的稀有碱基有 100 种左右。

表 11-2　核酸中的部分稀有碱基

碱基	DNA	RNA
嘧啶碱	5-甲基胞嘧啶(m^5C) 5-羟甲基胞嘧啶(hm^5C)	假尿嘧啶(ψ) 双氢尿嘧啶(DHU)
嘌呤碱	7-甲基鸟嘌呤(m^7G) N^6-甲基腺嘌呤(m^6A)	N^6-甲基腺嘌呤(m^6A) N^6,N^6-二甲基腺嘌呤(m_2^6A) 7-甲基鸟嘌呤(m^7G)

2. 核苷

核苷是一种糖苷，由戊糖和碱基缩合而成。各种常见核苷见表 11-3。糖和碱基之间以糖苷键相连接。糖的第一位碳原子（C1）与嘧啶碱的第一位氮原子（N1）或与嘌呤碱的第九位氮原子（N9）相连接。所以，糖与碱基间的连接键是 N—C 键，一般称为 N-糖苷键。

表 11-3　各种常见核苷

碱基	核糖核苷	脱氧核糖核苷
腺嘌呤	腺嘌呤核苷 （腺苷）	腺嘌呤脱氧核苷 （脱氧腺苷）
鸟嘌呤	鸟嘌呤核苷 （鸟苷）	鸟嘌呤脱氧核苷 （脱氧鸟苷）
胞嘧啶	胞嘧啶核苷 （胞苷）	胞嘧啶脱氧核苷 （脱氧胞苷）
尿嘧啶	尿嘧啶核苷 （尿苷）	—
胸腺嘧啶	—	胸腺嘧啶脱氧核苷 （脱氧胸苷）

核苷中的 D-核糖及 D-2-脱氧核糖均为呋喃型环状结构。糖环中的 C1 是不对称碳原子，所以有 α 及 β 两种类型。但核酸分子中的糖苷键均为 β-糖苷键。

根据核苷中所含戊糖的不同，将核苷分成两大类：核糖核苷和脱氧核糖核苷。对核苷进行命名时，必须先冠以碱基的名称，如腺嘌呤核苷、腺嘌呤脱氧核苷等。糖环中的碳原子标号右上角加 "'"，而碱基中原子的标号不加 "'"，以示区别，见图 11-3。

3. 核苷酸

核苷中的戊糖羟基被磷酸酯化，就形成核苷酸。因此核苷酸是核苷的磷酸酯。核苷酸分成核糖核苷酸与脱氧核糖核苷酸两大类。图 11-4 为两大类八种核苷酸的结构式。核糖核苷的糖环上有 3 个自由羟基，能形成 3 种不同的核苷酸：2′-核糖核苷酸，3′-核糖核苷酸和 5′-

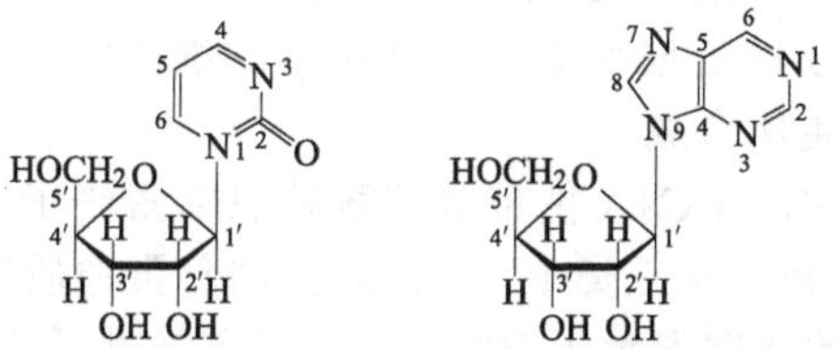

图 11-3　核苷中相应的原子编号

核糖核苷酸。脱氧核糖的糖环上只有 2 个自由羟基，所以只能形成两种核苷酸：3′-脱氧核糖核苷酸和 5′-脱氧核糖核苷酸。生物体内游离的多为 5′-核苷酸。用碱水解 RNA 时，可得到 2′-与 3′-核糖核苷酸的混合物。常见的核苷酸列于表 11-4 中。

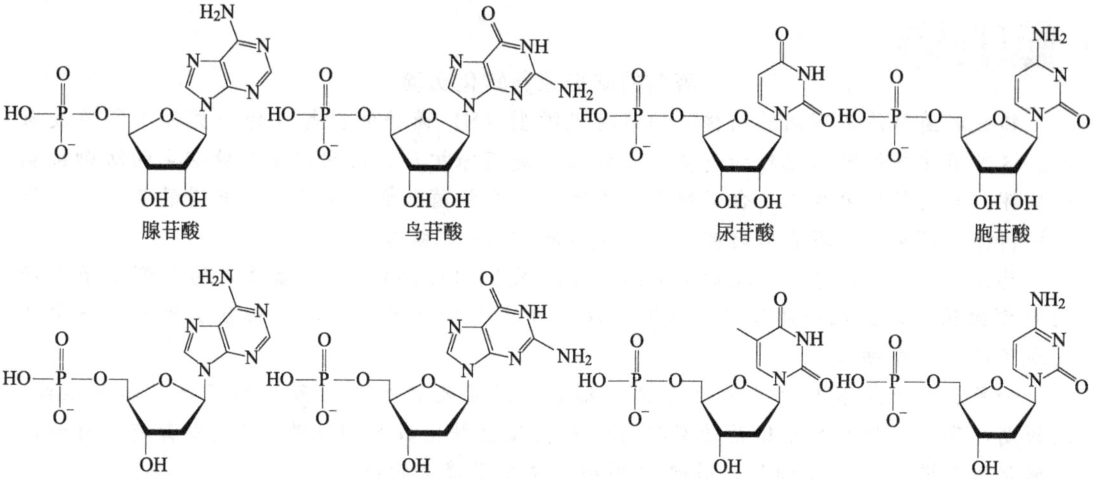

| 腺苷酸 | 鸟苷酸 | 尿苷酸 | 胞苷酸 |
| 脱氧腺苷酸 | 脱氧鸟苷酸 | 脱氧胸苷酸 | 脱氧胞苷酸 |

图 11-4　各种核苷酸的结构式

表 11-4　常见的核苷酸

碱基	核糖核苷酸	脱氧核糖核苷酸
腺嘌呤	腺嘌呤核苷酸 （腺苷酸，AMP）	腺嘌呤脱氧核苷酸 （脱氧腺苷酸，dAMP）
鸟嘌呤	鸟嘌呤核苷酸 （鸟苷酸，GMP）	鸟嘌呤脱氧核苷酸 （脱氧鸟苷酸，dGMP）
胞嘧啶	胞嘧啶核苷酸 （胞苷酸，CMP）	胞嘧啶脱氧核苷酸 （脱氧胞苷酸，dCMP）
尿嘧啶	尿嘧啶核苷酸 （尿苷酸，UMP）	—
胸腺嘧啶	—	胸腺嘧啶脱氧核苷酸 （脱氧胸苷酸，dTMP）

三、核酸的生物学功能

1. DNA 是主要的遗传物质

细胞学证据早就提示 DNA 可能是遗传物质。DNA 分布在细胞核内，是染色体的主要成分，而染色体已知是基因的载体。细胞内 DNA 含量很稳定，而且与染色体数目平行。但是直接证明 DNA 是遗传物质的证据则来自于 Avery 的细菌转化实验。

2. RNA 参与蛋白质的生物合成

rRNA 起装配和催化作用；tRNA 携带氨基酸并识别密码子；mRNA 携带 RNA 的遗传信息并作为蛋白质合成的模板。这三类 RNA 共同控制着蛋白质的生物合成。

20 世纪 80 年代 RNA 的研究揭示了 RNA 功能的多样性，它不仅仅是遗传信息由 DNA 到蛋白质的中间传递体，还有其他功能，如基因表达与细胞功能的调节、生物催化和遗传信息的加工与进化。

生物体通过 DNA 复制，而使遗传信息由亲代传给子代；通过 RNA 转录和翻译而使遗传信息在子代得到表达。RNA 具有诸多功能，这些功能关系着生物体的生长和发育，其核心作用是基因表达的信息加工和调节。

知识链接

著名的肺炎球菌转化实验

肺炎球菌有许多不同的菌株，但只有光滑型（S）菌株能引起人的肺炎和小鼠的败血症。这种菌株的细菌细胞外面有多糖类的胶状荚膜保护层，使它们不会被宿主的防御机制所破坏。当这种细菌生长在合成培养基上时，每个细菌长成一个明亮、光滑的菌落。其他一些菌株没有荚膜，不会引起疾病，长成粗糙型（R）菌落。

英国卫生部病理学实验室的 Fred Griffith 发现（1928），将高温杀死的 S 型细菌和活的 R 型细菌一起注入小鼠体内，结果不仅有许多小鼠死于败血症，而且从死鼠血液中还发现了活的 S 型细菌。

如果注入小鼠体内的只是活的 R 型细菌，或是死的 S 型细菌，都不会引起败血症。这说明，高温杀死的 S 型细菌使某些活的 R 型细菌转化成 S 型细菌。S 型细菌有一种物质或转化因素进入了 R 型细菌，引起 R 型细菌发生了稳定的遗传变异。

那么是什么物质使 R 型细菌转变为 S 型细菌呢？

艾弗里（Osward Avery）等人（1944）从 S 型细菌中分别抽提出 DNA、蛋白质和荚膜物质，并把每一种成分同活的 R 型细菌混合，悬浮在合成培养液中。结果发现只有 DNA 组分能够把 R 型细菌转变成 S 型细菌。而且 DNA 的纯度越高，这种转化的效率也越高。这说明，一种基因型细胞的 DNA 进入另一种基因型的细胞后，可引起稳定的遗传变异，DNA 赋有特定的遗传特性。Avery 等人的研究结果发表后，一些坚信蛋白质是遗传物质的人仍然提出质疑，认为实验用的 DNA 的纯度不够，转化是由于 DNA 抽提物中含有少量蛋白质的作用结果。1948 年，DNA 纯化技术使残留的蛋白质减少到只有 0.02%。如此高纯度的 DNA 不仅仍可引起转化，而且转化效率也更高。

1944 年 Avery 等成功进行肺炎球菌转化试验证明 DNA 是遗传物质。

第二节　核酸的分子结构

一、DNA 的分子结构

人们对 DNA 的空间结构认识得益于 X 射线衍射技术的发明，1951 年 Rosalind Franklin 利用 X 射线衍射技术分析 DNA 的晶体结构，得到了一副很有特征的 X 射线衍射图（图 11-5）。

1953 年，Watson 和 Crick 根据 DNA 晶体 X 射线衍射图谱和查戈夫（Chargaff）法则，提出了著名的 DNA 双螺旋结构模型。

1. DNA 组成的查戈夫（Chargaff）法则

参与 DNA 组成的主要有 4 种碱基：腺嘌呤、鸟嘌呤、胞嘧啶、胸腺嘧啶。1950 年前后，Chargaff 等科学家应用纸色谱和紫外分光光度计技术测定各种生物 DNA 的碱基组成。结果发现，DNA 的碱基组成是一样的，不受生长发育、营养状况以及环境条件的影响。不同生物来源的 DNA 碱基组成见表 11-5。

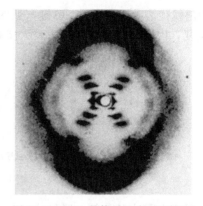

图 11-5　DNA 晶体的 X 射线衍射图

表 11-5　不同生物来源的碱基组成

来　　源	碱基的相对含量/%			
	腺嘌呤	鸟嘌呤	胞嘧啶	胸腺嘧啶
人	30.9	19.9	19.8	29.4
牛胸腺	28.2	21.5	22.5	27.8
母鸡	28.8	20.5	21.5	29.2
扁豆	29.7	20.6	20.1	29.6
酵母	31.3	18.7	17.1	32.9
大肠杆菌	24.7	26.0	25.7	23.6

Chargaff 首先注意到了 DNA 碱基组成的某些规律性。1950 年他总结 DNA 碱基组成的规律，称为查戈夫法则。

① 腺嘌呤和胸腺嘧啶的物质的量相等，即 A＝T。

② 鸟嘌呤和胞嘧啶的物质的量也相等，即 G＝C。

③ 含氨基的碱基（腺嘌呤和胞嘧啶）总数等于含酮基的碱基（鸟嘌呤和胸腺嘧啶）总数，即 A＋C＝T＋G。

④ 嘌呤的总数等于嘧啶的总数，即 A＋T＝C＋G。

所有 DNA 中碱基组成必定是 A＝T、G＝C，这一规律暗示 A 与 T、G 与 C 相互配对的可能性，为 Watson 和 Crick 提出 DNA 双螺旋结构奠定了基础。

2. DNA 的一级结构

核酸的一级结构是指 DNA 或 RNA 中的核苷酸的排列顺序，即各核苷酸残基沿多核苷酸链的排列顺序。由于核苷酸间的区别主要是碱基不同，因此也称为碱基序列。一个核苷酸的 $3'$-羟基和相邻核苷酸的 $5'$-磷酸脱水缩合而成的酯键称为 $3',5'$-磷酸二酯键。多个核苷酸以此方式连接形成大分子，即多核苷酸（RNA）和多脱氧核苷酸（DNA）。相同的戊糖及磷酸连接称为分子骨架，而不同碱基则伸展于骨架一侧，碱基排列顺序即代表核苷酸排列顺序。

多核苷酸有方向性，前端核苷酸 $5'$ 碳原子带游离磷酸基，称 $5'$ 末端；后端核苷酸 $3'$ 碳原子上带游离羟基称 $3'$ 末端，DNA 和 RNA 的书写规则都从 $5'$ 末端→ $3'$ 末端。

核苷酸的种类虽不多，但因核苷酸的数目、比例和序列的不同构成了多种结构不同的核酸。核酸分子的一级结构相当复杂，为了书写的方便，一般采用简化的表示方法。通常 $5'$ 末端写在下方，用垂直线表示戊糖的碳链，碱基写在垂直线上端，P 代表磷酸基，垂直线间含

P 的斜线代表 $3',5'$-磷酸二酯键，见图 11-6(a)。由于磷酸和戊糖两种成分在核酸主链上不断重复，因此也可用碱基序列表示核酸的一级结构，见图 11-6(b)。

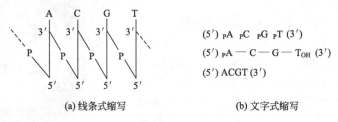

| (a) 线条式缩写 | (b) 文字式缩写 |

图 11-6　核酸的一级结构简式

核酸分子中的核糖（脱氧核糖）和磷酸基团共同组成其骨架，但它们不参与遗传信息的贮存和表达。DNA 和 RNA 对遗传信息的携带和传递，是依赖碱基排列顺序变化的。生物界物种的多样性即寓于 DNA 分子中四种核苷酸千变万化的不同排列组合之中。

3. DNA 的二级结构

1953 年，Watson 和 Crick 在前人研究工作的基础上，根据 DNA 结晶的 X 衍射图谱和分子模型，提出了著名的 DNA 双螺旋结构模型（图 11-7），并对模型的生物学意义作出了科学的解释和预测，称为现代分子生物学发展的里程碑。

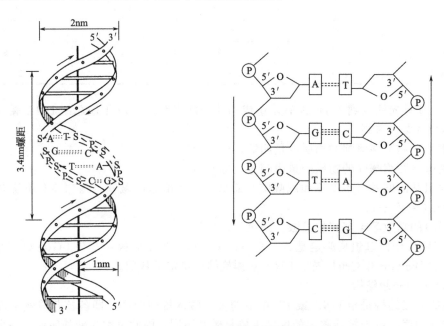

图 11-7　DNA 的双螺旋结构模型

（1）DNA 双螺旋结构模型的要点　DNA 分子由两条脱氧核糖核酸链组成。两条链反向平行，以右手螺旋方式围绕共同中心轴平行旋转，两条链方向相反，一条链为 $3'{\rightarrow}5'$ 方向，另一条链为 $5'{\rightarrow}3'$ 方向，双螺旋表面形成深沟和浅沟。

① 螺旋的直径为 2nm，碱基平面垂直于纵轴。相邻碱基之间的堆积距离为 0.34nm，其螺旋夹角为 36°，即每 10 个碱基多脱氧核苷酸链就旋转一周，称为螺距，其距离为 3.4nm。

② 两条主链由磷酸及脱氧核糖借磷酸二酯键交替相连，位于螺旋的外侧，嘌呤和嘧啶碱则位于螺旋的内侧。

③ 两条链间以 A 和 T 或 G 和 C 形成碱基配对关系。碱基之间依靠氢键连接（图 11-7），

A 和 T 之间有两个氢键（A＝T），G 和 C 之间有三个氢键（G≡C），这种配对规律，称为碱基互补原则，每一碱基对的两个碱基称为互补碱基，同一 DNA 分子的两条多核苷酸链称为互补链。碱基对之间的氢键也是 DNA 双螺旋结构稳定的重要因素。

该模型揭示了 DNA 作为遗传物质的稳定性特征，最有价值的是确认了碱基配对原则，这是 DNA 复制、转录和反转录的分子基础，也是遗传信息传递和表达的分子基础。该模型的提出是 20 世纪生命科学的重大突破之一，它奠定了生物化学和分子生物学乃至整个生命科学飞速发展的基石。

（2）双螺旋结构稳定的因素　DNA 双螺旋结构很稳定。碱基对之间的氢键是稳定 DNA 结构的因素之一，但相对较弱。碱基对之间纵向的碱基堆积力是维持 DNA 结构稳定的主要因素。碱基堆积力是层层堆积的芳香族碱基上 π 电子云交错而形成的一种力，其结果是在 DNA 分子内部不存在水分子，有利于互补碱基间形成氢键。再者，双螺旋外侧带负电荷的磷酸基团同带正电荷的阳离子之间形成的离子键可以减少双链间的静电斥力，因而对 DNA 双螺旋结构也有一定的稳定作用。

因此维持 DNA 双螺旋结构的作用力有三种，氢键、碱基堆积力和离子键，其中主要的作用力是碱基堆积力。

4. DNA 的超螺旋结构（三级结构）

绝大部分原核生物的 DNA 都是共价封闭的环状双螺旋分子（图 11-8），在细胞内进一步盘绕，形成类核结构，保证其能以比较致密的形式存在于细胞内。

DNA 三级结构是指 DNA 双螺旋的链通过扭曲再次形成螺旋时的构象，即超螺旋（superhelix），见图 11-8。超螺旋是 DNA 三级结构的常见形式，包括不同二级结构单元间的相互作用、单链与二级结构单元间的相互作用及 DNA 的拓扑特征。

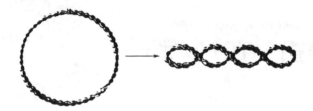

图 11-8　环状 DNA 及 DNA 三级结构模式图

超螺旋分为正超螺旋和负超螺旋。DNA 分子的两股链以右旋方向缠绕，如果在一端使两股链向缠紧的方向旋转，再将绳子两端连接起来，会产生一个左旋的超螺旋，以解除外加的旋转造成的胁变，这样的超螺旋叫正超螺旋。如果在两股链的一端向松缠方向旋转，再将绳子两端连接起来，会产生一个右旋的超螺旋，以解除外加的旋转所造成的胁变，这样的超螺旋称为负超螺旋（图 11-9）。

真核生物的 DNA 分子十分巨大，进化程度越高的生物体其细胞核 DNA 的分子构成越大、越复杂。DNA 分子长度常以碱基对数量表示。在真核生物中，DNA 以非常致密的形式存在于细胞核内。在细胞周期的大部分时间以染色质形式出现，分裂期则形成染色体。染色质的基本组成单位是核小体（图 11-10）。

核小体由 DNA 和 5 种组蛋白组成，其组蛋白分别为 H1、各两分子的 H2A 和 H2B、H3、H4 组成的组蛋白八聚体，DNA 双螺旋链缠绕在组蛋白八聚体上形成核小体的核心颗粒，核心颗粒之间由 DNA 和 H1 组成的连接区连接起来形成串珠样结构。在串珠样结构的基础上，再经过几个层次折叠，将 DNA 紧密压缩于染色体中，DNA 在双螺旋二级结构的基础上进一步盘曲成紧密的空间结构，其主要意义是有规律压缩分子体积，减少所占空间。

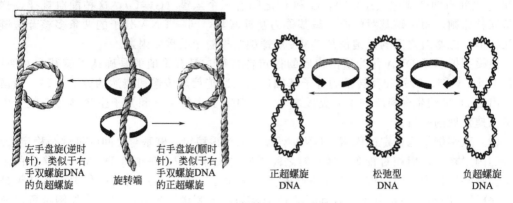

左手盘旋(逆时针)，类似于右手双螺旋DNA的负超螺旋　旋转端　右手盘旋(顺时针)，类似于右手双螺旋DNA的正超螺旋　　正超螺旋 DNA　　松弛型 DNA　　负超螺旋 DNA

图 11-9　超螺旋 DNA 的形成

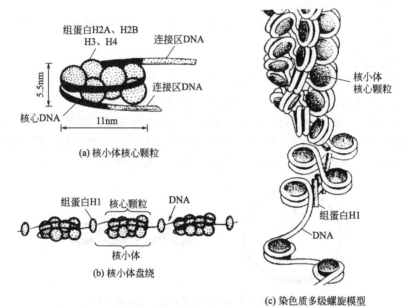

组蛋白H2A、H2B H3、H4　　连接区DNA
5.5nm
连接区DNA
核心DNA
11nm

(a) 核小体核心颗粒

组蛋白H1　　核心颗粒　　DNA
核小体
(b) 核小体盘绕

核小体核心颗粒
组蛋白H1
DNA
(c) 染色质多级螺旋模型

图 11-10　核小体盘绕及染色质结构示意

二、RNA 的分类及分子结构

1. 信使 RNA 的结构

（1）具有 5′端帽子结构　即在 5′端加上一个 7-甲基鸟苷，且原来第一个核苷酸 C_2' 也是甲基化，这种 mGpppGm 即为帽子结构。

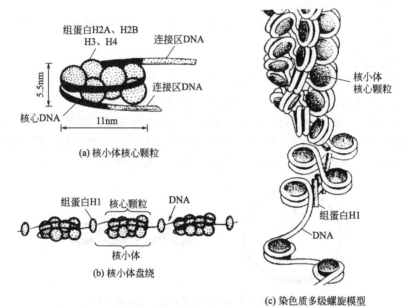

（2）3′端多聚腺苷酸尾　在 mRNA 3′端有一段多聚腺苷酸节段，是在转录后切掉一段多余的 RNA 后逐个添加上去的，这个多聚尾可能与 mRNA 从核内向细胞质的转位及 mRNA 的稳定性有关。

（3）开放阅读框　mRNA 的编码区中从 5′末端 AUG 开始，每 3 个核苷酸为一组，决定相应多肽链中某一个氨基酸，称为三联体密码或密码子。

2. 转运 RNA（tRNA）的结构

tRNA 是相对分子质量最小的一类核酸，约占 RNA 总量的 15%。已知的 100 多种 tRNA 都是由 70～95 个核苷酸构成。tRNA 具有如下结构特点。

（1）tRNA 分子中富含稀有碱基　每个 tRNA 分子一般含有 7～15 个稀有碱基，含量为 10%～20%，稀有碱基是指除 A、G、U、C 之外的一些碱基，包括双氢尿嘧啶（DHU）和假尿嘧啶（ψ）等。

（2）tRNA 分子呈发夹结构或茎-环样结构　tRNA 分子的二级结构含 4 个局部互补配对的区域，形成局部双链，呈发夹结构或茎-环样结构，又称三叶草形结构，见图 11-11，左右两环根据其含有的稀有碱基，分别称为 DHU 环和 TψC 环，位于下方的环称反密码环。环中间的 3 个碱基称为反密码子，可与 mRNA 上相应的三联体密码子碱基互补。携带特异氨基酸的 tRNA 依据其特异的密码子来识别结合于 mRNA 上相应的密码子，使氨基酸由密码子指导，正确地定位在合成的肽链上。

（3）tRNA 分子 3′末端有氨基酸臂　tRNA 的 3′末端均是 CCA—OH，称为氨基酸臂，其作用是接受活化的氨基酸。X 射线衍射实验发现，tRNA 三级结构的形状像一个倒写的 L 形字母，见图 11-12。

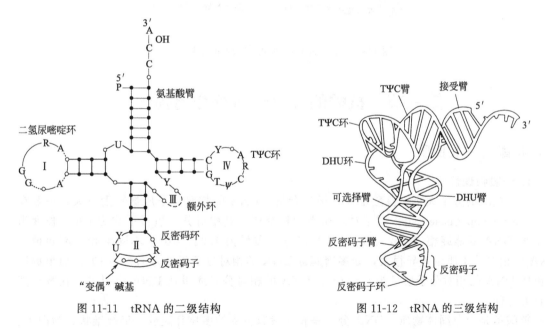

图 11-11　tRNA 的二级结构　　　　图 11-12　tRNA 的三级结构

3. 核蛋白体 RNA（rRNA）的结构

rRNA 在细胞内含量很多，约占 80%，在细胞中作为蛋白质的合成场所。原核生物和真核生物的核蛋白体均由易于解聚的大、小亚基组成。

原核生物共有 5S、16S、23S 三种 rRNA（S 是大分子物质在超速离心沉降中的一个物理学单位，可间接反映相对分子质量的大小）。其中核蛋白体的小亚基（30S）由 16S rRNA 与 20 多种蛋白质构成；大亚基（50S）由 5S、23S 以及 30 多种蛋白质构成。

真核生物有 5S、5.8S、18S 和 28S 四种 rRNA。真核生物的核蛋白体小亚基（40S）由 18S rRNA 与 30 多种蛋白质构成；大亚基（60S）由 5S、5.8S 和 28S 以及 50 多种蛋白质构成。

根据各种 rRNA 的碱基系列测定结果，推测出 rRNA 二级结构的特点是含有大量茎-环结构，大肠杆菌 16S rRNA 和 5S rRNA 的结构见图 11-13，它们是核蛋白体蛋白的结合和组装的结构基础。

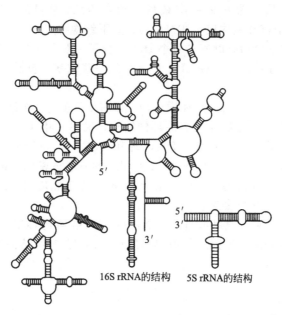

16S rRNA的结构　　5S rRNA的结构

图 11-13　16S rRNA 和 5S rRNA 的结构

第三节　核酸的理化性质及分离提纯

一、核酸的一般性质

1. 一般物理性质

（1）核酸的分子大小　核酸是大分子化合物。DNA 的相对分子质量特别巨大，一般在 $10^6 \sim 10^{10}$。1bp（base pair，碱基对）相当的核苷酸，其相对分子质量平均为 660；长度为 1μm 的 DNA 双螺旋相当于 2940bp，其相对分子质量为 1.94×10^6。不同生物、不同种类 DNA 的相对分子质量差异很大，如多瘤病毒 DNA 的相对分子质量为 1.94×10^6，而果蝇巨染色体 DNA 的相对分子质量为 8×10^{10}。RNA 的相对分子质量比 DNA 小得多，在数百至数百万之间。

核酸都是白色固体物质，DNA 分子是长而没有分支的多核苷酸链，呈纤维状，为白色、类似石棉样的纤维状物，DNA 纯品为白色纤维状固体；RNA 分子短，局部螺旋，呈粉末状，其纯品为白色粉末状固体或结晶。

由于 DNA 具有双螺旋结构，使其分子具有一定的刚性。但由于 DNA 分子极为细长，其长度与直径之比可达 10^7，因此又具有柔性，使天然 DNA 可形成高度压缩的盘曲结构。

（2）核酸的溶解性　DNA 和 RNA 都是极性化合物，都微溶于水，形成有一定黏度的溶液。DNA 和 RNA 都易溶于碱金属的盐溶液中，不溶于乙醇、乙醚和氯仿等一般的有机溶剂。常用酒精从溶液中沉淀核酸。

DNA 和 RNA 在细胞中常以核酸-蛋白复合体（核蛋白）形式存在，两种核蛋白在盐溶液中的溶解度不同。DNA 核蛋白在高盐的溶液中（1～2mol/L NaCl）溶解度较大，但在低盐的溶液中（0.14mol/L NaCl）溶解度较小；而 RNA 核蛋白在盐溶液中的溶解度和 DNA 正好相反，即在高盐的溶液中溶解度较小，但在低盐的溶液中溶解度较大。

（3）核酸的黏度　DNA 溶液比 RNA 溶液黏度大，DNA 溶液的黏度很大，相对分子质量越高黏度越大，浓度越高黏度也越大；而 RNA 的相对分子质量相对较低，所以 RNA 溶液的黏度要小得多。核酸发生变性或降解后其黏度会降低。

2. 核酸的酸碱性质

核酸既含有酸性的磷酸基团，又含有弱碱性的碱基，所以核酸具有两性性质，可发生两性解离。当核酸分子内的酸性解离和碱性解离相等，本身所带的正电荷与负电荷相等时，此时核酸溶液的 pH 即为核酸的等电点 pI，核酸在其等电点时溶解度最小。其解离状态随溶液的 pH 不同而改变。

由于磷酸基团的酸性很强，所以核酸的等电点（pI）较低，整个分子相当于多元酸。RNA 的 pI 为 2～2.5，而 DNA 的 pI 为 4～4.5，RNA 的等电点比 DNA 低的原因是 RNA 分子中核糖基 $2'$-OH 通过氢键促进了磷酸基上质子的解离，而 DNA 没有这种作用，所以 RNA 的等电点更低一些。

利用核酸的两性解离可以通过调节核酸溶液的等电点来沉淀核酸，也可通过电泳分离纯化核酸。

3. 核酸的紫外吸收

在核酸分子中，由于嘌呤碱和嘧啶碱具有共轭双键体系，使碱基、核苷、核苷酸和核酸在 240～290nm 有紫外吸收，最大吸收值在 260nm 附近（图 11-14）。不同核酸有不同的吸收特性。所以可以用紫外分光光度计加以定性和定量测定。

对待测核酸样品的纯度也可用紫外分光光度法进行鉴定。读出 260nm 与 280nm 的吸光度值（A），从 A_{260}/A_{280} 的比值即可判断样品的纯度。纯 DNA 的 A_{260}/A_{280} 应约为 1.8，纯 RNA 应约为 2.0。样品中如含有杂蛋白及苯酚，A_{260}/A_{280} 比值即明显下降。不纯的样品不能用紫外分光光度法对核酸的纯度及含量进行测定。

有时核酸溶液的紫外吸收用摩尔磷吸光度表示，根据磷含量及紫外吸光度值算出摩尔磷吸光系数。

$$\varepsilon(P) = A/(CL)$$

式中　A——吸光度值；

　　　C——每升溶液中磷的物质的量；

　　　L——比色杯内径。

$$\varepsilon(P) = 30.98A/(WL)$$

式中　W——每升溶液中磷的重量，g。

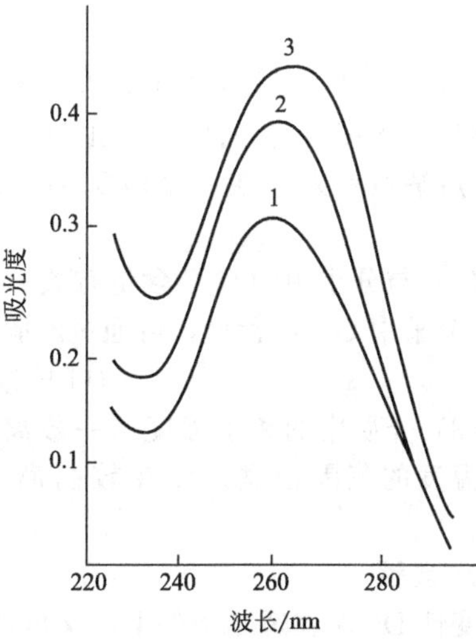

图 11-14　脱氧核糖核酸的紫外吸收光谱
1—天然 DNA；2—变性 DNA；3—核苷酸总吸收值

一般天然 DNA 的 $\varepsilon(P)$ 为 6600，RNA 为 7700～7800。由于单核苷酸的 $\varepsilon(P)$ 比双链的要高，所以核酸发生变化时，$\varepsilon(P)$ 升高，故称增色效应；复性时 $\varepsilon(P)$ 降低，称为减色效应。

二、核酸的变性、复性及分子杂交

1. 变性

DNA 变性是指核酸双螺旋区的氢键断裂，变成单链的过程，并不涉及共价键的问题。引起核酸变性的因素很多，例如有机溶剂、酸、碱、加热及酰胺等。由温度升高而引起的变性称为热变性，由酸碱引起的变性称为酸碱变性。

当将 DNA 的稀盐溶液加热到 $80 \sim 100℃$ 时，双螺旋结构即发生解体，两条链分开，形成无规线团（图 11-15）。一系列物化性质也随之发生变化：260nm 区紫外吸光度值升高，黏度降低，浮力密度升高，双折射现象消失，比旋下降，酸碱滴定曲线改变等。DNA 变性的特点是爆发式的，变性作用发生在一个很窄的温度范围内，有一个相变的过程。通常把加热变性使 DNA 的双螺旋结构失去一半时的温度称为该 DNA 的熔点或熔解温度，用 T_m 表示，见图 11-16。DNA 的 T_m 值一般在 $82 \sim 95℃$。

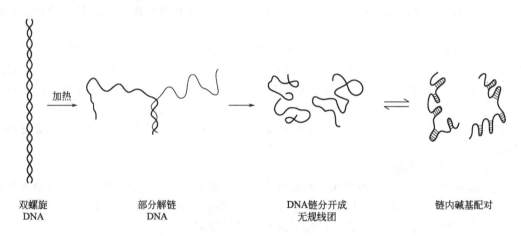

双螺旋　　　　　部分解链　　　　　　　DNA链分开成　　　　链内碱基配对
DNA　　　　　　　DNA　　　　　　　　　无规线团

图 11-15　DNA 的变性过程

DNA 的 T_m 值大小与下列因素有关。

（1）DNA 的均一性　均质 DNA 熔解过程发生在一个较窄的温度范围内，而异质 DNA 熔解过程发生在一个较宽的温度范围内。所以 T_m 可作为衡量 DNA 样品均一性的标准。

（2）与分子中的 G-C 含量有关　G 和 C 的含量高，T_m 值高。因而测定 T_m 值，可反映 DNA 分子中 G、C 含量，可通过经验公式计算：

$$(G+C)\% = (T_m - 69.3) \times 2.44$$

（3）介质中的离子强度　一般离子强度较低的介质中，DNA 的熔解温度较低，而且熔解温度的范围较宽。而在较高离子强度时，DNA 的 T_m 值较高，且熔解温度的范围较窄。

2. 复性

变性 DNA 在适当条件下，又可使两条彼此分开的链重新缔合成为完整的双螺旋结构，这一过程称为 DNA 的复性。DNA 复性后，许多物理性质又得到回复。DNA 热变性后缓慢冷却处理过程称为退火，见图 11-17。

DNA 的复性受到温度的影响，只有温度缓慢下降才可使其重新配对复性。如果 DNA 变性后，将其迅速冷却到 4℃ 以下，则不能发生复性。实验证实，最适宜的复性温度是比 T_m 低 25℃。

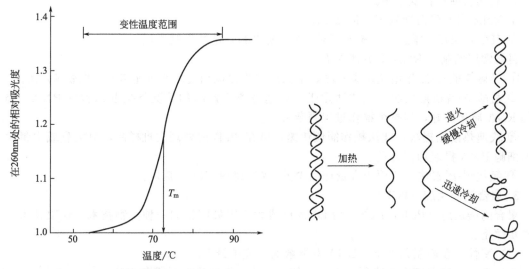

图 11-16 DNA 的解链温度（熔解温度）   图 11-17 DNA 的复性过程

3. 核酸的杂交

当不同来源的核酸变性后一起复性时，只要这些核酸分子中含有相同序列的片段，即可形成碱基配对，出现复性现象，形成杂种核酸分子，或称杂化双链，这一过程称为核酸的杂交。核酸的杂交在分子生物学和分子遗传学的研究中应用广泛，许多重大的分子遗传学问题都是用分子杂交来解决的。

三、核酸的分离提纯

1. DNA 的分离提取

真核生物 DNA 主要以核蛋白形式（DNP）存在于细胞核中，因此要从细胞中提取DNA，必须先粉碎组织，裂解细胞膜和核膜，使核蛋白释放，再把蛋白质除去，再除去细胞中的糖类、脂类、RNA 等物质，沉淀 DNA，去除盐类、有机溶剂等杂质，得到纯化的 DNA。

DNP 在不同浓度的 NaCl 溶液中溶解度显著不同。DNP 在 0.14mol/L NaCl 溶液中溶解度最小，仅为水中的 1%。利用这一性质，可将细胞破碎后，用浓盐溶液提取，然后用水稀释至 0.14mol/L 盐溶液，使 DNP 纤维沉淀下来，使其缠绕在玻璃棒上，再溶解和沉淀多次以纯化。用苯酚抽提，除去蛋白质。苯酚是很强的蛋白质变性剂，用水饱和的苯酚和 DNP 一起振荡，冷冻离心，DNA 溶于上层水相，不溶性变性蛋白残留物位于中间界面，一部分变性蛋白停留在酚相。如此反复多次以除净蛋白质。将含 DNA 的水相合并，在有盐的条件下加 2 倍体积的冷乙醇，可将 DNA 沉淀下来。用乙醚和乙醇洗涤沉淀。此方法称为浓盐法，用此法可以得到纯的 DNA。

分离 DNA 的方法还有玻璃颗粒吸附法、酚-氯仿提取法、玻璃棒缠绕法、氯化铯密度梯度离心等方法。

2. RNA 的分离提取

RNA 比 DNA 更不稳定，而且 RNA 水解酶又无处不在，因此 RNA 的提取更困难。所有 RNA 的提取过程中都有五个关键点，具体如下。

① 焦碳酸二乙酯（DEPC）：这是一种强烈但不彻底的 RNA 酶抑制剂。

② 异硫氰酸胍：目前被认为是最有效的 RNA 酶抑制剂。

③ 氧钒核糖核苷复合物。

④ RNA 酶的蛋白抑制剂（RNasin）。

⑤ 其他：SDS、尿素、硅藻土等对 RNA 酶也有一定的抑制作用。

目前常用的制备 RNA 的方法如下。

① 异硫氰酸胍-氯化铯超速离心法，本法已成为提取哺乳动物细胞 RNA 的常规方法。

② 盐酸胍-有机溶剂法，此法适用于没有超速离心设施的情况下提取细胞总 RNA，提取的 RNA 质量较好，但整个操作过程繁杂费时。

③ 快速热酚抽提法，此法操作简便快速，可在 3h 以内处理大批样品，对大量或少量组织的细胞 RNA 提取均甚合适。

④ 氯化锂-尿素法，适用于大量样品少量组织细胞的 RNA 提取。

3. 聚合酶链反应（PCR）

聚合酶链反应（PCR）体外扩增 DNA 已成为应用最广泛的一种生物技术。这项技术的基本步骤是：

（1）变性 在高温条件下，DNA 双链解离形成单链 DNA。

（2）退火 当温度突然降低时引物与其互补的模板在局部形成杂交链。

（3）延伸 在 DNA 聚合酶、dNTP 和 Mg^{2+} 存在的条件下，聚合酶催化以引物为起始点的 DNA 链延伸反应。

以上三步为一个循环，每一循环的产物可以作为下一个循环的模板，几十个循环之后，介于两个引物之间的特异性 DNA 片段得到了大量复制，通常可扩增 10^6 倍。

PCR 技术在医学、生物学、法医、转基因食品等方面都有广泛的应用。

课后习题

一、名词解释

1. 磷酸二酯键　2. 碱基互补规律　3. 反密码子　4. 核酸的变性与复性　5. 增色效应　6. 退火　7. 核酸的一级结构　8. DNA 的二级结构　9. DNA 的熔解温度　10. 超螺旋

二、填空题

1. Watson 和 Crick 于＿＿＿＿＿＿＿年提出 DNA＿＿＿＿＿＿＿结构模型。

2. 核酸的基本单位是＿＿＿＿＿＿，它们之间通过＿＿＿＿＿＿相互连接而形成多核苷酸链。

3. 两类核酸在细胞中的分布不同，DNA 主要位于＿＿＿＿＿＿＿中，RNA 主要位于＿＿＿＿＿＿。

4. 真核 mRNA 的 3′端通常有＿＿＿＿＿结构，5′端含有＿＿＿＿＿结构。

5. 某物种体细胞 DNA 样品含有 25% 的 A，则其 T 的含量为＿＿＿＿，G 的含量应为＿＿＿＿。

6. DNA 变性后，紫外吸收＿＿＿＿，黏度＿＿＿＿，浮力密度＿＿＿＿，生物活性将＿＿＿＿。

7. 核酸在＿＿＿＿＿＿波长下有吸收，这是由于其分子结构中含有＿＿＿＿＿＿和＿＿＿＿＿。

8. 一种核苷酸是由一种＿＿＿＿＿＿和＿＿＿＿＿＿组成的，一种核苷由一个＿＿＿＿＿和＿＿＿＿＿缩合而成的。

三、简答题

1. DNA 和 RNA 在化学组成、分子结构、细胞内分布和生理功能上的主要区别是什么？

2. DNA 双螺旋结构有哪些基本特点？这些特点能解释哪些最重要的生命现象？

3. 比较 tRNA、rRNA 和 mRNA 的结构和功能。

4. 核酸水解后有哪些产物？

5. 从两种不同细菌提取到 DNA 样品，其腺嘌呤核苷酸分别占其碱基总数的 32％和 21％，计算这两种不同来源的 DNA 中四种核苷酸的相对百分组成。

6. 计算：（1）相对分子质量为 6×10^8 的双股 DNA 分子的长度；（2）这种 DNA 分子占有的螺旋圈数（一个互补的脱氧核苷酸残基对的平均相对分子质量为 618）。

答案

一、名词解释：（略）

二、填空题：1. 1953、双螺旋；2. 核苷酸、磷酸二酯键；3. 细胞核、细胞质；4. 多聚 A 尾、帽子；5. 25％、25％；6. 升高、降低、升高、下降；7. 260nm、嘌呤、嘧啶；8. 核苷、磷酸、碱基、戊糖。

三、简答题：（略）

第十二章 糖代谢

学习目标
1. 掌握糖类物质的分类方法和标记方法。
2. 了解重要的单糖、二糖和多糖的结构和功能。
3. 掌握糖酵解和柠檬酸循环过程中各步所需酶、转化产物和产能情况。
4. 了解糖在人体内的吸收部位和吸收方式。
5. 了解糖原降解与合成过程中的酶的作用。

糖类与脂类、蛋白质和核酸并称为四大生物大分子，糖原和淀粉分别是动物和植物最重要的能量载体，糖类在无氧和有氧条件下氧化的代谢过程不但释放机体需要的能量而且提供了多种分子结构的碳骨架。糖酵解、柠檬酸循环、糖异生、氧化磷酸化等过程是体内能量代谢的核心过程。

第一节 糖类概述

一、引言

糖类是由碳、氢、氧三种元素组成，从分子结构上来看是多羟基的醛、多羟基的醇或其衍生物，以及能水解产生上述三类的物质，通常其化学式写作 $(CH_2O)_n$。从糖类的英文名称可知：糖类曾经被认为是碳水化合物，但随着科学的进步，也发现了诸如鼠李糖（$C_6H_{12}O_5$）这种不符合氧氢比的糖类，碳水化合物的英文名称却因习惯沿用至今，糖族一词也可指代糖类物质的总称。糖类是数量最多的一个有机化合物类别，存在最多的是葡萄糖，从本源上看，糖类都是由绿色植物和某些细菌通过光合作用产生的。

二、糖的分类

关于糖类物质的分类方法有多种，首先根据聚合度或者说分解成单糖的数目，将糖类分成单糖、二糖、寡糖和多糖。单糖是不能再分解的糖，二糖能水解成两个单糖，能水解为 $2\sim20$ 个单糖的聚糖通常称为寡糖，由 20 个以上单糖组成的聚糖则称为多糖。二糖与寡糖无本质的区别，可以视为最简单的寡糖；寡糖属于低聚糖，多糖则属于高聚糖。当多糖水解为单糖时，若所有的单糖是同一种则称为同多糖，反之水解为多种单糖则称为杂多糖。植物中淀粉与动物体内的糖原均属于同多糖，糖原的分支程度比淀粉高。其次，根据糖类分子式中碳原子的个数，可以将其分为戊糖或五碳糖、己糖或者六碳糖，等等。自然界中的单糖最小的是三元糖，最大的是七元糖。再次，根据其分子结构的不同，可以将其分为醛基糖和酮基糖，例如葡萄糖的分子式具有 6 个碳原子、5 个羟基和一个醛基，是典型的己醛糖；果糖的分子式具有 6 个碳原子、5 个羟基和一个酮基，是典型的己酮糖（图 12-1）。最后，根据糖类在生物学中的作用，可以将其分为四大类，分别是生物体结构成分，如植物细胞壁；生物体能源物质，如淀粉和糖原；生物体中间代谢物，如琥珀酸；细胞识别信息分子，如多种糖蛋白。关于糖蛋白的内容在本节还会介绍。

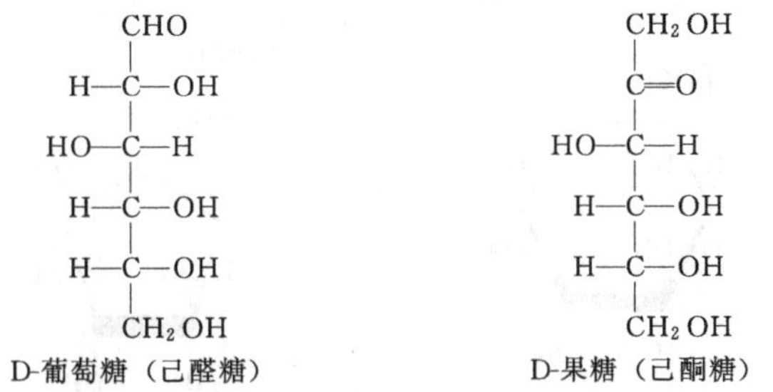

```
        CHO                          CH₂OH
    H—C—OH                        C=O
   HO—C—H                      HO—C—H
    H—C—OH                       H—C—OH
    H—C—OH                       H—C—OH
        CH₂OH                        CH₂OH
  D-葡萄糖（己醛糖）              D-果糖（己酮糖）
```

图 12-1　醛糖与酮糖的典型结构

三、单糖的标记

1. 直链结构的标记

在标记单糖时，采用 Fisher 投影式书写，根据离羰基碳最远的那个手性碳原子的羟基取向，醛糖与甘油醛比较旋光性的异同，酮糖与二羟丙酮比较旋光性的异同，则可标记为 D 系和 L 系糖（图 12-2）。例如，某醛糖的 Fisher 投影式与 D-甘油醛相同，则称为 D 型糖，相反则称为 L 型糖。

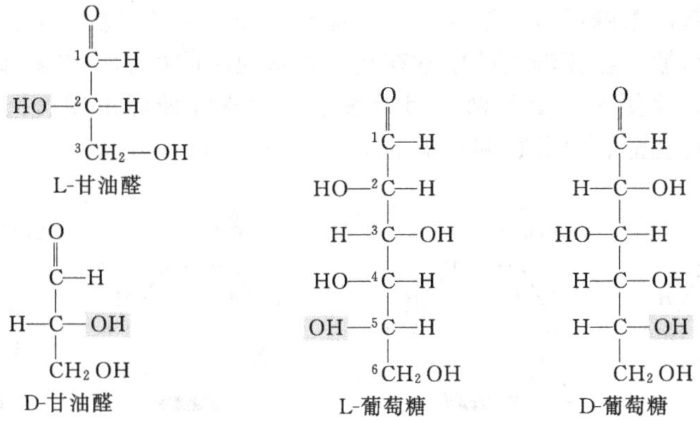

图 12-2　L 系糖与 D 系糖的划分

2. 环状结构的标记

单糖的链状结构中存在多个羟基和羰基，由于醇羟基可以与醛或者酮的羰基发生亲核反应生成半缩醛结构，所以单糖分子可以通过半缩醛反应形成环状结构。当直链的单糖成环后，羰基碳随即成为手性碳，称为异头碳或者异头中心。采用 Haworth 投影式书写，异头碳上的羟基与最末端手性碳上的羟基取向相同则称为 α-异头物，取向相反则称为 β-异头物。因此，在标注环状的 α-或者 β-构型时必须同时指出直链时的 L 系或 D 系构型。

链状的单糖成环时通常形成的是五元环或者六元环，因与环状呋喃或吡喃类似，故分别可称为呋喃型糖和吡喃型糖。例如，葡萄糖可形成吡喃［型］葡萄糖和呋喃［型］葡萄糖（图 12-3），因吡喃型更加稳定，所以葡萄糖以吡喃型居多。

四、糖化学

单糖在稀酸中较稳定，在弱碱中会发生异构化，可由酮糖转化为醛糖。醛糖因存在醛基

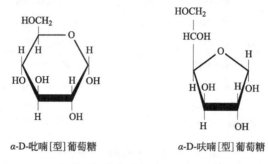

α-D-吡喃[型]葡萄糖　　　　　α-D-呋喃[型]葡萄糖

图 12-3　吡喃［型］葡萄糖与呋喃［型］葡萄糖的结构

可以被氧化，Fehling 试剂提供的弱碱性的氧化环境，可以将醛糖和可异构化成醛糖的酮糖氧化为醛糖酸，从而鉴别还原糖。单糖具有羰基，有还原性，可以被还原成多元醇；单糖上的羟基在体内与磷酸形成磷酸酯的反应亦较为常见。

单糖形成环状的半缩醛或者半缩酮后，异头碳上的羟基继续缩合为缩醛或缩酮进而形成糖苷，其中的糖部分称为糖基，另一部分通常是非糖部分，称为配体或配基。糖基与配体之间是通过糖苷键连接，最常见的是 O-苷，此外还有 N-苷、S-苷和 C-苷。

寡糖和多糖也可以视为糖分子作为配体而形成的 O-糖苷，在常见的二糖中麦芽糖可以水解为 2 分子葡萄糖，蔗糖可以水解为 1 分子葡萄糖和 1 分子果糖，乳糖可以水解为 1 分子半乳糖和 1 分子葡萄糖。在亚洲人群中常存在一种基因缺陷疾病，患者体内缺少用于水解乳糖的 β-半乳糖苷酶，在摄入大量乳糖后因无法正常代谢乳糖而出现腹泻、腹胀或腹绞痛等症状，也称乳糖不耐受症。麦芽糖和蔗糖的结构见图 12-4。

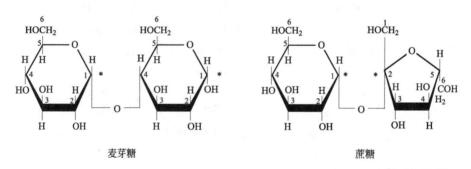

麦芽糖　　　　　　　　　　　　蔗糖

图 12-4　麦芽糖和蔗糖的结构

糖类除了自身作为功能单元存在之外，还常常以糖蛋白的形式在体内起着广泛的作用。糖蛋白是一类复合糖或一类缀合蛋白，多以寡糖链作为缀合蛋白的辅基。糖蛋白包括膜蛋白、分泌蛋白、激素蛋白、免疫蛋白、转运蛋白等，在不同种类糖蛋白中糖的含量变化幅度很大，糖的分布也可以均匀或者集中。

糖蛋白在体内的受体与配体相互作用的分子识别中起到了关键作用，多数受体便是糖蛋白，配体则包括激素、神经递质等内源性配体和毒素、抗原（包括过敏原）、病原体等外源性配体。较为典型的分子识别就是红细胞上的凝集原与血清中的红细胞凝集素之间的相互作用，这部分在第七章第二节中已经有所介绍，其中的凝集原 A 和凝集原 B 就是以糖蛋白、糖脂等形式存在的。细胞膜上的糖蛋白结构见图 12-5。

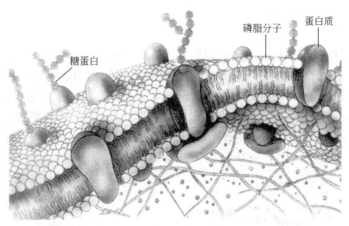

图 12-5　细胞膜上的糖蛋白结构

第二节　糖的分解代谢

一、糖的消化和吸收

人类食物中的糖类物质主要以淀粉的形式存在，淀粉首先进入口腔，在唾液淀粉酶的作用下水解为麦芽糖，但由于食物在口腔中的停留时间较短，所以淀粉在口腔中的消化程度较低。唾液淀粉酶的最适 pH 为中性，所以当食物进入胃部后，随 pH 的改变而逐步失活，而胃部并不存在其他淀粉酶，所以胃部对糖类的消化作用十分微弱。经胃部转运后，淀粉进入小肠后可被胰腺分泌的胰淀粉酶高效水解成麦芽糖，随后又被肠液中小肠黏膜上皮细胞内的肠麦芽糖酶水解为可吸收的葡萄糖。

消化为单糖后，葡萄糖可被小肠上皮细胞吸收入血。葡萄糖的运输是伴随 Na^+ 一起进入细胞膜内的，并间接利用 Na^+ 梯度，这种运输形式称为协同运输。肠黏膜上皮细胞中的一种载体蛋白可以与 Na^+ 和葡萄糖结合，随后依靠细胞膜内外的 Na^+ 浓度差而进入细胞膜内。Na^+ 和葡萄糖进入细胞内后随即脱离，Na^+ 通过 Na^+，K^+ 泵主动转运出细胞，葡萄糖则以扩散方式进入血液中。虽然葡萄糖的转运并不直接消耗 ATP，但为了维持膜内外的 Na^+ 浓度梯度，在 Na^+ 的泵出过程中会消耗 ATP。

知识链接

高能磷酸化合物

磷酸化合物是生物体内能量转化中的载体，高能磷酸化合物分子式中有在水解时可以释放大量自由能的酸酐键，通常是多磷酸核苷的化合物，分子中含有一分子核苷（嘌呤或嘧啶）、一分子核糖和 1~3 个相连的磷酸基团。例如，三磷酸腺苷（ATP）、三磷酸鸟苷（GTP）、三磷酸胞苷（CTP）、三磷酸胸苷（TTP）和三磷酸尿苷（UTP），以及各自的一磷酸和二磷酸物。除 ATP 广泛参与各种能量传递之外，UTP 多参与糖类的合成，GTP 多参与蛋白质类的合成，CTP 多参与 RNA 的合成。各种高能磷酸化合物之间可以在对应的磷酸激酶的作用下实现高能磷酸键的相互转移。

三磷酸鸟苷与二磷酸腺苷的磷酸转移反应式为：

$$GTP + ADP \longrightarrow GDP + ATP$$

二、糖酵解

酿酒和面包制作过程都利用了酵母菌的发酵过程（fermentation），在这一过程中葡萄糖转化为乙醇和 CO_2。而与此对应的，动物肌肉将葡萄糖转化为乳酸的过程则是典型的糖酵解过程。糖酵解过程是生物最古老和最原始的获取能量的方式，不但是生物体内葡萄糖分解代谢的前期途径，同时也是无氧条件下紧急供能的方式。1 分子葡萄糖分解形成 2 分子丙酮酸并释放出 2 分子 ATP 的过程，称为糖酵解作用（见图 12-6）。

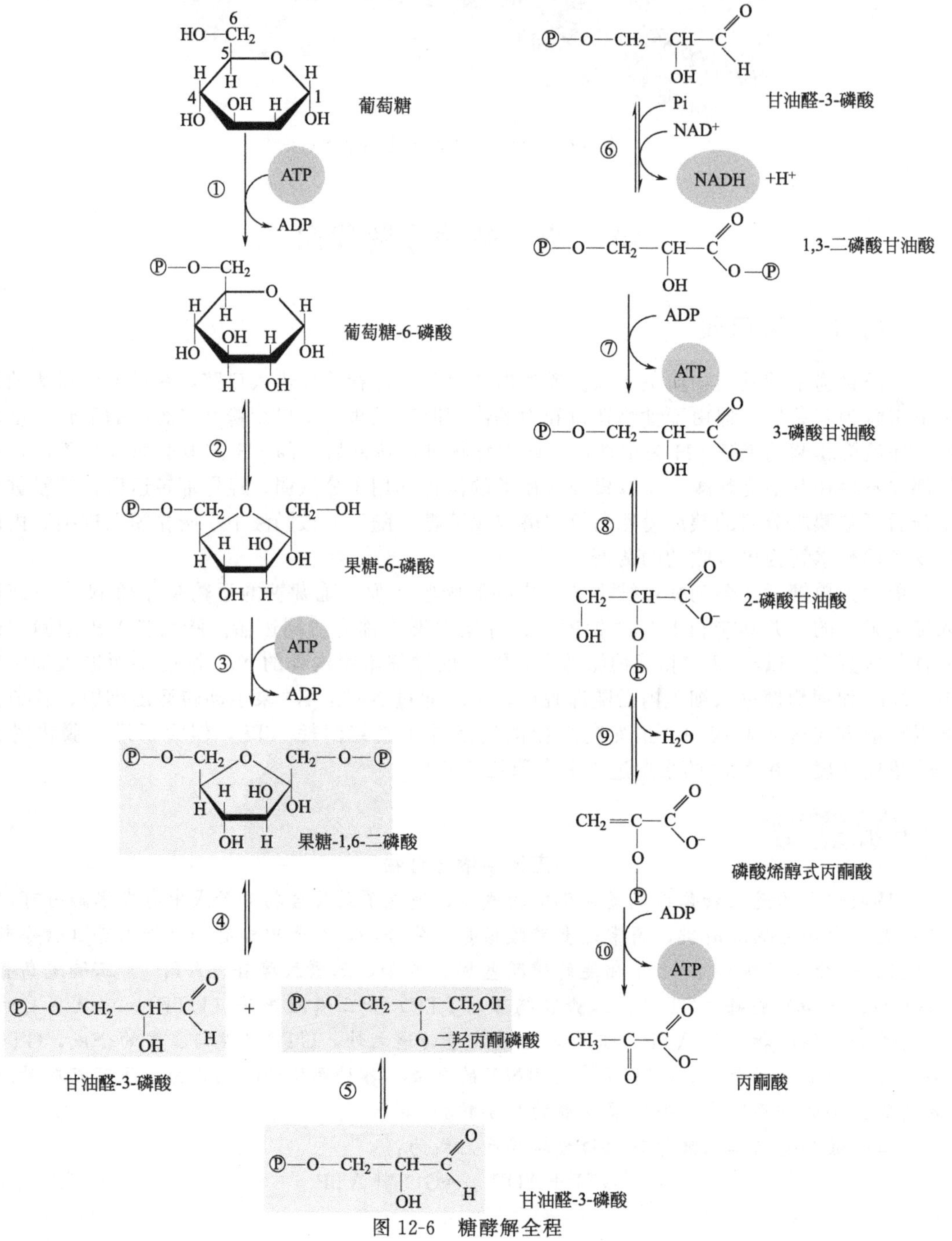

图 12-6　糖酵解全程

糖酵解过程的第一阶段中消耗 2 分子 ATP，并将 1 分子葡萄糖分解成 2 分子甘油醛-3-磷酸；第二阶段中产生 4 分子 ATP，并将 2 分子甘油醛-3-磷酸转化成 2 分子丙酮酸。

1. 糖酵解的耗能阶段和产能阶段

以下①～⑤为糖酵解的耗能阶段。

① 葡萄糖在己糖激酶（HK）的作用下消耗 1 分子 ATP，发生磷酸化反应，形成葡萄糖-6-磷酸、1 分子 ADP 和 H^+。这一步反应是不可逆的。

② 葡萄糖-6-磷酸在磷酸葡萄糖异构酶（PGI）的作用下，发生异构化反应，形成果糖-6-磷酸（fructose-6-phosphate）。

③ 果糖-6-磷酸在磷酸果糖激酶（PFK）的作用下消耗 1 分子 ATP，发生磷酸化反应，形成果糖-1,6-二磷酸、1 分子 ADP 和 H^+。这一步反应是不可逆的。磷酸果糖激酶的催化效率很低，成为整个糖酵解过程的限速步骤。

④ 果糖-1,6-二磷酸在醛缩酶的作用下，发生裂解反应，形成 1 分子甘油醛-3-磷酸和 1 分子二羟丙酮磷酸。

⑤ 二羟丙酮磷酸在丙糖磷酸异构酶（TPI）的作用下，发生异构化反应，形成甘油醛-3-磷酸。至此，1 分子葡萄糖降解为 2 分子甘油醛-3-磷酸。

以下⑥～⑩为糖酵解的产能阶段。

⑥ 甘油醛-3-磷酸在甘油醛-3-磷酸脱氢酶（GAPDH）的作用下，与 NAD^+ 和 1 分子磷酸（Pi）发生氧化反应，形成 1 分子 1,3-二磷酸甘油酸、NADH 和 H^+。

⑦ 1,3-二磷酸甘油酸在磷酸甘油激酶（PGK）的作用下，与 1 分子 ADP 发生磷酸转移反应，形成 1 分子 3-磷酸甘油酸并产生 1 分子 ATP。

⑧ 3-磷酸甘油酸在磷酸甘油酸变位酶（PGM）的作用下，发生异构化反应，形成 2-磷酸甘油酸。

⑨ 2-磷酸甘油酸在烯醇化酶的作用下，发生脱水反应，形成磷酸烯醇式丙酮酸和 1 分子 H_2O。

⑩ 磷酸烯醇式丙酮酸在丙酮酸激酶（PK）的作用下，与 1 分子 ADP 和 H^+ 发生磷酸转移反应，形成丙酮酸并产生 1 分子 ATP。这一步反应是不可逆的。至此，1 分子甘油醛-3-磷酸降解为 1 分子丙酮酸。

2. 糖酵解的整体方程式

葡萄糖＋$2NAD^+$＋2Pi＋2ADP ⟶ 2 丙酮酸＋2NADH＋$2H^+$＋2ATP＋$2H_2O$

在糖酵解过程中 1 分子葡萄糖降解直接生成了 2 个 ATP，同时生产了 2 分子 NADH，在氧化呼吸过程中会介绍 NADH 进入呼吸链后释放的能量。与此同时，糖酵解还消耗了 2 分子的 NAD^+，生成了 2 分子丙酮酸，前者的消耗和后者的堆积都会对机体产生影响，接下来就需要讨论丙酮酸的去向。

3. 丙酮酸的去向

葡萄糖经糖酵解之后生成的丙酮酸在酵母菌内在丙酮酸脱羧酶（PDC）催化下转化成乙醇和 CO_2，同时补充了糖酵解消耗的 NAD^+；在动物体内无氧条件下丙酮酸在乳酸脱氢酶（LDH）催化下被还原成乳酸（lactate 或 lactic acid），同时补充了糖酵解消耗的 NAD^+；在动物体有氧条件下则进入柠檬酸循环继续氧化分解。

酵母发酵的反应式为：

$$丙酮酸(CH_3COCOOH) \longrightarrow 乙醛(CH_3COH) + CO_2$$
$$乙醛(CH_3COH) + NADH + H^+ \longrightarrow 乙醇(CH_3CH_2OH) + NAD^+$$

无氧呼吸的反应式为：

$$丙酮酸(CH_3COCOOH) + NADH + H^+ \longrightarrow 乳酸(CH_3CHOHCOOH) + NAD^+$$

在人体进行高速奔跑等无氧运动时，葡萄糖经糖酵解后形成的丙酮酸转化为乳酸，乳酸在肌肉中的积累便导致了无氧运动之后的酸疼感。在糖异生中还会介绍到肌肉中的乳酸经血液转运至肝脏后的转化过程。

人体无氧呼吸的反应式为：

$$葡萄糖+2Pi+2ADP \longrightarrow 2\ 乳酸+2ATP+2H_2O。$$

三、柠檬酸循环

在有氧条件下，动物体内的丙酮酸最终分解形成 CO_2 和 H_2O，并释放出大量 ATP，这个过程中关键化合物是柠檬酸，又因为柠檬酸有三个羧基，所以这个过程通常称为柠檬酸循环或者三羧酸循环。三羧酸循环是三大营养素（糖类、脂类、氨基酸）的最终代谢通路，又是糖类、脂类、氨基酸代谢联系的枢纽。

柠檬酸循环的第一个阶段共包括 5 步反应，其实质是乙酰基被完全氧化生成 2 分子 CO_2，使 2 分子 NAD^+ 还原，同时产生一个高能磷酸基团；第二阶段包括 3 步反应，是琥珀酸复原到草酰乙酸的过程，是先后分别将 1 分子 FAD 和 1 分子 NAD^+ 还原的反应。

1. 丙酮酸的转化

丙酮酸需要与辅酶 A（coenzyme A，CoA-SH）反应，转变成乙酰辅酶 A 才能进入柠檬酸循环，乙酰辅酶 A 是许多物质降解的共同中间产物。实际上这种转化需要进行 4 步反应，在 TPP（维生素 B_1 的活性形式）和 FAD（维生素 B_2 的活性形式）的参与下，由多酶复合体催化完成。该多酶复合体通常简称作丙酮酸脱氢酶。

丙酮酸转化为乙酰辅酶 A 的反应式为：

$$丙酮酸(CH_3COCOOH)+CoA\text{-}SH+NAD^+ \longrightarrow$$
$$乙酰辅酶\ A(CH_3CO\text{-}SCoA)+CO_2+NADH+H^+$$

在丙酮酸的转化过程中，1 分子丙酮酸的乙酰基被转移到辅酶 A 上，同时生成 1 分子 NADH。

2. 柠檬酸循环的产能阶段和复原阶段

以下为柠檬酸循环的产能阶段（图 12-7）。

① 草酰乙酸在柠檬酸合成酶的作用下，与乙酰辅酶 A 和 H_2O 发生缩合反应，形成柠檬酸、辅酶 A 和 H^+。

② 柠檬酸在顺乌头酸酶的作用下，发生异构化反应，形成异柠檬酸。这个过程实际是先经脱水形成顺乌头酸，再通过水化形成异柠檬酸两步反应完成。

③ 异柠檬酸在异柠檬酸脱氢酶的作用下，与 NAD^+ 发生脱羧反应，形成 α-酮戊二酸、CO_2 和 NADH。

④ α-酮戊二酸在 α-酮戊二酸脱氢酶的作用下，与 NAD^+ 和辅酶 A 发生脱羧反应，形成琥珀酰辅酶 A、CO_2 和 NADH。需要说明的是，这里的 α-酮戊二酸脱氢酶也是一系列复合酶的简称，且这是一个不可逆反应。

⑤ 琥珀酰辅酶 A 在琥珀酰辅酶 A 连接酶的作用下，与 1 分子磷酸（Pi）和 1 分子 GDP 发生磷酸化反应，形成琥珀酸、GTP、辅酶 A（CoA-SH）。磷酸与 GDP 反应的过程中形成了一个磷酸酐键，同时分别将羟基转移给琥珀酰基，将 H^+ 转移给 $CoAS^-$。GTP 在核苷二磷酸激酶的催化下，可以将磷酰基转移给 ADP 而形成 ATP，所以也可以看成是琥珀酰辅酶 A 在上述两种酶的偶联作用下将 ADP 磷酸化成 ATP。

在产能阶段，1 分子乙酰辅酶 A 与草酰乙酸结合后，分解出 2 分子 CO_2，直接产生 1 分子 GTP（ATP），同时释放 2 分子 NADH，并复活 1 分子辅酶 A。通过原子追踪，释放的 CO_2 中的碳原子是草酰乙酸上的碳原子，乙酰基上的碳原子则随琥珀酸进入后续的循环。

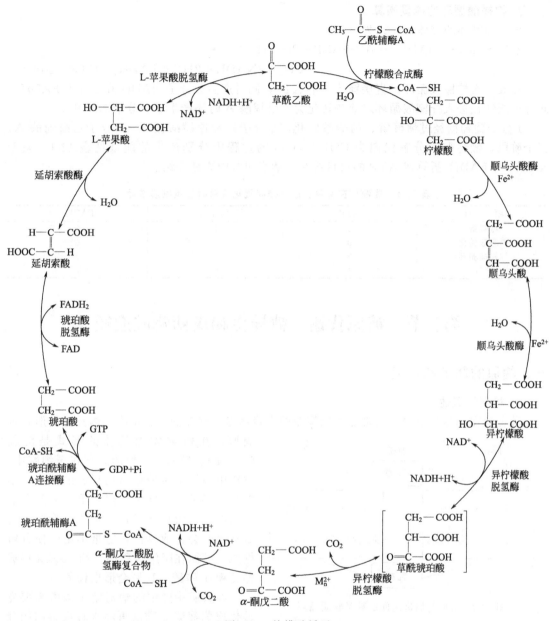

图 12-7　柠檬酸循环

以下为柠檬酸循环的复原阶段（图 12-7）。

⑥ 琥珀酸在琥珀酸脱氢酶的作用下，与 FAD 发生氧化反应，生成延胡索酸（fumarate）和 $FADH_2$。

⑦ 延胡索酸在延胡索酸酶的作用下，与 H_2O 发生水合反应，形成 L-苹果酸。该反应具有严格的立体专一性。

⑧ L-苹果酸在苹果酸脱氢酶的作用下，与 NAD^+ 发生氧化反应，形成草酰乙酸、NADH 和 H^+。

在复原阶段，1分子琥珀酸通过转化释放 1 分子 $FADH_2$ 和 1 分子 NADH，并复原 1 分子草酰乙酸。

3. 柠檬酸循环的能量衡算

柠檬酸循环的整体反应式为：

$$\text{乙酰-SCoA} + 3NAD^+ + FAD + GDP + Pi + 2H_2O \longrightarrow$$
$$2CO_2 + 3NADH + 2H^+ + FADH_2 + GTP + CoA\text{-}SH$$

完成一次柠檬酸循环，直接释放 1 个 ATP，同时产生 3 分子 NADH 和 1 分子 $FADH_2$，此外丙酮酸在进入柠檬酸循环之前在转化为乙酰辅酶 A 时还产生了 1 分子 NADH。

1 分子葡萄糖经过糖酵解、丙酮酸转化（2 分子）和柠檬酸循环（2 分子乙酰辅酶 A）三个阶段，最终彻底分解代谢为 CO_2 和 H_2O 的过程中分别产生的能量见表 12-1，关于 NADH 与 $FADH_2$ 折算成 ATP 的数目将在本章第四节中详细介绍。

表 12-1　葡萄糖在有氧状态下彻底氧化分解时能量物质统计

项　目	ATP	NADH	FADH₂
糖酵解	2	2	0
丙酮酸转化	0	2	0
柠檬酸循环	2	6	2
合计	4	10	2

第三节　糖原代谢、糖异生和戊糖磷酸途径

一、糖原的降解和合成

1. 糖原的概述

葡萄糖在动物和植物体内都是以葡聚糖的高聚物形式存在的，在动物体内具体的形式是糖原，在植物体内具体的形式是淀粉（starch）。糖原以颗粒形式存在于细胞中，颗粒中包括了生糖原蛋白形成的核心、多糖链和多种酶。糖原不但是重要的贮存能量的形式，而且还是最易利用的形式，能量充足时会合成糖原，能量不足时便分解糖原。糖原在降解过程中，约 90% 会形成葡萄糖-1-磷酸，10% 会形成葡萄糖。

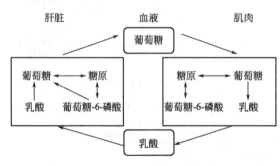

图 12-8　肝脏与肌肉之间的糖类物质循环

在肝脏中降解的葡萄糖-1-磷酸需要先转化成葡萄糖-6-磷酸再经水解成游离的葡萄糖才可以通过肝细胞膜进入血液循环，将葡萄糖传递到脑、肌肉等部位；在肌肉中糖原磷酸解反应生成的葡萄糖-1-磷酸转化为葡萄糖-6-磷酸后进入糖酵解循环，而游离的葡萄糖也进入糖酵解循环。当肌肉进行无氧呼吸形成乳酸时，乳酸需经血液转运至肝脏，再异生为葡萄糖（图 12-8）。

2. 糖原的降解

糖原中直链部分的降解因是磷酸引起化学键断裂的，因此也称为磷酸解反应，相比于水解反应，磷酸解不但产物是葡萄糖-1-磷酸，进入糖酵解时不再消耗 ATP，而且在肌细胞中葡萄糖-1-磷酸还可避免非磷酸化的葡萄糖扩散到细胞外的情况。在动物体内，催化糖原磷酸解过程的酶是糖原磷酸化酶；相类似的，在植物中催化淀粉降解的酶是淀粉磷酸化酶。

在糖酵解的过程中，已经接触过已糖激酶、磷酸果糖激酶等激酶，这类酶的作用是将 ATP 上的磷酸基团转移到底物上面，同时释放高能磷酸键中的能量。而磷酸化酶只是将无

机磷酸转移到底物上面的"磷酸解"反应，并不释放高能磷酸键中的能量。

糖原磷酸解的反应式为：

$$糖原（n 个残基）＋Pi \longrightarrow 糖原（n-1 个残基）＋葡萄糖-1-磷酸$$

由于糖原磷酸化酶只能催化（1→4）糖苷键的磷酸解，因而只能降解糖原的直链部分，实际上当（1→4）糖苷键位于糖原分支点前 4 个葡萄糖残基时，其已经不能起到催化作用。当遇到分支点时需要糖基转移酶和糖原脱支酶催化。首先是糖基转移酶将原来分支前面 3 个葡萄糖残基转移到另一分支的非还原性末端的葡萄糖残基上，或者转移到糖原的核心链上。在这一过程中，形成了一个带有 3 个葡萄糖残基的（1→4）糖苷键，同时暴露出一个与（1→6）糖苷键相连的葡萄糖残基。然后，糖原脱支酶催化（1→6）糖苷键相连的葡萄糖残基水解成葡萄糖。

如图 12-9 所示，糖原磷酸化酶在催化实心糖链缩短 3 个葡萄糖残基，空心糖链缩短 2 个葡萄糖残基后，便无法催化糖原继续分解。在糖基转移酶的作用下，空心糖链上的 3 个葡萄糖残基被转移至实心糖链上，同时空心糖链暴露出（1→6）糖苷键。最后，通过糖原脱支酶的催化，空心糖链在分支前的最后一个葡萄糖残基被水解掉。

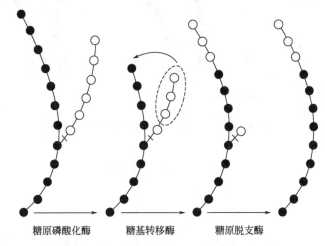

| 糖原磷酸化酶 | 糖基转移酶 | 糖原脱支酶 |

图 12-9 糖原脱支过程示意

葡萄糖-1-磷酸需要转变成葡萄糖-6-磷酸才能进入糖酵解循环，催化该磷酸基团转移的酶就是磷酸葡萄糖变位酶。活化的磷酸葡萄糖变位酶的丝氨酸残基上带有一个磷酸基团，该磷酸基团首先转移到葡萄糖-1-磷酸的 C6 羟基上形成葡萄糖-1,6-二磷酸中间体，然后与 C1 羟基相连的磷酸转移至丝氨酸残基上，形成葡萄糖-6-磷酸的同时磷酸葡萄糖变位酶复原。

糖原磷酸解得到的葡萄糖-1-磷酸转化为葡萄糖-6-磷酸后，可再由葡萄糖-6-磷酸酶水解为葡萄糖。游离的葡萄糖才能扩散出肝脏细胞进入血液循环，进而转运至脑和肌肉等组织，这些耗能组织中都不存在葡萄糖-6-磷酸酶，从而避免了因葡萄糖-6-磷酸水解为游离葡萄糖而导致的能量散失。

3. 糖原的合成

糖原的糖链延长并非是糖原降解的逆反应，提供葡萄糖残基的是尿苷二磷酸葡萄糖（简称 UDPG），而非葡萄糖-1-磷酸。葡萄糖-1-磷酸在 UDP-葡萄糖焦磷酸化酶的催化作用下，可与尿苷三磷酸（UTP）发生磷酸酐交换反应，生成尿苷二磷酸葡萄糖和焦磷酸，焦磷酸在无机焦磷酸酶的作用下水解为磷酸。

糖原的起始是一个被称为生糖原蛋白的特殊蛋白，该蛋白带有一个（1→4）葡萄糖的寡糖分子，糖链的第一个葡萄糖残基就是连接到酪氨酸残基的酚羟基上的。生糖原蛋白具有自身催化的能力，可以催化约 8 个葡萄糖残基以（1→4）糖苷键连接成链。

　　当糖链上的葡萄糖残基超过 4 个以后，糖原合成酶便可以发挥催化作用，在不消耗 ATP 的情况下，将尿苷二磷酸葡萄糖提供的葡萄糖残基以（1→4）糖苷键的形式连接成直链。

　　糖链形成新的分支点需要糖原分支酶（又称糖基-4→6-转移酶）发挥作用。糖原分支酶可从直链非还原末端约 7 个葡萄糖残基处将（1→4）糖苷键断开，再将断开的短链转移到同一个或者另一个糖原更靠近内核的葡萄糖残基 C6 的羟基上形成（1→6）糖苷键。与糖原脱支不同，分支可以视为一步反应。直链部分超过 11 个葡萄糖残基时才可被催化分支，且形成新的分支的葡萄糖残基至少与其他分支点距离 4 个葡萄糖残基。糖原的高度分支不但增加了溶解性，而且大幅提高了糖原的降解和合成效率，生物学意义显著。

　　以生糖原蛋白为核心，利用尿苷二磷酸葡萄糖作为葡萄糖残基的来源，通过生糖原蛋白的自催化和糖原合成酶共同作用延长糖链的长度，再由糖原分支酶催化分支的过程就是糖原的合成。糖原分支过程见图 12-10。

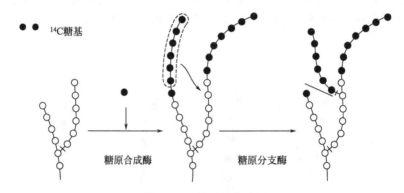

图 12-10　糖原分支过程

二、葡萄糖异生

　　葡萄糖异生作用是指以乳酸、丙酮酸、丙酸、甘油以及氨基酸等非糖物质作为前提合成葡萄糖的作用。在糖酵解过程中，葡萄糖可以形成丙酮酸，这一过程的 10 步反应中有 3 步反应是不可逆的：形成葡萄糖-6-磷酸、形成果糖-1,6-二磷酸和形成丙酮酸。在丙酮酸逆向异生葡萄糖的过程中，必须通过其他的方式分别替换上述 3 步。

1. 丙酮酸→磷酸烯醇式丙酮酸

　　丙酮酸激酶是存在于线粒体内的一种酶，它可以消耗一个 ATP，使其生物素配基上连接一个 CO_2 而活化，然后再将 CO_2 转移至丙酮酸上形成草酰乙酸。草酰乙酸又在胞质溶胶中的磷酸烯醇式丙酮酸羧酸激酶（PEPCK）的作用下，与一个 GTP 发生反应，形成磷酸烯醇式丙酮酸和 GDP，并脱羧形成 CO_2。

　　这一反应的总方程式为：
$$丙酮酸 + ATP + GTP + H_2O \longrightarrow 磷酸烯醇式丙酮酸 + ADP + GDP + Pi$$

　　丙酮酸在线粒体内转化为草酰乙酸后，需要跨膜进入胞质溶胶中，这一过程是通过先还原为苹果酸，以苹果酸的形式跨膜转运，到胞质溶胶中再氧化成草酰乙酸实现的。

2. 果糖-1,6-二磷酸→果糖-6-磷酸

　　果糖-1,6-二磷酸在胞质溶胶中果糖-1,6-二磷酸酶的作用下，其 C1 的磷酸酯键水解形成果糖-6-磷酸和无机磷酸。

　　这一反应的方程式为：
$$果糖-1,6-二磷酸 + H_2O \longrightarrow 果糖-6-磷酸 + Pi$$

3. 葡萄糖-6-磷酸→葡萄糖

葡萄糖-6-磷酸在内质网上的葡萄糖-6-磷酸酶的作用下，其 C6 的磷酸酯键水解形成葡萄糖和无机磷酸。

这一反应的方程式为：

$$葡萄糖-6-磷酸 + H_2O \longrightarrow 葡萄糖 + Pi$$

4. 葡萄糖异生的衡算

葡萄糖异生的总反应式为：

$$2\,丙酮酸 + 4ATP + 2GTP + 2NADH + 2H^+ + 6H_2O \longrightarrow 葡萄糖 + 4ADP + 2GDP + 2NAD^+$$

在丙酮酸的葡萄糖异生过程中共消耗了 6 个高能磷酸键，而糖酵解形成丙酮酸的过程中只形成 2 个高能磷酸键，额外的 4 个高能磷酸键在丙酮酸向磷酸烯醇式丙酮酸的逆向转化中被消耗掉了。

5. 乳糖-葡萄糖循环

在大量耗能时，丙酮酸无法进入柠檬酸循环，在人体肌肉中只能在乳酸脱氢酶的作用下被还原为乳酸，乳酸通过血液进入肝脏后在乳酸脱氢酶的作用下再次被氧化为丙酮酸，随后通过葡萄糖异生过程转化为葡萄糖重新成为血糖的供体。如图 12-8 中所示。

三、戊糖磷酸途径

戊糖磷酸途径又称戊糖支路，是发生在胞质溶胶中的另外一种葡萄糖分解机制。在这一过程中，葡萄糖-6-磷酸氧化脱羧形成核酮糖-5-磷酸（ribulose-5-phosphate）的阶段是氧化阶段；由核酮糖-5-磷酸再复原回葡萄糖-6-磷酸的阶段是非氧化阶段，主要进行的是异构化、转酮基和转醛基反应。

知识链接

辅酶Ⅰ与辅酶Ⅱ

辅酶Ⅰ的化学名称是烟酰胺腺嘌呤二核苷酸（NAD），辅酶Ⅰ的氧化型为 NAD^+，还原型为 $NADH + H^+$。辅酶Ⅰ是脱氢酶的辅酶，接受中间产物的 2 个 H^+ 而形成还原型辅酶Ⅰ。

辅酶Ⅱ的化学名称是烟酰胺嘌呤二核苷酸磷酸（NADP），辅酶Ⅱ的氧化型为 NADP，还原型为 NADPH。

NADP 可由 NAD^+ 在激酶催化下接受 ATP 的 γ-磷酸基团而得到。NADH 的作用主要是通过呼吸链提供 ATP，而 NADPH 在还原性物质合成中起负氢离子供体的作用。

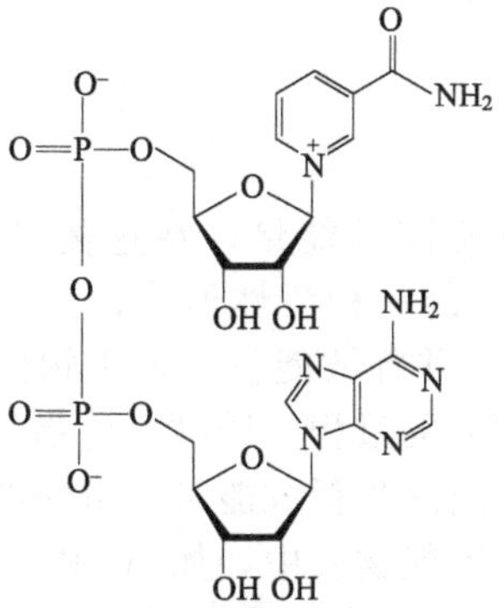

辅酶Ⅰ与辅酶Ⅱ的结构

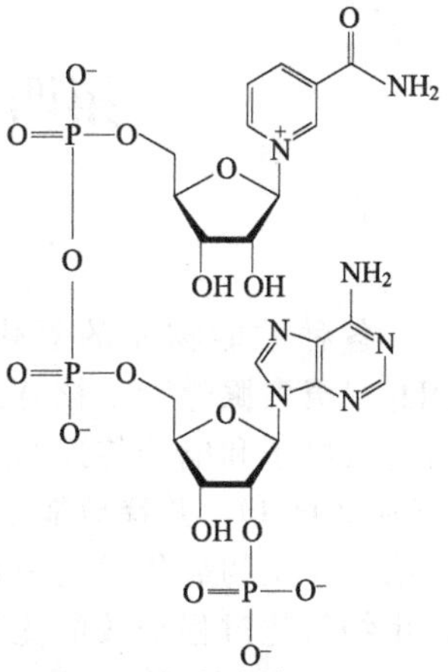

1. 氧化阶段

（呋喃型）葡萄糖-6-磷酸首先在葡萄糖-6-磷酸脱氢酶的作用下，将 $NADP^+$ 还原为 NADPH 和 H^+，同时形成 6-磷酸葡萄糖酸-δ-内酯。然后在专一性内酯酶的作用下水解开环，形成 6-磷酸葡萄糖酸。最后在 6-磷酸葡萄糖酸脱氢酶的作用下，依次发生脱氢反应将 $NADP^+$ 还原为 NADPH 和 H^+、脱羧反应放出 CO_2 和核酮糖-5-磷酸。

氧化阶段的总反应式为：

$$葡萄糖\text{-}6\text{-}磷酸 + H_2O + 2NADP^+ \longrightarrow 核酮糖\text{-}5\text{-}磷酸 + CO_2 + 2NADPH + 2H^+$$

2. 非氧化阶段

核酮糖-5-磷酸（酮糖）可以通过异构化成为核糖-5-磷酸（醛糖）或者差向异构化成为木酮糖-5-磷酸，两者经过一系列的转酮基和转醛基反应可以形成果糖-6-磷酸和甘油醛-3-磷酸，二者都可以转化为葡萄糖-6-磷酸。

甘油醛-3-磷酸可以先异构化为二氢丙酮磷酸，再由醛缩酶催化二氢丙酮磷酸与甘油醛-3-磷酸缩合形成果糖-1,6-二磷酸，果糖-1,6-二磷酸再水解形成果糖-6-磷酸和无机磷酸。

非氧化阶段的总反应式为：

$$6\ 核酮糖\text{-}5\text{-}磷酸 + H_2O \longrightarrow 5\ 葡萄糖\text{-}6\text{-}磷酸 + Pi$$

3. 戊糖磷酸途径的衡算

$$葡萄糖\text{-}6\text{-}磷酸 + 7H_2O + 12NADP^+ \longrightarrow 6CO_2 + 12NADPH + 12H^+$$

戊糖磷酸循环可以看做是 1 分子的葡萄糖彻底氧化分解成 6 分子的 CO_2 以及 12 分子 NADPH 的过程。果糖-6-磷酸和甘油醛-3-磷酸都可直接进入糖酵解循环，此外核酮糖-5-磷酸还可以转化为丙酮酸。

4. 戊糖磷酸途径的生理学意义

戊糖磷酸途径中不但产生了多种结构的碳骨架而且还产生十分重要的还原型辅酶Ⅱ。还原型谷胱甘肽（GSH）在维持红细胞结构和功能方面起着重要保护作用。一方面，还原型谷胱甘肽保护红细胞磷脂膜不被氧化；另一方面，还原型谷胱甘肽确保血红素的铁原子处于 Fe^{2+} 的活性状态。在这些过程中，还原型的谷胱甘肽会被氧化为谷胱甘肽（GSSG）。红细胞中戊糖磷酸途径的酶活性很高，这样可以高效地得到 NADPH，后者可将氧化型的谷胱甘肽转变为还原型的，从而起到保护作用。人体若缺少葡萄糖-6-磷酸脱氢酶（一般因遗传缺陷造成，在我国南方地区较北方地区多发），便无法通过戊酸磷酸途径获得足够的 NADPH，在此情况下，如果服用氧化型的药物（例如磺胺类）产生过敏，则会引起红细胞内的 NADPH 大量消耗，红细胞失去保护而破裂，造成严重的溶血性贫血。

第四节　生物氧化

一、概述

在生物体内，各种贮能物质的氧化提供了机体所需的能量，在这类过程中都伴随着 NADH 和 $FADH_2$（黄素腺嘌呤二核苷酸，维生素 B_2 的一种活性形式，参见第十章）的生成，这些载体再将氢离子和电子传递给氧，形成 H_2O 并释放能量。在生物体内，有机物通过氧化分解为 CO_2 和 H_2O，并释放能量进而形成 ATP 的过程，统称为生物氧化。生物氧化具有两大特点：第一，生物氧化通过一系列的酶促反应逐步释放能量，可使能量得到最有效的利用；第二，生物氧化过程释放的能量一般贮存在贮能物质中，如 ATP、GTP。

电子从 NADH、$FADH_2$ 到 O_2 的传递所经过的途径被称为电子传递链或呼吸链。氧化磷酸化是与生物氧化伴生的磷酸化，在这个过程中生物氧化释放的自由能被用于以 ADP

和无机磷酸合成高能 ATP。电子传递与氧化磷酸化是生物氧化过程中偶联的两个方面。真核生物的电子传递和氧化磷酸化均发生在线粒体内膜，原核生物则是在胞质溶胶膜发生的。

氧化磷酸化与底物水平的磷酸化有本质区别，底物水平的磷酸化过程中并不固定能量。氧化磷酸化是指与电子传递链偶联的 ADP 形成 ATP 的磷酸化作用，底物水平的磷酸化是指某个代谢中间体上的磷酸基团直接转移到 ADP 上形成 ATP。

氧化呼吸链中共涉及下述 6 个传递主体。

（1）NADH-Q 还原酶　也可称为 NADH 脱氢酶，或者复合体 I。在该酶的作用下，NADH 上的两个高能 e^- 首先转移到其上的第一个辅基——FMN（黄素单核苷酸，维生素 B_2 的一种活性形式，参见第十章）上形成 $FMNH_2$，再转移至第二个辅基——铁-硫聚簇上。

（2）辅酶 Q（CoQ）　或者泛醌，其侧链中的异戊二烯长度在不同的物种中各不相同，人体内常见的是辅酶 Q_{10}。辅酶 Q 是在线粒体内膜中流动的脂溶性辅酶，它可以接受 NADH 和 $FADH_2$ 脱下的 e^- 和 H^+，在电子传递链中处于中心地位。

（3）琥珀酸-Q 还原酶　也可称为琥珀酸脱氢酶，或者复合体 II。琥珀酸-Q 还原酶是嵌在线粒体内膜的蛋白。琥珀酸脱氢氧化成延胡索酸时，形成的 $FADH_2$ 是琥珀酸-Q 还原酶上的一个辅基，$FADH_2$ 上的高能 e^- 接着转移到铁-硫聚簇，然后再传递给辅酶 Q。

（4）细胞色素还原酶　也可称为复合体 III，或者细胞色素 bc_1。它是一类血红素辅基的酶的总称，包括细胞色素 b、细胞色素 c_1 以及铁-硫蛋白。其在电子传递中的作用是将辅酶 QH_2 上的 e^- 转移到细胞色素 c。

（5）细胞色素 c　它是唯一一种水溶性的细胞色素。胞质溶胶中的细胞色素上没有血红素基团，可以穿过线粒体外膜进入线粒体内，在酶的作用下与血红素结合，而被固定在线粒体内外膜之间的间隙中。其在电子传递中的作用是将细胞色素 c_1 上的 e^- 转移到细胞色素氧化酶。

（6）细胞色素氧化酶　也可称为细胞色素 c 氧化酶，或者复合体 IV。它是镶嵌在线粒体内膜的跨膜蛋白，共有 10 个亚基，具有四个氧化-还原中心，分别是两个血红素 a（Fe 离子中心）和两个 Cu 离子。在电子传递中，还原型细胞色素 c 上的电子先传递给血红素 a-Cu_A 聚簇，然后再传递给血红素 a_3-Cu_B 聚簇。

二、氧化呼吸链

1. NADH 氧化呼吸链（图 12-11）

① NADH 将 e^- 和 H^+ 转移到 NADH-Q 还原酶的辅基 FMN 上，形成 $FMNH_2$，再经铁-硫聚簇辅基将 e^- 和 H^+ 转移给辅酶 Q。这个过程释放的自由能是 69.5kJ/mol，可将 4 个 H^+ 泵出线粒体内膜，合成 1 个 ATP。

② 还原型辅酶 Q（$CoQH_2$）通过在线粒体内膜中的流动，将 e^- 转移给细胞色素还原酶上的铁-硫聚簇，再转移给细胞色素 c_1，细胞色素 c_1 再将 e^- 转移给线粒体内外膜间隙的细胞色素 c。这个过程释放的自由能是 36.7kJ/mol，可将 2 个 H^+ 泵出线粒体内膜，合成 0.5 个 ATP。

③ 还原型的细胞色素 c 将 e^- 转移给线粒体内膜上跨膜存在的细胞色素氧化酶，并将其活性中心还原，再与 $2H^+$ 和 $1/2O_2$ 经中间体形成 H_2O。这个过程释放的自由能是 112kJ/mol，可将 4 个 H^+ 泵出线粒体内膜，合成 1 个 ATP。

在这一步，实质上细胞色素氧化酶的活性中心先被 2 个 e^- 由氧化态 $[Fe^{3+}\ Cu^{2+}]$ 还原为 $[Fe^{2+}\ Cu^+]$，还原态与 O_2 结合形成过氧化中间体 $[Fe^{3+}\sim O=O\sim Cu^{2+}]$，过氧化中间体接受 1 个 e^- 和 2 个 H^+ 形成高铁中间体 $[Fe^{4+}=O^{2-}\ H_2O\sim Cu^{2+}]$，高铁中间体接受

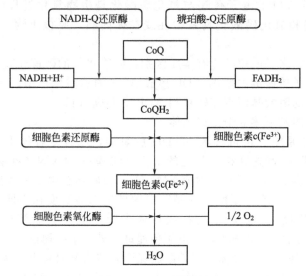

图 12-11 电子传递链

1 个 e^- 和 2 个 H^+ 形成 2 个 H_2O 和氧化态的 $[Fe^{3+}\ Cu^{2+}]$。

2. $FADH_2$ 氧化呼吸链

第 1 步骤：$FADH_2$ 将 e^- 和 H^+ 经琥珀酸-Q 还原酶辅基的铁-硫聚簇，转移给辅酶 Q。由于琥珀酸-Q 还原酶是内嵌酶，并不跨膜，所以无法将 H^+ 泵出线粒体内膜，这一步产生的自由能不足以合成 ATP。

第 2 和第 3 步骤与 NADH 氧化呼吸链相同。

3. 胞质溶胶中 NADH 的氧化

前面介绍过的糖酵解和三羧酸循环是葡萄糖氧化分解的两个阶段，前者是在细胞质溶胶中进行的，后者是在线粒体中进行的。可以说三羧酸循环与氧化磷酸化是同一生物氧化过程的两个阶段。糖酵解阶段也生成了 NADH（1 分子葡萄糖产生 2 分子 NADH），胞质溶胶中的 NADH 需要通过甘油-3-磷酸穿梭或者苹果酸-天冬氨酸穿梭途径"进入"线粒体完成氧化过程。

甘油-3-磷酸穿梭的反应如下。

线粒体内膜外：二羟丙酮磷酸＋NADH＋H^+ ——→ 甘油-3-磷酸＋NAD^+

线粒体内膜内：甘油-3-磷酸＋FAD ——→ 二羟丙酮磷酸＋$FADH_2$

从图 12-12 可知，线粒体外部的 NADH 经过甘油-3-磷酸穿梭后，进入线粒体内部转化为 $FADH_2$，$FADH_2$ 进入氧化呼吸链后可以生成 1.5 个 ATP。

苹果酸-天冬氨酸穿梭的反应如下。

线粒体内膜外：草酰乙酸＋NADH＋H^+ ——→ 苹果酸＋NAD^+

线粒体内膜内：苹果酸＋NAD^+ ——→ 草酰乙酸＋NADH＋H^+

从图 12-13 可知，线粒体外部的 NADH 经过苹果酸-天冬氨酸穿梭，进入线粒体内部依然是 NADH，NADH 进入氧化呼吸链后可以生成 2.5 个 ATP。

细胞质溶胶中的 NADH 由于穿梭途径的不同，进入线粒体后产生的 ATP 数目也不相同。心脏和肝脏细胞质溶胶中的 NADH 是通过苹果酸-天冬氨酸穿梭途径进入线粒体的，但只有当胞质溶胶 NADH/NAD^+ 的比值高于线粒体基质时这种穿梭途径才会发生。

4. 葡萄糖彻底氧化的能量衡算

在胞质溶胶中 1 分子葡萄糖经糖酵解生成 2 分子丙酮酸和 2 分子 NADH，释放 2 个

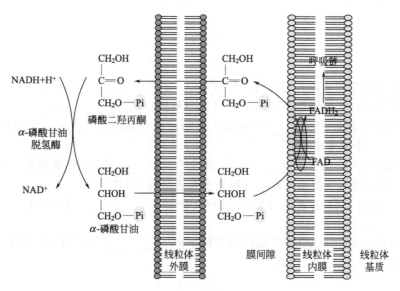

图 12-12 甘油-3-磷酸穿梭示意

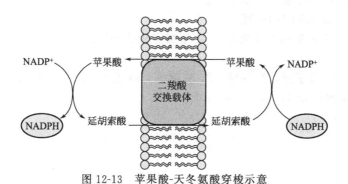

图 12-13 苹果酸-天冬氨酸穿梭示意

ATP；2 分子丙酮酸进入线粒体转化为 2 分子乙酰辅酶 A 和 2 分子 NADH；2 分子乙酰辅酶 A 经过柠檬酸循环氧化分解生成 6 分子 NADH 和 2 分子 $FADH_2$，释放 2 个 ATP。假设糖酵解阶段产生的 NADH 通过甘油-3-磷酸穿梭途径进入线粒体，根据线粒体内 1 分子 NADH 传递的电子可生成 2.5 个 ATP，1 分子 $FADH_2$ 传递的电子可生成 2.5 个 ATP，可以对 1 分子葡萄糖彻底氧化分解时生成的 ATP 数目进行衡算。

表 12-2 葡萄糖彻底氧化分解产生 ATP 的衡算

项 目	直接 ATP	NADH 氧化	$FADH_2$氧化	小计
糖酵解	2	2×1.5	0	5
丙酮酸转化	0	2×2.5	0	5
柠檬酸循环	2	6×2.5	2×1.5	20
总数	4	26	30	

由表 12-2 可知，1 分子葡萄糖彻底氧化分解时，总共释放 30 个 ATP，其中通过反应直接生成的只有 4 个 ATP，通过氧化磷酸化合成的 ATP 有 26 个，氧化磷酸化的贡献率超过 85%。

课后习题

一、填空题

1. 根据羰基位置的不同，可以将单糖分成_____和_____。

2. 根据半缩醛环上原子数目的不同，可以将单糖分成_____和_____。

3. 二糖可以分解成_____个单糖，寡糖可以分解成_____个单糖，多糖可以分解成_____个以上单糖。

4. 淀粉经口腔降解为_____，再由_____降解为葡萄糖。葡萄糖通过_____的形式进入细胞膜，这个过程并不直接消耗 ATP。

5. 1 分子葡萄糖彻底氧化分解的过程中，产生_____个 ATP、_____个 NADH 和_____个 $FADH_2$。

6. 线粒体内 1 分子 NADH 传递的电子可生成_____个 ATP，1 分子 $FADH_2$ 传递的电子可生成_____个 ATP。

二、简答题

1. 简述糖酵解过程中各步反应。

2. 简述三羧酸循环过程中各步反应。

3. 简述糖原合成和降解的过程。

4. 简述甘油-3-磷酸穿梭和苹果酸-天冬氨酸穿梭的差异。

答案

一、填空题：1. 醛基糖，酮基糖；2. 呋喃型，吡喃型；3. 2，2～20，20；4. 麦芽糖，麦芽糖酶，协同运输；5. 4，6，2；6. 2.5，1.5。

二、简答题：（略）

第十三章　脂类代谢

学习目标
1. 了解脂肪的特征及分类。
2. 掌握脂肪和脂肪酸的分解代谢。
3. 熟悉脂肪的生物合成途径、部位及原料。
4. 了解磷脂与胆固醇的代谢。

第一节　脂类概述

脂类，是一类一般不溶于水而溶于非极性溶剂的生物有机分子，对于大多数脂类而言，其化学本质是脂肪酸和醇所形成的酯类及其衍生物。

一、脂类的特征

脂类化合物在自然界中广泛存在，主要由 C、H、O 三种元素组成，有的还含有 N、S、P 等元素。脂类是一类混合有机物的总称，包括脂肪、蜡、磷脂、糖脂、固醇等。

其特征是：
① 一般不溶于水而溶于乙醚、氯仿、石油、丙酮及苯等有机溶剂。
② 具有酯的结构或有成酯的可能。
③ 能被生物体所利用，是构成生物体的重要成分。

二、脂类的分类

脂类的分类方法有多种，如按照脂类能否皂化（被碱水解而产生皂即脂肪酸盐）可分为可皂化脂和不可皂化脂；按照脂类的极性可分为中性脂和极性脂；按照脂类分子组成和结构特点可分为单纯脂、复合脂与衍生脂质（图 13-1）。

单纯脂是由高级脂肪酸和醇构成的酯，分脂肪和蜡两小类。

脂肪是由 1 分子甘油和 3 分子脂肪酸缩合而成的酯，也称甘油三酯；其中在室温时为固态的称为脂，也称真脂或中性脂，在室温下为液态的称为油或脂性油。

蜡是高级脂肪酸与高级一元醇所生成的酯，如虫蜡、蜂蜡等。

复合脂除了脂肪酸和醇这两种成分之外，在组成中还有其他成分，如结合了糖分子称为糖脂，结合了磷酸称为磷脂。

衍生脂类物质还包括取代烃、萜类和类固醇类，以及由单纯脂和复合脂衍生而仍具有脂类一般特征的物质。

取代烃主要是脂肪酸及其碱性盐（皂）和高级醇，少量脂肪醛、脂肪胺和烃；

固醇类（甾类）包括固醇（甾醇）、胆酸、强心苷、性激素、肾上腺皮质激素；

萜类包括许多天然色素（如胡萝卜素）、香精油、天然橡胶等；

其他脂类如维生素 A、维生素 D、维生素 E、维生素 K，脂酰 CoA、类二十碳烷（前列腺素、凝血噁烷和白三烯）、脂多糖和脂蛋白等。

复合酯和衍生脂类又统称为类脂，包括磷脂、糖脂、胆固醇及固醇酯类等。

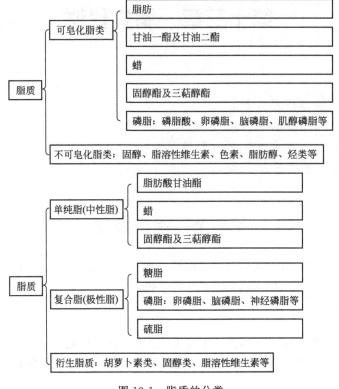

图 13-1　脂质的分类

三、脂类的生物学作用

脂质的生物学功能也和它们的化学组成和结构一样是极其多种多样的，按脂类的生物学功能可分为三大类。

1. 贮存脂类

属于这一类的是甘油三酯和蜡。在大多数真核细胞中甘油三酯以微小的油滴形式存在于含水的胞质溶胶中。脊椎动物的专门化细胞，称为脂肪细胞，贮存了大量的甘油三酯，几乎充满了整个细胞。许多植物的种子中存在甘油三酯，为种子发芽提供能量和合成前体。很多生物中油脂是能量的主要贮存形式。肥胖人的脂肪组织（皮下、腹腔和乳腺中）积储的甘油三酯可达 $15\sim20kg$，足以供给一个月所需的能量，然而人体以糖原形式贮存的能量不够一天的需要。某些动物皮下的脂肪不仅可作为能储，而且可作为抗低温的绝缘层。海豹、海象、企鹅和其他的南北极温血动物都填充着大量甘油三酯。冬眠动物（例如熊）在冬眠前积累大量脂肪也用作能储。人和动物的皮下和肠系膜脂肪组织还起防震的填充物作用。

在海洋的浮游生物中蜡是代谢燃料的主要贮存形式。蜡还有其他功能，这与它们排斥水和具有高稠度的性质有关。脊椎动物的某些皮肤腺分泌蜡以保护毛发和皮肤，使之柔韧、润滑并防水。鸟类，特别是水禽，从它们的尾羽腺分泌蜡使羽毛能防水。冬青、杜鹃花和许多热带植物的叶覆盖着一层蜡以防寄生物侵袭和水分的过度蒸发。

2. 结构脂类

细胞的外周膜（质膜）、核膜和各种细胞器的膜总称为生物膜。各种生物膜的骨架是一样的，主要是由磷脂构成的双分子层或称脂双层。参与脂双层的膜脂还有固醇和糖脂。这些膜脂在分子结构上的共同特点是具有亲水部分（或称极性头）和疏水部分（或称非极性尾）。膜双层有屏障作用，使膜两侧的亲水物质不能自由通过，这对维持细胞正常的结构和功能是很重要的。

贮脂的含量随着机体的营养状况变动，而结构脂其含量一般不受营养等条件的影响，而且相当稳定。

3. 活性脂类

贮脂和结构脂是较大量的细胞成分；活性脂质是小量的细胞成分，但具有专一的重要生物活性。它们包括数百种类固醇和萜（类异戊二烯）。类固醇中很重要的一类是类固醇激素，包括雄性激素、雌性激素和肾上腺皮质激素。萜类化合物包括对人体和动物的正常生长所必需的脂溶性维生素 A、维生素 D、维生素 E、维生素 K 和多种光合色素（如类胡萝卜素）。其他活性脂类，有的作为酶的辅助因子或激活剂，如磷脂酰丝氨酸为凝血因子的激活剂；有的作为电子载体，如线粒体中的泛醌和叶绿体中的质体醌；有的作为糖基载体，如细菌细胞壁肽聚糖合成中的十一异戊二烯醇磷酸和真核生物糖蛋白糖链合成中的多萜醇磷酸，这些载体有很长的烃链，能与膜脂发生强疏水作用，使与之相连的糖基锚定在膜上并参与糖基转移反应；有的作为细胞内信号，例如真核细胞质膜上的磷脂酰肌醇及其磷酸化衍生物是胞内信使的储库；类二十碳烷，如前列腺素具有很强的激素样作用。

总结上述脂类的生物学功能主要有以下几点：

① 脂肪可氧化供能和贮存能量；

② 保护机体组织，有助于防寒，维持体温的恒定；有固定内脏器官、减少摩擦和缓冲外部冲击的作用；

③ 协助脂溶性维生素的吸收；

④ 类脂是构成组织细胞的必要成分；

⑤ 活性脂类是胞内信使的储库，发挥激素样作用；

⑥ 脂类可供给动物体内需要的不饱和脂肪酸、激素和色素。

第二节　脂肪的代谢

一、脂肪的动员和降解

贮存在脂肪细胞中的脂肪，被脂肪酶逐步水解为游离脂肪酸及甘油，并释放入血以供其他组织氧化利用，该过程称为脂肪的动员。

脂肪经脂肪酶催化水解，水解产物按各自不同的途径进一步分解或转化。动植物组织中一般有三种脂肪酶，即三脂酰甘油脂肪酶（甘油三酯脂肪酶）、二脂酰甘油脂肪酶（甘油二酯脂肪酶）、单脂酰甘油脂肪酶（甘油单酯脂肪酶），它们将脂肪逐步水解成脂肪酸和甘油。

在脂肪动员中，脂肪细胞内激素敏感性甘油三酯脂肪酶（简称脂肪酶，HSL）起决定性作用，它是脂肪分解的限速酶。由于它受多种激素调控，故称为激素敏感性调控酶。能促进脂肪分解的激素称为脂解激素，如肾上腺素、胰高血糖素、促肾上腺皮质激素（ACTH）及促甲状腺素（TSH）等。胰岛素、前列腺素 E_2（PGE_2）及烟酸等抑制脂肪的分解，对抗脂解激素的作用。活化的脂肪酶使脂肪水解成脂肪酸和甘油，这两种分解产物再分别进行氧化分解。脂肪的水解过程见图 13-2。

二、甘油的分解

甘油溶于水，直接由血液运送至肝、肾、肠等组织。主要在肝脏甘油激酶的作用下，消

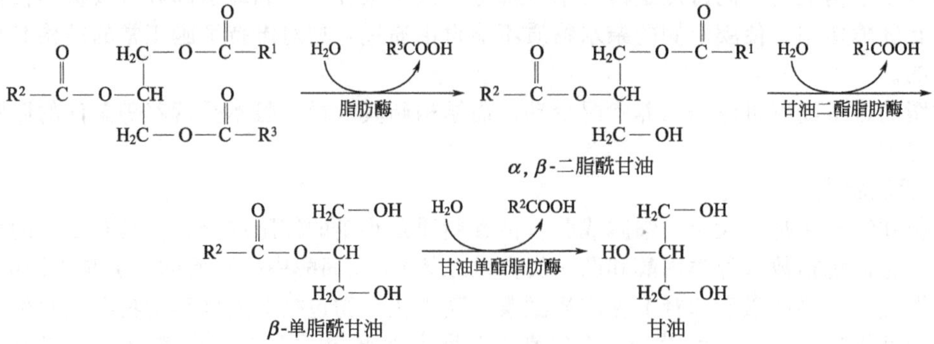

图 13-2　脂肪的水解过程

耗 ATP，转变为 3-磷酸甘油，然后脱氢生成磷酸二羟丙酮，可经糖代谢途径进行分解或经糖异生转变为糖。甘油的分解过程见图 13-3。

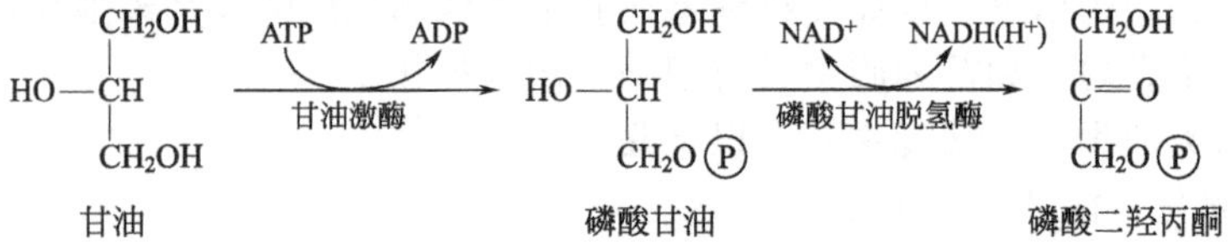

图 13-3　甘油的分解过程

磷酸甘油脱氢酶催化的反应是可逆的，故糖代谢的中间产物磷酸二羟丙酮也能还原成磷酸甘油。肌肉和脂肪组织因甘油激酶活性很低，故不能很好地利用甘油。

三、脂肪酸的 β-氧化

在氧供给充足的条件下，脂肪酸在体内可被彻底氧化为 CO_2 和 H_2O 并释放大量能量供机体利用。除成熟红细胞和脑组织外，几乎所有组织都能氧化利用脂肪酸，但以肝和肌肉组织最为活跃。已经知道，脂肪酸是通过 β-氧化作用被降解的，辅酶 A 在脂肪酸的 β-氧化起始过程即脂肪酸的活化反应中具有重要作用。

脂肪酸的 β-氧化作用是指脂肪酸在一系列酶的作用下，在 α-碳原子和 β-碳原子之间断裂，β-碳原子氧化成羧基，生成含 2 个碳原子的乙酰 CoA 和较原来少 2 个碳原子的脂肪酸。

1. β-氧化的反应过程（饱和偶数碳原子脂肪酸的氧化分解）

（1）脂肪酸的活化——脂酰 CoA 的生成　在体内饱和偶数碳原子脂肪酸占绝对优势，其氧化分解是在细胞的线粒体中进行的，线粒体内含有脂肪酸氧化的全部酶系。脂肪酸进行 β-氧化前必须活化，活化在线粒体外进行。内质网及线粒体外膜上的脂酰辅酶 A 合成酶在 ATP、CoA-SH、Mg^{2+} 的存在下，催化脂肪酸活化，生成脂酰 CoA。

$$RCOOH+ATP+HS\text{-}CoA \xrightarrow[Mg^{2+}]{\text{脂酰辅酶 A 合成酶}} RCO\sim SCoA+AMP+PPi$$

　　　　脂肪酸　　　　　　　　　　　　　　　　　　脂酰辅酶 A　　　　焦磷酸

脂肪酸活化后不仅含有高能硫酯键，而且增加了水溶性，可提高脂肪酸的代谢活性。反应生成的焦磷酸（PPi）立即被细胞内的焦磷酸酶水解，阻止逆向反应的进行。故一分子脂肪酸活化，实际上消耗了两个高能磷酸键，即消耗了两个 ATP。

在脂肪组织中有如下三种脂酰 CoA 合成酶：①乙酰 CoA 合成酶，以乙酸为主要底物；②辛酰 CoA 合成酶，以辛酸为主要底物，作用范围可自 4C～12C 羧酸；③十二碳酰 CoA 合

成酶，对 12C 羧酸的活力最强，作用范围自 12C～20C 羧酸。

（2）脂肪酸从线粒体膜外至膜内的转运——肉毒碱的作用　脂肪酸的 β-氧化在线粒体的基质中进行，而脂肪酸的活化在细胞液中进行。长链脂酰 CoA 是不能直接透过线粒体内膜的，我们现在知道长链脂酰 CoA 是通过一种特异的转运载体进入线粒体内膜的，这个载体就是肉毒碱：

$$CH_3-\overset{CH_3}{\underset{CH_3}{N^+}}-CH_2-\underset{OH}{CH}-CH_2-\overset{O}{C}-O^-$$

肉毒碱（L-3-羟基-4 三甲基铵丁酸）

其转运机制如下：肉毒碱与脂酰 CoA 结合生成脂酰肉毒碱，该反应由肉毒碱脂酰转移酶Ⅰ催化，并在线粒体膜外侧进行，脂酰肉毒碱通过线粒体内膜的转位酶穿过内膜，脂酰基与线粒体基质中的 CoA-SH 结合，重新产生脂酰CoA，释放肉毒碱。线粒体内膜内侧的肉毒碱脂酰转移酶Ⅱ催化此反应。最后经肉毒碱转位酶协助，又回到线粒体外细胞质中（见图 13-4）。

脂酰 CoA 进入线粒体是脂肪酸 β-氧化的主要限速步骤，肉毒碱脂酰转移酶Ⅰ是 β-氧化的限速酶。当饥饿、高脂低糖膳食或糖尿病时，机体不能利用糖，需要脂肪酸氧化供能，此时肉毒碱脂酰转移酶Ⅰ活性增加，脂肪酸氧化增强；相反饱食后，脂肪合成及丙二酰 CoA 浓度增加，后者抑制肉毒碱脂酰转移酶Ⅰ活性，脂肪酸的氧化被抑制。

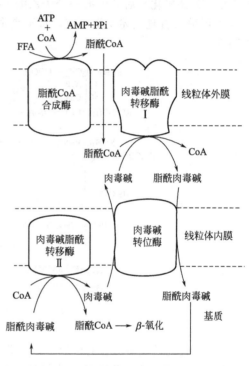

图 13-4　肉毒碱转运长链脂酰 CoA 进入线粒体的机制

（3）脱氢反应　脂酰 CoA 经脂酰 CoA 脱氢酶的催化，脱去两个氢，在其 α，β 碳之间形成一个带有反式双键的 $\triangle^2$-反烯脂酰 CoA，此脱氢酶的辅基为 FAD：

$$R-CH_2-CH_2-\overset{O}{C}-S\text{-}CoA \xrightarrow[FAD \quad FADH_2]{脂酰CoA脱氢酶} R-\overset{H}{\underset{H}{C}}=\overset{}{C}-\overset{O}{C}-S\text{-}CoA$$

（4）水合反应　$\triangle^2$-反烯脂酰 CoA 在反烯脂酰 CoA 水合酶的催化下，双键水解生成 L-β-羟脂酰 CoA：

$$R-\overset{H}{\underset{H}{C}}=\overset{}{C}-\overset{O}{C}-S\text{-}CoA \xrightarrow[H_2O]{反烯脂酰CoA水合酶} R-\overset{OH}{CH}-CH_2-\overset{O}{C}-S\text{-}CoA$$

反烯脂酰 CoA 水合酶具有立体专一性，专一催化 $\triangle^2$-反式烯脂酰 CoA。

（5）脱氢反应　L-羟脂酰 CoA 在 L-β-羟脂酰 CoA 脱氢酶的催化下，脱氢氧化生成 β-酮脂酰 CoA，该脱氢酶的辅酶为 NAD^+：

$$R-\underset{\underset{OH}{|}}{CH}-CH_2-\underset{\underset{O}{\|}}{C}-S\text{-}CoA \xrightarrow[NAD^+ \quad NADH+H^+]{\beta\text{-羟脂酰CoA脱氢酶}} R-\underset{\underset{O}{\|}}{C}-CH_2-\underset{\underset{O}{\|}}{C}-S\text{-}CoA$$

（6）硫解断链　β-酮脂酰 CoA 在 β-酮脂酰 CoA 硫解酶的催化下，和另一分子 CoA 作用，硫解产生一分子乙酰 CoA 和比原来减少了两个碳原子的脂酰 CoA：

$$RCH_2\overset{\overset{O}{\|}}{C}CH_2CO\sim SCoA + HSCoA \longrightarrow CH_3CO\sim SCoA + RCH_2CO\sim SCoA$$

综上所述，一分子脂肪酸活化生成脂酰 CoA，通过脱氢、水合、再脱氢和硫解 4 步反应（为一次 β-氧化）后，生成一分子乙酰 CoA 和少了两个碳原子的脂酰 CoA。新生成的脂酰 CoA 可继续重复上述 4 步反应，直至完全分解为乙酰 CoA 为止。脂肪酸的 β-氧化过程见图 13-5。

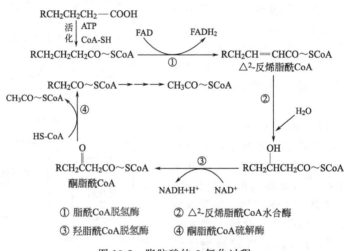

① 脂酰CoA脱氢酶　② $\triangle^2$-反烯脂酰CoA水合酶
③ 羟脂酰CoA脱氢酶　④ 酮脂酰CoA硫解酶

图 13-5　脂肪酸的 β-氧化过程

（7）β-氧化过程中能量的生成　以软脂酸为例计算其完全氧化生成的 ATP 分子数。软脂酸为十六碳酸，须经 7 次 β-氧化循环，共生成 8 分子乙酰 CoA，一次 β-氧化有两次脱氢反应，分别生成 $FADH_2$ 和 NADH，$FADH_2$ 可通过呼吸链产生 1.5 分子 ATP，NADH 通过呼吸链产生 2.5 分子 ATP，故一次反应可生成 4 分子 ATP。每分子乙酰 CoA 经循环可产生 10 分子 ATP，脂肪酸活化成脂酰 CoA 时消耗 2 分子 ATP，故 1 分子软脂酸完全氧化成 H_2O 和 CO_2 生成的 ATP 分子是：

$$7\times4+8\times10-2=106$$

1mol 软脂酸在体外彻底氧化成 CO_2 和 H_2O 时的自由能为 9791kJ，故其能量利用率为：

$$106\times51.6\div9791=55.9\%$$

即软脂酸在体内氧化生成的能量 55.9% 贮存在 ATP 中，其余以热量丧失。由此可见，脂肪酸和葡萄糖一样都是机体的重要能源。

2. 不饱和脂肪酸的氧化

机体中不饱和脂肪酸也在线粒体中进行 β-氧化，所不同的是饱和脂肪酸 β-氧化过程中产生的烯脂酰 CoA 是反式 $\triangle^2$-烯脂酰 CoA，而天然不饱和脂肪酸中的双键均为顺式。因此当不饱和脂肪酸在氧化过程中产生顺式 $\triangle^3$ 中间产物时，需经线粒体内特异的 $\triangle^3$ 顺-$\triangle^2$ 反烯脂酰 CoA 异构酶的催化，将 $\triangle^3$ 顺式转为 β-氧化酶系所需的正常的 $\triangle^2$ 反式构型，β-氧化才能进行。反应过程如下：

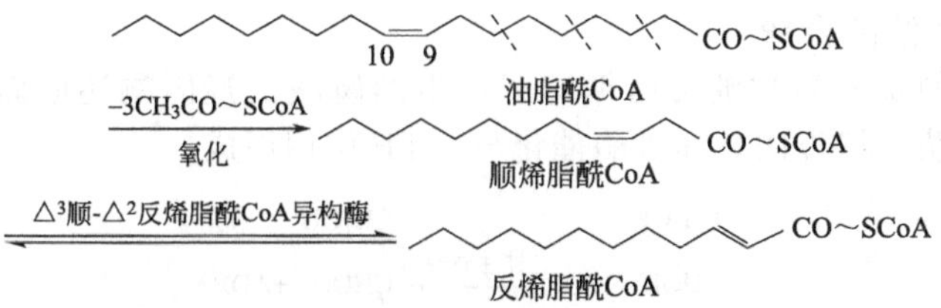

3. 奇数碳原子脂肪酸的氧化

人体含有极少数奇数碳原子脂肪酸，β-氧化后除生成乙酰 CoA 外，最后可得到丙酰 CoA。后者在含有生物素辅基的丙酰辅酶 A 羧化酶、甲基丙二酰 CoA 异构酶、甲基丙二酰 CoA 变位酶的作用下生成琥珀酰 CoA，进入 TCA 循环彻底被氧化。该反应过程如下：

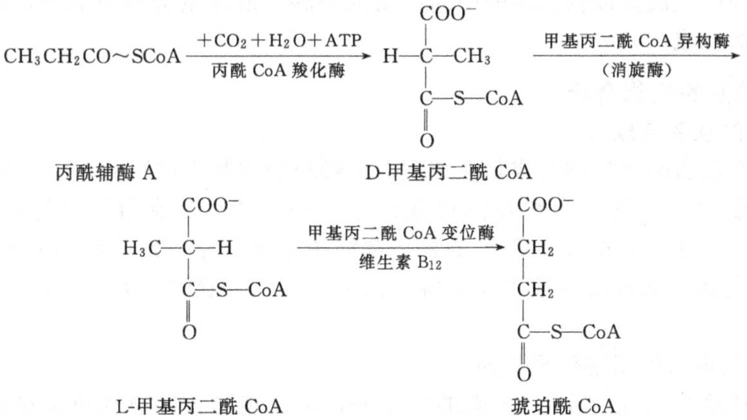

四、脂肪酸的特殊氧化

脂肪酸除进行 β-氧化作用外，还有少量可进行其他方式氧化，如 α-氧化和 ω-氧化。

1. α-氧化作用

α-氧化作用是脂肪酸在一些酶的作用下，其 α-碳原子发生氧化，结果产生 1 分子 CO_2 和比原来少 1 个碳原子的脂肪酸。

α-氧化作用首先发现于植物种子和植物叶子组织中，后来也在哺乳动物的肝和脑组织中发现，由微粒体氧化酶系催化，使游离的长链脂肪酸的 α-碳（与羧基直接相连的碳原子）被氧化成羟基，生成 α-羟脂酸。

2. ω-氧化作用

ω-氧化作用是指脂肪酸在混合功能氧化酶等酶的催化下，其 ω-碳（末端甲基碳）原子发生氧化，先生成 ω-羟脂酸，继而氧化成 α,ω-二羧酸的反应过程。最后生成的 α,ω-二羧酸可以从两端进行 β-氧化降解。

五、甘油三酯的生物合成

脂肪主要贮存于脂肪组织中。如果在一段时间内摄入的供能物质超过体内消耗所需时，体重就会增加，主要是由于体内脂肪的合成增加所致。脂肪的合成有两个途径：一种是利用食物中的脂肪转化为人体的脂肪，因为一般食物中摄入的脂肪量不多，故这种来源的脂肪亦较少；另一种是将糖类等转化为脂肪，这是体内脂肪的主要来源。脂肪组织和肝脏是体内合成脂肪的主要部位。其他许多组织如肾、脑、肺、乳腺等组织也都能合成脂肪。合成脂肪的原料是磷酸甘油和脂肪酸。

（一）α-磷酸甘油的合成

合成脂肪所需的 α-磷酸甘油可由糖酵解产生的磷酸二羟丙酮还原而得，亦可由脂肪动员产生的甘油经脂肪组织外的甘油激酶催化与 ATP 作用而成。

$$\begin{array}{c}CH_2OH \\ | \\ CHOH \\ | \\ CH_2OH\end{array} + ATP \xrightarrow{\text{甘油激酶}} \begin{array}{c}CH_2OH \\ | \\ CHOH \\ | \\ CH_2O—\text{P}\end{array} + ADP$$

葡萄糖 $\longrightarrow$ $\begin{array}{c}CH_2OH \\ | \\ C=O \\ | \\ CH_2O—\text{P}\end{array}$ $\underset{\text{磷酸甘油脱氢酶}}{\overset{NADH+H^+ \quad NAD^+}{\rightleftharpoons}}$ $\begin{array}{c}CH_2OH \\ | \\ CHOH \\ | \\ CH_2O—\text{P}\end{array}$

磷酸二羟丙酮

因磷酸甘油的生成是以糖代谢的中间产物为原料，故糖的分解有利于磷酸甘油的生成，从而促进脂肪的合成。

（二）脂肪酸的生物合成

1. 脂肪酸的从头合成

现已知饱和脂肪酸的生物合成是在细胞内非颗粒的胞浆中进行的，而饱和脂肪酸碳链的延长（十六碳链以上）则是在线粒体和微粒体中进行的。合成脂肪酸的直接原料是乙酰 CoA，凡是在体内分解生成乙酰 CoA 的物质都能用于合成脂肪酸，糖的分解物中有大量乙酰 CoA，故糖是脂肪酸合成的最主要来源。乙酰 CoA 在胞浆中脂肪酸合成酶系的催化下，合成十六碳酸。

2. 线粒体与内质网脂肪酸延长酶系

脂肪酸合成酶系只能合成到 16 碳的软脂酸，进一步延长碳链成更高级脂肪酸的作用，可由两个酶系经两条途径完成：一条由线粒体中的酶系统将脂肪酸延长；另一条由粗面内质网中的酶系统将碳链延长。

（1）线粒体脂肪酸延长酶系　在此酶系催化下，软脂酰 CoA 与乙酰 CoA 缩合生成 β-酮硬脂酰 CoA，然后由 NADPH＋H⁺ 供氢，还原为 β-羟硬脂酰 CoA，又脱水生成 α,β-硬脂烯酰 CoA，再由 NADPH＋H⁺ 供氢，还原为硬脂酰 CoA。过程与 β-氧化的逆反应基本相似，但需要 α,β-烯脂酰还原酶及 NADPH＋H⁺。通过此种方式，每一轮反应可加上 2 个碳原子，一般可延长碳链至 24 个或 26 个碳原子。

（2）内质网脂肪酸延长酶系　以丙二酸单酰 CoA 为二碳单位的供给体，由 NADPH＋H⁺ 供氢，通过缩合、加氢、脱水及再加氢反应，每一轮可增加 2 个碳原子，反复进行可使碳链逐步延长。其合成过程与软脂酸的合成相似，但脂酰基是连在 CoA-SH 上进行反应，而不是以酰基载体蛋白（ACP）为载体，一般可将脂肪酸碳链延长至 24 碳。

3. 不饱和脂肪酸的合成

人体内含有的不饱和脂肪酸主要有棕榈油酸（16：1，△⁹）、油酸（18：1，△⁹）、亚油酸（18：2，△⁹，¹²）、亚麻酸（18：3，△⁹，¹²，¹⁵）及花生四烯酸（20：4，△⁵，⁸，¹¹，¹⁴）等。前两种单不饱和脂肪酸可由人体自身合成，而后三者多不饱和脂肪酸必须从食物摄取，哺乳动物自身不能合成。这是因为动物只有△⁴、△⁵、△⁸、△⁹ 去饱和酶，缺乏△⁹ 以上的去饱和酶。而植物则含有△⁹、△¹²、△¹⁵ 去饱和酶，故亚油酸、亚麻酸及花生四烯酸称为必需脂肪酸，必须由植物获得，引入体内的亚油酸可转变为多不饱和脂肪酸。

动物体内的去饱和酶是镶嵌在肝内质网上，其催化脱氢过程已基本明了，此氧化脱氢过

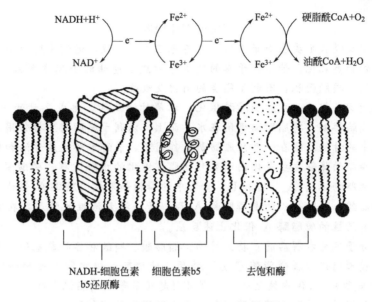

图 13-6　内质网去饱和酶及电子传递系统示意

程有线粒体外电子传递系统参与。图 13-6 显示，由 NADH 提供电子，经细胞色素 b_5 传递至 $\triangle^9$ 去饱和酶中的 Fe^{3+}，再激活 O_2 使硬脂酸脱去 2H 成油酸。

（三）甘油三酯的生物合成

脂肪的生物合成主要在肝脏、脂肪组织和小肠中进行。

2 分子脂酰 CoA 经过转酰基酶的催化，将脂酰基转移到 α-磷酸甘油分子上，生成磷酸甘油二酯，又称磷脂酸，然后水解掉磷酸基团，生成甘油二酯，再与 1 分子脂酰 CoA 作用，生成脂肪，见图 13-7。

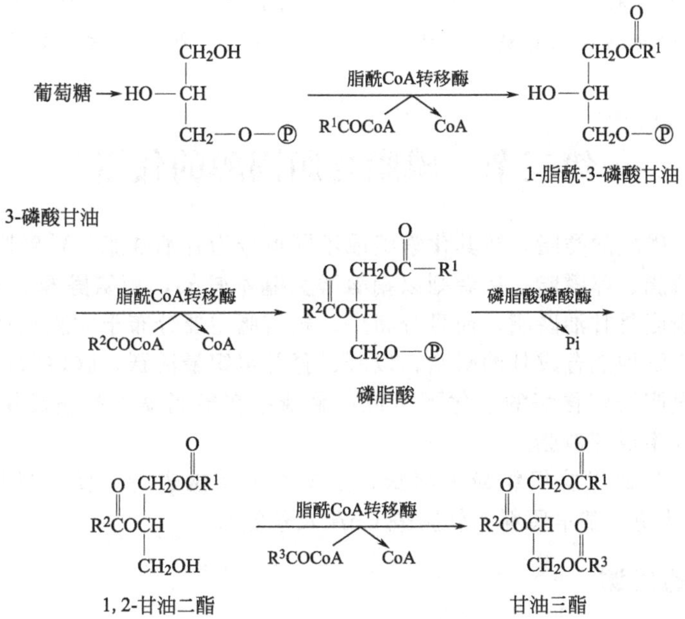

图 13-7　甘油三酯的生物合成

脂类的消化吸收

脂类的消化及吸收主要在小肠中进行，首先在小肠上段，通过小肠蠕动，由胆汁中的胆汁酸盐使食物脂类乳化，使不溶于水的脂类分散成水包油的小胶体颗粒，提高溶解度，增加了酶与脂类的接触面积，有利于脂类的消化及吸收。

食物中的脂肪乳化后，被胰脂肪酶催化，水解甘油三酯，生成 2-甘油一酯和脂肪酸。此反应需要辅脂酶协助，将脂肪酶吸附在水界面上，以利于胰脂酶发挥作用。

脂肪组织中的甘油三酯在一系列脂肪酶的作用下，最终水解生成甘油和脂肪酸。脂肪酶是限速酶。磷脂的降解主要是体内磷酸甘油脂酶催化的水解过程。磷酸甘油脂酶分为 4 类，即磷酸甘油脂酶 A_1、A_2、C 和 D。食物中的磷脂如果被磷脂酶 A_2 催化，则水解生成溶血磷脂和脂肪酸。胰腺分泌的是磷脂酶 A_2 原，是一种无活性的酶原，在肠道被胰蛋白酶水解后成为有活性的磷脂酶 A_2 催化上述反应。

甘油磷脂分子完全水解后的产物为甘油、脂肪酸、磷酸和各种氨基醇。鞘氨磷脂的分解代谢由神经鞘磷脂酶（属磷脂酶 C 类）作用，使磷酸酯键水解产生磷酸胆碱及神经酰胺（N-脂酰鞘氨醇）。若体内缺乏此酶，则可引起痴呆等鞘磷脂沉积病。

食物中的胆固醇酯被胆固醇酯酶水解，生成胆固醇及脂肪酸。

食物中的脂类经上述胰液中酶类消化后，生成甘油一酯、脂肪酸、胆固醇及溶血磷脂等，与胆汁乳化成混合微团，微团体积很小可被肠黏膜细胞吸收。

脂类的吸收主要在十二指肠下段和盲肠。甘油及中短链脂肪酸无需混合微团协助，直接吸收入小肠黏膜细胞后，进而通过门静脉进入血液。长链脂肪酸及其他脂类消化产物随微团吸收入小肠黏膜细胞。长链脂肪酸在脂酰 CoA 合成酶催化下，生成脂酰 CoA，此反应消耗 ATP。

脂酰 CoA 在转酰基酶作用下，将甘油一酯、溶血磷脂和胆固醇酯化生成相应的甘油三酯、磷脂和胆固醇酯。生成的甘油三酯、磷脂、胆固醇酯及少量胆固醇，与细胞内合成的载脂蛋白构成乳糜微粒，通过淋巴最终进入血液，被其他细胞所利用。

食物中脂类的吸收与糖的吸收不同，大部分脂类通过淋巴直接进入体循环，而不通过肝脏。因此食物中的脂类主要被肝外组织利用，肝脏利用外源的脂类是很少的。

第三节　磷脂与胆固醇的代谢

磷脂是一类含磷酸的类脂，按其化学组成不同可分为甘油磷脂与鞘磷脂，前者以甘油为基本骨架，如脑磷脂、卵磷脂；后者则以鞘氨醇为基本骨架，鞘氨醇磷脂构成神经组织膜。体内含量最多的磷脂是甘油磷脂，而且分布广。鞘磷脂主要分布于大脑和神经髓鞘中。

人的全身各组织均能合成甘油磷脂，以肝、肾等组织最活跃。脑磷脂可由甘油二酯和胞二磷胆胺在磷脂酰胆胺转移酶的催化下生成；脑磷脂在磷脂酰乙醇胺转甲基酶的催化下与 S-腺苷蛋氨酸反应生成卵磷脂。

鞘磷脂的合成代谢以脑组织最为活跃，主要在内质网进行。反应过程需磷酸吡哆醛，$NADPH+H^+$ 等辅酶，基本原料为软脂酰 CoA 及丝氨酸。

一、甘油磷脂的代谢

甘油磷脂由甘油、脂肪酸、磷酸及含氮化合物等组成，其基本结构为：

$$\begin{array}{c} O \\ \| \\ O \quad H_2C-O-C-R^1 \\ \| \quad | \\ R^2-C-O-CH \\ | \\ H_2C-O-P-O-X \\ \| \\ O \end{array}$$

在甘油的 1 位和 2 位羟基上各结合 1 分子脂酸，通常 2 位脂酸为花生四烯酸。3 位羟基上结合 1 分子磷酸。根据与磷酸羟基相连的取代基团不同，可将甘油磷脂分为磷脂酰胆碱（卵磷脂）、磷脂酰乙醇胺（脑磷脂）、磷脂酰丝氨酸及磷脂酰肌醇等（表 13-1）。体内以卵磷脂和脑磷脂的含量最多，占组织及血液中磷脂的 75% 以上。

表 13-1　体内几种重要的甘油磷脂

X 取 代 基	磷 脂 名 称
$-CH_2CH_2N^+(CH_3)_3$	磷脂酰胆碱
$-CH_2CH_2NH_2$	磷脂酰乙醇胺
$-CH_2CHCOOH$ 　　　NH_2	磷脂酰丝氨酸
（肌醇结构式）	磷脂酰肌醇

1. 甘油磷脂的分解代谢

生物体内存在着能使甘油磷脂水解的多种磷脂酶类，它们作用的部位及生成的产物见图 13-8。磷脂酶 A_1 和磷脂酶 A_2 分别作用于甘油磷脂的 1 位和 2 位酯键，磷脂酶 B_1 和磷脂酶 B_2 分别作用于溶血磷脂的 1 位和 2 位酯键，磷脂酶 C 作用于 3 位的磷酸酯键，而磷脂酶 D 则作用于磷酸取代基间的酯键。

磷脂酶 A_2 存在于各组织细胞膜和线粒体膜，以酶原形式存在于胰腺中，其作用是催化甘油磷脂中 2 位酯键水解生成溶血磷脂和多不饱和脂肪酸。溶血磷脂是一种较强的表面活性物质，能使红细胞膜或其他细胞膜破坏引起溶血或细胞坏死。临床上急性胰腺炎的发病，就是由于某种原因使磷脂酶 A_2 激活，导致胰腺细胞膜受损，胰腺组织坏死。毒蛇唾液中含有磷脂酶 A_2，因此被毒蛇咬伤后可引起溶血。

甘油磷脂最终被完全水解为脂肪酸、甘油、磷酸、胆碱、胆胺等，它们分别参与代谢。脂肪酸经 β-氧化作用而分解，甘油可纳入糖代谢中，胆碱经氧化和脱甲基作用生成甘氨酸。

2. 甘油磷脂的生物合成

体内甘油磷脂一部分由食物中来，另一部分在各组织内质网上经过一系列的酶催化而成。全身各组织细胞均可合成甘油磷脂，肝、肾及小肠等组织是合成甘油磷脂最活跃的场所。合成的原料为磷酸、甘油、脂肪酸、胆碱或乙醇胺等。其中必需脂肪酸只能由食物供应，其他原料可在体内合成，如蛋白质分解所产生的甘氨酸、丝氨酸及甲硫氨酸即可作为乙醇胺、胆碱的原料。磷脂酰胆碱（卵磷脂）及磷脂酰乙醇胺（脑磷脂）合成的基本过程见图 13-9。

丝氨酸可转变成乙醇胺，再由甲硫氨酸提供甲基合成胆碱。胆碱和乙醇胺在相应激酶和

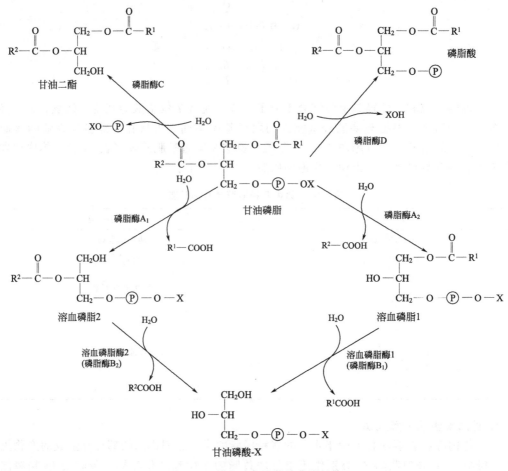

图 13-8　甘油磷脂的分解代谢过程

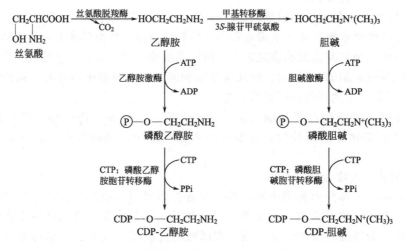

图 13-9　胆碱和乙醇胺的生成及活化过程

相应转移酶的催化下，由 ATP 和 CTP 激活，生成胞苷二磷酸胆碱（CDP-胆碱）和胞苷二磷酸乙醇胺（CDP-乙醇胺），然后再参与各种合成代谢。

二、鞘磷脂的代谢

鞘磷脂是含鞘氨醇的磷脂，由鞘氨醇、脂肪酸、磷酸及含氮化合物等组成，其基本结构为：

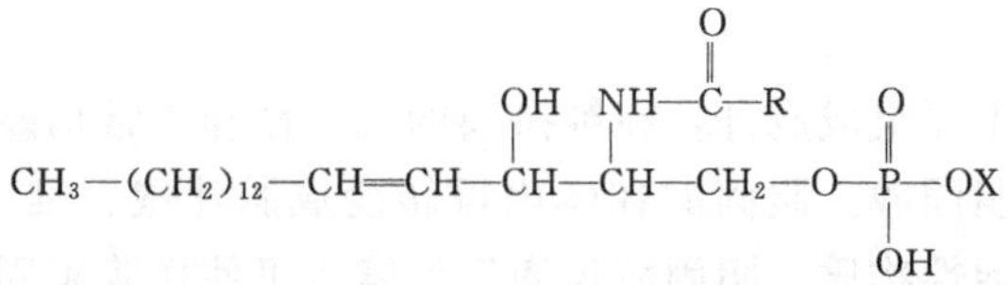

$$CH_3-(CH_2)_{12}-CH=CH-CH-CH-CH_2-O-P-OX$$

鞘氨醇是一类含 $16\sim20$ 个碳原子（以 18 个碳原子为主）的长链不饱和氨基二元醇，其氨基与脂肪酸通过酰胺键相连，其碳链末端的羟基与含磷酸的基团通过磷酸酯键相连，若此基团为磷酸胆碱即为神经鞘磷脂。神经鞘磷脂是体内含量最多的鞘磷脂，它是神经髓鞘的主要成分，也是构成生物膜的重要磷脂。神经髓鞘中脂类含量很高，约占干重的 97%，其中 5% 为神经鞘磷脂，人红细胞膜所含的神经鞘磷脂可达 $20\%\sim30\%$。

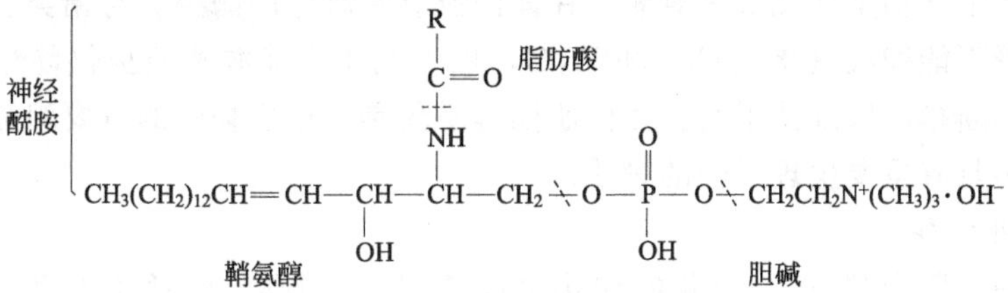

神经酰胺 ｜ R C=O 脂肪酸 NH
$$CH_3(CH_2)_{12}CH=CH-CH-CH-CH_2-O-P-O-CH_2CH_2N^+(CH_3)_3\cdot OH^-$$

鞘氨醇　　　　　　　　　胆碱

神经磷脂

脑苷脂是脑细胞膜的重要组分，由 β-己糖（葡萄糖或半乳糖）、脂肪酸（$22\sim26$ 个碳原子，其中最普遍的是 α-羟基二十四碳羧酸）和鞘氨醇各 1 分子组成，因为是以中性糖作为极性头部，故属于中性糖鞘脂类。重要的代表物是葡萄糖脑苷脂、半乳糖脑苷脂和硫酸脑苷脂（脑硫脂）。

神经节苷脂类是一类结构复杂的酸性糖鞘脂类。大脑灰质中含有丰富的神经节苷脂类，约占全部脂类的 6%，非神经组织中也含有少量的神经节苷脂。神经节苷脂类的组成如下：

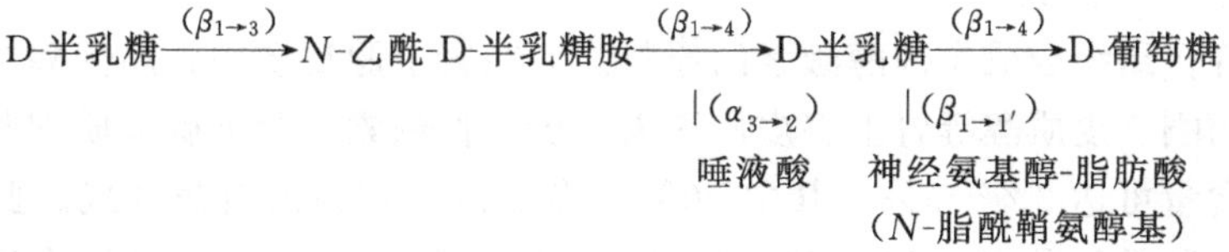

D-半乳糖 $\xrightarrow{(\beta_{1\to3})}$ N-乙酰-D-半乳糖胺 $\xrightarrow{(\beta_{1\to4})}$ D-半乳糖 $\xrightarrow{(\beta_{1\to4})}$ D-葡萄糖
　　　　　　　　　　　　　$|(\alpha_{3\to2})$　　$|(\beta_{1\to1'})$
　　　　　　　　　　　　唾液酸　　神经氨基醇-脂肪酸
　　　　　　　　　　　　　　　　（N-脂酰鞘氨醇基）

三、胆固醇的代谢

胆固醇是最早由动物胆石中分离出的具有羟基的固体醇类化合物，故称为胆固醇。胆固醇有两种存在形式：游离胆固醇和酯化胆固醇，后者又称为胆固醇酯。游离胆固醇是胆固醇的代谢形式，而胆固醇酯则是胆固醇的贮存形式。所有固醇（包括胆固醇）均具有环戊烷多氢菲的基本结构，不同固醇的区别是碳原子数及取代基不同。胆固醇的结构如下：

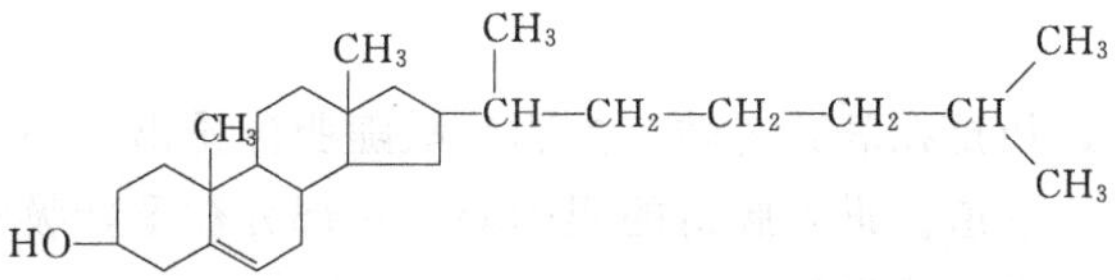

胆固醇

正常成年人体内胆固醇总量约为 140g，平均含量约为 2g/kg 体重。胆固醇广泛分布于体内各组织，但分布极不均一，大约 1/4 分布于脑及神经组织，约占脑组织的 2%。肝、肾、肠等内脏组织中胆固醇的含量也比较高，每 100g 组织含 200~500mg，而肌肉组织中胆固醇的含量较低，每 100g 组织含 100~200mg。肾上腺皮质、卵巢等组织胆固醇含量最高，可达 1%~5%。

胆固醇是生物膜的重要组成成分，在维持膜的流动性和正常功能方面起重要作用。膜结构中的胆固醇均为游离胆固醇。胆固醇在体内可转变成胆汁酸、维生素 D_3、肾上腺皮质激素及性激素等重要生理活性物质。胆固醇代谢发生障碍可使血浆胆固醇增高，是形成动脉粥样硬化的一种危险因素。

体内的胆固醇有两个来源即内源性胆固醇和外源性胆固醇。外源性胆固醇由膳食摄入，内源性胆固醇由机体自身合成，正常人 50% 以上的胆固醇来自机体自身合成。

(一) 胆固醇的转变与排泄

胆固醇的基本结构是环戊烷多氢菲，在体内没有降解它的酶类。与糖类、脂肪和蛋白质不同，胆固醇既不能彻底氧化成 CO_2 和 H_2O，也不能作为能源物质提供能量，若在体内堆积则有害，可不断排出以维持平衡。体内胆固醇不仅是构成生物膜的重要组分，而且还可以转变成其他许多具有重要生理活性的物质。

1. 转化为胆汁酸

在肝细胞中，胆固醇由 7α-羟化酶催化生成 7α-羟胆固醇，后者经还原、羟化等多步反应可生成各种胆汁酸，再与甘氨酸、牛磺酸结合，生成甘氨胆酸或牛磺胆酸等胆汁酸，这是胆固醇在体内代谢的主要去路。胆汁酸属两性分子，其结构中既含有亲水基团，又含有疏水基团，能够降低油水两相间的表面张力。因此，胆汁酸在肠道可促进脂类及脂溶性维生素的消化和吸收，在胆汁中能溶解胆固醇，起抑制胆石形成的作用。正常人每天合成的胆固醇约有 40% 在肝中转化为胆汁酸。

因此，胆汁酸在肠道可促进脂质乳化，并与脂质的消化产物形成胆汁酸混合微团，在脂质的消化、吸收过程中起重要作用。

2. 转化为类固醇激素

胆固醇是许多组织合成类固醇激素的原料。如在肾上腺皮质中，胆固醇在一系列酶的催化下可合成醛固酮、皮质醇等肾上腺皮质激素及少量性激素。肾上腺皮质细胞中贮存着大量的胆固醇酯，含量可达 2%~5%，其中 90% 来自血液，10% 由自身合成。此外，睾丸间质细胞合成睾酮，卵巢的卵泡内膜细胞及黄体合成雌二醇及孕酮，妊娠期胎盘合成的雌三醇等，其原料均为胆固醇。

3. 转化为维生素 D_3

胆固醇经脱氢氧化生成 7-脱氢胆固醇，人体皮肤细胞内的 7-脱氢胆固醇在紫外线照射后能转变成胆钙化醇，又称维生素 D_3。维生素 D_3 经肝细胞内质网的 25-羟化酶催化生成 25-羟维生素 D_3，后者再经肾小管上皮细胞线粒体内的 1α-羟化酶催化形成 1,25-二羟维生素 D_3，即活性维生素 D_3。它在钙磷代谢中起重要的调节作用。

4. 胆固醇的排泄

胆固醇排泄的主要途径是在肝脏内转变为胆汁酸随胆汁排出。一部分胆固醇也可以直接随胆汁和通过肠黏膜排入肠道。进入肠道的胆固醇，一部分被重新吸收，另一部分则被肠道细菌还原，变成粪固醇随粪便排出体外，见图 13-10。

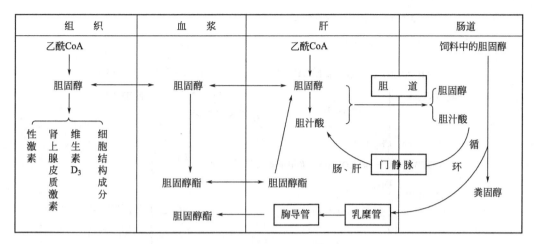

图 13-10　胆固醇在体内的转运

（二）胆固醇的生物合成

1. 合成部位

除脑组织及成熟红细胞外，成人几乎全身各组织均可合成胆固醇，体内每天可合成 1g。肝脏是体内合成胆固醇的主要场所，体内胆固醇 $70\%\sim80\%$ 由肝合成。胆固醇合成酶系存在于胞液及光面内质网膜上，因此胆固醇的合成主要在胞液及内质网中进行。

2. 合成原料

乙酰 CoA 是合成胆固醇的原料，它是糖、氨基酸及脂肪酸在线粒体内的分解代谢产物。通过柠檬酸-丙酮酸循环（见脂肪酸的生物合成），源源不断地将乙酰 CoA 从线粒体内转运到胞液中。每转运 1 分子乙酰 CoA 消耗 1 分子 ATP。除了乙酰 CoA 外，胆固醇的合成还需要大量的 $NADPH+H^+$ 及 ATP 供给反应所需的氢及能量。每合成 1 分子胆固醇需 18 分子乙酰 CoA、36 分子 ATP 及 10 分子 $NADPH+H^+$。前二者主要来自线粒体糖的有氧氧化，而 NADPH 主要来自胞液中糖的磷酸戊糖通路。

3. 合成的基本过程

胆固醇的合成过程极其复杂，有将近 30 步酶促反应，大致可分为以下三个阶段。

（1）甲羟戊酸的合成　在胞液中，2 分子乙酰 CoA 在乙酰乙酰硫解酶催化下，缩合成乙酰乙酰 CoA，然后在胞液中羟甲基戊二酸单酰 CoA 合成酶的催化下，再与 1 分子乙酰 CoA 缩合成羟甲基戊二酸单酰 CoA（HMG-CoA）。HMG-CoA 是合成胆固醇及酮体的重要中间体。在线粒体中 HMG-CoA 裂解后生成酮体，而在胞液中生成的 HMG-CoA 则在内质网 HMG-CoA 还原酶的催化下，由 $NADPH+H^+$ 供氢，还原生成甲羟戊酸（MVA）。这步反应是胆固醇合成的限速步骤。

（2）鲨烯的合成　MVA（C_6）与 2 分子 ATP 作用合成 5-焦磷酸 MVA，再与 ATP 作用在胞浆中一系列酶的催化下经脱羧、脱水及磷酸化生成活泼的异戊烯醇焦磷酸酯（IPP，C_5）。然后 IPP 和 3,3-二甲基丙烯焦磷酸酯（DPP）合成焦磷酸牻牛儿酯（GPP），GPP 和另 1 分子 IPP 缩合成焦磷酸法呢酯，2 分子 FPP 在内质网鲨烯合成酶的作用下，缩合、还原生成 30C 的多烯烃——鲨烯。

（3）胆固醇的合成　鲨烯有与胆固醇母核相似的结构，鲨烯结合在胞液中固醇载体蛋白（SCP）上，经内质网单加氧酶、环化酶等作用，环化生成羊毛固醇，后者再经氧化、脱羧、还原等反应，脱去 3 分子 CO_2 生成 27C 的胆固醇。全部合成过程见图 13-11。

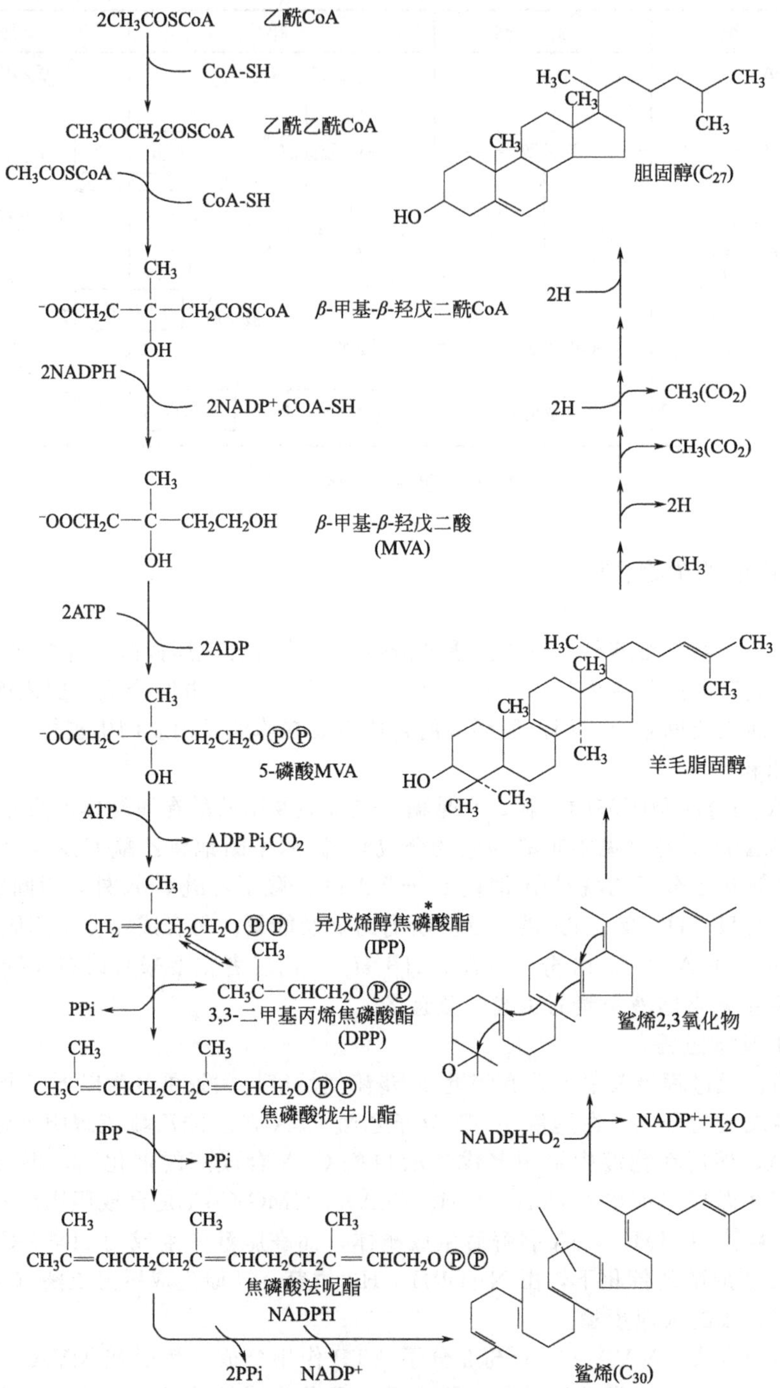

图 13-11 胆固醇的生物合成途径

(三) 酮体的生产和利用

在正常情况下，脂肪酸在心肌、肾脏、骨骼肌等组织中能彻底氧化成 CO_2 和 H_2O。但在肝脏细胞中氧化则不完全，经常生成一些中间产物，即乙酰乙酸、β-羟丁酸和丙酮，三者统称为酮体。

1. 酮体的生成

酮体主要在肝细胞线粒体中由乙酰 CoA 缩合而成。在动物体内，当糖供应缺乏时，便动用脂肪分解供能。脂肪分解主要在肝脏中进行。由于糖的缺乏，使草酰乙酸的来源显著减少，而脂肪酸降解所产生的大量乙酰 CoA，因草酰乙酸的不足不能进入三羧酸循环彻底氧化。这样乙酰 CoA 在肝细胞线粒体内活性较强的酮体合成酶系的催化下合成酮体，见图 13-12。

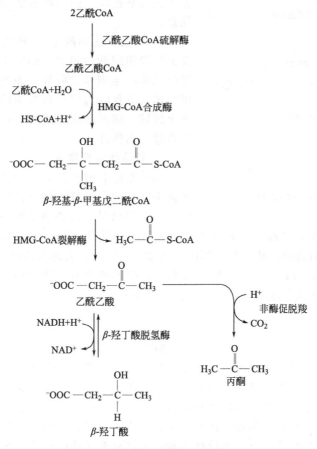

图 13-12　酮体的生成

① 两分子乙酰 CoA 在乙酰乙酰 CoA 硫解酶的催化下，缩合成乙酰乙酰 CoA，并释放出 1 分子 HS-CoA。

② 乙酰乙酰 CoA 再与 1 分子乙酰 CoA 在 β-羟基-β-甲基戊二酸单酰 CoA（HMG-CoA）合成酶的催化下缩合成 β-羟基-β-甲基戊二酸单酰 CoA，并释放出 1 分子 HS-CoA。

③ HMG-CoA 在 β-羟基-β-甲基戊二酸单酰 CoA 裂解酶的催化下裂解成乙酰乙酸和乙酰 CoA。乙酰乙酸在肝脏线粒体内膜 β-羟丁酸脱氢酶的催化下被还原生成 β-羟丁酸；部分乙酰乙酸脱去羧基生成丙酮。其中 HMG-CoA 合成酶是酮体生成的限速酶。除肝脏外，反刍动物的瘤胃也是生成酮体的重要场所，肾脏也能生成少量酮体。

2. 酮体的利用

肝脏中虽有活性较强的酮体合成酶系，但是肝脏氧化酮体的酶活性却很低。肝脏产生的酮体透过细胞膜随血液送到肝外组织进行氧化分解。氧化酮体的酶及其反应过程见图 13-13。

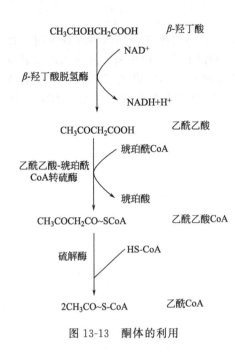

图 13-13　酮体的利用

（1）乙酰乙酸-琥珀酸 CoA 转硫酶　心、肾、脑及骨骼肌的线粒体具有较高的酶活性。在有琥珀酰 CoA 存在时，此酶能使乙酰乙酸活化生成乙酰乙酸 CoA。

（2）乙酰乙酰硫解酶　乙酰乙酸 CoA 在乙酰乙酰 CoA 硫解酶的催化下生成 2 分子乙酰 CoA，然后进入三羧酸循环，彻底氧化成 CO_2 和 H_2O，并释放能量。

乙酰乙酸-琥珀酰 CoA 转硫酶在心肌、骨骼肌及大脑等组织活性很高，而肝脏缺乏这种酶，所以肝脏只能产生酮体供肝外组织利用，而本身不能利用酮体。少量的丙酮可转变为丙酮酸或乳酸，进而异生成糖。同时丙酮又是挥发性物质，还可通过肺部直接呼出体外。

3. 酮体的生理意义

酮体是脂肪酸在肝脏不完全氧化分解时产生的正常中间产物，是肝脏输出能源的一种形式。当机体缺少葡萄糖时，需要动员脂肪供应能量。肌肉组织对脂肪酸的利用能力有限，因此优先利用酮体以节约葡萄糖来满足脑组织对葡萄糖的需要。大脑不能利用脂肪酸，却能利用酮体。例如在饥饿时，人的大脑可利用酮体代替其所需葡萄糖的 25％左右。由此可见，与脂肪酸相比，酮体能更有效地代替葡萄糖。机体通过肝脏将脂肪酸集中"转化"成酮体，以利于其他组织利用。

> **知识链接**
>
> **酮病**
>
> 正常情况下，肝脏产生酮体的速率与肝外组织分解酮体的速率是动态平衡的，血液中酮体含量很少。但在某些情况下，如长期饥饿、高产乳牛开始泌乳后及绵羊妊娠后期，可见到酮体生成量多于肝外组织的消耗量，在体内积存，引起酮病。患酮病时不仅血中酮体含量升高，酮体还可随乳、尿排出体外，分别称为酮血症、酮乳症、酮尿症，其中酮尿症最先出现。由于酮体的主要成分为酸性物质，因此大量积存的结果会导致机体发生代谢性酸中毒。

四、丙酸的代谢

动物体内的脂肪酸绝大多数为偶数碳原子，但也有含有奇数碳原子的脂肪酸。例如，反刍动物瘤胃中发酵产生的挥发性低级脂肪酸，主要为乙酸（70％），其次是丙酸（20％）和丁酸（10％），其中丙酸就是奇数碳原子脂肪酸。

此外，许多氨基酸脱氨基后也生成奇数碳原子脂肪酸。长链奇数碳原子的脂肪酸在开始分解时和偶数碳原子脂肪酸一样，每经过一次 β-氧化过程去掉 2 个碳原子。当分解到只剩下末端 3 个碳原子时，即丙酰辅酶 A 时，就不再进行氧化，而是被羧化成甲基丙二酸单酰辅酶 A，继续进行代谢。丙酸代谢过程如图 13-14 所示。

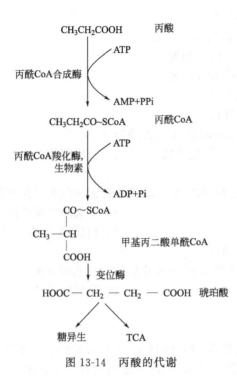

图 13-14 丙酸的代谢

课后习题

一、名词解释

脂类 脂肪酸的 β-氧化作用 必需脂肪酸 酮体

二、填空题

1. 脂类从化学本质上来看是_____和_____所形成的酯类及其衍生物。脂肪是_____和_____缩合而成的化合酯，也称_____。其中在室温下为固态的称为_____，也称真脂或中性脂，在室温下为液态的称为_____或脂性油。

2. 脂肪大量动员产生的脂肪酸经多次 β-氧化全部转变为乙酰 CoA，乙酰 CoA 在肝脏中主要转变为_____；类脂包括_____、糖脂、_____及固醇酯类等。

3. 所有高等动物脂肪酸的合成都要以乙酰 CoA 为原料，在非反刍动物中，乙酰 CoA 主要来自_____，也有少量来自_____和_____，它们都存在于_____中。

4. 脂肪酸的 β-氧化包括_____、_____、_____和_____四个步骤。

5. 脂酰 CoA 由线粒体外进入线粒体内需要_____及_____转移酶Ⅰ和Ⅱ参加，参与该过程的移位酶是膜上的插入蛋白。

6. ACP 是_____，它在体内的作用是在脂肪酸合成过程中用作脂酰基载体。

三、单选题

1. 合成甘油酯最强的器官是（   ）。

    A. 肝   B. 肾   C. 脑   D. 小肠

2. 还原 $NADP^+$ 生成 NADPH 为合成代谢提供还原势，NADPH 中的氢主要来自于（   ）。

    A. 糖酵解   B. 柠檬酸循环   C. 磷酸己糖支路   D. 氧化磷酸化

3. 卵磷脂含有的成分是（ ）。

   A. 脂肪酸、甘油、磷酸和乙醇胺

   B. 脂肪酸、甘油、磷酸和胆碱

   C. 脂肪酸、甘油、磷酸和丝氨酸

   D. 脂肪酸、磷酸和胆碱

   E. 脂肪酸、甘油、磷酸

4. 脂肪酸分解产生的乙酰辅酶 A 的去路是（ ）。

   A. 合成脂肪酸　　B. 氧化供能　　　C. 合成酮体　　　D. 合成胆固醇

   E. 以上都是

5. 脂肪酸生物合成时乙酰辅酶 A 从线粒体转运至胞浆的循环是（ ）。

   A. 三羧酸循环　　　　　　　　　　B. 苹果酸穿梭作用

   C. 糖醛酸循环　　　　　　　　　　D. 丙酮酸-柠檬酸循环

   E. 磷酸甘油穿梭作用

6. 奇数碳原子脂肪酰辅酶 A 经 β-氧化后除生成乙酰辅酶 A 外，还有（ ）。

   A. 丙二酰辅酶 A　　　　　　　　B. 丙酰辅酶 A　　C. 琥珀酰辅酶 A

   D. 乙酰乙酰辅酶 A　　　　　　　　　　　　　　　E. 乙酰辅酶 A

四、简答题

1. 1mol 硬脂酸完全氧化成 CO_2 和 H_2O 可生成多少摩尔 ATP？

2. 假设在线粒体外生成的 NADH 都通过磷酸甘油穿梭进入线粒体，1mol 甘油完全氧化成 CO_2 和 H_2O 时可净生成多少摩尔 ATP？

3. 试述脂肪酸氧化分解与合成的异同。

答案

一、名词解释：（略）

二、填空题

1. 脂肪酸、醇、1 分子甘油、3 分子脂肪酸、甘油三酯、脂、油。

2. 酮体、磷脂、胆固醇。

3. 糖代谢（丙酮酸氧化脱羧）、脂肪酸 β-氧化、氨基酸氧化分解、线粒体。

4. 脱氢、加水、再脱氢、硫解。

5. 肉碱、脂酰肉碱。

6. 酰基载体蛋白。

三、单选题：ACBEDB

四、简答题：（略）

第十四章 生物合成

    蛋白质是生命活动的重要物质基础，需要不断的代谢和更新。蛋白质的生物合成是基因表达的结果，是生命现象的主要内容。每一个蛋白质分子的合成都受细胞内 DNA 的指导，但是贮存遗传信息的 DNA 不是蛋白质合成的直接模板，是经过转录作用将遗传信息传递到信使核糖核酸（mRNA）的结构中，然后再合成。在 mRNA 中只含有 4 种核苷酸，而蛋白质是由 20 种左右的氨基酸组成。所以，人们把它们之间遗传信息的传递，比喻成从一种语言翻译成另一种语言，也把以 mRNA 为模板的蛋白质合成过程称为翻译。

    遗传学已经证实，DNA 是生物遗传信息的携带者，并且可以进行自我复制，这就保证了亲代细胞的遗传信息可以正确地传递到子代细胞中。但是完整的表现出生命活动的特征，细胞还必须以 DNA 为模板合成 RNA，再以 RNA 为模板指导合成各种蛋白质，最后由这些蛋白质表现出生命活动的特征。上述遗传信息的传递方向，构成了分子遗传学的中心法则。遗传学的中心法则如图 14-1 所示。

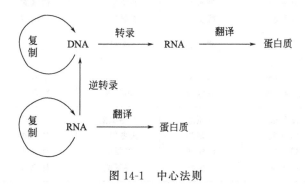

图 14-1　中心法则

第一节　蛋白质的生物合成

一、RNA 在蛋白质生物合成中的作用

    mRNA 是合成蛋白质的模板，tRNA 是运载各种氨基酸的特异工具，核糖体是蛋白质合成的场所。各种氨基酸在各自的运载工具携带下，按照信使核糖核酸（mRNA）的模板要求，以肽键结合，生成具有一定氨基酸顺序的蛋白质。

    DNA 会指导不同的 mRNA 的合成，进而生成不同的蛋白质。

（一）mRNA 与遗传密码

1. mRNA

mRNA 是单链线性分子，大约由 400~1000 个核苷酸组成。mRNA 把从细胞核内 DNA 中转录出来的遗传信息带到细胞质中的核糖体上，以此为模板合成蛋白质。

2. 遗传密码

已知组成 mRNA 的核苷酸有 4 种，组成蛋白质的氨基酸有 20 种。那么 mRNA 是如何指导氨基酸以正确的顺序连接起来的？现已证明 mRNA 分子中每 3 个相邻的核苷酸编码一个特定的氨基酸。编码一个特定氨基酸的三联体核苷酸称为三联体密码子（简称密码子）。遗传密码是指 mRNA 中核苷酸排列顺序与蛋白质中的氨基酸排列顺序的关系。

遗传密码是编码在核酸分子上，由 5′→3′ 方向编码、不重叠、无标点的三联体密码子。在这些密码子中，UAA、UAG、UGA 为终止密码子，不代表任何氨基酸。其中 AUG 代表甲硫氨酸的密码子，也是"起始"密码。所以，蛋白质合成的第一个氨基酸一般为甲硫氨酸。各种密码子代表的氨基酸如表 14-1 所示。

表 14-1　遗传密码表

第一个核苷酸(5′)	第二个核苷酸				第三个核苷酸(3′)
	U	C	A	G	
U	苯丙氨酸	丝氨酸	酪氨酸	半胱氨酸	U
	苯丙氨酸	丝氨酸	酪氨酸	半胱氨酸	C
	亮氨酸	丝氨酸	终止密码	终止密码	A
	亮氨酸	丝氨酸	终止密码	色氨酸	G
C	亮氨酸	脯氨酸	组氨酸	精氨酸	U
	亮氨酸	脯氨酸	组氨酸	精氨酸	C
	亮氨酸	脯氨酸	谷氨酰胺	精氨酸	A
	亮氨酸	脯氨酸	谷氨酰胺	精氨酸	G
A	异亮氨酸	苏氨酸	天冬酰胺	丝氨酸	U
	异亮氨酸	苏氨酸	天冬酰胺	丝氨酸	C
	异亮氨酸	苏氨酸	赖氨酸	精氨酸	A
	甲硫氨酸	苏氨酸	赖氨酸	精氨酸	G
G	缬氨酸	丙氨酸	天冬氨酸	甘氨酸	U
	缬氨酸	丙氨酸	天冬氨酸	甘氨酸	C
	缬氨酸	丙氨酸	谷氨酸	甘氨酸	A
	缬氨酸	丙氨酸	谷氨酸	甘氨酸	G

遗传密码具有简并性、连续性、通用性。

（1）简并性　密码子共有 64 个，除 UAA、UAG、UGA 终止密码不代表任何氨基酸外，其余 61 个密码子负责编码 20 种氨基酸。因此，出现同一个氨基酸有两个或多个密码子编码的现象，这种现象称为密码子的简并性。同一种氨基酸的不同密码子称为同义密码子。在所有氨基酸中只有色氨酸和甲硫氨酸仅有一个密码子。

（2）连续性　遗传密码在 mRNA 中是连续的，相邻的两个密码子之间没有任何核苷酸间隔。在合成蛋白质的过程中，同一个密码子不会重复阅读。因此，从起始密码开始，一个密码一个密码地连续进行翻译，直到出现终止密码为止。

（3）通用性　密码的通用性是指各种高等和低等生物，包括病毒、细菌和真核生物，基本上共用一套遗传密码。

（二）tRNA 的作用

在蛋白质合成中，转运 RNA（tRNA）是搬运活性氨基酸的工具。tRNA 携带氨基酸的部位是氨基酸臂的 3′末端。在 tRNA 链的反密码环上，由 3 个特定的碱基组成一个反密码子，反密码子与密码子相反。由反密码子按碱基配对原则识别 mRNA 链上的密码子（见图 14-2）。

因此，tRNA 的主要功能是识别 mRNA 上的密码子和携带与密码子相对应的氨基酸，并将氨基酸转移到核糖体中，合成蛋白质。

（三）rRNA 与核糖体

rRNA 和蛋白质结合成核糖核蛋白，简称核糖体，是蛋白质合成的场所。核糖体由两个亚基组成。原核细胞核糖体为 70S，由 50S 和 30S 两个亚基组成。真核细胞核糖体为 80S，由 60S、40S 两个亚基组成。小亚基有供 mRNA 附着的部位，可以容纳两个密码的位置。大亚基有供 tRNA 结合的两个位点，一个是 P 位点，是 tRNA 携带多肽链占据的位点，又称肽酰基位点；另一个叫做 A 位点，为 tRNA 携带氨基酸占据的位点，又称氨酰基位点。图 14-3 为核糖体图解。

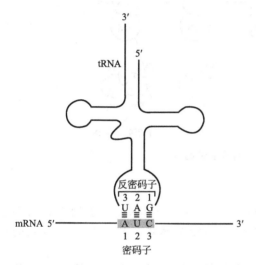

图 14-2　密码子与反密码子之间的识别

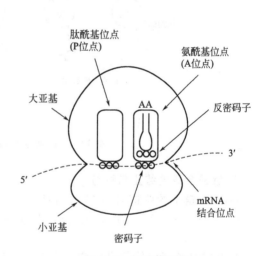

图 14-3　核糖体图解

二、蛋白质生物合成的过程

蛋白质的合成过程比较复杂。目前对大肠杆菌的蛋白质合成过程研究得比较清楚，所以以下过程为原核生物的情况，在真核生物中情况更为复杂。蛋白质合成的过程，可以大致分为 4 个阶段：氨基酸的活化、肽链合成的起始、肽链的延长、肽链合成的终止与释放。

1. 氨基酸的活化

氨酰-tRNA 合成酶能识别并使氨基酸的羧基与 tRNA 3′端腺苷酸核糖基上 3′-OH 缩水形成酯键。反应分两步进行。

$$氨基酸＋tRNA＋ATP \longrightarrow 氨酰\text{-}tRNA＋AMP＋PPi$$

tRNA 与相应的氨基酸结合是蛋白质合成的关键，tRNA 携带正确的氨基酸，多肽的合成准确性才有保障。氨酰-tRNA 合成酶有氨基酰化部位和水解活性部位，能纠正酰化的错配。

原核生物起始氨基酸是甲酰甲硫氨酸，真核生物起始氨基酸是甲硫氨酸。

2. 肽链合成的起始

蛋白质合成的起始包括 mRNA、核糖体的 30S 亚基与甲酰甲硫氨酸-tRNA 结合形成 30S 复合物，接着进一步形成 70S 复合物。此过程需要起始因子的参与，起始因子（IF）是与起始复合物形成有关的所有蛋白质因子。真核细胞的起始因子目前发现有十几种，用 eIF 表示；原核生物的起始因子主要有 IF-1、IF-2、IF-3。

起始复合物的形成首先是 30S 亚基在起始因子 IF-1、IF-2、IF-3 作用下与 mRNA 相结合，IF-3 的作用是促使 mRNA 与 30S 结合并防止 50S 和 30S 亚基在没有 mRNA 的情况下结合。IF-1、IF-2 的作用是促使 fMet-tRNA 与 mRNA-30S 亚基复合体的结合。

3. 肽链的延长

从 70S 起始复合物形成到肽链合成终止前的过程，称为肽链的延长。此过程，需要延长因子（EF）参加并消耗 GTP，原核细胞的延长因子主要有 EF-Tu、EF-Ts、EF-G 等。延长过程分为进位、转肽、脱落和移位 4 个步骤。如图 14-4 所示为核糖体沿 mRNA 合成肽链的示意。

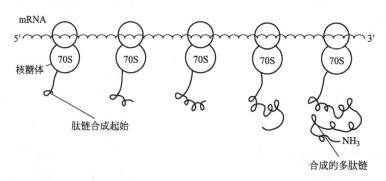

图 14-4　核糖体沿 mRNA 合成肽链的示意

4. 肽链合成的终止与释放

mRNA 链上的肽链合成遇到两种情况会发生终止：①在 mRNA 上识别终止密码子 UAA、UAG、UGA；②所合成的肽链与 tRNA 间的酯键被水解，从而释放出新生的蛋白质。

当肽链延长到遗传信息规定的长度，mRNA 上的终止密码子出现在核糖体的 A 位点上，此时各种氨酰-tRNA 都不能进位，只有一种特殊的蛋白质因子——终止因子（又称释放因子，RF）能识别终止密码子，并结合到 A 位点上。此时大亚基上的肽酰转移酶构象发生改变，使肽酰转移酶活性转变为水解酶活性，即肽酰转移酶不再起转肽作用，而变成催化 P 位点上的 tRNA 脱落。

肽链合成终止后，在核糖体释放因子（RRF）的作用下，核糖体解离成两个亚基并与 mRNA 分离，最后 mRNA、脱酰基的 tRNA 和释放因子离开核糖体，至此多肽链的合成完毕。

三、多肽链合成后的加工

刚合成的多肽链多数是没有生物活性的，需要经过多种方式的加工和修饰才能转变为具有一定活性的蛋白质，这一过程叫做翻译后的加工。不同的蛋白质的加工过程是不同的，常见的加工方式有以下几种。

1. N 端甲酰基或 N 端氨基酸的去除

原核细胞蛋白质合成的起始氨基酸是甲酰甲硫氨酸，经过甲酰基酶水解出去 N 端的甲酰基，然后在氨肽酶的作用下再切去一个或多个 N 端的氨基酸。

2. 信号肽的切除

某些蛋白质在合成的过程中，在新生肽链的 N 端有一段信号肽（大约 15～30 个氨基酸残基），其由具有高度疏水性的氨基酸组成，这种强的疏水性有利于多肽链穿过内质网膜，当多肽链穿过内质网膜，进入内质网腔后，立即被信号肽酶作用，将信号肽除去。

3. 二硫键的形成

mRNA 中没有胱氨酸的密码子，胱氨酸中的二硫键是通过两个半胱氨酸-SH 的氧化形成的，肽链内或肽链间都可形成二硫键，二硫键对于维持蛋白质的空间构象起到了很重要的作用。

4. 氨基酸的修饰

有些氨基酸，如羟脯氨酸、羟赖氨酸等没有对应的密码子，这些氨基酸是在肽链合成后，在羟化酶的作用下，使氨基酸发生羟化反应而形成的。

5. 切除一段肽段

某些蛋白质合成后经过专一的蛋白酶水解，经过切除一段肽段后，才能表现出生物活性。如胰岛素原变为胰岛素，胰蛋白酶原转变为胰蛋白酶等。

6. 加糖基

糖蛋白中的糖链是在多肽链合成中或合成后通过共价键连接到相关的肽段上。糖链的糖基可通过 *N*-糖苷键连于天冬酰胺或谷氨酰氨基的 N 原子上，也可以通过 *O*-糖苷键连接到丝氨酸或苏氨酸羟基的 O 原子上。

7. 多肽链的折叠

蛋白质的一级结构决定高级结构，所以合成后的多肽链能自动折叠。许多蛋白质的多肽链可能在合成的过程中就开始折叠，并非一定要从核糖体脱落后才折叠形成特定的空间构象。但是，在细胞中并不是所有的蛋白质合成后都能自行折叠，现在在许多的细胞中发现了一个能帮助其他蛋白质折叠的蛋白质，这种蛋白质称为分子伴侣或多肽链结合蛋白。

第二节 核酸的生物合成

一、DNA 的复制

（一）DNA 的复制方式

在 1953 年 Watson 和 Crick 在 DNA 双螺旋结构的基础上提出了 DNA 半保留复制，即 DNA 在进行复制时，首先碱基间氢键断裂，两链解旋后分开，以每条链作为模板合成新的互补链，这样每个子代分子的一条链来自亲代 DNA，另一条链是新合成的，并且新合成的子代 DNA 分子和亲代是完全一致的。这种复制方式称为半保留复制，如图 14-5 所示。

1958 年 Meselson 和 Stahl 利用同位素 ^{15}N 标记大肠杆菌 DNA，用实验证明了 DNA 的半保留复制。后来用多种原核生物和真核生物的 DNA 做了类似的实验，都证实了 DNA 的半保留复制方式。

（二）参与 DNA 复制的酶类和蛋白因子

DNA 的复制过程非常复杂，包括超螺旋和双螺旋的解旋、复制的起始、链的延长和复制终止等，需要很多酶和蛋白因子的参与。如大肠杆菌的 DNA 在复制的过程中就需要 20 多种不同的酶和蛋白质因子。比较重要的有 DNA 聚合酶、解旋酶、拓扑异构酶、引物酶和连接酶等。

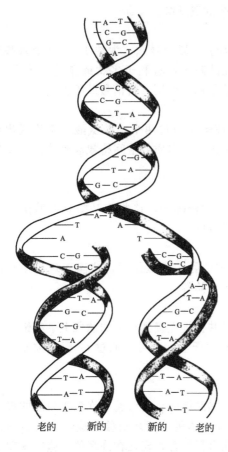

老的 新的 新的 老的

图 14-5 DNA 的半保留复制

1. 拓扑异构酶和解旋酶

在细胞核中 DNA 是以超螺旋结构存在的，在进行复制前 DNA 的超螺旋和双螺旋必须解除，形成单链才能作为模板。拓扑异构酶就是一类可以改变 DNA 拓扑性质的酶，它能使 DNA 的两条链同时发生断裂和再连接，使超螺旋分子松弛，消除张力，再由解旋酶使 DNA 双螺旋的两条互补链分开形成单链。DNA 双链的解开还需要参与起始的蛋白因子，它可以识别复制起点，使双链连续变性，启动解链过程，解链过程所需要的能量由 ATP 提供。

2. 单链 DNA 结合蛋白

被解链酶解开的两条 DNA 单链必须被单链 DNA 结合蛋白覆盖以避免再形成链内氢键，从而阻止复性和保护单链部分不被核酸酶降解，稳定解开的 DNA 单链。

3. DNA 聚合酶

DNA 聚合酶是以 DNA 为模板，催化底物合成 DNA 的酶类。在原核生物和真核生物中都发现了多种 DNA 聚合酶，它们的作用方式基本相同。

① 依赖模板和底物，既有打开的 DNA 单链模板，又有 4 种脱氧的核苷-5′-三磷酸为底物时，此酶才有活性。

② 只能将脱氧核苷酸添加到已存在的 DNA 或 RNA 链的 3′-羟基上。

③ 既有 5′→3′ 聚合酶的活性，又有 3′→5′ 外切酶的活性。在 DNA 的复制中，DNA 聚合酶以三磷酸脱氧核苷为底物，按碱基互补原则，将脱氧核苷酸加到 DNA 链末端 3′-羟基上，形成 3′，5′-磷酸二酯键，同时三磷酸脱氧核苷脱下焦磷酸。焦磷酸水解放出能量，促进 DNA 复制反应的进行。这样的反应重复进行，DNA 链就沿 5′→3′ 的方向延长。

4. 引物酶

用于合成引物 RNA 的合成酶为引物酶，引物酶合成的引物是长 5～10 个核苷酸的 RNA，一旦 RNA 引物合成，就可以由 DNA 聚合酶Ⅲ在它的 3′-羟基上继续催化 DNA 新链的合成。

5. 连接酶

在 DNA 复制的开始需要有 RNA 引物存在，DNA 链合成后引物被切除，并被 DNA 替代。此时 DNA 链上仍存在缺口，DNA 连接酶会催化磷酸二酯键，将断裂的缺口连上，形成完整的 DNA 链。

(三) DNA 的复制过程

DNA 的复制过程可大致分为三个阶段：第一阶段是复制的起始，这个阶段包括起始与引物的形成；第二阶段是 DNA 链的延伸，包括前导链和随从链的形成及切除 RNA 引物后填补其留下的空缺；第三阶段是 DNA 链的终止，主要是连接 DNA 片段形成完成的 DNA 分子。

1. 复制的起点

（1）DNA 双螺旋的解开　DNA 的复制有特定的起始位点。首先能识别 DNA 起点的蛋白质与 DNA 结合，然后 DNA 拓扑异构酶和解构酶与 DNA 结合，它们松弛 DNA 超螺旋结构，解开一小段双链形成复制叉。为了使解链后的 DNA 单链不再重新生成螺旋，需要有单链结合蛋白参与，单链结合蛋白使解旋后的两条 DNA 链稳定。

（2）RNA 引物的合成　当两股单链暴露出足够数量的碱基对时，引物酶以单链 DNA 为模板，以 4 种核糖核苷酸为原料，按 $5'\rightarrow3'$ 方向在解旋后的 DNA 链上合成 RNA 引物，形成的 RNA 引物，为 DNA 链的合成提供了连接脱氧核苷酸的 3'-羟基末端。

2. DNA 的延伸

（1）半不连续复制　DNA 的复制是半不连续复制，以亲代 DNA 的两条链各自为模板进行复制。DNA 聚合酶在合成 DNA 子链时只能沿 $5'\rightarrow3'$ 方向复制延伸，不能沿反向合成。而任何 DNA 双螺旋都是由两条方向相反的链组成。这样就有一条链的合成无法解释。为了解决这个问题，1968 年冈崎提出了半不连续复制假说，他认为复制时复制叉向前移动，两条 DNA 单链分别作为模板合成新链。$3'\rightarrow5'$ 模板链合成的新链是 $5'\rightarrow3'$ 方向，是连续的，称为前导链；而 $5'\rightarrow3'$ 模板链合成的新链是不连续的 DNA 片段，复制时先合成 1000 个核苷酸片段（称为冈崎片段）暂时存在于复制叉周围，随着复制的进行，水解掉 RNA 引物，由 DNA 聚合酶催化填补空缺，最后由 DNA 连接酶把这些片段再连成一条子代 DNA 链。冈崎片段的合成方向也是 $5'\rightarrow3'$，但它与复制叉前进的方向相反，是倒退着合成的，由多个冈崎片段连接而成的这条新的子链，称为滞后链。

在一个复制叉内，两条新链的合成都是按照 $5'\rightarrow3'$ 方向进行的，前导链是连续合成的，而滞后链合成的是不连续的冈崎片段，DNA 的这种复制方式称为半不连续复制，如图 14-6 所示。

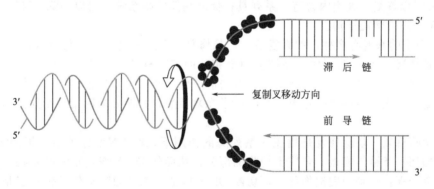

图 14-6　半不连续复制

（2）RNA 引物的切除　滞后链的合成是以冈崎片段的形式进行的，每个冈崎片段的合成也需要 RNA 引物，延长方向与前导链相反。滞后链的每个冈崎片段合成一旦完成，其 RNA 引物就被除去，通过 DNA 聚合酶合成 DNA 取而代之。

3. DNA 链的终止

在细菌环状 DNA 复制的最后，会遇到起终止作用的特殊核苷酸系列，这时 DNA 的复制就终止。引物去除并且空隙也已修复的冈崎片段由 DNA 连接酶封闭缺口，把小片段连接成完整的子代链，其 5'最末端的 RNA 引物被切除后可借助另外半圈 DNA 链向前延伸来填补，最后可在 DNA 连接酶的作用下首尾相连，形成完整的基因组。真核生物复制的终止不像原核生物那样填补 5'末端的空缺，从而会使 5'末端序列缩短，可通过形成端粒结构来填补 5′末端的空缺。

综上所述，生物细胞 DNA 复制分子机制的基本特点如下：

① 复制是半保留的；

② 复制起始于细菌或病毒的特定位置，真核生物有多个起始点；

③ 复制可以朝一个方向，也可以朝两个方向进行，后者更为常见；

④ 复制时，DNA 的两条链都从 5′端向 3′端延伸；

⑤ 复制是半不连续的，前导链是连续合成的，滞后链是不连续合成的，即先合成短的冈崎片段，再连接起来构成滞后链；

⑥ 冈崎片段的合成始于一小段 RNA 引物，这一小段 RNA 以后被酶切除，缺口由脱氧核苷酸补满后再与新生 DNA 链连接在一起；

⑦ 复制有多种机制，即使在同一个细胞里，也可因环境中酶的丰富程度、温度、营养、条件等的不同而有不同的起始机制和链的延长方式。

二、DNA 的损伤和修复

1. DNA 的损伤

DNA 是遗传信息的携带者，在细胞中，维持 DNA 信息的完整性是细胞必须遵守的准则。DNA 在复制过程中可能产生错配，某些生物因素如 DNA 重组、病毒整合和物理化学因素（如紫外线、电离辐射、化学诱变剂等）都会造成 DNA 局部结构和功能的破坏。受到破坏的可能是 DNA 的碱基、核糖或是磷酸二酯键，损伤的结果是引起遗传信息的改变，从而导致生物突变甚至死亡。

2. DNA 的修复

在长期的生物进化过程中，生物体获得了一种自我保护功能，可以通过不同的途径使损伤的 DNA 得以修复。细胞内含有一系列具备修复功能的酶系，可以切除 DNA 上的损伤，恢复 DNA 的正常螺旋结构。

DNA 损伤的修复有多种，如光复活、切除修复、重组修复、SOS 修复等。

（1）光复活　DNA 分子中一条链上两个相邻的嘧啶核苷酸在紫外线的照射下，会以共价连接生成嘧啶二聚体（TT）。嘧啶二聚体的形成将影响 DNA 双螺旋结构，使其复制和转录的功能受阻。光复活的机制是可见光激活了光复活酶，其能分解因紫外线照射而形成的嘧啶二聚体。

（2）切除修复　切除修复是指在一系列酶的作用下，将 DNA 分子中受损的部分切除，并以完整的那一条链为模板，合成出切除的部分，从而使 DNA 恢复正常的结构。其修复过程分为 4 个步骤：一是识别损伤部位，切断 DNA 单链；二是切除损伤部位；三是在缺口处开始修复合成；四是将新合成的 DNA 链与原来的链连接。

切除修复是一种比较普遍的功能，它并不局限于某种特殊原因造成的损伤，而能一般地识别 DNA 双螺旋结构的改变，对遭受破坏而呈现不正常结构的部分加以去除，这种功能对于保护遗传物质具有重要意义。

（3）重组修复　DNA 分子在复制的过程中，尚未修复的损伤可以先复制后再修复。在复制时，复制酶在损伤部位无法合成子代 DNA，它跳过损伤的部位，在下一个相应位置重新合成引物和 DNA 链，结果子代链会在损伤对应处留下缺口。这种遗传信息有缺损的子代 DNA 分子可以通过遗传重组加以弥补，即从同源母链上相应位置序列片段转移至子链缺口处，然后利用再合成的序列来补上母链的空缺，此过程称为重组修复。因为修复发生在复制后，因此又称为复制后修复。

（4）SOS 修复　SOS 修复指 DNA 受到严重损伤、细胞处于危急状态时所诱导的一种修复方式。由于此种修复是在紧急情况下发生的，为求生存而出现的应急修复，故修复结果只是维持基因组的完整性，提高细胞的生成率，但会留下很多错误，又称倾错性修复。

三、RNA 指导下的 DNA 合成

遗传信息除了可以由 DNA 复制进行传递外，也可以由 RNA 传递给 DNA，比如某些 RNA 病毒和个别 DNA 病毒。病毒逆转录酶催化 RNA 指导合成 DNA，即以病毒 RNA 为模板，以 dNTP 为底物，合成含有病毒全部遗传信息的 DNA 的过程称为逆向转录或反转录。

逆转录酶是一种依赖 RNA 的 DNA 聚合酶，它兼有三种酶的活力：①它利用 RNA 为模板合成出一条互补的 DNA 链，形成 RNA-DNA 杂交分子；②水解 RNA-DNA 杂交链中的 RNA；③以 DNA 为模板合成 DNA。

四、RNA 的生物合成

（一）转录

生命有机体要将遗传信息传递给子代，并在子代中表现出生命活动的特征，只进行 DNA 的复制是不够的，还必须以 DNA 为模板，在 RNA 聚合酶的作用下合成 RNA，从而使遗传信息从 DNA 分子转移到 RNA 分子上。在 DNA 指导的 RNA 聚合酶的催化下，按照碱基配对原则，以 4 种核糖核苷三磷酸为原料，合成一条与 DNA 链互补的 RNA 链，这一过程称为转录。转录的产物是 RNA 前体，它们必须经过转后的加工才能转变为成熟的 RNA，具有生物活性，转录是生物界 RNA 合成的主要方式。

1. DNA 转录为 RNA 的特点

（1）RNA 合成的方向为 $5' \rightarrow 3'$　与 DNA 的合成一样，RNA 新链合成的方向也是 $5' \rightarrow 3'$，新加入的核苷酸都在 3′末端延长。

（2）DNA 双链中只有一条被转录成 RNA　RNA 链的转录有选择性，起始于 DNA 模板链的一个特定的起点，并在另一个终点处终止，此转录区域称为转录单位。一个转录单位可能是一个基因，也可以是多个基因。在转录的过程中，其中一个作为模板负责指导转录合成 RNA，称为模板链；另一条是非模板链，或称编码链，在转录中起调节作用。由于转录仅以一条 DNA 链的某区段为模板，因而称为不对称转录。

（3）RNA 的生物合成是一个酶促反应过程　参与该过程的酶主要是 RNA 聚合酶，以双链 DNA 的一条链或单链 DNA 为模板，按照碱基配对原则，将 4 种核糖核苷酸以 3′，5′-磷酸二酯键的方式聚合起来，催化合成与模板互补的 RNA。

（4）转录不需要引物　大多数新合成的 RNA 链的 5′末端是 pppG 或 pppA，说明转录起始的第一个底物是 GTP 或 ATP。并且转录不需要引物，这与 DNA 的复制是不同的。

2. RNA 聚合酶

（1）原核生物 RNA 聚合酶　催化 RNA 生物合成的酶称为 RNA 聚合酶。原核生物 RNA 聚合酶由 5 个亚基组成，其中有一个 σ 亚基结合不牢固，可以随时脱落，剩余的部分称为核心酶。

核心酶负责 RNA 链的延长，不牢固结合的 σ 亚基的主要作用是识别起始位点并使 RNA 聚合酶能稳定地结合到启动子上。

（2）真核生物 RNA 聚合酶　真核生物 RNA 聚合酶有 3 种。RNA 聚合酶Ⅰ位于核仁内，负责合成 28S、18S、5.8S r RNA。RNA 聚合酶Ⅱ分布于核基质中，转录蛋白质编码基因中的 mRNA，并转录大部分参与 mRNA 加工过程的核内小 RNA（snRNA）。RNA 聚合酶Ⅲ也分布于核基质中，负责转录 tRNA、5S RNA 等。

3. 转录的过程

转录过程可分为 3 个阶段：转录的起始、RNA 链的延伸和转录的终止。

（1）转录的起始 在 σ 亚基的帮助下，RNA 聚合酶识别并结合在启动子上。启动子是 DNA 分子中可以与 RNA 聚合酶特异结合的部位，包括 RNA 聚合酶的识别位点、结合位点、转录起始位点。大肠杆菌的 RNA 聚合酶与 DNA 模板链结合分三步：①RNA 聚合酶的 σ 亚基结合于启动子的位点；②酶与启动子以"关闭"复合体的形式即双螺旋形式结合；③RNA 聚合酶覆盖的部分 DNA 双链打开形成转录泡，进入转录起始位点，开始合成 RNA。

转录起始不需要引物，第一个核苷酸总是 GTP 或 ATP，GTP 更常见。转录泡不使 RNA 聚合酶覆盖的全部 DNA 双链解开，只是由覆盖的部分双链解开。常把"RNA 聚合酶全酶-DNA 模板-NTPNMP-OH"称为转录起始复合物，起始复合物的形成标志起始的结束。

（2）RNA 链的延伸 起始复合物形成后，σ 亚基便从启动子处脱落并开始循环使用。核心酶沿 DNA 模板链从 $3' \rightarrow 5'$ 方向移动，以 NTP 为原料和能量，按照模板链的碱基顺序和碱基配对原则，核苷酸间通过 $3',5'$-磷酸二酯键生成核糖核酸链（RNA），RNA 的合成方向是 $5' \rightarrow 3'$。模板链与新生成的 RNA 是方向平行的。

在整个 RNA 链的延伸过程中，转录泡的大小不发生变化，即在核心酶向前移动时，前面的双螺旋逐渐打开，转录过后的 RNA 链与模板链之间形成的 RNA-DNA 杂交链呈疏松的状态，使 RNA 链很容易脱离 DNA，RNA 脱离后 DNA 重新形成双螺旋，双螺旋的打开和重新形成的速度是相同的，直至转录结束。

（3）转录的终止 原核生物的转录终止过程包括：RNA 链延长的停止，新生 RNA 链释放，RNA 聚合酶从 DNA 上释放，当 RNA 聚合酶沿 DNA 模板移动到基因 $3'$ 端的终止序列时，转录过程就停止了。原核生物基因转录的终止方式有两种：不依赖 ρ 因子的终止和依赖 ρ 因子的终止。

（二）RNA 的转录后加工

转录后的 RNA 链，必须经过一系列变化，包括链的断裂和化学改造过程，才能转变为成熟的 mRNA、rRNA 和 tRNA，称为 RNA 的成熟或转录后加工过程。

1. mRNA 加工

真核生物的 mRNA 前体在细胞核内合成，而且大多数基因是不连续的，都被不表达的内含子分隔为断裂基因，因此必须对转录后的初级产物进行加工和修饰才能变为成熟的 mRNA，其加工过程包括首尾修饰、剪接及甲基化。

（1）在 $5'$ 端形成称为"帽"的特殊结构 原始转录的 RNA $5'$ 端为三磷酸嘌呤核苷，转录起始后不久从 $5'$ 端三磷酸脱去一个磷酸，然后与 GTP 反应生成 $5',5'$-三磷酸相连的键，并释放出焦磷酸，最后由 S-腺苷甲硫氨酸进行甲基化产生所谓的帽子结构。$5'$ 端帽子可能参与 mRNA 与核糖体的结合，在翻译的过程中起到识别位点的作用，并能保护 mRNA 免受核酸外切酶的破坏。

（2）在核苷酸链的 $3'$ 端形成一段多聚核苷酸（polyA）尾 大多数真核生物 mRNA $3'$ 端通常带有 20～200 个连续排列的腺苷残基，称为 polyA 尾。polyA 的顺序不是由 DNA 编码，而是转录后在核内加上去的，反应由多聚腺苷酸聚合酶催化，以带 $3'$-OH 的 RNA 为受体，聚合而成。

（3）mRNA 的剪接 在 mRNA 前体中将成熟 mRNA 中出现的编码序列称为外显子，把那些将外显子隔开而不在成熟 mRNA 中出现的序列称为内含子。去掉内含子使外显子拼接形成连续序列是基因表达调控的一个重要内容。

（4）mRNA 内部甲基化 真核生物 mRNA 分子内往往有一些甲基化的碱基存在，主要

是 N^5-甲基腺嘌呤。

2. rRNA 的加工

在转录过程中先形成一个 45S 前体，45S 的前体 rRNA 由核酸酶降解形成 18S rRNA、28S rRNA 和 5.8S rRNA。然后再进行修饰，主要是核糖的甲基化。

3. tRNA 的加工

真核细胞 tRNA 前体的加工大致如下：切除前体两端多余的序列；在 3′末端加上 CCA 序列；修饰，主要为甲基化修饰。

（三）RNA 的复制

在某些生物中，RNA 是其遗传信息的基本携带者，并通过复制合成出相同的 RNA 而传递遗传信息，如脊髓灰质炎病毒和大肠杆菌 Qβ 噬菌体等。当它们进入宿主细胞后，会产生一种特殊的 RNA 复制酶，这种酶叫 RNA 指导的 RNA 聚合酶。在病毒 RNA 指导下合成新的 RNA，称为 RNA 的复制。

课后习题

一、填空题

1. 参与 DNA 复制的酶主要有_____、_____、_____、和_____。

2. AUG 既代表氨基酸，又代表_____密码，_____、_____和_____代表终止密码。

3. 蛋白质生物合成的肽链延伸阶段包括_____、_____、_____和_____ 4 步反应。

二、简答题

1. DNA 半保留复制的基本内容有哪些？

2. DNA 复制的基本特点有哪些？

3. 核糖体的结构如何？

4. 蛋白质合成有哪些步骤？其具体内容有哪些？

答案

一、填空题：1. 解旋酶、DNA 拓扑异构酶、引物酶、DNA 聚合酶；2. 起始、UAA、UAG、UGA；3. 进位、转肽、脱落、移位。

二、简答题：（略）

第十五章 药学生化

学习目标
1. 掌握药物的体内过程及药物代谢转化的类型。
2. 熟悉影响药物代谢转化的因素。
3. 了解药物代谢转化的意义。

第一节 药物代谢转化的类型和酶系

一、药物的体内过程

药物在体内的吸收、分布、代谢及排泄过程的动态变化，称为药物的体内过程。

吸收是药物从用药部位进入体循环的过程。吸收包括消化道吸收和非消化道吸收，前者包括口腔黏膜吸收和口服药物的胃肠道吸收；后者即胃肠道外的给药途径，包括各种注射给药（皮下、肌内、静脉）、肺吸入和皮肤黏膜给药等。

口腔黏膜吸收可避免胃肠道消化酶、pH 以及首过效应对药物的影响，但由于药物停留时间短，吸收量有限。胃肠道吸收的主要部位是小肠。

当药物以各种剂型和给药途径进入机体后，除血管内给药（静注、静滴）直接进入血液外，首先都要经过吸收过程，吸收后的药物经过血液再向体内各组织器官分布，在作用部位（靶细胞）发挥药理作用或者其中一部分被代谢转化，最终经肾从尿中或经肝胆从粪便中排出。

药物在体内的吸收、分布及排泄过程称为药物转运；代谢变化过程称为生物转化；药物的代谢和排泄合称为消除。药物的体内过程见图 15-1。

二、药物代谢转化概述

1. 药物代谢转化的概念

药物的代谢转化又称为药物的生物转化，它是指体内正常不应有的外来有机化合物包括药物或毒物在体内进行的代谢转化。多数药物经转化成为毒性或药理活性较小、水溶性较大而易于排泄的物质；但也有些药物经过初步代谢转化，其毒性或药理活性不变或比原来更大；也有少数药物经过代谢转化，溶解度反而变小。

药物在体内的代谢转化有其特殊方式和酶系。但由大肠吸收进入人体内的肠道细菌腐败产物，代谢过程中产生的毒物，体内过剩的活性物质如激素，以及少数正常代谢产物如胆红素等，在体内的代谢方式和外来有机物相似，还有一些药物进入体内不经代谢转化而是以原形药直接排出。

2. 药物代谢转化的部位

药物代谢转化主要是在肝进行的，例如药物的氧化代谢大多数在肝内进行。药物代谢转化也有在肝外如肺、肾和肠黏膜等进行的。例如葡萄糖醛酸或硫酸盐的结合反应也可在肠黏膜进行，前列腺素 E_2 和 $F_{2\alpha}$ 可在肺部经 15-羟基前列腺素脱氢酶的作用，使 15-羟基脱氢氧化为酮基。

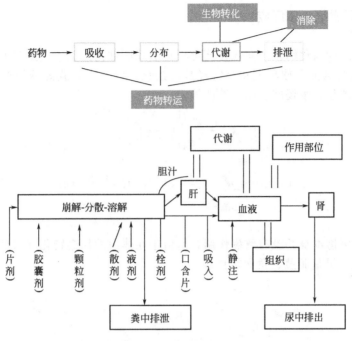

图 15-1　药物的体内过程

3. 药物代谢酶

催化药物在体内代谢转化的酶系称为药物代谢酶。药物代谢酶在细胞的定位，主要是在肝细胞微粒体，如药物各种类型的氧化、偶氮或硝基的还原、酯或酰胺的水解、甲基化和葡萄糖醛酸结合等；其次是细胞可溶性部分，如醇的氧化和醛的氧化、还原，硫酸化、乙酰化、甲基化和谷胱甘肽等结合反应；也有少数是在线粒体进行，如胺类的氧化脱氢、乙酰化和甘氨酸结合以及硫氰酸化等反应。

三、药物代谢转化的类型和酶系

药物进入人体后，小分子药物和极性化合物在体内生理 pH 条件下，可以完全呈电离状态，而由肾排出，从而终止药效。但直接由肾排出的药物为数很少，大多数药物为非极性化合物（脂溶性药物），在生理 pH 范围内不电离，或仅部分电离，并且常与血浆蛋白呈结合状态，不易由肾小球滤出。显然，仅由肾排泄不能消除脂溶性药物。脂溶性药物在体内要经历生物转化，即药物代谢。

药物的代谢转化可分为非结合反应（或称第一相反应）和结合反应（或称第二相反应）。非结合反应包括氧化、还原和水解；结合反应的结合剂也有多种，如葡萄糖醛酸、硫酸盐、乙酰化剂、甲基化剂和氨基酸（如甘氨酸、半胱氨酸或谷胱甘肽、丝氨酸、谷氨酰胺、鸟氨酸、赖氨酸）等。由于药物的化学结构中往往有许多可代谢基团，因此一种药物可能有许多种代谢转化方式和产物。例如碳氢化合物（RH）在体内可以氧化产生含羟基化合物（ROH）（第一相反应），此羟基还可以进一步 O-甲基化或与葡萄糖醛酸（GA）或硫酸盐结合（第二相反应）。

$$
RH \xrightarrow{\text{第一相反应}} ROH \xrightarrow{\text{第二相反应}}
\begin{cases}
-CH_3 & \rightarrow R-O-CH_3 \\
-SO_3H & \rightarrow R-O-SO_3H \\
-GA & \rightarrow R-O-GA
\end{cases}
$$

（一）药物代谢第一相反应

1. 氧化反应

（1）微粒体药物氧化酶系 微粒体药物氧化酶系所催化的反应类型有下列几种。

① 羟化 可分为芳香族环上和侧链羟基的羟化，以及脂肪族烃链的羟化。芳香族环的羟化如苯、乙酰苯胺、水杨酸、萘、萘胺等。

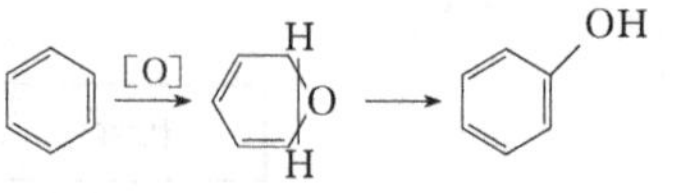

苯 → 酚

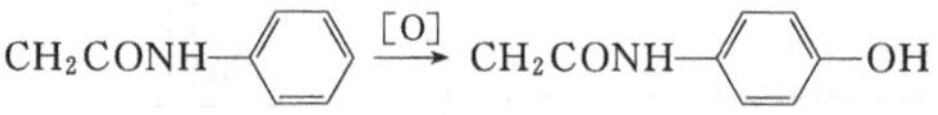

乙酰苯胺 → 乙酰氨基酚

许多化学致癌物本身并没有致癌作用，但由于在体内的代谢转化（如羟化）而成为致癌物，如 3,4-苯吡、甲基胆蒽、黄曲霉毒素。

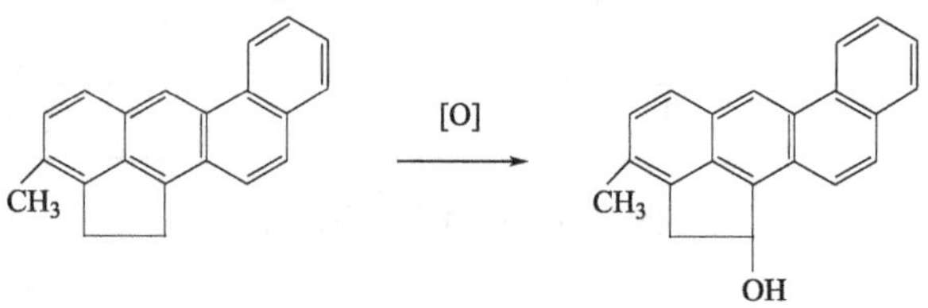

甲基胆蒽 → 致癌物

至于侧链烃基的羟化，如巴比妥酸衍生物的 5 位碳的侧链烃基羟化，大黄酚和甲苯磺丁脲的甲基羟化为羟甲基，后者可继续氧化为醛基和羧基，但氧化中间产物醛基不易分离。由醇氧化为醛和羧酸则是由一般正常代谢的醇脱氢酶和醛脱氢酶所催化，这两种酶存在于细胞可溶性部分，并且需要 NAD^+，与上述羟化酶不同。

$$RCH_3 \xrightarrow{[O]} RCH_2OH \xrightarrow{[O]} [RCHO] \xrightarrow{[O]} RCOOH$$

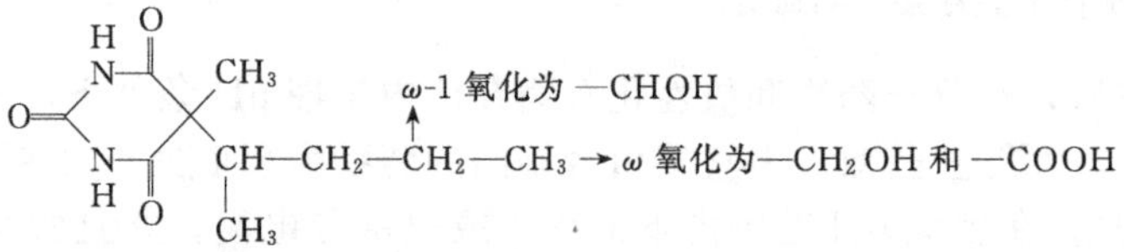

ω-1 氧化为 —CHOH

—CH_2—CH_2—CH_3 → ω 氧化为—CH_2OH 和 —COOH

② 脱烃基 可分为 N-脱烃基、O-脱烃基和 S-脱烃基

$$\begin{matrix} RXCH_2R' \\ X=O,N,S \end{matrix} \longrightarrow \begin{bmatrix} RXCHR' \\ | \\ OH \end{bmatrix} \longrightarrow O=CHR' + RXH(X=O,N,S)$$

N-脱烃基是将仲胺或叔胺脱烃基生成伯胺和醛，如氨基比林、麻黄素（麻黄碱）等的氧化脱烃。还有如致癌物二甲基亚硝胺 N-脱烃基，生成活性甲基，可使核酸的鸟嘌呤甲基化而致癌。

$$RNHCH_3 \xrightarrow{[O]} [RNHCH_2OH] \longrightarrow RNH_2 + HCHO$$

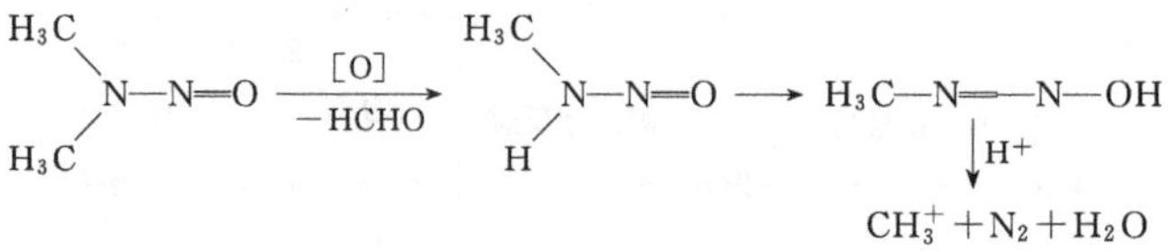

二甲基亚硝胺

O-脱烃基是将醚或酯类脱烃基生成酚和醛。

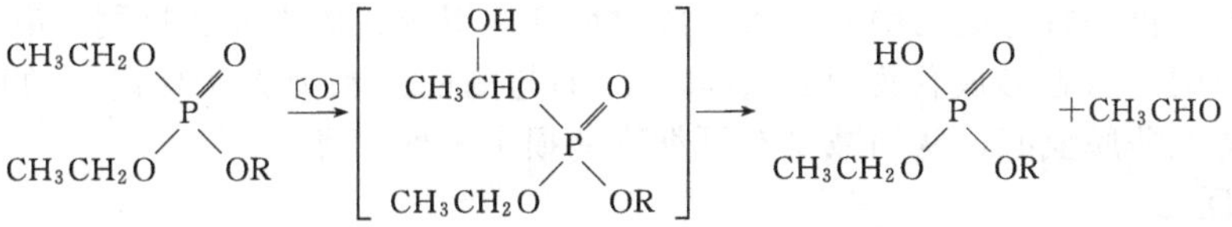

有机磷三酯

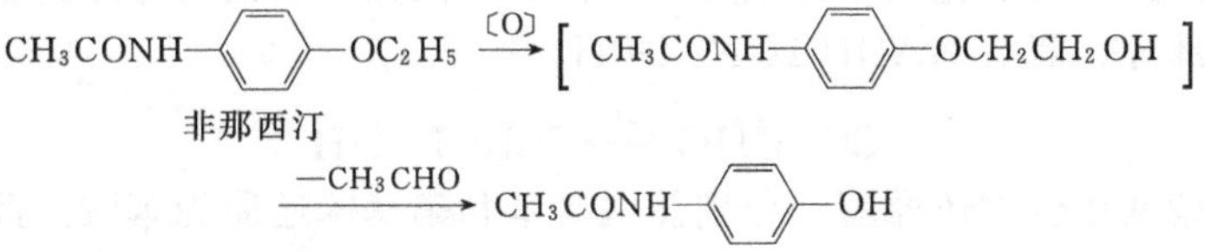

$$CH_3CONH—\bigcirc—OC_2H_5 \xrightarrow{〔O〕} [\ CH_3CONH—\bigcirc—OCH_2CH_2OH\ ]$$

非那西汀

$$\xrightarrow{-CH_3CHO} CH_3CONH—\bigcirc—OH$$

S-脱烃基是将硫烃基转化为巯基和醛。

$$R—S—CH_3 \xrightarrow{〔O〕} [RSCH_2OH] \longrightarrow RSH + HCHC$$

③ 脱氨基 这种脱氨基与氨基酸氧化酶或胺氧化酶的脱氨基方式不同，它主要作用于不被胺氧化酶作用的胺类，如苯异丙胺脱氨基生成丁酮和氨。

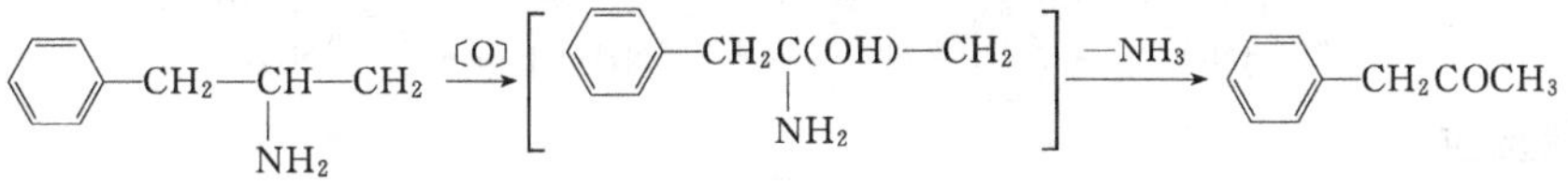

$$R_2CHNH_2 \xrightarrow{〔O〕} R_2C(OH)NH_2 \xrightarrow{-NH_3} R_2C\!=\!O$$

$$\downarrow -H_2O$$

$$R_2C\!=\!NH \xrightarrow{〔O〕} R_2CNOH \xrightarrow[-NH_2OH]{+H_2O} R_2CO$$

④ S-氧化 如氯丙嗪的氧化。

$$(CH_3)_2SO \longrightarrow (CH_3)_2SO_2$$

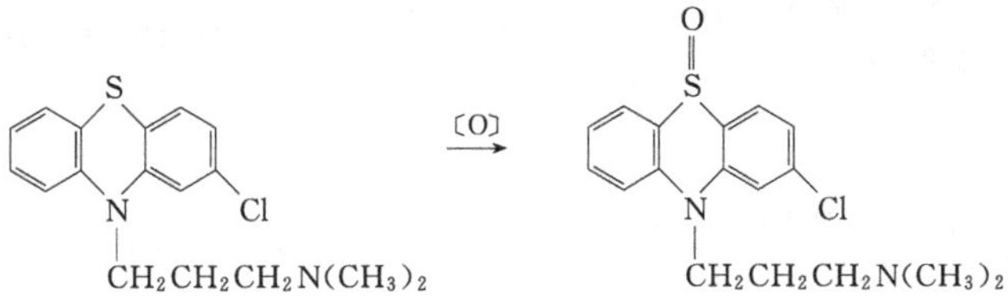

氯丙嗪

⑤ N-氧化和羟化 如三甲胺的 N-氧化和苯胺、非那西汀、2-乙酰氨基芴（化学致癌物）的 N-羟化。

$$(CH_3)_3N \xrightarrow{〔O〕} (CH_3)_2NO$$

$$C_6H_5NH_2 \xrightarrow{〔O〕} C_5H_5NHOH$$

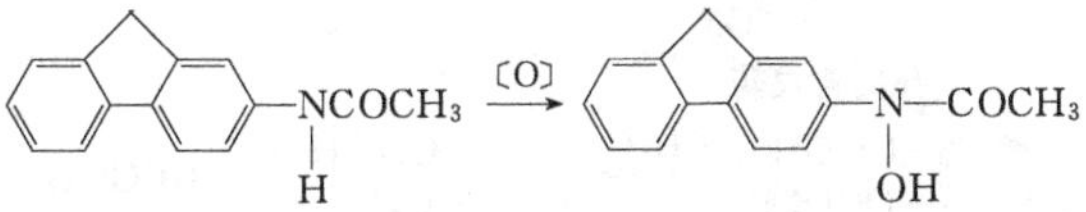

⑥ 脱硫代氧 如有机磷杀虫药对硫磷在体内转化为毒力更大的对氧磷。

（2）其他氧化酶系

① 单胺氧化酶 存在于线粒体，催化胺类氧化为醛及氨，但芳香族环上的氨基则不被作用。

$$RCH_2NH_2 \xrightarrow{〔O〕} RCH\!=\!NH \xrightarrow{H_2O} RCHO + NH_2$$

许多天然存在的生理活性物质和拟肾上腺素能药物，如5-羟色胺、儿茶酚胺、酪胺等都可以被单胺氧化酶作用。此酶系存在于活性胺类生成、贮存和释放部位。

② 醇和醛氧化酶 这类酶在胞质和线粒体中产生作用。如乙醇由肝细胞中乙醇脱氢酶氧化生成乙醛，再经氧化成乙酸而进入三羧酸循环。甲醇在体内亦通过同一酶氧化，生成高毒性甲醛及甲酸，后者形成代谢性酸中毒。乙醇与酶的亲和力大于甲醇，故而在甲醇中毒时，可用乙醇竞争脱氢酶，从而减少对肝细胞的损害及酸中毒。

2. 还原反应

（1）醛酮还原酶 能催化酮基或醛基还原为醇。例如三氯乙酸还原为三氯乙醇，酶系存在于细胞可溶性部分，需要 NADH 或 NADPH。

$$CCl_3CHO \xrightarrow{2H} CCl_3CH_2OH$$

（2）偶氮或硝基化合物还原酶 分别使偶氮苯和硝基苯还原为苯胺。此两种还原酶主要存在于肝微粒体，需要 NADH 或 NADPH，以后者为主，它们都属黄素蛋白酶类，辅基为 FAD 或 FMN，作用机制尚不清楚。此外，在细胞可溶性部分存在有需要 NADH 或 NADPH 的硝基还原酶。

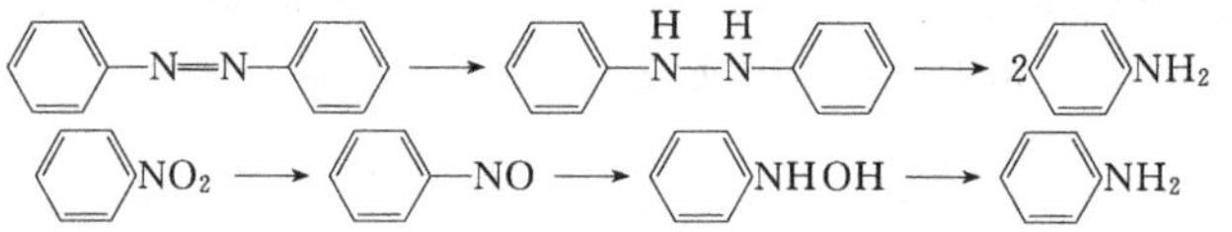

3. 水解反应

酯、酰胺和酰肼等药物可以水解生成相应的羧酸，如普鲁卡因、双香豆素醋酸乙酯、琥珀酰胆碱、有机磷农药等的水解，其他如可卡因及丙酸睾丸素（丙酸睾酮）在体内的水解也有类似反应。催化药物水解的酶系多存在于微粒体，细胞其他部分也有存在。多数脂类药物通过酯酶的水解作用，而破坏其活性。

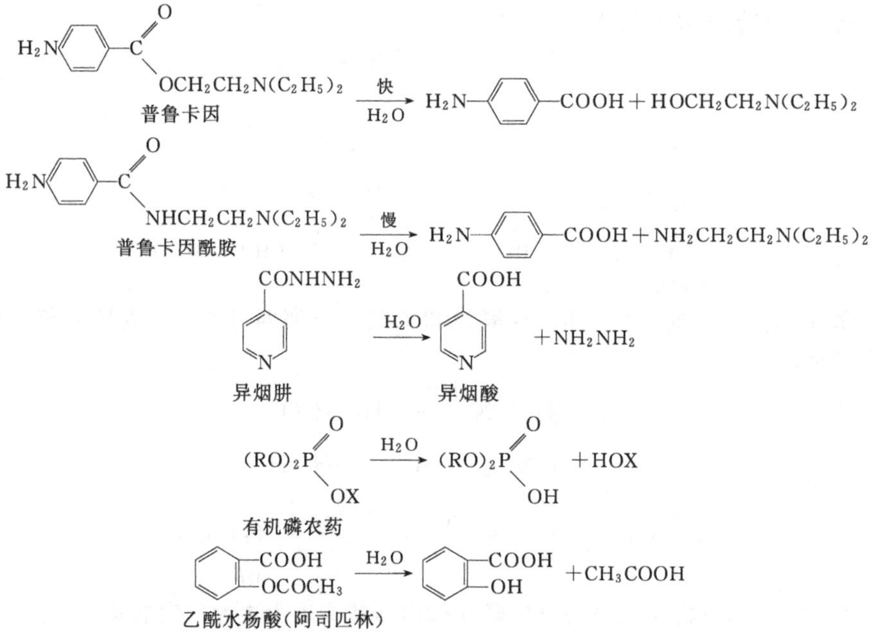

（二）药物代谢第二相反应（结合反应）

结合反应在药物代谢转化中是很普遍的。所谓结合反应是指药物或其初步（第一相反应）代谢物与内源结合剂的结合反应（第二相反应），它是由相应基团转移酶所催化的。结合反应一般是使药物毒性或活性降低和极性增加而易于排出。所以它是真正的解毒反应。

1. 葡萄糖醛酸结合

许多药物如吗啡、可待因、樟脑、大黄蒽醌衍生物、类固醇（甾族化合物）、甲状腺素、胆红素等在体内可与葡萄糖醛酸结合。它们主要是通过醇或酚羟基和羧基的氧、胺类的氮、含硫化合物的硫与葡萄糖醛酸的第一位碳结合成苷。一般来说，酚羟基比醇羟基易于与葡萄糖醛酸结合。葡萄糖醛酸结合物都是水溶性的，因分子中引进了极性糖分子，而且在生理 pH 条件下，羧基可以解离，所以葡萄糖醛酸结合几乎都是活性降低、水溶性增加，易从尿和胆汁排出。

葡萄糖醛酸结合反应是结合剂葡萄糖醛酸（GA）以活化形式 UDPGA 进行结合反应，此反应需葡萄糖醛酸转移酶，它存在于微粒体，专一性低。除肝外，近来发现胃肠道黏膜和肾等许多器官也有此结合反应。

葡萄糖醛酸转移酶不能催化逆反应，催化逆反应的是另外一种 β-葡萄糖醛酸苷酶，此酶具有水解和转移葡萄糖醛酸的作用。

$$RGA \xrightarrow{H_2O} GA + ROH$$
$$RGA + R'OH \longrightarrow R'GA + ROH$$

2. 硫酸盐结合

此反应主要是硫酸盐与含羟基（酚、醇）或芳香族胺类的氨基结合，包括正常代谢物或活性物如甲状腺素、5-羟色胺、酪氨酸、肾上腺素、类固醇激素等；外来药物如氯霉素、水杨酸等；吸收的肠道腐败产物如酚和吲哚酚。此外，硫酸盐也与胺类（如苯胺、萘胺）的氨基结合。

在硫酸盐结合反应中，硫酸盐必须先与 ATP 反应，生成活化硫酸盐即 3′-磷酸腺苷酸硫酸即腺苷-3P-5PS（PAPS），然后通过硫酸激酶（或称硫酸转移酶）将硫酸基转移给受体。此酶存在于肝、肾、肠等细胞可溶性部分，对底物也有一定的专一性，并且不能催化逆反应，逆反应需另外的水解酶，称为硫酸酯酶。

$$ROH + HOSO_3H \underset{硫酸酯酶}{\overset{硫酸激酶}{\rightleftharpoons}} ROSO_3H + H_2O$$

葡萄糖醛酸和硫酸盐的结合反应有竞争性作用，例如乙酰氨基酚的氨基、羟基都可与之结合，但由于体内硫酸来源有限，易发生饱和，所以葡萄糖醛酸结合占优势。硫酸盐结合反应的饱和可被胱氨酸或蛋氨酸消除。其次，硫酸活化为 PAPS 需要 ATP，因此呼吸链抑制剂或氧化磷酸化解偶联剂都可影响硫酸盐结合反应。

3. 乙酰化结合

许多含伯氨基或磺酰氨基的生理活性物或药物可以在体内进行乙酰化结合，如对氨基苯甲酸、氨基葡萄糖、苯乙胺、异烟肼、组胺和磺胺类药物等。在通常情况下，磺胺乙酰化即失去抗菌活性，水溶性反而降低，可引起尿道结石。

在乙酰化结合反应中，结合剂必须先活化为乙酰辅酶 A，再由专一的乙酰基转移酶将乙酰基转移给受体。此酶系存在于肝和肾可溶性部分和线粒体。

$$CH_3COOH \xrightarrow[CoA-SH]{ATP} CH_3CO{\sim}SCoA \xrightarrow{H_2NR} CH_3CONHR+CoA-SH$$

乙酰化物在体内也可以脱乙酰基，此反应是由脱乙酰基酶催化的。此酶系存在于微粒体、线粒体和可溶性部分。

4. 甲基化

许多酚、胺类药物或生理活性物能在体内进行 N-或 O-甲基化，如肾上腺素、去甲肾上腺素、5-羟色胺、多巴胺、组胺、烟酰胺、苯乙胺、儿茶酚胺等。甲基化反应对儿茶酚胺类活性物质的生成（活性增加）和灭活（活性降低）起着重要作用。一般来说，甲基化产物极性反而降低。甲基化反应的甲基供体是来自活化型 S-腺苷甲硫氨基酸，通过转甲基（或甲基移换）酶将甲基转移给受体（药物）。转甲基酶系存在于许多组织细胞（尤其是肝和肾）的可溶性部分。

5. 氨基酸结合

许多氨基酸可作为结合剂，例如甘氨酸易与自由羟基（如苯甲酸）结合生成马尿酸。甘氨酸结合的酶系存在于肝和肾线粒体。作用机制是先活化底物，后由甘氨酸 N-酰化酶将酰基转移至甘氨酸。

半胱氨酸也可作为结合剂，可与芳烃（如苯、萘和蒽）及其卤化物等结合，并乙酰化生成硫醇尿酸。

实际上，半胱氨酸是由谷胱甘肽（GSH）供给的，底物由于谷胱甘肽 S-转移酶的作用先与 GSH 结合，后被 γ-谷氨酰转肽酶（或称谷胱甘肽酶）去掉谷氨酸，再被二肽酶水解去掉甘氨酸，最后 N-乙酰化生成硫醇尿酸。此酶系存在于细胞可溶性部分。

$$RX \xrightarrow[-HX]{GSH} RSCH_2CHCONHCH_2COOH \longrightarrow RSCH_2CHCONHCH_2COOH \longrightarrow$$
$$\qquad\qquad\qquad | \qquad\qquad\qquad\qquad\qquad | $$
$$\qquad\qquad NHCOCH_2CH_2CH_2COOH \qquad\qquad NH_2$$

$$RSCH_2CHCOOH \longrightarrow RSCH_2CHCOOH$$
$$\qquad\quad | \qquad\qquad\qquad\qquad | $$
$$\qquad\quad NH_2 \qquad\qquad\qquad NHCOCH_3$$

此外，谷氨酰胺、鸟氨酸、赖氨酸、丝氨酸等也可作为结合剂。

6. 硫氰化物的生成

CN^- 在体内可转化为 CNS^-。含硫氨基酸代谢产物 $S_2O_3^{2-}$ 可作为供硫体。$S_2O_3^{2-}$ 虽可使剧毒的 CN^- 转化为毒性为其 1% 的 CNS^-，但它的解毒效力并不高，尤其是急性中毒，往往由于时间来不及，因为 $S_2O_3^{2-}$ 透过细胞膜的速度很慢。

$$CN^- + S_2O_3^{2-} \xrightarrow{硫氰酸酶} CNS^- + SO_3^{2-}$$

知识链接

药物代谢的研究方法

药物代谢和一般正常代谢的研究方法类似，有临床观察、动物整体和离体实验等。整体动物实验是以不同途径给予一定剂量的药物，在一定时间内，从血、尿、胆汁、组织、粪便等样品中分离和鉴定代谢转化产物。离体实验可用组织切片、匀浆、细胞微粒体或 $9000g$ 离心上清液，在适当条件下与药物保温，然后分离和鉴定代谢产物。

药物代谢转化产物的分离鉴定，一般先用有机溶剂提取样品中游离型代谢产物，然后用酸或酶（如 β-葡萄糖醛酸酶或硫酸酯酶）水解结合部分，调 pH，再用有机溶剂提取，以上两种提取液再进一步分离鉴定。至于代谢产物的分离、分析技术，可用各种色谱法如气相色谱、高效液相色谱，以及毛细管电泳、磁共振、质谱、气相色谱-质谱联用，荧光分析、放射性核素技术等。代谢产物的鉴定必要时可用化学合成方法来确证。

一种药物在体内可进行多种代谢转化，如氧化、还原、水解或结合代谢。因此，一种药物在体内往往有许多代谢产物，药物的分离鉴定也是非常复杂的。

知识链接

微粒体药物氧化酶的作用机制

催化药物氧化反应的酶系存在于肝细胞光滑型内质网（微粒体），称为药物氧化酶系。由于它所催化的反应是在底物分子上加一个氧原子，因此也称为单加氧酶或羟化酶。它与正常代谢物在细胞线粒体进行的生物氧化不同，需要还原剂 NADPH 和分子氧。反应中的一个氧原子被还原为水。另一个氧原子加入到底物分子中，所以又称为混合功能氧化酶。

$$DH + O/O + NADPH + H^+ \longrightarrow DOH + NADP^+ + H_2O$$

药物氧化酶系包含许多成分，一种是细胞素 P_{450}，简称 P_{450}，现已知 P_{450} 有四种（a、b、c、d）以上，它是一种以铁卟啉为辅基的蛋白质，属于 b 族细胞色素。因为还原型 P_{450} 与一氧化碳结合的复合物 P_{450}^{2+}-CO 在 450nm 有一个强的吸收峰而得名。P_{450} 的作用与细胞色素氧化酶类似，能与氧直接作用。微粒体氧化酶系还含有另一种成分，称为 NADPH-细胞色素 P_{450} 还原酶，它属于黄素酶类，以 FP_1 表示，其辅基为 FAD。此酶催化 NADPH 和 P_{450} 之间的电子传递，并且可能与一种含非血红素铁（NHI）和硫的铁硫蛋白结合成复合体。微粒体氧化酶系还含有 NADH-细胞色素 b_5 还原酶系，此酶系属于另一种黄素酶，以 FP_2 表示，它催化 NADH 与细胞色素 b_5 之间的电子传递。

第二节 影响药物代谢转化的因素

一、药物相互作用

两种或多种药物同时应用，可出现机体与药物的相互作用，有时可使药效加强，这是对病人有利的；但有时合并用药也可使药效减弱或使不良反应加重。药物相互作用影响代谢转化主要表现在以下几个方面。

1. 一种药物加速另外一种药物的代谢转化——药物代谢的诱导剂

已知有许多种化合物可促进药物代谢，称为药物代谢促进剂或诱导剂。药物代谢诱导剂多数是脂溶性化合物，并且是非专一性的，如镇静催眠药（巴比妥）、麻醉药（乙醚、N_2O）、抗风湿药（氨基比林、保泰松）、中枢兴奋药（尼可刹米、贝米格）、安定药（甲丙氨酯）、降血糖药（甲磺丁脲）、甾体激素（睾酮、糖皮质素）、维生素C、肌松药、抗组胺药以及食品加工剂、杀虫剂、致癌剂（3-甲基胆蒽）等。其中以巴比妥和3-甲基胆蒽两种比较典型。

药物代谢诱导剂有重要药理意义，它可以加强药物的代谢转化。一般来说，药物经过代谢活性或毒性降低，这样药物代谢诱导剂可以促进药物的活性或毒性降低。例如动物预先给予苯巴比妥，可降低有机磷杀虫药的毒性。相反，有些药物经过代谢转化，活性或毒性反而增加，这样药物代谢诱导剂可促使药物的活性或毒性增加。例如预先给予苯巴比妥，可促使非那西汀羟化为毒性更大的对氨酚，后者可使血红蛋白变为高铁血红蛋白，苯巴比妥和非那西汀合用副反应增加即此故。这也是临床用药配伍禁忌要注意的一个例子。

在治疗上也有用苯巴比妥以防治胆红素血症，其原理是苯巴比妥可诱导肝葡萄糖醛酸转移酶生成，促进胆红素和葡萄糖醛酸结合而易于排出体外。

不但一种药物可以刺激另一种药物的代谢，而且一种药物也可以刺激其本身的代谢，因此常服一种药，药效愈来愈差，产生耐受性。

前已述及有的药物可促进或者抑制药物的代谢，但也有些药物对某些药物的代谢有促进作用，而对其他药物的代谢则有抑制作用。例如保泰松对氨基比林和洋地黄苷的代谢有促进作用，而对甲丁脲和苯妥英钠的代谢则有抑制作用。此外，一种药物服用后，随时间而呈现抑制和促进两相作用，例如SKF-525A服用6h内对药物代谢呈抑制作用，但24h后却转变为促进作用。

2. 药物代谢的抑制剂

许多化合物可以抑制某些药物的代谢，称为药物代谢的抑制剂。有的抑制剂本身就是药物，也就是说一种药物可以抑制其他种药物的代谢。有的抑制剂本身无药理作用，而是通过抑制它种药物的代谢而发挥其作用。药物代谢的抑制有竞争性抑制和非竞争性抑制。

（1）一种药物抑制另外一种药物的代谢转化 氯霉素或异烟肼能抑制肝药酶，可使同时合用的巴比妥类、苯妥英钠、甲苯磺丁脲或双香豆素类药物的作用和毒性增加。单胺氧化酶抑制剂可延缓酪胺、苯丙胺、左旋多巴及拟交感胺类的代谢，使升压作用和毒性反应增加。别嘌呤醇能抑制黄嘌呤氧化酶，使6-巯基嘌呤及硫嘌呤的代谢减慢，毒性增加。

（2）非药用化合物抑制药物的代谢 如没食子酚对肾上腺素 O-转甲基酶的抑制。肾上腺素的灭活主要是由 O-转甲基酶的催化使 3 位羟基甲基化为甲氧基，而没食子酚也竞争与此酶结合，结果 O-转甲基酶被抑制，肾上腺素的灭活受到了影响，因此没食子酚可延长儿茶酚胺类活性物质的作用。酯类和酰胺类化合物对普鲁卡因水解酶也有竞争性抑制作用。

药物代谢抑制剂有重要药理意义，它可以加强药物的药理作用，也即药物代谢抑制剂和所作用的药物有协同作用。

二、其他因素对药物代谢的影响

不同种族动物对药物代谢的方式和速度也不相同。例如鱼类不能对药物进行氧化和葡萄糖醛酸结合代谢。两栖类动物虽不能对药物进行氧化，但可以进行葡萄糖醛酸或硫酸结合代谢。猫没有葡萄糖醛酸结合代谢，但硫酸盐结合代谢则很强，而狗则相反。又如抗凝药双香豆素醋酸乙酯在人类是苯环 7 位羟化，而在兔则是酯键水解。又如 2-乙酰氨基芴的 N-羟化物可致癌，豚鼠无此 N-羟化，故不致癌，而鼠、兔、狗则有 N-羟化，故能致癌。因此动物药理实验应用于人要慎重。前已述及，药物代谢酶可由药物诱导生成，这是机体对外环境的一种适应。所以药物代谢的种族差异，可能是在进化过程中机体为了适应外环境的改变而逐渐形成的。

药物代谢有种族差异，即使同种族也有个体、性别、年龄、营养、给药途径及病理情况的差异。

例如双香豆素在人的半衰期差异为 7～100h，个体差异可能与遗传有关。

性别对药物代谢也有影响，一般来说雌性对药物感受性大，而雄性则较差，这可能是由于雄性激素是药物代谢诱导剂，以致雄性体内药物代谢酶活性比雌性高。例如幼雄鼠注射睾丸酮，药物代谢增强；去势雄鼠则药物代谢降低，对其再注射睾丸酮，药物代谢可以恢复正常。

胎儿和新生儿缺乏药物代谢酶，所以新生儿对药物比较敏感，易产生药物中毒。老年人体内药物代谢酶也有所减弱，因此对一些药物较敏感，副作用也较大。

药物主要在肝代谢，一般来说，严重肝功能不全时，会降低药物代谢，使药物作用延长或加强，甚至中毒。

肝是药物代谢的主要场所，药物口服或腹腔注射首先到达肝而后进入体循环。由于药物在肝内迅速被代谢，因此通过体循环到达效应器官的未代谢药物较少，药效即较差。而静脉注射，则药物先到达体循环，血药浓度较高，药效较好，例如异丙肾上腺素的 3,4 位羟基可在肝和肠黏膜进行甲基化或硫酸盐结合而灭活，所以口服几乎无效。有效剂量若以静脉注射为 1，则喷雾吸入（有部分进入消化道）为 20，口服为 1000。

营养情况对药物代谢也有影响，饥饿时通常可使肝微粒体药物代谢酶活性减低。食物中蛋白质含量对药物代谢也有影响，低蛋白时，药物代谢酶活性降低，高蛋白时则相反。维生素 C、维生素 A、维生素 E 缺乏时，可使肝微粒体药物氧化酶活性降低，维生素 B_2 缺乏时药物还原酶活性降低。缺 Ca、Cu、Zn 和 Mn 时，P_{450} 降低，药物代谢也相应减弱。

一、药物代谢诱导剂的作用机制

促使药物代谢增强，现在认为药物代谢诱导剂不是激活药物代谢酶活性，而是刺激诱导酶的生成。实验证明，苯巴比妥类可使肝细胞光滑型内质网（药物代谢酶所在）增生，蛋白质生物合成和电子传递体（包括 P_{450}、NADPH-细胞色素 P_{450} 还原酶）增加，还有 UDP 葡萄糖醛酸转移酶也增加，而且这种诱导作用可以被蛋白质生物合成抑制剂放线菌素 D 等所抑制。从以上事实可见，诱导作用是由于药物代谢酶生物合成增加。

二、非竞争性抑制剂的作用机制

非竞争性抑制剂如 SKF-525A 及其类似物，这些化合物本身并无药理作用，专一性也较低，可以抑制微粒体药物代谢酶系如药物氧化酶（羟化、脱烃、脱氨、脱硫）、硝基还原酶、偶氮还原酶、葡萄糖醛酸转移酶等，但对水解普鲁卡因的酯酶则属于竞争性抑制，因为 SKF-525A 本身也有酯键。由于 SKF-525A 对许多药物代谢酶有抑制作用，因此可以延长许多药物的作用时间，例如增加环己巴比妥催眠时间许多倍，但对正常代谢并无抑制作用。SKF-525A 的抑制作用也有种属特异性，例如对大鼠肝微粒体非那西汀 O-脱烃基有抑制作用，但对兔微粒体则无此作用。

SKF-525A

第三节 药物代谢转化的意义

一、清除外来异物

进入体内的外来异物（如药物）主要由肾排出体外，也有少数由胆汁排出。肾小管和胆管上皮细胞是一种脂性膜，脂溶性物质易通过膜而被再吸收，排泄较慢。为了使药物易于排出，必须将脂溶性药物代谢转化为易溶于水，使其不易通过肾小管和胆管上皮细胞膜，不易被再吸收，而易于排泄。但也有少数药物经过代谢转化后水溶性反而降低，如磺胺类乙酰化和含酚羟基药物 O-甲基化。药物代谢酶是进化过程中发展起来的，专为清除体内不需要的脂溶性外来异物，是机体对外环境的一种防护机制。

二、改变药物活性或毒性

药物在体内经代谢转化，其活性或毒性多数是降低的。一般来说，结合代谢产物活性或毒性都是降低的，而非结合代谢产物多数活性或毒性降低，也有不大改变或反而增高的，但可以进一步结合代谢而解毒并排出体外。

活性或毒性增高者，如水合氯醛、非那西汀、百浪多息、有机磷农药和大黄酚等。这些化合物在体内经过第一相代谢转化（氧化或还原）而活化，然后再经结合（葡萄糖醛酸或乙酰化结合）或水解而解毒。

$$CCl_3CH(OH)_2 \xrightarrow[\text{活化}]{\text{还原}} CCl_3CH_2OH \xrightarrow[\text{解毒}]{\text{结合}} CCl_3CH_2OGA$$

$$AcHNC_6H_4OC_2H_5 \xrightarrow[\text{活化}]{\text{水解、氧化}} H_2NC_6H_4OH \xrightarrow[\text{解毒}]{\text{结合}} H_2NC_6H_4OGA$$

$$(NH_2)_2C_6H_3N =\!=\!= NC_6H_4SO_2NH_2 \xrightarrow[\text{活化}]{\text{还原}} H_2NC_6H_4SO_2NH_2 \xrightarrow[\text{解毒}]{\text{结合}} AcHNC_6H_4SO_2NH_2$$

$$(RO)_2\overset{\overset{\displaystyle S}{\|}}{P}{\diagdown}_X \xrightarrow[\text{活化}]{\text{氧化}} (RO)_2\overset{\overset{\displaystyle O}{\|}}{P}{\diagdown}_{OX} \xrightarrow[\text{解毒}]{\text{水解}} (RO)_2\overset{\overset{\displaystyle O(\text{或})S}{\|}}{P}{\diagdown}_{OH}$$

毒性或活性不大改变者，如可待因 O-脱甲基氧化为吗啡，可待因和吗啡都有药理活性，只是程度不同。

三、对体内活性物质的灭活

体内生理活性物质如激素等在体内不断生成，发挥作用后也不断灭活，构成动态平衡，以维持正常生理功能。这些生理活性物质的灭活，其代谢方式和酶系有许多是和药物代谢转化相同的。例如肾上腺素是通过 O-甲基化和单胺氧化酶而灭活的，又如类固醇、甲状腺素等在体内可与葡糖醛酸结合而灭活。

四、阐明药物不良反应的原因

药物不良反应一般分为 A 型和 B 型，A 型药物不良反应又称为剂量相关的不良反应。该反应为药理作用增强所致，常和剂量有关，可以预测，发生率高而死亡率低。B 型是与正常药理作用完全无关的一种异常反应，难以预测，发生率很低，但死亡率高。

A 型药物不良反应与药物代谢有着十分密切的关系，相关的因素主要包括如下方面。

（1）药物吸收　多数药物口服吸收后，从口腔到直肠均可吸收，但以小肠吸收最多。巨大的小肠黏膜表面积和丰富的血流供应促进药物分子通过小肠进入血液循环。

极性药物的吸收常不完全，个体差异很大，如胍乙啶在小肠的吸收不规则，为 $3\% \sim 27\%$，治疗高血压的口服剂量范围可为 $10 \sim 100 mg/$天，人体适宜剂量难以确定。

胃肠道运动、胃肠道黏膜吸收能力、肠壁及肝脏对药物到达体循环前失活的作用能力、服用的配伍药物的结合倾向等因素都影响口服给药的吸收。例如四环素类抗生素与制酸药（如氢氧化铝、氧化镁）或与用于治疗贫血的硫酸亚铁合用时，可形成既难溶解又难吸收的结合物，降低四环素类抗生素的疗效。阿托品、三环抗抑郁药减慢胃排空，可延迟药物吸收；多潘立酮（吗丁啉）、溴丙胺太林和甲氧氯普胺（胃复安）促进胃蠕动，加快胃内容物排空，可加速吸收。

（2）药物分布　药物在体循环中的量和范围取决于局部血流量和药物穿透细胞膜的难易。心排出量对药物的分布和组织灌注速率也有重要作用。如经肝代谢的利多卡因，主要受肝血流影响，当心力衰竭、出血或静滴去甲肾上腺素药时，由于肝血流减少，利多卡因的消除率也减慢。

药物-血浆蛋白结合减少，则增加游离药物浓度，使药效增强，产生 A 型不良反应，特别是血浆蛋白结合率高的药物，受血浆蛋白量的影响较大，当血浆蛋白结合率稍有降低时，游离药物浓度增加相对较高，出现 A 型不良反应。例如低清蛋白血症患者服用苯妥英钠、地西泮等时，易出现不良反应。

有的药物可与组织成分结合，如四环素与新形成的骨螯合形成四环素-钙-正磷酸盐而抑制新生儿骨骼生长达 40%，还使幼儿牙齿变色和畸形，但在成人则无临床后果；氯喹对黑色素有较高亲和力，可高浓度地蓄积在含黑色素的眼组织中，引起视网膜变性；对乙酰氨基酚的代谢产物可与肝脏谷胱甘肽结合，耗竭谷胱甘肽，形成肝毒性。

（3）药物消除　大多数通过肝脏酶系代谢失活的药物，当肝脏的代谢能力下降时，药物的代谢速率可减慢，造成药物蓄积，引起 A 型不良反应。

药物的代谢速率主要取决于遗传因素，个体之间有很大的差异。如同样服用苯妥英钠 300mg/天，血浆浓度范围可为 $4\sim40\mu g/ml$。当血浆浓度超过 $20\mu g/ml$ 时，就会出现运动失调、眼球震颤和昏睡等 A 型不良反应。

在某些情况下，细胞色素 P_{450} 酶具有基因的多态性，导致对某些药物明显慢或明显快的代谢。慢代谢易发生于浓度相关的药物不良反应，而快代谢者则易发生于药物相互作用。氟康唑、酮康唑或红霉素等已知的细胞色素 P_{450} 酶抑制剂，可抑制西沙比利的代谢，使其血药浓度升高而引起不良反应。

五、对寻找新药的意义

（1）低效转化为高效　有些药物药理活性很低，但在体内经过第一相代谢转化为高活性物，这样可为设计新药指出方向。例如低抗菌活性的百浪多息，在体内可转化为高抗菌活性的磺胺，这一发现引起磺胺类药物的合成。

（2）短效转化为长效　通过改变在体内易代谢灭活的基团，使其不易在体内代谢灭活，从而延长其作用时间。例如睾酮口服经肝脏代谢转化为 17-甾酮（雄素酮）而灭活，人工合成 17-甲睾酮，在体内不易转化为雄素酮类，所以口服有效。普鲁卡因易被酯酶水解破坏，作用时间短，如改为普鲁卡因胺，则不易水解，药理作用时间延长，因为体内酰胺酶活性比酯酶小。

（3）合成生理活性前体物　有些生理活性物在体内易代谢破坏，可以人工合成前体，此前体在未代谢转化之前不易排出，但在体内可以代谢成为活性物，使其作用时间延长。例如睾酮 C17 上羟基被丙酸酯化为丙酸睾酮，后者可在体内缓慢水解成原来的激素睾酮而发挥作用。

（4）其他　通过化学合成的方法改变化合物的结构，使原来活性强而有效的化合物活性（也即毒性）降低，当其进入体内，在靶器官内再转化为活性强的化合物而发挥其作用。例如化学活性强的氮芥与环磷酰胺结合，毒性降低（比氮芥低数十倍），在体外无效，但在体内靶细胞经酶的催化，使—NH 转化为—NOH 可与癌细胞 DNA-鸟嘌呤 N_7 交联而发挥其抗癌作用。

六、对某些发病机制的解释

许多化学致癌物本身并无致癌作用，但可以通过在体内的代谢转化（如羟化）成有致癌活性的物质。例如 β-萘胺、2-乙酰氨基芴、3,4-苯并芘、3-甲基胆蒽。

接触芳香胺的职业工人易患膀胱癌，可能是由于 β-萘胺在体内进行芳香环羟化，然后与葡萄糖醛酸结合而由尿排出。在膀胱内由于尿中 β-葡萄糖苷酸酶在尿酸性 pH 条件下的水解作用，释放游离羟化萘胺，进入膀胱黏膜而诱发癌变，但也有人认为 β-萘胺的致癌作用主要是由于 N-羟化（$NH_2 \rightarrow NHOH$）而致癌。

α-乙酰氨基芴的致癌原理与 β-萘胺类似。

2-乙酰氨基芴

含黄曲霉毒素的霉变食物进入人体后易致肝癌，其致癌原理是黄曲霉素自身氧化后与 DNA 共价结合，抑制 DNA 甲基化，改变了基因表达和细胞分化，导致致癌基因激活。

七、为合理用药提供依据

肝脏是药物代谢的主要器官，药物口服首先到达肝，而后进入体循环，因此凡是在肝脏易被代谢转化而破坏的药物，口服效果差，以注射给药为好。

药物经过体内代谢转化，一般来说水溶性增加，易于从肾脏随尿排出体外；但也有例外，例如磺胺的乙酰化，水溶性反而降低，易患尿道结石。

一种药物可作为另一种药物代谢酶的诱导剂或抑制剂，两种以上药物同时服用时，要注意可能引起的药效降低或毒副作用增加的问题。还有一种药物也可诱导其本身代谢转化的酶系，因此有些药物常服易产生耐受性。

药物代谢还有种族、个体、年龄、性别、病理、营养及给药途径等的差异，这些都是临床用药应该注意的问题。

总之，药物在体内的转运和代谢的研究，一方面可为临床合理用药提供依据，另一方面也可为研究药物作用机制、构效关系以及寻找新药建立理论基础。

课后习题

一、名词解释

吸收　药物的体内过程　药物代谢转化　药物代谢酶　药物代谢第一相反应　药物代谢第二相反应　药物相互作用　药物代谢的诱导剂　药物代谢的抑制剂

二、填空题

1. 药物在体内的_____、分布、_____及排泄过程的动态变化，称为药物的体内过程。

2. 药物吸收包括消化道吸收和_____吸收。胃肠道吸收的主要部位是_____。

3. 当药物以各种剂型和给药途径进入机体后，除血管内给药（静注、静滴）直接进入血液外，首先都要经过_____过程。

4. 药物在体内的吸收、分布及_____过程称为药物转运；代谢变化过程称为_____；药物的代谢和排泄合称为_____。

5. 多数药物经转化成为毒性或药理活性_____、水溶性较大而易于排泄的物质；但也有些药物经过初步代谢转化，其毒性或药理活性_____或比原来更大；也有少数药物经过代谢转化，溶解度反而_____。

6. 药物代谢转化主要是在_____进行的，也有在肝外如_____、肾和肠黏膜等进行的。

7. 药物代谢酶在细胞的定位，主要是在肝细胞_____，其次是细胞可溶性部分，也有少数是在_____进行。

8. 药物的代谢转化可分为非结合反应（或称第一相反应）和_____反应（或称第二相反应）；非结合反应包括_____、还原和水解。

9. 结合反应一般是使药物毒性或活性_____和极性_____而易于排出。所以它是真正的解毒反应。

10. 结合反应包括_____、硫酸盐结合、_____、甲基化、氨基酸结合和硫氰化物的生成。

三、简答题

1. 药物相互作用影响代谢转化主要表现在哪些方面？
2. 药物代谢酶诱导作用和抑制作用的重要药理意义是什么？
3. 简述药物代谢转化的意义。
4. 简述药物在体内的生物转化步骤。

答案

一、名称解释：（略）

二、填空题：1. 吸收、代谢；2. 非消化道、小肠；3. 吸收；4. 排泄、生物转化、消除；5. 较小、不变、变小；6. 肝脏、肺；7. 微粒体、线粒体；8. 结合、氧化；9. 降低、增加；10. 葡萄糖醛酸结合、乙酰化结合。

三、简答题：（略）

第十六章 血液生化

学习目标

1. 熟悉血液的组成、化学成分以及功能。
2. 掌握血浆蛋白质的主要生理功能。
3. 掌握血液凝固的过程、凝血因子的种类及作用。
4. 了解血细胞代谢与铁代谢过程。

血液是一种具有黏滞性的循环于心血管系统中的流动组织。它与淋巴液、组织间液一起组成细胞外液，是体液的重要部分。成年人血液总量约占体重的 8% 左右，婴幼儿比成人血容量大。若一次失血少于总量的 10%，对身体影响不大，若大于总量的 20% 以上，则可严重影响身体健康，当失血超过总量的 30% 时将危及生命。

血液在沟通内外环境及机体各部分之间、维持机体内环境的恒定及多种物质的运输、免疫、凝血和抗凝血等方面都具有重要作用。同时由于血液取材方便，通过血中某些代谢物浓度的变化，即可反映体内的代谢或功能状况，因此与临床医学有着密切的关系。

第一节　血液的组成及其化学成分和功能

一、血液的组成

血液（全血）是由液态的血浆与混悬在其中的红细胞、白细胞、血小板等有形成分组成。正常人血液的 pH 为 7.35～7.45，相对密度为 1.050～1.060，相对密度的大小取决于所含有形成分和血浆蛋白质的量，血液的黏度为水的 4～5 倍，37℃时的渗透压为 6.8atm。离体血液加适当的抗凝剂后离心使有形成分沉降，所得的浅黄色上清液为血浆，约占全血体积的 55%～60%。如离体血液不加抗凝剂任其凝固成血凝块后所析出的淡黄色透明的液体即为血清。在临床医疗工作中，经常要采取全血、血浆、血清三种血液标本，它们的主要区别及制备方法是：

全血＝血浆＋有形成分（制备时需加抗凝剂）

血浆＝全血—有形成分（制备时需加抗凝剂，全血样品离心后吸取上层清液）

血清＝全血—有形成分—纤维蛋白原

　　　＝血浆—纤维蛋白原（制备时无需加抗凝剂）

血浆与血清的主要区别在于参与血液凝固的成分在量和质上的区别。

二、血液的化学成分

正常人的血液化学成分可简要概括为下列三类。

（1）水　正常人全血含水约 81%～86%，血浆中含水达 93%～95%。

（2）气体　氧、二氧化碳、氮等。

（3）可溶性固体　分为有机物与无机盐两大类。其中有机物包括：蛋白质（血红蛋白、血浆蛋白质及酶与蛋白类激素）、非蛋白含氮化合物、糖及其他有机物和维生素、脂类（包括类固醇激素）。无机物主要为各种离子如 Na^+、K^+、Cl^- 等。

三、血液非蛋白含氮化合物

血液中除蛋白质以外的含氮物质，主要是尿素、尿酸、肌酸、肌酐（BUN）、氨基酸、氨、肽、胆红素等，这些物质总称为非蛋白含氮化合物，而这些化合物中所含的氮量则称为非蛋白氮（NPN），正常成人血中 NPN 含量为 $143\sim250mmol/L$，这些化合物中绝大多数为蛋白质和核酸分解代谢的终产物，可经血液运输到肾随尿排出体外。当肾功能不全影响排泄时会导致其在血中浓度升高，这也是血中 NPN 升高最常见的原因。此外，当肾血流量下降、体内蛋白质摄入过多、消化道出血或蛋白质分解加强等也会使血中 NPN 升高，临床上将血中 NPN 升高称之为氮质血症。

尿素是非蛋白含氮化合物中含量最多的一种物质，正常人尿素氮含量占血中 NPN 总量的 $1/3\sim1/2$，故临床上测定血中 BUN 与测定 NPN 的意义基本相同。

尿酸是体内嘌呤化合物分解代谢的终产物，当机体肾排泄功能障碍或嘌呤化合物分解代谢过多如痛风、白血病、中毒性肝炎等疾病均可使血中尿酸升高。

肌酸是肝细胞利用精氨酸、甘氨酸和 S-腺苷甲硫氨酸（SAM）为原料而合成的，主要存在于肌肉和脑组织中，正常人血中含量为 $228.8\sim533.8\mu mol/L$，肌酸和 ATP 反应生成磷酸肌酸是体内 ATP 的贮存形式。肌酐是由肌酸脱水或由磷酸肌酸脱磷酸脱水而生成且反应不可逆。因此它是肌酸代谢的终产物，正常人血中肌酐的含量为 $88.4\sim176.8\mu mol/L$，肌酐全部由肾排泄，且食物蛋白质的摄入量不影响血中肌酐的含量，故临床检测血肌酐含量较尿素更能正确地了解肾功能。

正常血氨浓度为 $5.9\sim35.2\mu mol/L$，氨在肝中合成尿素，当肝功能不全时，血氨升高，血中尿素含量则下降。

第二节　血浆蛋白质

一、血浆蛋白质的含量及分类

血浆中除水分外含量最多的一类化合物就是血浆蛋白质，正常人含量为 $60\sim80g/L$，是多种蛋白质的总称。按不同的分离方法可将血浆蛋白质分为不同组分，如用盐析法可将其分为白蛋白、球蛋白和纤维蛋白原。正常人白蛋白（A）含量为 $35\sim55g/L$，球蛋白（G）为 $10\sim30g/L$，白蛋白与球蛋白的比值（A/G）为 $1.5\sim2.5$。用电泳法则可将血浆蛋白质分为不同的组分，如用简便快速的醋酸纤维薄膜可分为白蛋白、α_1-球蛋白、α_2-球蛋白、β-球蛋白和 γ-球蛋白，用分辨率更高的聚丙烯酰胺凝胶电泳或免疫电泳则可分成更多组分，目前已分离出百余种血浆蛋白质。

按不同的来源则将血浆蛋白质分为两大类。一类为血浆功能性蛋白质，是由各种组织细胞合成后分泌入血浆，并在血浆中发挥其生理功能，如抗体、补体、凝血酶原、生长调节因子、转运蛋白等，这类蛋白质的量和质的变化反映了机体代谢方面的变化；另一类则是在细胞更新或遭到破坏时溢入血浆的蛋白质，如血红蛋白、淀粉酶、转氨酶等，这些蛋白质在血浆中的出现或含量的升高往往反映了有关组织的更新、破坏或细胞通透性的改变。

血浆功能性蛋白质多具有以下几个共同特点。

① 除 γ-球蛋白是由浆细胞合成、少数是由内皮细胞合成外，大多数血浆蛋白质是由肝细胞合成的。

② 一般是由粗面内质网结合的核糖体合成的，先以蛋白质前体出现，经翻译后的修饰加工如信号肽的切除、糖基化、磷酸化等而转变为成熟蛋白。血浆蛋白质自肝脏合成后分泌

入血浆的时间为 30min 到数小时不等。

③ 几乎都是糖蛋白，含有 N 或 O 连接的寡糖链，根据其含糖量的多少可分为糖蛋白和蛋白多糖。糖蛋白中糖的含量＜40％。蛋白多糖中含糖量可达 90％～95％，现认为糖蛋白中的糖链具有许多重要的作用，如血浆蛋白质合成后的定向转移；细胞的识别功能，此外糖链还可使一些血浆蛋白质的半寿期延长。

④ 多种血浆蛋白质如运铁蛋白、铜蓝蛋白、结合珠蛋白等都具有多态性，这对遗传研究及临床工作有一定意义。

在一些组织损伤及急性炎症时，某些血浆蛋白质的含量会升高，这些蛋白质称为急性时相蛋白质，包括 C-反应蛋白、α_1 抗胰蛋白酶、结合珠蛋白、α_1 酸性蛋白和纤维蛋白原等。白细胞介素-1 是单核吞噬细胞释放的一种多肽，它能刺激肝细胞合成许多急性时相蛋白。这些急性时相蛋白在人体炎症反应时发挥一定的作用，如 α_1 抗胰蛋白酶能使急性炎症反应时释放的某些蛋白酶失活。但是有些蛋白质如白蛋白与转铁蛋白则在急性炎症反应时含量下降。

二、血浆蛋白质的主要生理功能

1. 调节血浆胶体渗透压和 pH

血浆胶体渗透压是由血浆蛋白质产生，其大小取决于蛋白质的浓度和分子大小。白蛋白是血浆中含量最多的蛋白质，正常人含量为 35～55g/L，多数血浆蛋白质的相对分子质量为 16 万～18 万之间，含 585 个氨基酸，等电点为 4.7。血浆胶体渗透压中 75％是由白蛋白产生，故白蛋白的主要功能是维持血浆胶体渗透压。清蛋白是由肝合成，成人每日每千克体重合成约 120～200mg，占肝脏合成分泌蛋白质总量的 50％。临床上血浆白蛋白含量降低的主要原因是：合成原料不足（如营养不良等），合成能力降低（如严重肝病），丢失过多（肾脏疾病，大面积烧伤等），分解过多（如甲状腺功能亢进、发热等）。白蛋白含量下降，导致血浆胶体渗透压下降，使水分向组织间隙渗出从而产生水肿。

正常人血液 pH 在 7.35～7.45，血浆大多数蛋白质的 pI 在 pH 4～6 之间，血浆蛋白质可以弱酸或部分以弱酸盐的形式存在，组成缓冲对参与维持血液 pH 的相对恒定。

2. 运输功能

血浆中那些难溶于水或易从尿中丢失，易被酶破坏及易被细胞摄取的小分子物质，往往与血浆中一些蛋白质结合在一起运输，这些蛋白质通过专一性结合不同的物质而有不同的作用。①结合运输血浆中某些物质到作用部位，防止经肾随尿排泄而丢失。②运输难溶于水的化合物，如类固醇、脂类、胆红素等与白蛋白、载脂蛋白（见脂类代谢）、类固醇结合球蛋白（CBG）、甲状腺素结合球蛋白（TBG）等结合运输。③结合运输某些药物具有解毒和促进排泄的功能。④对组织细胞摄取被运输物质起调节作用。

3. 免疫功能

机体对入侵的病原微生物可产生特异的抗体，血液中具有抗体作用的蛋白质称之为免疫球蛋白，由浆细胞产生，电泳时主要出现于 γ-球蛋白区域，Ig 能识别并结合特异性抗原形成抗原抗体复合物，激活补体系统从而消除抗原对机体的损伤。Ig 分为五大类即 IgG、IgA、IgM、IgD 及 IgE，它们在分子结构上有一共同特点即都由一四链单位构成单体，每个四链单位由两条相同的长链又称为重链和两条相同的短链又称为轻链组成。其中 IgG、IgD、IgE 均为一个四链单位组成（单体），IgA 是二聚体，IgM 则是五聚体，H 链由 450 个氨基酸残基组成，L 链由 210～230 个氨基酸残基组成，链与链之间以二硫键相连。

补体是血浆中存在的参与免疫反应的蛋白酶体系，共有 11 种成分，抗原抗体复合物可激活补体系统，成为具有酶活性的补体或数个补体构成的活性复合物从而杀伤靶细胞、病原体或感染细胞。

4. 凝血与抗凝血功能

多数凝血因子和抗凝血因子属于血浆蛋白质，且常以酶原形式存在，在一定条件下被激活后发挥生理功能（见第三章相关内容）。

5. 营养作用

血浆蛋白起着营养贮备的功能，体内的某些细胞（如单核吞噬细胞）可吞饮完整的血浆蛋白，然后由细胞内的酶类将吞入细胞的蛋白质分解为氨基酸，这些氨基酸可扩散进入血液供其他细胞合成新的蛋白质。

三、血浆酶类

血浆蛋白质中还包括一些具有酶活性的蛋白质，按其来源与作用不同可分为血浆功能性酶和血浆非功能性酶两类。

其中，血浆非功能性酶在细胞内合成并存在于细胞中，正常人血浆中含量极低，基本无生理作用。按其作用部位分为下列两类。

（1）细胞酶　存在于细胞中并在其中发挥作用，当细胞在病理情况下其细胞膜通透性改变或细胞损伤时逸入血浆，它们在血浆中虽无生理作用但却有临床诊断价值，尤其是一些组织特有的酶在血浆中的含量变化有助于判断该组织的病变。

（2）外分泌酶　外分泌腺分泌的酶。如淀粉酶、脂肪酶、碱性磷酸酶等，正常时仅少量逸入血浆，但当腺体病变时，进入血浆的量增多，亦具有临床诊断价值。如急性胰腺炎时血浆中淀粉酶含量明显增多。

关于血液凝固方面的内容请参见本书第三章。

第三节　血细胞代谢与铁代谢

一、红细胞代谢

哺乳类动物在成熟过程中要经历一系列的形态和代谢的改变。早幼红细胞具有分裂繁殖的能力，细胞中含有细胞核、内质网、线粒体等细胞器，与一般体细胞一样，具有合成核酸和蛋白质的能力，可进行有氧氧化获得能量。到网织红细胞已无细胞核，不能进行核酸的生物合成，但尚含少量的线粒体与 RNA，仍可合成蛋白质。成熟红细胞除细胞膜外，无其他细胞器结构，因此不能进行核酸和蛋白质的生物合成，以酵解为主要供能途径，所产生的能量维持红细胞膜和血红蛋白的完整性及正常功能，使红细胞在冲击、挤压等机械力和氧化物的影响下仍能保持活性。此外，在酵解过程中还可产生一种高浓度的小分子有机磷酸酯——2,3-二磷酸甘油酸（2,3-DPG），并通过它对血红蛋白的携氧功能进行调节。

红细胞中最主要的成分是血红蛋白，是血液运输氧气和二氧化碳的物质基础。血红蛋白是由珠蛋白和血红素缔合而成，血红素是含铁的卟啉化合物。

卟啉由四个吡咯环组成，铁原子位于其中，由于血红素具有共轭结构，因此性质较稳定。除此之外，血红素也还是细胞色素的辅基，有重要的生理功能。此外，铁是血红素等物质的重要组成成分，它在体内也有特殊的代谢规律，故将在此作扼要介绍。

（一）血红素的生物合成

核素示踪实验表明，血红素合成的原料是琥珀酰辅酶 A、Gly 和 Fe^{2+}。主要在有核红细胞和网织红细胞中合成，合成的起始和终末阶段在线粒体中进行，中间过程则在胞液中进行。合成过程如下。

1. δ-氨基-γ-酮基戊酸的生成

在线粒体内,首先由琥珀酰辅酶 A 与 Gly 缩合成 δ-氨基-γ-酮基戊酸,催化此反应的酶是 ALA 合成酶,辅酶是磷酸吡哆醛。该酶受血红素的反馈调节,是血红素合成的限速酶。

2. 色素原的生成

在细胞液中,2 分子 ALA 在 ALA 脱水酶催化下,脱水缩合成 1 分子胆色素原。ALA 脱水酶含巯基,对铅等重金属敏感。

3. 尿卟啉原Ⅲ及粪卟啉原Ⅲ的生成

在细胞液中,4 分子胆色素原在尿卟啉原合成酶催化下脱氨缩合成 1 分子线状四吡咯,再在尿卟啉原Ⅲ合成酶作用下环化生成尿卟啉原Ⅲ。

尿卟啉原Ⅲ进一步经尿卟啉原Ⅲ脱羧酶催化,使其四个乙酸基脱羧变为甲基,从而生成粪卟啉原Ⅲ。

4. 血红素的生成

胞液中生成的粪卟啉原Ⅲ再进入线粒体,经氧化脱羧酶催化,使其 2,4 位两个丙酸基(P)氧化脱羧变成乙烯基(V),从而生成原卟啉原Ⅸ。再由氧化酶催化,使其 4 个连接吡咯环的甲烯基氧化为甲炔基,则变为原卟啉Ⅸ。通过亚铁螯合酶又称血红素合成酶的催化,原卟啉Ⅸ与 Fe^{2+} 结合,生成血红素。铅等重金属对亚铁螯合酶也有抑制作用。血红素生成后从线粒体转运到胞液,在骨髓的有核红细胞及网织红细胞中与珠蛋白结合为血红蛋白。正常人每天约合成 6g 血红蛋白,相当于 210mg 血红素。

血红素的合成受多种因素的调节,主要有如下方面。

(1) 血红素对 ALA 合成酶有反馈抑制作用 一般情况下,血红素合成后能迅速与珠蛋白结合成血红蛋白,无过多的血红素堆积,但当血红素合成速率大于珠蛋白合成速率时,过量的血红素可被氧化成高铁血红素,后者是 ALA 合成酶的抑制剂,从而导致血红素合成速率减慢。但目前认为血红素在体内可与一种阻抑蛋白结合使其转变为具有活性的阻抑蛋白,该蛋白可抑制 ALA 合成酶的合成,由于 ALA 合成酶的半寿期仅 1h,较易受到酶合成抑制的影响,并且认为此种调节发挥主要作用,因而血红素对 ALA 合成酶的负反馈作用系处于次要地位。

(2) 促红细胞生成素的调节 促红细胞生成素主要是由肾脏生成,是 α_1-球蛋白含 166 个氨基酸残基的糖蛋白,含糖量 30%。促红细胞生成素的生成量受机体对氧的需要及氧的供应情况的影响,当循环血液中红细胞容积减低或机体缺氧时,促红细胞生成素的分泌量增加。其释放入血并到达骨髓,作用于骨髓成红细胞上的受体,与其他的造血因子如白细胞介素-3 和胰岛素样生长因子共同促进红细胞的分化与成熟。EPO 是红细胞生成的主要调节剂。目前临床上已有运用基因工程方法制造的促红细胞生成素治疗肾脏疾病所引起的贫血。

铁卟啉合成代谢异常而导致卟啉或其中间代谢物排出增多,称为卟啉症。该症有先天性和后天性两大类。先天性卟啉症是由于某种血红素合成酶系遗传性缺陷,后天性卟啉症则主要指由于铅中毒或某些药物中毒引起的铁卟啉合成障碍,铅等重金属中毒除抑制 ALA 脱水酶和亚铁螯合酶两种外,还能抑制尿卟啉合成酶。由于 ALA 脱水酶和亚铁螯合酶对重金属的抑制作用极为敏感,因此血红素合成的抑制是铅中毒的重要标志。此外亚铁螯合酶还需谷胱甘肽等还原剂的协同作用,如还原剂量减少也会影响血红素的合成。

(3) 雄激素睾丸酮在肝内还原生成的 β-氢睾酮 能诱导 ALA 合成酶的合成,从而促进血红素和血红蛋白的生成。此外,许多药物如巴比妥、灰黄霉素等对 ALA 合成酶的合成也有诱导作用,这是由于这类化合物代谢需要细胞色素 P_{450},而细胞色素 P_{450} 的生成需要消耗血红素,使细胞中血红素下降,故它们对于 ALA 合成酶的合成具有去阻抑作用。

（二）叶酸、维生素 B_{12} 对红细胞成熟的影响

细胞分裂增殖的基本条件是 DNA 合成。叶酸、维生素 B_{12} 对 DNA 合成有重要影响。叶酸在体内转变为四氢叶酸后作为一碳单位的载体，以 N^{10}-甲酰四氢叶酸、N^5，N^{10}-甲炔四氢叶酸、N^5，N^{10}-甲烯四氢叶酸等形式，参与嘌呤核苷酸和胸腺嘧啶核苷酸的合成，故叶酸缺乏时，核苷酸特别是胸腺嘧啶核苷酸合成减少，红细胞中 DNA 合成受阻，细胞分裂增殖速度下降，细胞体积增大，核内染色质疏松，导致巨幼细胞性贫血。

体内叶酸多以 N^5-甲基四氢叶酸形式存在，发挥作用时，N^5-甲基四氢叶酸与同型半胱氨酸反应生成四氢叶酸与甲硫氨酸，此反应需 N^5-甲基四氢叶酸转甲基酶催化，而维生素 B_{12} 是该酶的辅酶成分，故当维生素 B_{12} 缺乏时，转甲基反应受阻，影响四氢叶酸的周转利用。间接影响胸腺嘧啶脱氧核苷酸的生成，同样导致巨幼细胞性贫血。

（三）成熟红细胞的代谢特点

1. 能量代谢及 2,3-二磷酸甘油酸支路

成熟红细胞缺乏全部细胞器，仅由细胞膜与细胞质构成。红细胞中 $90\%\sim95\%$ 的能量来源于糖酵解途径，少量通过磷酸戊糖途径。人体内的红细胞每天约消耗 25g 葡萄糖。糖酵解中产生的 ATP 主要用于维持细胞膜上钠泵的正常功能，只有在消耗 ATP 的情况下，方能维持红细胞的离子平衡及其特定的形态。当 ATP 缺乏时，Na^+ 进入细胞增多，可使细胞膨胀而易于溶血。此外少量的 ATP 也用于谷胱甘肽、NAD^+ 等的生物合成。

2,3-二磷酸甘油酸支路是红细胞糖代谢中的一个特点，在糖酵解过程中生成的 1,3-二磷酸甘油酸（1,3-DPG）有 $15\%\sim50\%$ 可转变为 2,3-DPG，后者再脱磷酸变成 3-磷酸甘油酸，并进一步分解生成乳酸。此 2,3-DPG 侧支循环称为 2,3-DPG 支路。

产生此支路的原因是红细胞中存在的 DPG 变位酶和 2,3-DPG 磷酸酶，且前者酶活性大于后者，所以 2,3-DPG 可以积聚起来，而且 2,3-DPG 支路中的两步反应均是放能反应，可放出 58.52kJ 能量，故反应不可逆。

2,3-DPG 支路的生理意义有两方面：一是支路中生成的 2,3-DPG 可降低血红蛋白对氧的亲和力，促进 Hb 放出 O_2，有利于组织细胞的需要；二是可以减少糖酵解中能量的产生，使 ATP、1,3-DPG 不致堆积，ADP、Pi 不会太少，从而利于糖酵解不断进行。

2. 红细胞中的氧化还原系统

红细胞内有下列主要氧化还原系统。

（1）$NAD^+/NADH^+$　来自糖酵解和糖醛酸循环。

（2）$NADP^+/NADPH^+$　来自磷酸戊糖旁路。在红细胞内所消耗的葡萄糖约有 $5\%\sim10\%$ 是通过该途径，所产生的 NADPH 在氧化还原系统中起重要作用。

（3）GSSG/GSH　在红细胞中，可有 Glu、Cys、Gly 三种氨基酸合成谷胱甘肽，其含量可高达 70mg/100ml 而且几乎全是还原型。另外，还有抗坏血酸。一般称 GSH 和抗坏血酸是非酶促还原系统，而 NADH 和 NADPH 为酶促还原系统。由于红细胞中存在着上述还原系统，所以红细胞内的血红蛋白只有少量被氧化成高铁血红蛋白，一般仅占总 Hb 量的 $1\%\sim2\%$，MHb 分子中为 Fe^{3+}，失去携氧能力，如血中 MHb 生成过多而又不能及时还原，则出现紫绀等症状。除上述作用外，红细胞中的还原系统还具有抗氧化，维护巯基酶的活性和使其他膜蛋白处于还原状态的重要作用。

3. 脂代谢

成熟红细胞由于缺乏完整的亚细胞结构，所以不能从头合成脂肪酸。成熟红细胞中的脂类几乎都位于细胞膜。红细胞通过主动摄取和被动交换不断地与血浆进行脂类交换，以满足其膜脂不断更新及维持其正常的脂类组成、结构和功能。

二、白细胞代谢

粒细胞、淋巴细胞和单核吞噬细胞三大系统共同组成人体白细胞，主要功能是对外来病原微生物的入侵起抵抗作用。在免疫学中将详细介绍淋巴细胞，而白细胞的代谢与白细胞的功能密切相关，在此只扼要介绍粒细胞和单核吞噬细胞的代谢。

1. 糖代谢

粒细胞中的线粒体很少，故糖酵解是主要的糖代谢途径，中性粒细胞能利用外源性的糖和内源性的糖原进行糖酵解，为细胞的吞噬作用提供能量。单核吞噬细胞虽能进行有氧氧化和糖酵解，但糖酵解仍占很大比重，在中性粒细胞中，约有 10% 的葡萄糖通过磷酸戊糖途径进行代谢。中性粒细胞和单核吞噬细胞被趋化因子激活后，可启动细胞内磷酸戊糖途径，产生大量的还原型 NADPH。经 NADPH 氧化酶递电子体系可使氧接受单电子还原，产生大量的超氧阴离子。超氧阴离子再进一步转变成 H_2O_2、·OH 等自由基，发挥杀菌作用。

2. 脂代谢

中性粒细胞不能从头合成脂肪酸。单核吞噬细胞受多种刺激因子激活后，可将花生四烯酸转变成血栓素和前列腺素，在脂氧化酶的作用下，粒细胞和单核吞噬细胞可将花生四烯酸转变为白三烯，它也是速发性过敏反应的慢反应物质。

3. 蛋白质和氨基酸代谢

氨基酸在粒细胞中的浓度较高，特别是组氨酸脱羧后的代谢产物组胺的含量尤其多。这是由于组胺参与白细胞激活后的变态反应。成熟粒细胞缺乏内质网因此蛋白质的合成量极少，而单核吞噬细胞具有活跃的蛋白质代谢，能合成各种细胞因子、多种酶和补体。

三、铁代谢

铁是体内含量最多的一种微量元素，约占体重的 0.0057%。

1. 铁的生理功能

铁是体内合成各种含铁蛋白质如血红蛋白、肌红蛋白、细胞色素体系、过氧化物酶、过氧化氢酶、铁蛋白等的原料，主要是合成血红素。正常成人男子体内总含量约 3~4g，女性稍低．其中 60%~70% 的铁存在于血红蛋白中。

2. 铁的来源

食物中每日供应 10mg 以上的铁，但仅吸收不到 10%。成人每日红细胞衰老破坏释放约 25mg 的铁，大部分可贮存反复利用。每日需铁 1mg 左右来补充胃肠道黏膜、皮肤、泌尿道所丢失的铁。妇女月经、妊娠及哺乳期，儿童、青少年生长发育阶段需铁量较多。反复出血者可出现缺铁症状。

3. 铁的吸收

铁的吸收部位主要在十二指肠及空肠上段。溶解状态的铁易于吸收。影响铁吸收的主要因素如下。

① 酸性条件有利于铁的吸收。食物中铁多数以 Fe^{3+} 状态存在，与有机物紧密结合。而当 pH<4 时，Fe^{3+} 能游离出来，并与果糖、维生素 C、柠檬酸、蛋白质降解产物等形成复合物。维生素 C 及 Cys 等还可使 Fe^{3+} 还原成易吸收的 Fe^{2+}，所形成的复合物在肠黏腔中水溶性大而易被吸收，胃酸缺乏时易引起缺铁性贫血。

② 血红蛋白及其他铁卟啉蛋白在消化道中分解而释出的血红素，可直接被吸收，并在肠膜细胞中释出其中的铁。

③ 植物中的植酸、磷酸、草酸、鞣酸等能使铁离子形成难溶的沉淀，影响铁的吸收。铁吸收后在肠黏膜细胞中立即氧化成 Fe^{3+}，以铁蛋白形式贮存，或输送入血。缺铁者以

Fe^{2+} 形式入血增多，体内铁贮存量降低或造血速度快时，铁吸收率增加。

4. 铁的运输与贮存

肠中吸收入血的 Fe^{2+} 被铜蓝蛋白氧化成 Fe^{3+} ，再与脱铁运铁蛋白结合成运铁蛋白，是铁的运输形式。血浆运铁蛋白将 90％以上的铁运到骨髓，用于血红蛋白的合成，少部分与脱铁铁蛋白结合成铁蛋白（ferritin）贮存于肝、脾、骨髓等组织。血铁黄素也是铁的贮存形式，但不如铁蛋白易于动员和利用。

课后习题

简答题

1. 简述血液的组成、化学成分及其功能。
2. 血浆功能性蛋白质的共同特点有哪些?
3. 简述血浆蛋白质的主要生理功能。
4. 凝血因子有哪些，简述血液凝固的过程。
5. 分别简述红细胞、白细胞、铁的代谢途径。

答案 （略）

第十七章　肝胆生化

学习目标
1. 掌握肝脏在物质代谢中的作用。
2. 了解肝脏的生物转化作用。
3. 掌握胆汁与胆汁酸的代谢。
4. 了解胆红素的代谢。

第一节　肝脏在物质代谢方面的作用

　　肝脏是人体内最大的腺体，重约 $1\sim1.5$ 千克，占体重的 2.5%，人肝约含 2.5×10^{11} 个肝细胞，组成 50 万～100 万个肝小叶，水分约占肝重量的 70%。肝脏具有多种代谢功能，在糖、脂、蛋白质、维生素、激素等代谢中起重要作用，并且具有分泌、排泄、生物转化等多方面功能。这些功能与肝脏的组织结构及化学组成特点密切相关。

　　肝脏具有肝动脉和门静脉的双重血液供应，肝细胞之间又有丰富的血窦。因此，肝脏可通过肝动脉获得充足的氧气和代谢物，又可从门静脉获得大量由消化道吸收而来的营养物，从而保证其代谢功能的活跃进行。肝脏还有肝静脉和胆道系统两条输出通道。这些结构为肝脏与人体其他部分之间的物质交换和分泌排泄等提供了良好的条件。

　　肝细胞有丰富的线粒体，为活跃的代谢活动提供了足够的能量。肝细胞还有丰富的内质网、高尔基体和大量的核糖体，是肝脏合成血浆蛋白质及肝内参与物质代谢有关酶类的场所。此外肝细胞中还含有各种活性较高和完备的酶体系，所以在全身物质代谢及生物转化中起着特别重要的作用。

一、肝脏在糖代谢方面的作用

　　肝脏对全身糖代谢的影响中最突出的作用是为维持血糖浓度的恒定提供物质基础。进食以后，自肠道吸收进入肝门静脉的血液中的葡萄糖浓度升高，当门静脉血液进入肝脏后，肝细胞迅速摄取葡萄糖，并将其合成的肝糖原贮存起来，而在空腹时，循环血糖浓度下降，肝糖原迅速分解为 6-磷酸葡萄糖，并在葡萄糖-6-磷酸酶催化下，生成葡萄糖补充血糖。葡萄糖-6-磷酸酶是糖原分解为葡萄糖所必需的酶，肝中含量丰富，小肠及肾中也有，但脂肪及肌肉组织中不存在。因此尽管肌肉组织中含有丰富的糖原，但其糖原分解后不能生成葡萄糖，故没有直接调节血糖浓度的作用。当然，肝糖原的贮存量也是有限的，约为肝重的 $5\%\sim6\%$，不到 100g。故当大量的葡萄糖进入肝脏后，一部分可转化为脂肪，并以极低密度脂蛋白的形式自肝脏运出；另一方面，当长期没有糖类摄入时，例如在饥饿 10 多个小时之后，贮存的肝糖原绝大部分已被消耗掉，调节血糖的能力随之减弱。肝脏（及肾脏）还含有一些酶，能催化某些非糖物质如生糖氨基酸、乳酸及甘油等转变成糖原或葡萄糖，即糖的异生。非糖物质转变为糖的过程也在调节血糖中起作用，在剧烈运动及饥饿时尤为显著。当肝功能受到严重损害时，肝糖原的合成与分解及糖的异生作用降低，维持血糖浓度恒定的能力下降，在饥饿时易发生低血糖。

二、肝脏在脂代谢方面的作用

肝脏在脂类的消化、吸收、分解、合成和运输中起着重要的作用。

肝脏将胆固醇转化为胆汁酸及生成和分泌胆汁，胆汁中的胆汁酸盐有促进脂类消化吸收的作用。当肝脏受损时，分泌胆汁能力下降，可影响脂类的消化吸收，临床上可出现"脂肪泻"的症状。

肝脏是体内合成甘油三酯、胆固醇及其酯和磷脂的主要器官，并进一步合成高密度脂蛋白和极低密度脂蛋白，以此类形式将肝内合成的脂类运到肝外组织利用，极低密度脂蛋白的合成减少，可使甘油三酯在肝细胞中堆积，引起脂肪肝。卵磷脂-胆固醇酰基转移酶（LCAT）由肝细胞合成，此酶可催化胆固醇转化为胆固醇酯。所以在肝功能障碍时，往往有血浆胆固醇酯/胆固醇比值下降及脂蛋白电泳谱的异常。

肝脏中甘油三酯和脂肪酸的分解代谢旺盛，并具有生成酮体的特有酶系，是体内酮体生成的重要器官，酮体通过血液运往肝外组织如脑、心肌、骨骼肌等进一步氧化供能。肝脏合成磷脂非常活跃，特别是卵磷脂。如果磷脂合成发生障碍，就会造成脂肪运输障碍而导致肝中脂肪沉积。此外长期饮酒者及由于其他原因使肝脏脂肪代谢功能发生障碍导致脂类物质的动态平衡失调，脂肪在肝组织内贮存量在5％以上，或在组织学上有50％以上肝细胞脂肪化时，即称为脂肪肝。如果肝内脂肪贮存量在5％～10％之间称之为轻度脂肪肝，10％～25％为中度脂肪肝，大于25％则称为重度脂肪肝。脂肪肝是一种常见的临床现象，但不是一种独立的疾病，有的脂肪肝可出现肝纤维化病变。由于肝脏合成卵磷脂需要胆碱或甲硫氨酸等活性甲基供体，故食物胆碱或甲硫氨酸可防止形成脂肪肝。

三、肝脏在蛋白质方面的作用

肝脏是体内氨基酸代谢的主要器官，肝脏中的氨基酸占氨基酸代谢库的10％，由于肝体积小，故其游离氨基酸的浓度很高，氨基酸的代谢也很旺盛，主要体现在以下几个方面。

① 肝脏不仅利用氨基酸合成肝细胞自身的结构蛋白，而且还合成大部分血浆蛋白质，其中合成量最多的是白蛋白，每日合成量约12g，几乎占肝脏合成蛋白质总量的1/4。白蛋白在血浆中含量高且分子量小，故它在维持血浆胶体渗透压中起着重要作用。肝功能减退时，其白蛋白合成能力下降，而球蛋白含量相对增加，可导致血浆中白蛋白与球蛋白含量的比值下降，甚至倒置，当血浆白蛋白含量低于3g/dl时，约有半数病人出现水肿或腹水。临床上常常测定血浆蛋白质的比值和含量的变化，作为肝功能正常与否的判断指标之一。胚胎肝细胞还可合成一种与血浆白蛋白分子量相似的甲胎蛋白，胎儿出生后其合成受到阻遏，因而正常人血浆中几乎没有这种蛋白质，原发性肝癌患者，癌细胞中编码甲胎蛋白的基因去阻遏，此时血浆中可检测出这种蛋白质，故甲胎蛋白的检测对原发性肝癌的诊断有一定的意义。此外，肝功能严重障碍时，血浆中许多凝血因子含量降低，常导致血液凝固功能障碍。同时肝脏也是清除血浆蛋白质的重要器官（清蛋白除外），很多激活的凝血因子和纤溶酶原激活物等也由肝细胞清除，说明肝脏在凝血和抗凝血过程中发挥重要作用，肝功能严重障碍可诱发弥漫性血管内凝血。此外肝脏还合成多种运载蛋白，如运铁蛋白、铜蓝蛋白等，当这些蛋白质合成障碍时，也可产生相应的病理变化。

② 肝内有关氨基酸代谢的酶类十分丰富，所以氨基酸的转氨基、脱氨基、脱羧基等及个别氨基酸特异的代谢过程也在肝内旺盛地进行。除亮氨酸、异亮氨酸及缬氨酸这三种支链氨基酸主要是在肝外组织分解外，其余氨基酸尤其是酪氨酸、色氨酸、苯丙氨酸等芳香族氨基酸主要是在肝内分解。因此，血中芳香族氨基酸与支链氨基酸保持一定的比例，约为1∶3，肝功能严重障碍时，肝细胞内转氨酶含量高，特别是丙氨酸氨基转移酶（ALT）活

性较其他组织高，故当肝细胞受损时，ALT 释放入血，血清中 ALT 活性升高，可作为诊断肝炎的主要指标之一。

③ 通过鸟氨酸循环合成尿素，以解除氨毒是肝脏的特异功能。这是因为肝脏具有将有毒的氨转变为无毒的尿素的一系列酶，合成的尿素随尿排出体外，肝功能严重受损如急性黄色肝萎缩时，尿素合成能力下降，可使血氨浓度升高，导致肝性脑病的发生，临床出现肝昏迷。另外，肝脏也是胺类物质解毒的重要器官。胺类主要来自肠道细菌对氨基酸（特别是芳香族氨基酸）的脱羧基作用，如酪氨酸脱羧产生酪胺等，它们的结构类似于茶酚胺类神经递质，故又称假性神经递质，它们可以取代或干扰大脑正常神经递质的作用。但正常人肝脏具有抑制或处理假性神经递质的作用，当肝功能严重减退时，假性神经递质含量升高，这可能是肝性脑病产生的另一机制。

④ 肝脏利用若干氨基酸合成各种含氮化合物如嘌呤衍生物、嘧啶衍生物、肌酸、乙醇胺、胆碱等。

四、肝脏在激素代谢方面的作用

许多激素在其发挥调节作用之后，主要在肝脏内被分解转化，从而降低或失去活性，这称之为激素的灭活作用。激素灭活过程是体内调节激素作用时间长短和强度的重要方式之一。肝脏是体内类固醇激素、蛋白质激素、儿茶酚胺类激素灭活的主要场所。蛋白质类激素如胰岛素主要受肝内酶催化而使胰岛素分子中的二硫链断裂生成 A 链与 B 链，再进一步水解 A 链与 B 链。肝功能障碍，激素灭活作用受影响，临床上可出现男性乳房发育、皮肤蜘蛛痣、肝掌、面部色素沉着等现象，而胰岛素的灭活减少，还可造成低血糖。

五、肝脏在维生素代谢方面的作用

肝脏是多种维生素吸收、贮存、转化的场所。

① 肝脏所分泌的胆汁酸可促进脂溶性维生素 A、维生素 D、维生素 E、维生素 K 的吸收。并且肝脏也是这些脂溶性维生素和维生素 B_{12} 的贮存场所。因此肝胆系统疾病常伴有维生素代谢障碍。

② 多种维生素在肝内参与辅酶的合成。如维生素 B_1 转化成硫胺素焦磷酸酯（TPP）；维生素 B_6 转化成磷酸吡哆醛；维生素 PP 转变为辅酶 I（NAD^+）和辅酶 II（$NADP^+$）；泛酸转变为辅酶 A 等。

③ 使维生素 A 原（β-胡萝卜素）转化成维生素 A；使维生素 D_3 羟化为 25-OH-D_3，有利于活性维生素 D_3 的生成。

六、肝脏在电解质代谢方面的作用

肝内钠、钾代谢与肝糖原的合成和分解密切相关。肝糖原合成时需要钾离子参与，此时钾离子由血液进入细胞，肝细胞钾含量增高。反之，肝糖原分解时，肝细胞钾含量减少，钠离子进入细胞。由于肝糖原合成时需钾离子参与，所以对糖尿病患者给予胰岛素治疗时，需同时补充钾盐。肝还具有摄取、贮存金属离子的作用，在周围组织需要时可释出其贮存的金属离子。此外，肝中的谷胱甘肽与金属硫蛋白在贮存 Zn、Cu、Fe 等以及在调节金属微量元素的代谢中起重要作用。

第二节　肝脏的生物转化

生物转化反应的类型有多种，其中氧化、还原、水解反应称为第一相反应，结合反应称为第二相反应。一般来说，激素样活性物质先进行第一相反应进行转化，如果活性的改变未能达到目的，或极性依然较弱，则启动第二相反应，但有些活性物质可直接进行第二相反应。

一、第一相反应：氧化、还原与水解

1. 氧化反应

肝细胞微粒体、线粒体和胞液中含有参与生物转化作用的不同氧化酶系，如加单氧酶系、胺氧化酶系和脱氢酶系。注意：微粒体并不是活细胞中的亚细胞结构（细胞器），而是组织细胞在实验室破碎分离得到的一种囊状膜结构，它是由细胞内质网的碎片形成的，因此微粒体相当于细胞内的内质网部分。

（1）加单氧酶系　此酶系存在于微粒体中，能催化烷烃、烯烃、芳烃和类固醇等多种物质进行氧化。该酶系催化反应的一个特点是能直接激活氧分子，使其中的一个氧原子加到作用物上，而另一个氧原子被 NADPH 还原成水分子。由于一个氧分子发挥了两种功能，故将加单氧酶系又叫做混合功能氧化酶。又因底物的氧化产物是羟化物，所以该酶又称为羟化酶。反应通式如下：

$$RH + O_2 + NADPH + H^+ \longrightarrow R-OH + NADP^+ + H_2O$$

例如苯巴比妥（一种具有安眠活性的药物）的苯环羟化后，极性增加，催眠作用消失。加单氧酶系的羟化作用非常广泛，例如维生素 D_3 在肝脏和肾脏经 2 次羟化后形成活性的 $1,25\text{-}(OH)_2\text{-}D_3$，类固醇激素（肾上腺皮质激素、性激素）和胆汁酸的合成都需要羟化过程。应该指出的是，有些致癌活性物质经羟化后失活，但另一些无致癌活性的物质经羟化后会生成有致癌活性的物质，如多环芳烃经羟化后就具有了致癌活性，还需通过其他生物转化形式进行转化灭活。因此，生物转化是转化而不是解毒。

（2）胺氧化酶系　此酶系存在于肝细胞线粒体中，可催化活性物质胺类的氧化脱氢，生成相应醛类。反应通式如下：

$$R-CH_2-NH_2 + O_2 + H_2O \longrightarrow R-CHO + NH_3 + H_2O_2$$

$$2H_2O_2 \longrightarrow 2H_2O + O_2$$

胺类物质是由氨基酸脱羧基作用产生的，胺类物质具有生物活性。例如由谷氨酸脱羧产生的 γ-氨基丁酸（GABA）是一种抑制性神经递质，在临床上可用于减轻早孕反应；组氨酸脱羧产生的组胺是一种强烈的血管舒张剂，并能增加毛细血管的通透性，创伤性休克和炎症时会引起组胺的释放；色氨酸脱羧后产生的 5-羟色胺是一种抑制性神经递质，并对外周血管有刺激收缩的作用；鸟氨酸等脱羧作用后产生的多胺（如精胺等）是调节细胞生长的物质，在旺盛分裂的癌细胞中多胺含量较高。胺类物质的另一个来源是肠道中的氨基酸经细菌的脱羧基作用产生并被吸收入血，如尸胺、腐胺，这些是有活性的毒性物质。

（3）醇脱氢酶系和醛脱氢酶系　分布于肝细胞微粒体和胞液中的醇脱氢酶（ADH）和醛脱氢酶（ALDH），均以 NAD^+ 为辅酶，可催化醇类氧化成醛，醛类氧化成酸（图 17-1）。

乙醇作为饮料和调味剂广为利用。人类摄入的乙醇可被胃（吸收 30%）和小肠上段（吸收 70%）迅速吸收。吸收后的乙醇 90%～98% 在肝脏代谢，其余在肾脏进行代谢。人类血中乙醇的清除速率为 $100\sim200\text{mg}/(\text{h} \cdot \text{kg}$ 体重$)$。酒精有轻度的麻醉（喝酒解乏）、心率加快、皮肤充血（面红耳赤）导致皮温升高（喝酒御寒）、恶心呕吐等生理效应，饮酒过量会导致这些效应放大而使人在意识和行动上失去自我控制。这些作用效果其实并不完全是由乙醇直接导致的，很多是由乙醇脱氢氧化产物乙醛刺激机体产生肾上腺素、去甲肾上腺素等产生的生理反应。

醇脱氢酶（ADH）和醛脱氢酶（ALDH）在人类中存在多态性（同工酶）。ADH 为二

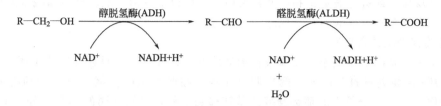

图 17-1　醇脱氢酶与醛脱氢酶的作用

聚体，有 3 种亚基 α、β、γ，成人主要是 β-二聚体，多数白种人是活性较低的 $\beta_1\beta_1$，90％的黄种人是活性较高的 $\beta_2\beta_2$，加之白种人 ALDH 活性较高，而黄种人约 50％人群的 ALDH 活性较低，因此黄种人饮酒后能快速生成乙醛，约一半的黄种人乙醛氧化速度较慢，导致黄种人饮酒后乙醛浓度升高。显然，黄种人与白种人相比在同等条件下更容易导致酒精中毒。长期过量饮酒会由于加重肝脏生物转化的负担而影响肝脏功能。

> **知识链接**
>
> ### 双硫仑反应
>
> 　　双硫仑是一种戒酒药物，患者服用该药后，即使饮用少量的酒，身体也会产生严重不适，因而可达到戒酒目的。
>
> 　　1948 年，Jacobsen 等人发现，双硫仑被人体微量吸收后，能引起面部潮红、头痛、腹痛、出汗、心悸、呼吸困难等症状，尤其是在饮酒后症状会更加明显。双硫仑反应是指用药（不仅限于双硫仑，还包括其他多种药物）后饮酒，患者发生的面部潮红、结膜充血、视觉模糊、头颈部血管剧烈搏动、头痛、头晕、恶心、呕吐、出汗、口干、胸痛、心肌梗死、急性心衰、呼吸困难、急性肝损伤、惊厥及死亡等一系列症状。
>
> 　　其作用机制在于：此类药物（含有"甲硫四氮唑侧链"）在与乙醇联用时可抑制肝脏中的乙醛脱氢酶，使乙醇在体内氧化为乙醛后不能进一步氧化代谢，导致体内乙醛蓄积而产生一系列反应。
>
> 　　头孢类、甲硝唑、替硝唑、酮康唑、呋喃唑酮、氯霉素、甲苯磺丁脲、格列本脲、苯乙双胍等均可引起双硫仑样反应，应用上述药物时应避免在 15 天内饮酒或接触酒精。

2. 还原反应

　　肝细胞微粒体内存在的还原酶，主要有硝基还原酶和偶氮还原酶，能使硝基化合物和偶氮化合物还原生成胺类。还原反应所需的氢由 NADH 或 NADPH 提供。如氯霉素中的—NO_2 可被还原成—NH_2 而导致药物失活。

3. 水解反应

　　肝细胞微粒体和胞液中含有多种水解酶，如酯酶、酰胺酶、糖苷酶等，可分别催化酯类、酰胺类和糖苷类化合物水解。例如镇痛药物乙酰水杨酸（阿司匹林）中的酯键可被水解断裂而导致药物失活。

　　功能蛋白和酶及细胞内的第二信使 cAMP、cGMP 也是通过水解形成 AMP 和 GMP 而失活的。

二、第二相反应：结合反应

　　生物转化的第二相反应是结合反应。凡是含有羟基、羧基或氨基的生物活性物质（激素、药物、毒物等）均可与极性强的物质如葡萄糖醛酸、硫酸、谷胱甘肽、乙酰基、氨基酸等发生结合反应，或进行酰基化和甲基化反应。其中以葡萄糖醛酸、硫酸和酰基的结合反应最为重要，尤以葡萄糖醛酸的结合反应最为普遍。

1. 葡萄糖醛酸结合反应

葡萄糖醛酸基的供体是尿苷二磷酸葡萄糖醛酸（UDPGA），是尿苷二磷酸葡萄糖（UDPG）在 UDPG 脱氢酶的催化下经两次脱氢生成。在肝细胞内质网中有葡萄糖醛酸基转移酶，能催化 UDPGA 分子中的葡萄糖醛酸基转移到多种含极性基团的化合物分子上（如醇、酚、胺、羧基化合物等），生成葡萄糖醛酸苷，使原有活性丧失和使水溶性增加，易从尿和胆汁中排出。

2. 硫酸结合反应

硫酸的供体是 $3'$-磷酸腺苷 $5'$-磷酰硫酸（又叫做活性硫酸，PAPS），是由含硫氨基酸经氧化分解产生无机硫酸，然后硫酸和 ATP 反应生成 PAPS。在硫酸转移酶的催化下，PAPS 分子中的硫酸基转移到醇、酚、芳香胺类和固醇类物质上，生成硫酸酯化合物，使其生物活性降低或灭活。例如雌酮就是与 PAPS 反应生成雌酮硫酸酯而灭活。

3. 谷胱甘肽结合反应

谷胱甘肽-S-转移酶能催化还原型谷胱甘肽（GSH）与一些卤化有机物、环氧化物等结合，降低环氧化物的毒性，对机体起保护作用。与 GSH 结合形成的产物，通常在肝内进一步代谢，最后生成硫醚尿酸，从胆汁和尿液排泄。

4. 乙酰基结合反应

肝细胞液中含有乙酰基转移酶，可催化芳香胺类物质（苯胺、磺胺、异烟肼等）与乙酰基结合，形成乙酰化物，乙酰基来自乙酰辅酶 A。例如苯磺酰胺可与乙酰辅酶 A 反应生成乙酰苯磺酰胺而灭活。

磺胺药经乙酰化后溶解度反而下降，在酸性尿中容易析出。因此服用磺胺药的同时应加服碱性药如小苏打，以防止磺胺药在尿中形成结晶，并易于随尿排出。

5. 氨基酸结合反应

有些外源性毒物、药物或内源性代谢物的羧基被激活成酰基辅酶 A 后，可与甘氨酸的氨基结合，例如苯甲酰辅酶 A 可与甘氨酸结合生成苯甲酰甘氨酸。

在肝细胞中，胆固醇代谢转化产生胆酸与鹅脱氧胆酸，然后胆酸与鹅脱氧胆酸分别与甘氨酸及牛磺酸结合，形成结合胆汁酸，这种结合反应对于胆汁的生成是非常重要的。

6. 甲基结合反应

少数含有氨基、羟基及巯基的非营养物质可经甲基化而被代谢。甲基结合反应由甲基转移酶催化，这些酶存在于肝细胞微粒体及胞液，S-腺苷蛋氨酸（SAM）是甲基的供体。例如去甲肾上腺素经甲基化生成肾上腺素的反应（图 17-2）。

三、生物转化的特点

1. 代谢反应连续性

是指一种物质的生物转化需要经过几种连续反应，产生几种产物。如乙酰水杨酸，先被水解成水杨酸，然后与葡萄糖醛酸或甘氨酸结合，分别生成葡萄糖醛酸苷和甘氨酰水杨酸。

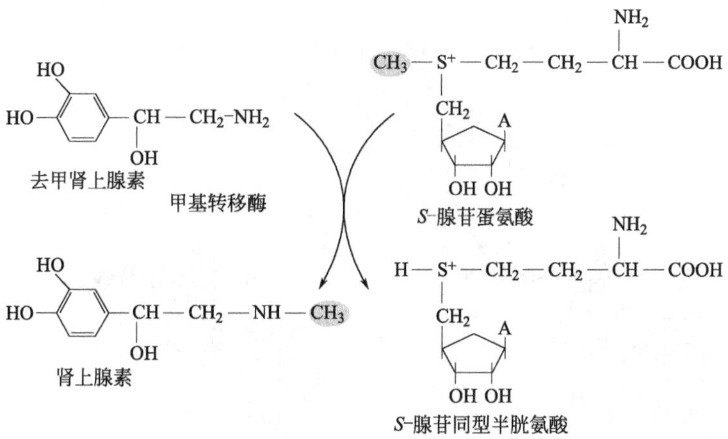

图 17-2　去甲肾上腺素甲基化生成肾上腺素

2. 反应类型多样性

是指同一种物质可发生多种反应。如苯甲酸，既可与甘氨酸结合生成马尿酸，又可与葡萄糖醛酸结合生成苯甲酰葡萄糖醛酸苷。

3. 解毒和致毒的双重性

是指一种物质通过肝脏转化后，其毒性大多变小，但个别也可增强。一些致癌物质最初本无致癌活性，但通过生物转化后则成为致癌物。

第三节　胆汁酸的代谢

一、胆汁

胆汁是肝细胞分泌的液体。人的肝脏每日约分泌 300～700ml 胆汁，肝细胞分泌出来的胆汁称为肝胆汁，呈金黄色，清澈透明，有黏性和苦味。此胆汁进入胆囊后，经浓缩为原体积的 10％～20％，并掺入黏液等物而成为胆囊胆汁，随后经胆总管流入十二指肠。

另外，在胆汁的有机成分中，胆汁酸盐的含量最高，其他还包括多种酶，如脂肪酶、磷脂酶、淀粉酶、磷酸酶等。除了胆汁酸盐和某些酶类与消化作用有关外，其他成分多属排泄物。进入人体的药物、毒物、染料及重金属盐等都可以随胆汁排出体外。

其他胆汁内容详见第五章。

二、胆汁酸的分类

胆汁中所有酸性物质的总称叫胆汁酸，因此，胆汁酸是混合物。胆汁酸可以分为游离型胆汁酸（如胆酸、鹅脱氧胆酸）和结合型胆汁酸（如胆酸和鹅脱氧胆酸分别与牛磺酸和甘氨酸结合）。还可以按照胆汁酸的代谢路线分为初级胆汁酸和次级胆汁酸。

三、胆汁酸的代谢

1. 初级胆汁酸的生成

肝细胞以胆固醇为原料在一系列酶的催化下合成的胆汁酸称为初级胆汁酸。其中游离型的初级胆汁酸主要有胆酸和鹅脱氧胆酸。这两种胆汁酸可与甘氨酸和牛磺酸分别结合形成结合型的甘氨胆酸、牛磺胆酸、甘氨鹅脱氧胆酸和牛磺鹅脱氧胆酸（图 17-3）。初级胆汁酸因

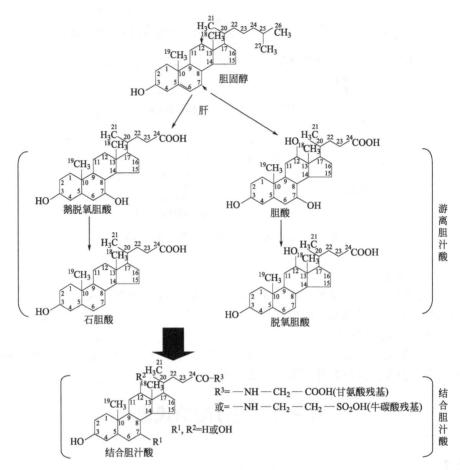

图 17-3 初级胆汁酸的生成

羟化和与甘氨酸及牛黄酸极性物质的结合反应而增强了水溶性。

2. 次级胆汁酸的生成

胆汁酸随胆汁分泌进入肠道，一部分结合型初级胆汁酸受细菌的作用可水解成游离型胆汁酸，后者还可在肠道细菌的作用下进行7α-脱羟基反应，由此胆酸转变为7-脱氧胆酸，鹅脱氧胆酸转变为石胆酸。此类由初级胆汁酸在肠菌作用下形成的胆汁酸称为次级胆汁酸。

3. 胆汁酸的肠肝循环

排入肠道的胆汁酸约有95%被重吸收，其余约0.4~0.6g胆汁酸在肠道细菌的作用下被衍生成多种胆烷酸的衍生物，随粪便排出。被肠道重吸收的胆汁酸经门静脉重新入肝，其中游离型的胆汁酸需要重新转变为结合型胆汁酸，与新合成的结合胆汁酸一同再随胆汁排入肠道，此过程称为胆汁酸的"肠肝循环"（图17-4）。此循环的意义在于使有限的胆汁酸反复被利用，减少体内能量的消耗，最大限度地发挥胆汁酸

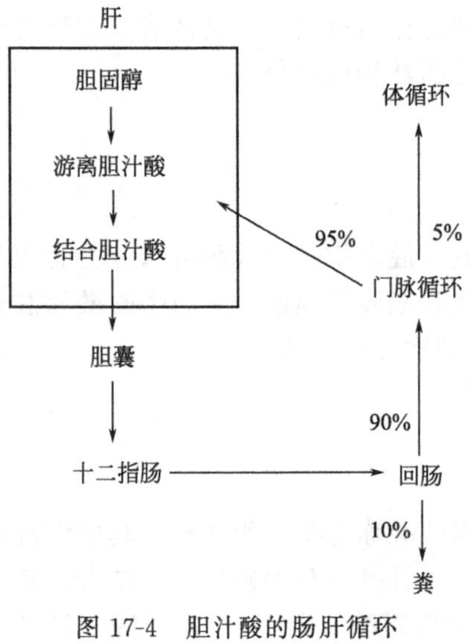

图 17-4 胆汁酸的肠肝循环

的生理作用。

4. 胆固醇的排泄

体内胆固醇主要在肝内转变为胆汁酸，以胆汁酸盐的形式随胆汁排出，这是胆固醇排泄的主要途径。小部分胆固醇可直接随胆汁或通过肠黏膜细胞脱落而排入肠道。进入肠道的胆固醇，一部分被重吸收，另一部分以原型或经肠道细菌的作用，还原为粪固醇，随粪便排出体外。

胆固醇在肝内转变为胆汁酸，这是胆固醇在体内代谢的主要去路，是肝清除体内胆固醇的主要方式。正常人每天约合成 $1\sim1.5g$ 胆固醇，其中约 40%（$0.4\sim0.6g$）在肝内转变为胆汁酸。胆汁酸多以钠盐或钾盐（胆汁酸盐、胆盐）的形式存在，随胆汁排入肠道，促进脂类及脂溶性维生素的消化和吸收。

四、胆汁酸的生理作用

由于胆汁酸水溶性的增强，使其两亲性质更为明显，能结合在脂肪滴的外表面，从而使脂肪能在水溶液中存在，加之小肠的蠕动促使大脂肪滴变成小脂肪滴，结合于脂肪滴表面的胆汁酸层及水化膜阻止小脂肪滴的聚合。因此，胆汁酸促进大脂肪滴乳化为小脂肪滴的物理消化，小脂肪滴的形成使脂肪滴的总表面积大大增加，使脂肪酶作用位点增加，脂肪的化学消化（酶促水解）速度因此加快。肝脏功能减退，如肝炎、肝硬化、肝癌等，肝脏转化形成的胆汁酸减少，肠道内脂肪食物堆积，反射性地引起厌恶油腻食物，出现闻见油味或食入脂肪类食物后出现恶心、呕吐或脂肪泄症状，轻度的厌油腻也见于短期内大量食入脂肪类食物。

第四节　胆红素的代谢

血红素是一种铁卟啉化合物，它是血红蛋白、肌红蛋白、细胞色素、过氧化氢酶和过氧化物酶的辅基。血红素在体内分解产生胆色素。胆色素包括胆红素、胆绿素、胆素原和胆素等多种化合物，其中以胆红素为主。

一、胆红素的生成和转运

人红细胞的平均寿命为 120 天，红细胞衰老后在机体的肝、脾、骨髓等单核吞噬细胞系统中被吞噬破坏，释放出的血红蛋白分解为珠蛋白和血红素。珠蛋白可降解为氨基酸，供机体再利用。血红素则在单核吞噬细胞内血红素加氧酶催化下，释放出 CO 和铁，并生成胆绿素。这一过程在细胞的微粒体内进行，需要 O_2 和 NADPH 参与。生成的胆绿素在胞液中胆绿素还原酶（辅酶也是 NADPH）的催化下迅速被还原为胆红素。胆红素为橙黄色，脂溶性极强，极易透过生物膜。如果血浆中胆红素增多，就会透过血脑屏障，在脑内积蓄形成核黄疸，不仅干扰脑的正常功能，而且有致命的危险。胆红素生成后进入血液，主要与血浆清蛋白结合成胆红素-清蛋白而运输。这种结合既增加了胆红素的水溶性，有利于血液运输，又限制了其透过生物膜，防止对组织细胞产生毒性作用。

胆红素在血浆中虽与清蛋白结合，但属于非共价结合，并不是真正的结合反应，故称未结合胆红素。未结合胆红素不能由肾小球滤过。由于胆红素主要与血浆蛋白结合而运输，因此某些外来化合物如磺胺类药物、镇痛药、抗炎药等可竞争性地与清蛋白结合，将胆红素从胆红素-清蛋白的复合物中置换出来，对有黄疸倾向的病人或新生儿黄疸，要避免使用这些药物。

二、胆红素在肝内的转化

未结合胆红素随血液循环运至肝脏，可迅速被肝细胞摄取。肝细胞胞浆中有两种胆红素载体蛋白，分别称为 Y 蛋白和 Z 蛋白。由血浆清蛋白运来的胆红素进入肝细胞后，立即与 Y 蛋白和 Z 蛋白结合成胆红素-Y 蛋白和胆红素-Z 蛋白，但主要是和 Y 蛋白结合，将胆红素转运至滑面内质网，在葡萄糖醛酸基转移酶的催化下，与尿苷二磷酸葡萄糖醛酸（UDPGA）提供的葡萄糖醛酸基实现共价结合，转化成葡萄糖醛酸胆红素，包括单葡萄糖醛酸胆红素和双葡萄糖醛酸胆红素，以后者为主。因葡萄糖醛酸胆红素是共价结合反应生成的，故又称为结合胆红素。结合胆红素是水溶性较强的物质，不易透过生物膜，因而毒性降低。通过这种转化作用既有利于胆红素随胆汁排出，又起到解毒作用。当结合胆红素在血液中含量增加时可被肾小球滤过。

三、胆红素在肠道中的变化及胆色素的肠肝循环

结合胆红素易从肝细胞排泌至毛细胆管，再经胆总管排入肠道，在肠道细菌的作用下，先脱去葡萄糖醛酸基，再逐步还原成无色的胆素原包括中胆素原、粪胆素原和尿胆素原。胆素原在肠道下段与空气接触后被氧化成胆素。胆素呈黄褐色，是粪便中的主要色素。正常人每日从粪便排出的胆素原约为 40～280mg。当胆道完全阻塞时，因胆红素不能排入肠道生成胆素原和胆素，所以粪便呈现灰白色。

肠道内形成的胆素原，除大部分随粪便排出外，少量胆素原（约 10%～20%）可被肠黏膜细胞重吸收，经门静脉入肝。其中大部分再随胆汁排到肠道，形成胆素原的肠肝循环。只有少量的胆素原从肝进入体循环，被运送至肾随尿排出。正常人每日从尿中排出的胆素原约为 0.5～4.0mg。胆素原接触空气后被氧化成尿胆素，后者是尿液的主要色素。

血红素的分解代谢过程总结于图 17-5。

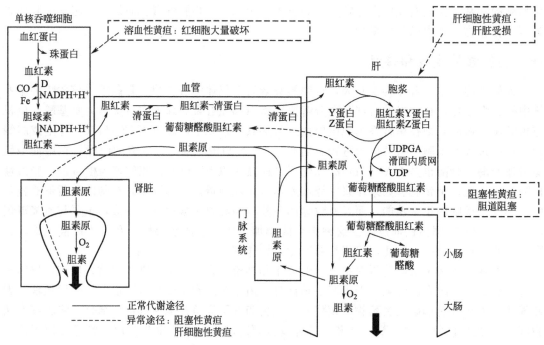

图 17-5 血红素的分解代谢示意

四、血清胆红素及黄疸

正常人血清胆红素总量不超过 $17.2\mu mol/L$（1mg/dl），其中未结合胆红素占 4/5。凡能引起胆红素生成过多，或肝细胞对胆红素的摄取、结合和排泄过程发生障碍等因素，都可使血中胆红素升高而出现高胆红素血症。当血清胆红素浓度超过 $34.2\mu mol/L$（2mg/dl）时，即出现巩膜、黏膜和皮肤等部位的黄染，称为黄疸。若血清胆红素浓度高于正常，但又不超过 $34.2\mu mol/L$ 时，则肉眼难以观察到黄染现象，称为隐性黄疸。凡各种原因引起的红细胞大量破坏，未结合胆红素产生过多，超过肝脏的处理能力，导致血中未结合胆红素增高而引起的黄疸，称为溶血性黄疸（肝前性黄疸）。由于胆道阻塞，肝内转化生成的结合胆红素从胆道系统排出困难而反流入血，引起血清结合胆红素增加而出现的黄疸，称为阻塞性黄疸（肝后性黄疸）。由于肝细胞受损，一方面肝细胞摄取未结合胆红素的能力降低，不能将未结合胆红素全部转化成结合胆红素，使血中未结合胆红素增多；另一方面已生成的结合胆红素不能顺利排入胆汁，经病变肝细胞区反流入血，使血中结合胆红素也增加，由此引起的黄疸称为肝细胞性黄疸（肝原性黄疸）。

课后习题

简答题

1. 肝脏在糖代谢、脂代谢、蛋白质代谢方面的作用有哪些？
2. 生物转化的第一相反应和第二相反应都有哪些？生物转化具备什么特点？
3. 简述胆汁酸的代谢过程。
4. 简述胆红素的分解代谢过程。

答案（略）

第十八章 生物化学基础实训

项目1 纸色谱

学习任务

1. 对于给出的氨基酸混合样品，能用纸色谱方法进行分离操作，分离效果好。
2. 理解 R_f 的含义并会计算。
3. 能分析实验结果：混合样品中含有的氨基酸种类。
4. 能用氨基酸的性质解释实验结果，并体会氨基酸结构与性质的关系。

一、目的

1. 进一步熟悉氨基酸的性质。
2. 学会单向色谱法的原理及操作技术。

二、原理

分配色谱是利用不同的物质在两种互不混溶的溶剂中的分配系数不同，而使物质分离的一种方法。

纸色谱法是用滤纸作为支持物的分配色谱法。纸色谱的扩展剂大多由水和有机溶剂组成。滤纸纤维与水的亲和力强，与有机溶剂的亲和力弱，在扩展时，水是固定相，滤纸是固定相的支持物，有机溶剂是流动相，它沿滤纸移动。

将氨基酸溶液点在滤纸的一端（此点称为原点），由扩展剂经上行法进行扩展，推动氨基酸在两相溶剂中不断进行分配。由于各氨基酸在两相中的分配系数不同，因此移动速率也不同。在固定相中分配趋势较大的溶质随流动相移动得慢，反之在流动相中分配趋势较大的溶质移动速率快。于是在流动相移动一定距离后，形成了离原点距离不等的色谱点。

氨基酸是无色的，利用茚三酮反应，可将氨基酸显色，在滤纸上得到紫色的色谱点（图18-1）。脯氨酸和羟脯氨酸为黄色色谱点。氨基酸在图谱上的位置常用迁移率 R_f 表示。

$$R_f = \frac{原点到色谱点中心的距离}{原点到溶剂前沿的距离}$$

在一定的条件下，氨基酸的 R_f 值是一常数，不同的氨基酸有不同的 R_f 值。在同样条件下，作标准氨基酸图谱与未知样品氨基酸图谱进行对照，便可推断样品中的氨基酸类型。

三、器材

色谱缸，毛细管，喷雾器，培养皿，小烧杯，色谱滤纸，镊子，吹风机或干燥箱，直尺、针、线、铅笔。

四、试剂

1. 扩展剂　将 4 份正丁醇和 1 份冰醋酸放入分液漏斗中，与 3 份水混合，充分振荡，静置后分层。放出下层水层，漏斗内的即为扩展剂。如此制取扩展剂 600ml。或按正丁醇：冰醋酸：水＝12：3：5 的比例配制扩展剂。

2. 氨基酸溶液 0.5%的赖氨酸、甘氨酸、脯氨酸、缬氨酸和亮氨酸溶液及它们的混合液（各组分浓度均为 0.5%）各 50ml。

3. 显色剂 0.1%水合茚三酮正丁醇溶液 100ml。

五、操作步骤

1. 将盛有平衡溶剂的小烧杯置于密封的色谱缸中。

2. 用镊子夹取色谱滤纸（长 22cm、宽 14cm）一张。在纸的一端距边缘 2～3cm 处用铅笔画一条直线，在此直线上每间隔 2cm 作一记号（如图 18-2）。

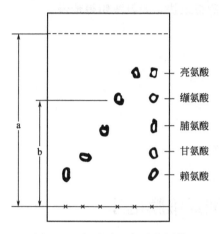

图 18-1　氨基酸显色后的图谱

图 18-2　纸色谱点样标准图

3. 点样 用毛细管将各氨基酸样品分别点在这 6 个位置上，干后再点一次。

备注：氨基酸的点样量以每种氨基酸 5～20μg 为宜，每点在纸上扩散的直径最大不超过 3mm。点样时，必须待第一滴样品干后再点第二滴。为使样品迅速干燥，可用吹风机吹干。

4. 扩展 将点样后的滤纸两侧对齐，用线将滤纸缝成筒状，纸的两边不能接触，以避免由于毛细现象溶剂沿边缘快速移动而造成溶剂前沿不齐，影响 R_f 值。将盛有约 20ml 扩展剂的培养皿迅速置于密闭的色谱缸中，并将滤纸直立于培养皿中（点样的一端在下，点样面向外，扩展剂的液面需低于点样线 1cm）。待溶剂上升 15～20cm 时即可取出滤纸，用铅笔描出溶剂前沿界线，自然干燥或用吹风机热风吹干（如图 18-3）。

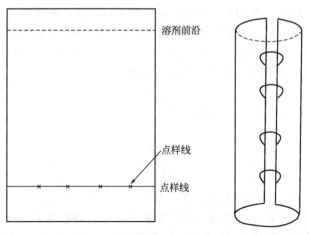

图 18-3　氨基酸纸色谱操作示意

5. 显色　用喷雾器在纸色谱上均匀喷上 0.1％茚三酮正丁醇溶液，然后置烘箱中烘烤 5min（100℃）或用热风吹干即可显出各色谱斑点。

6. 根据纸色谱图谱计算各种氨基酸的 R_f 值（样品可用 R_f 样 X 表示）。

六、结果记录与分析

1. 设计原始实验数据表格。
2. 计算各标准氨基酸的 R_f 和混合样品中各氨基酸的 R_f。
3. 通过实验得出混合样品中的氨基酸种类。
4. 讨论实验结果是否与理论推断一致，亮氨酸跑得最快，赖氨酸跑得最慢。

七、思考题

1. 何谓纸色谱法？
2. 何谓 R_f 值？影响 R_f 值的主要因素是什么？
3. 怎样制备扩展剂？
4. 色谱缸中平衡溶剂的作用是什么？
5. 在整个实验过程中为什么不能用手接触滤纸？
6. 在缝滤纸筒时为什么要避免纸的两端接触？

项目 2　血清蛋白醋酸纤维膜电泳

学习任务

1. 给一个血清样品，能用电泳方法进行血清蛋白分离操作，分离出不同色带。
2. 能分析实验结果：指出电泳图谱中每条色带代表的蛋白质种类。
3. 能用蛋白质的性质解释实验结果，并能合理解释影响蛋白质迁移的因素。

一、目的

1. 了解电泳技术的一般原理。
2. 学习醋酸纤维薄膜电泳的操作技术。

二、原理

蛋白质是两性电解质。在 pH 小于等电点的溶液中，蛋白质带正电荷，为阳离子，在电场中向阴极移动；反之，在 pH 大于等电点的溶液中，蛋白质带负电荷，为阴离子，在电场中向阳极移动。在同一 pH 溶液中，不同蛋白质分子大小不同，所带电荷的性质和数目不同，在电场中移动的速率不同，故可利用电泳法对其进行分离。

醋酸纤维薄膜电泳是用醋酸纤维薄膜作为支持物的电泳方法。

醋酸纤维薄膜是纤维素的醋酸酯，由纤维素分子中的羟基用醋酸经乙酰化而制成。其具有均一的泡沫样的结构，厚度仅 $120\mu m$，有强渗透性，对分子移动无阻力，作为区带电泳的支持物进行蛋白质电泳有简便、快速、样品用量少、应用范围广、分离清晰、没有吸附现象等优点。目前已广泛用于血清蛋白、脂蛋白、血红蛋白、糖蛋白和同工酶的分离及用在免疫电泳中。

本实验是在 pH 为 8.6 的溶液中，血清各蛋白都带负电荷，电泳时都向正极移动。

三、器材

醋酸纤维薄膜（1cm×8cm），常压电泳仪及电泳槽，点样器（市售或自制），培养皿（染色及漂洗用），粗滤纸，玻璃板，镊子，小表面皿。

四、试剂

1. 巴比妥缓冲液（pH8.6） 称取巴比妥 2.76g、巴比妥钠 15.45g，定容至 1000ml。用酸度计校测后使用。

2. 染色液 按氨基黑 10B 0.5g、甲醇 50ml、冰醋酸 10ml、水 40ml 的比例配制。可重复使用。

3. 漂洗液 按甲醇或乙醇 45ml、冰醋酸 5ml、水 50ml 的比例配制。

4. 新鲜血清 无溶血现象。

五、操作步骤

1. 浸泡 用镊子取醋酸纤维薄膜 1 张（识别出光泽面与无光泽面，并在无光泽面角上用铅笔做上记号）放在缓冲液中浸泡 20min。

2. 点样 把膜条从缓冲液中取出，夹在两层粗滤纸内吸去多余的液体，然后平铺在玻璃板上（无光泽面朝上），将点样器在装有血清的小表面皿上蘸一下，再在膜条一端 2~3cm 处轻轻地垂直地落下并随即提起，这样即在膜条上点上了细条状的血清样品。也可用毛细管画线点样（图 18-4）。

备注：点样好坏是电泳图谱是否清晰的关键，可以用盖玻片当点样器，把血清均匀涂抹在盖玻片的边缘上。

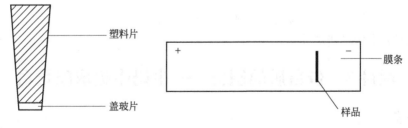

图 18-4 血清样品点样示意

3. 电泳 先剪取尺寸合适的双层滤纸条，将滤纸条附着在电泳槽的支架上，使它的一端与支架的前沿对齐，而另一端浸入电极槽的缓冲液内。用缓冲液将滤纸全部润湿并驱除气泡，使滤纸紧贴在支架上，即为滤纸桥（它是联系醋酸纤维薄膜和两极缓冲液之间的"桥梁"，加入缓冲液时，使两个电极槽内的液面等高）。将膜条平悬于电泳槽支架的滤纸桥上，膜的无光泽面朝下，点样端靠近负极，血清样不能与滤纸桥接触（图 18-5），盖严电泳室，平衡 10min，让缓冲液湿润薄膜后通电。调节电压至 160V，电流强度 0.4~0.7mA/cm 膜宽，电泳时间约为 60~90min。电泳装置如图 18-5 所示。

4. 染色 电泳完毕后，将膜条取下并放入盛有染色液的培养皿里浸泡 10min。

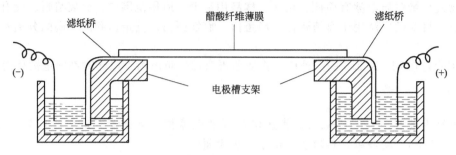

图 18-5 醋酸纤维薄膜电泳装置示意

5. 漂洗 将膜条从染色液中取出后移置于培养皿的漂洗液中，每隔几分钟换一次漂洗液，漂洗数次至背景无色为止，可得色带清晰的蛋白质电泳图谱（图 18-6）。

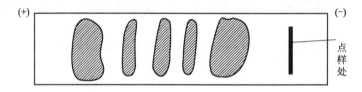

图 18-6 醋酸纤维薄膜血清蛋白电泳图谱

从左至右依次为：血清清蛋白、α_1-球蛋白、α_2-球蛋白、β-球蛋白、γ-球蛋白

六、结果记录与分析

1. 列出所用器材和试剂清单。
2. 设计原始实验数据表格。
3. 绘制醋酸纤维薄膜电泳图谱示意图，并指出每条电泳图谱各代表哪种蛋白质。

七、思考题

1. 电泳时，点样端置于电场的正极还是负极？为什么？
2. 电泳实验中应该注意什么？

项目 3　蛋白质的制备——牛奶中提取酪蛋白

学习任务
1. 制备酪蛋白。
2. 学会提取样品的离心分离操作。

一、目的

加深对蛋白质胶体溶液稳定因素的认识。掌握用酸性溶剂使蛋白质溶液的 pH 值发生变化，并利用等电点沉淀法制取蛋白质。

二、原理

蛋白质是由氨基酸构成的高分子化合物。蛋白质同氨基酸一样是两性电解质，调节蛋白质溶液的 pH 值可使蛋白质分子所带的正负电荷数目相等，即溶液中的蛋白质以兼性离子形式存在，在外加电场中既不向阴极也不向阳极移动，这时溶液的 pH 值称为蛋白质的等电点。在等电点条件下，蛋白质溶解度最小，因此就会有沉淀析出。

三、试剂及器材

序号	名　称	规　格	数量	备注
01	牛奶	市售	1000ml	
02	醋酸-醋酸钠缓冲液	0.2mol/L(pH＝4.7)	500ml	
03	乙醇	95％	500ml	
	乙醚	AR	300ml	
04	蒸馏水		若干	
05	恒温水浴锅	40℃	1	
06	托盘天平		1	
07	离心机			
08	离心管	20ml、50ml	6	
09	电子天平	0.01g	1	
10	长柄药匙		1	
11	烧杯	250ml	1	
		100ml	2	
12	量筒	100ml	2	
13	玻璃棒	粗	1	
		细	1	
14	水银温度计	100℃	2	
15	铁架台	1铁圈	2	
16	胶头滴管		3	
17	pH 试纸	广泛	1包	
		精密	1包	
	pH 酸度计及电极		1	
	布氏漏斗及抽滤装置		1	
18	标签纸		1张	
19	棉线		若干	
20	广口瓶	100ml	1	

四、操作步骤

调节牛奶的 pH 值到 4.7，通过离心法得到酪蛋白粗品。

1. 取 20ml 牛奶加热至 40℃。在搅拌下慢慢将牛奶加入预热至 40℃ 的 pH4.7 的醋酸缓冲液约 20ml 中。用精密 pH 试纸或酸度计调 pH 至 4.7。将上述悬浮液冷却至室温，离心

15min（3000r/min），弃去清液，得酪蛋白粗制品。

2. 用水洗沉淀 3 次，离心 3min（3000r/min），弃去上清液。

3. 在沉淀中加入 10ml 乙醇。搅拌片刻，将全部混浊液转移至布氏漏斗中抽滤。用乙醇-乙醚混合液洗沉淀两次。最后用乙醚洗沉淀两次，抽干。

4. 将沉淀摊开在表面皿上，风干得酪蛋白纯品。

5. 准确称重，计算含量和得率，记录、收集、贴标签。

$$含量（g 酪蛋白/100ml 牛乳）=\frac{酪蛋白重量（g）}{牛奶的取样量（ml）}\times100$$

$$得率=\frac{测得含量}{理论含量}\times100\%$$

式中，理论含量为 3.5g/100ml 牛乳。

五、操作要求

牛奶与缓冲溶液的量取要快速、准确；牛奶与缓冲溶液加热到要求温度；混合溶液的 pH 值调节准确；搅拌充分，沉淀完全；冷却后，离心平衡正确；选择正确的转速和离心时间；精制操作洗涤溶剂，加入顺序要正确；抽滤操作正确。清洗实验器具，并放回原处，垃圾丢进垃圾桶等。

六、结果记录与分析

1. 设计原始实验数据表格。

2. 计算含量和得率。

3. 讨论实验结果与理论值的差异原因，讨论不同组之间得率不同的原因。

七、思考题

1. 为什么调整溶液的 pH 值可将酪蛋白沉淀出来？

2. 用有机溶剂沉淀蛋白质的原理是什么？

项目 4 酵母 RNA 的提取

学习任务
学会从酵母组织中分离 RNA 的操作方法。

一、目的

学习从酵母组织中分离 RNA 的方法。

二、原理

酵母核酸中 RNA 含量较多。RNA 可溶于碱性溶液，在碱性提取液中加入酸性乙醇溶液可以使解聚的核糖核酸沉淀，由此即得到 RNA 的粗制品。

三、器材

烧杯：100ml、250ml；250ml 带塞玻璃瓶；量筒：100ml、250ml；离心管：50ml；离心机；分析天平；滴管；研钵；容量瓶；布氏漏斗及抽滤瓶；恒温水浴。

四、材料与试剂

序　号	名　称
1	酵母粉
2	95％的乙醇
3	乙醚
4	0.04mol/L 氢氧化钠溶液
5	酸性乙醇溶液：将 0.3ml 浓盐酸加入到 30ml 乙醇中

五、操作步骤

1. RNA 的制备

① 将 5g 左右（此重量需要记录）酵母悬浮于 30ml 0.04mol/L 氢氧化钠溶液中，并在研钵中研磨均匀。

② 将悬浮液转移至 150ml 锥形瓶中。在沸水液中加热 30min 后，冷却。

③ 3000r/min 离心 15min，将上清液缓缓倾入 30ml 酸性乙醇溶液中。注意要一边搅拌一边缓缓倾入。

④ 待核糖核酸沉淀完全后，3000r/min 离心 3min。弃去清液。

⑤ 用 95％乙醇洗涤沉淀两次，乙醚洗涤沉淀一次后，再用乙醚将沉淀转移至布氏漏斗中抽滤。沉淀可在空气中干燥。

2. 计算

$$RNA\ 含量 = (风干重量/称取的重量) \times 100\%$$

六、结果记录与分析

1. 列出所用器材和试剂清单。

2. 设计原始实验数据表格。

3. 计算 RNA 含量。

4. 比较不同组之间含量不同的原因。

七、思考题

此实验是用什么方法提取 RNA？所提 RNA 中是否混有 DNA？

项目 5　3,5-二硝基水杨酸（DNS）法测定还原糖与总糖

学习任务

1. 测定样品中的还原糖含量。

2. 学会用标准曲线法计算还原糖含量。

3. 学会分光光度计的使用方法。

一、目的

掌握还原糖定量测定的原理和方法。

二、原理

糖的测定方法有物理法和化学法两类。由于化学法比较准确，因此常被使用。

还原糖的测定是糖定量测定的基本方法。还原糖是指含有自由醛基和酮基的糖类。单糖都是还原糖。利用单糖、双糖与多糖的溶解度的不同可以把它们分开。用酸水解法使没有还原性的双糖彻底水解成具有还原性的单糖，再进行测定，就可以求出样品中的还原糖的含量。

有几种方法可用于测定还原糖。在碱性溶液中，还原糖变为烯二醇（1,2-烯二醇）。

烯二醇易被各种氧化剂如铁氰化物、3,5-二硝基水杨酸和 Cu^{2+} 氧化为糖酸。铁氰化物和二硝基水杨酸盐的还原作用是还原糖定量测定的基础。还原糖和碱性二硝基水杨酸试剂一起共热，产生一种棕红色的氨基化合物，在一定的浓度范围内，棕红色物质颜色的深浅程度与还原糖的量成正比，因此可以测定样品中还原糖以及总糖的量。

三、器材

烧杯；pH 试纸；100ml 容量瓶；玻璃漏斗；吸量管：0.1ml、0.5ml、1ml、5ml、10ml；量筒：10ml、100ml；25ml 具塞比色试管及试管架；恒温水浴；分光光度计。

四、材料与试剂

1. 碾碎的小麦粉。

2. 6mol/L HCl：50ml 浓盐酸加水稀释到 100ml。

3. 6mol/L NaOH：240g NaOH 溶解于 500ml 水中加水定容至 1000ml。

4. 碘-碘化钾溶液：20g 碘化钾和 10g 碘溶于 100ml 水中，使用前取 1ml 加水稀释到 20ml。

5. 1mg/ml 的葡萄糖溶液。

6. 3,5-二硝基水杨酸（DNS）：称取 6.5g 3,5-二硝基水杨酸溶于少量蒸馏水中，将溶液转移到 1000ml 容量瓶里，然后加入 2mol/L 的氢氧化钠溶液 325ml，混合均匀后，加入 45g 丙三醇，摇匀，定容到 1000ml，贮存于棕色瓶中。

五、操作步骤

1. 葡萄糖标准曲线制作

(1) 按表 18-1 制备 6 个试管。

(2) 向 6 支试管中分别加入 DNS 试剂 0.50ml，充分混合。

(3) 将 6 支试管放入沸水浴中加热煮沸 5min。

(4) 将试管放入盛有冷水的烧杯中冷却。

(5) 向各试管中分别加入适量蒸馏水，充分混合（备注：冷却后用蒸馏水定容至 10.00ml，比色管有 10ml 的刻度线）。

表 18-1　标准葡萄糖曲线浓度的量取

管　号	葡萄糖液/ml	水/ml	最终浓度/(mg/ml)
1	0.00	1.00	0
2	0.20	0.80	0.20
3	0.40	0.60	0.40
4	0.60	0.40	0.60
5	0.80	0.20	0.80
6	1.00	0.00	1.00

（6）以空白管（1管）作对照，于 540nm 波长下，分别测定各管的 A 值。

（7）以每管在 540nm 下的吸光度值为纵坐标，每管所含的葡萄糖浓度为横坐标作图，即可得到一条直线。如果该直线不是通过零点的直线，必须重做。

2. 还原糖样品的制备

（1）称取 2g 碾碎的小麦粉，将其放入 100ml 的烧杯中，然后加入 50～60ml 蒸馏水，搅拌均匀。

（2）把烧杯放于 50℃水浴中保温 30min。

（3）拿出烧杯，将烧杯内含物转入一个 100ml 的容量瓶中，加水到刻度。充分混合，过滤，滤出液用于测定还原糖。

3. 样品的酸水解和总糖的提取

（1）把 1g 小麦粉溶于 15ml 水中并加入 10ml 6mol/L 的盐酸混合。

（2）混合后，将烧杯放于沸水浴中加热煮沸 30min。

（3）拿出烧杯，冷却。

（4）加入 6moL/L NaOH 中和烧杯内含物。

（5）将中和后的溶液转入一个 100ml 的容量瓶中，加水到刻度线，充分混合。

（6）将容量瓶中的溶液过滤。

（7）取 1ml 滤出液加水到 10ml。

4. 小麦粉样品中总糖和还原糖的测定

（1）取 5 支试管，编号为 $1'$、$2'$、$3'$、$4'$和 $5'$，按表 18-2 向每支试管中加入试剂。

（2）用管 1 作对照，测定每管在 540nm 下的 A 值。将结果记录在表 18-3 中。

（3）根据还原糖和总糖的 A 值，使用葡萄糖标准工作曲线，计算还原糖和总糖的百分含量，即：

$$还原糖(\%)=\frac{从曲线中查出的还原糖的浓度×N×V}{样品质量}×100\%$$

$$总糖(\%)=\frac{从曲线中查出的总糖的浓度×N×V}{样品质量}×100\%$$

式中　N——稀释倍数；

　　　V——溶液的体积。

表 18-2　小麦粉中总糖和还原糖的测定

试　　剂	管　号				
	$1'$	$2'$	$3'$	$4'$	$5'$
还原糖抽提液/ml	0.00	0.50	0.50	0.00	0.00
总糖抽提液/ml	0.00	0.00	0.00	0.50	0.50

续表

试　　剂	管　号				
	1′	2′	3′	4′	5′
蒸馏水/ml	1.00	0.50	0.50	0.50	0.50
DNS/ml	0.50	0.50	0.50	0.50	0.50
在沸水浴中加热 5min,然后冷却					
蒸馏水/ml	8.50	8.50	8.50	8.50	8.50
备注:冷却后用蒸馏水定容至 10.00ml(比色管有 10ml 的刻度线)					
A_{540}					

六、结果记录与分析

1. 列出所用器材和试剂清单。

2. 实验记录

表 18-3　测定的 A 值（$\lambda = 540nm$）

管号	葡萄糖浓度/(mg/ml)	Abs 测定值 A_{540}	比色皿校正 $A_{皿差}$	Abs 校正值 $A_{校正}$
1	0.00	0.000	0.000	0.000
2	0.20			
3	0.40			
4	0.60			
5	0.80			
6	1.00			
1′	0.00			
2′				
3′				
4′				
5′				

3. 数据处理。绘制葡萄糖的标准工作曲线，从曲线中查出还原糖和总糖的浓度，并计算出各自的含量。

4. 实验结果与分析。

七、思考题

1. 用比色法测定物质含量时，为什么要做空白对照管？

2. 比色测定的基本原理是什么？操作步骤有哪些？

3. 酸水解糖的终点如何判断？

4. 国标测定样品中的还原糖的方法是什么？

单词表（生物化学部分）

A

氨基酸　aminoacid

氨基酸残基　residue

B

白蛋白　albumin

败血症　septicemia

胞嘧啶核苷（胞苷）cytidine

胞嘧啶脱氧核苷（脱氧胞苷）deoxycytidine

胞质溶胶　cytosol

β-半乳糖苷酶　β-galactosidase

苯丙氨酸羟化酶　phenylalaninehydroxylase

苯丙酮尿症　phenylketonuria

吡哆胺　pyridoxamine

吡哆醇　pyridoxine

吡哆醛　pyridoxal

吡喃［型］葡萄糖　glucopyranose

必需基团　essential group

变构作用　allostery

变性作用　denaturation

别构调节　allosteric regulation

丙糖磷酸异构酶　triose phosphate isomerase，TPI

丙酮酸　pyruvate

丙酮酸激酶　pyruvate carboxylase

丙酮酸激酶　pyruvate kinase，PK

丙酮酸脱羧酶　pyruvate decarboxylase，PDC

补体　complement

C

草酰乙酸　oxaloacetate

超滤　ultrafiltration

沉淀作用　precipitation

粗分级分离　rough fractionation

催化基团　catalytic group

催化中心　catalvtic center

D

单纯蛋白质　simple proteins

单纯脂　simple lipid

单糖　monosaccharide

胆钙化甾醇　cholecalciferol

胆固醇　cholesterol

蛋白激酶　protease

蛋白酶　protease

蛋白抑制剂　RNasin

蛋白质 protein

蛋白质变性　protein denaturation

蛋白质的复性　renaturation

蛋白质组　proteome

蛋白质组学 proteomics

等电点　isoelectric point

等离子点　isoionic point

底物　substrate

电泳　electrophorisis

电子传递链（或呼吸链）　respiratory chain

淀粉　starch

淀粉磷酸化酶　starch phosphorylase

毒蛋白　toxoprotein

多酶复合体　multienzyme complex

多肽　polypeptide

多糖　polysaccharide

E

二甲基苯并咪唑　5,6-dimethylbenzimidazole，DMB

1,3-二磷酸甘油酸　1,3-bisphosphoglycerate

二羟丙酮磷酸　dihydroxyacetone phosphate

二糖　disaccharide

F

发酵　fermentation

翻译　translation

非蛋白氮　non-protein-nitrogen，NPN

分子生物学　molecular biology

呋喃［型］葡萄糖　glucofuranose

辅酶 A　coenzyme A，CoA

辅酶 Q　coenzyme Q，CoQ

腐黑质　melanoidin

负超螺旋　negative supercoiling

复合脂　compound lipid

复制　replication

G

甘油-3-磷酸穿梭　glycerol-3-phosphate shuttle

甘油磷脂　phosphoglyceride

甘油醛-3-磷酸　glyceraldehyde-3-phosphate

甘油醛-3-磷酸脱氢酶　glyceraldehyde-3-phosphate dehydrogenase，GAPDH

共价修饰调节　covalent modification regulation
构件分子 building　block molecules
寡肽　oligopeptide
寡糖　oligosaccharide
国际酶学委员会　Enzyme Committee，EC
果糖　fructose
果糖-1,6-二磷酸　fructose-1,6-bisphosphate
果糖-1,6-二磷酸酶　fructose-1,6-biphosphatase
果糖-6-磷酸　fructose-6-phosphate

H

还原型谷胱甘肽　reduced glutathione，GSH
核蛋白　nucleoproteins
核苷二磷酸激酶　nucleoside diphosphate kinase
核苷酸　nucleotide
核酶　ribozyme
核酸　nucleic acid
核糖核苷　ribonucleotide
核糖核苷酸　ribonucleotide
核酮糖-5-磷酸　ribulose-5-phosphate
后基因组计划　post-genome project
琥珀酸　succinate
琥珀酸-Q 还原酶　succinate-Q reductase
琥珀酸脱氢酶　succinate dehydrogenase
琥珀酰辅酶 A　succinyl-CoA
琥珀酰辅酶 A 合成酶　succinyl-CoA synthetase
黄素单核苷酸　flavin mononucleotide，FMN
黄素腺嘌呤二核苷酸　flavin adenine dinucleotide，FAD
活性部位　active site
活性脂类　active lipid
活性中心　active center

J

肌动蛋白　actin
肌球蛋白　myosin
基因组学　genomics
激活剂（或活化剂）　activator
激素　hormone
己糖（或六碳糖）　hexose
己糖激酶　hexokinase
甲醛滴定法 formoltitration
碱基 base
碱基对　base pair
健康科学　health science

胶体　colloid
结构脂类　structural lipid
结合蛋白质　conjugated proteins
结合基团　binding group
结合中心　binding center
精氨酸酶　arginase
菌株　strains

K

抗体　antibody

L

链激酶　streptokinase
两性电解质　ampholytes
磷蛋白　phosphoprotein
磷酸甘油激酶　phosphoglycerate kinase，PGK
2-磷酸甘油酸　2-phosphoglycerate
3-磷酸甘油酸　3-phosphoglycerate
磷酸甘油酸变位酶　phosphoglycerate mutase，PGM
磷酸果糖激酶　phosphofructose kinase，PFK
磷酸解反应　phosphorolysis
磷酸葡萄糖变位酶　phosphoglucomutase
6-磷酸葡萄糖酸　6-phosphogluconate
6-磷酸葡萄糖酸脱氢酶 6-phosphogluconate dehydrogenase
磷酸葡萄糖异构酶　phosphoglucose isomerase，PGI
磷酸烯醇式丙酮酸　phosphoenolpyruvate
磷酸烯醇式丙酮酸羧酸激酶　phosphoenolpyruvate carboxykinase，PEPCK
硫胺素二磷酸　thiamin diphosphate，ThDP
硫胺素焦磷酸　thiamine pyrophosphate，TPP

M

麦角钙化甾醇　ergocalciferol
酶　enzyme
酶促反应动力学　enzyme kinetics
免疫蛋白　immunoglobulin
免疫球蛋白　immunoglobulin，Ig
木瓜蛋白酶　papain

N

内酯酶　lactonase
鸟嘌呤核苷（鸟苷）guanosine
鸟嘌呤脱氧核苷（脱氧鸟苷）deoxyguanosine
尿苷二磷酸葡萄糖　urdine diphosphate glucose，UDPG
尿苷三磷酸　urdine triphosphate，UTP
尿激酶　urokinase

尿嘧啶核苷（尿苷）　uridine

尿素氮　blood-urea-nitrogen，BUN

脲酶　urease

柠檬酸　citrate

柠檬酸合酶　citrate synthase

柠檬酸循环　citric acid cycle

牛胰核糖核酸酶　pancreaticribonuclease

P

配体　ligand

L-苹果酸　malate

苹果酸-天冬氨酸穿梭　malate-aspartate shuttle

苹果酸脱氢酶　malate dehydrogenase

葡萄糖　glucose

UDP-葡萄糖焦磷酸化酶　urdine diphosphate glucose pyrophosphorylase

葡萄糖-6-磷酸　glucose-6-phosphate

葡萄糖-6-磷酸酶　glucose-6-phosphatase

葡萄糖-6-磷酸脱氢酶　glucose-6-phosphate dehydrogenase

葡萄糖凝胶　sephadex gel

葡萄糖异生　gluconeogenesis

Q

七元糖　heptose

齐变模型　concerted model

前维生素 D_3　previtamin D_3

鞘磷脂　sphingomyelin

亲和色谱法　affinity chromatography

琼脂糖凝胶　agarose gel

球蛋白　globulin

球状蛋白　globular protein

醛基糖　aldose

醛缩酶　aldolase

R

人类基因组　genome

人类基因组计划　human genome project

乳酸　lactate（lactic acid）

乳酸脱氢酶　lactate dehydrogenase LDH

S

三磷酸胞苷　cytidine triphosphate，CTP

三磷酸鸟苷　guanosine triphosphate，GTP

三磷酸尿苷　uridine triphosphate，UTP

三磷酸腺苷　adenosine triphosphate，ATP

三磷酸胸苷　thymidine triphosphate，TTP

三羧酸循环　tricarboxylic acid cycle

三元糖　triose

色蛋白　chromoprotein

生糖原蛋白　glycogenin

生物大分子　biomacromolecule

生物分子　biomolecules

生物化学　biochemistry

生物膜　biomembrane

生物氧化　biological oxidation

生物转化　biotransformation

生育酚　tocopherol

生育三烯酚　tocotrienol

视黄醛　retinal

受体　receptor

松弛型　relaxed，R

T

肽　peptide

肽键　peptide bond

肽链　peptide chain

糖蛋白　glycoprotein

糖基转移酶　glycosyltransferase

糖酵解作用　glycolysis

糖类　carbohydrate

糖原　glycogen

糖原分支酶　glycosyl-4→6-transferase

糖原合酶　glycogen synthase

糖原磷酸化酶　glycogen phosphorylase

糖原脱支酶　debranching enzyme

铁-硫聚簇　iron-sulfur clusters，Fe-S

同工酶　isozyme

酮基糖　ketose

α-酮戊二酸　α-ketoglutarate

α-酮戊二酸脱氢酶　α-ketoglutarate dehydrogenase

透析　dialysis

脱氧核糖核苷　deoxyribonucleoside

脱氧核糖核苷酸　deoxyribonucleotide

W

维生素 A　retinol

维生素 B_1　thiamin

维生素 B_2　riboflavin

维生素 B_{12}　cobalamin

维生素 C　ascorbic acid

维生素 D　calciferol

维生素 D_3 结合蛋白　vitamin D-binding protein

维生素 K_1　phylloquinone

维生素 K_2　menaquinone

胃蛋白酶　pepsin

乌头酸酶　aconitase

无机焦磷酸酶　inorganic pyrophosphate

戊糖（或五碳糖）　pentose

戊糖磷酸途径　pentose phosphate pathway

X

烯醇化酶　enolase

席夫碱　Schiff's base

细胞色素 c　cytochrome c，cyt c

细胞色素还原酶　cytochrome reductase

细胞色素氧化酶　cytochrome oxidase

细分级分离　fine fractionation

纤溶酶　plasmin

纤溶酶原　plasminogen

纤维蛋白原　fibrinogen

纤维状蛋白　fibrous protein

限制性核酸内切酶　restriction endonuclease

腺苷酸环化酶　adenylate cyclase

腺嘌呤核苷（腺苷）　adenosine

腺嘌呤脱氧核苷（脱氧腺苷）　deoxyadenosine

消除　elimination

协同运输　co-transport

新陈代谢　metabolism

胸腺嘧啶脱氧核苷（脱氧胸苷）　deoxythymidine

序变模型　sequential model

血红蛋白　hemoglobin Hb

血红素　heme

Y

烟酰胺腺嘌呤二核苷酸磷酸　nicotinamide adenine dinucleotide phosphate，NADP

烟酰胺腺嘌呤二核苷酸　nicotinamide adenine dinucleotide，NAD

延胡索酸　fumarate

延胡索酸酶　fumarase

盐析　salting out

衍生脂类　derived lipid

氧化磷酸化　oxidation phosphorylation

氧化型谷胱甘肽　oxidized glutathione，GSSG

药物相互作用　drug interaction

药物转运　trans-portation of drug

乙酰胆碱酯酶　acetylcholinesterase
乙酰辅酶 A　acetyl CoA
异柠檬酸　isocitrate
异柠檬酸脱氢酶　isocitrate dehydrogenase
抑制剂　inhibitor
茚三酮　ninhydrin
诱导契合学说　inducedfit theory

Z

正超螺旋　positive supercoiling
脂蛋白　lipoproteins
脂肪酶　lipase
脂类　lipid
贮存脂类　storage lipid
转化因素　transforming principle
转录　transcription
最适 pH　optimum pH
最适温度　optimum temperature

参 考 文 献

[1] 白波，王福青主编. 生理学. 第7版. 北京：人民卫生出版社，2014.
[2] 朱启文，高东明主编. 生理学. 第2版. 北京：科学出版社，2012.
[3] 程田志，刘扬主编. 人体解剖学. 西安：西安交通大学出版社，2012.
[4] 郭青龙，李卫东主编. 人体解剖生理学. 北京：中国医药科技出版社，2009.
[5] 唐晓伟，唐省三主编. 人体解剖与生理. 第2版. 北京：中国医药科技出版社，2013.
[6] 龚茜玲主编. 人体解剖生理学. 第4版. 北京：人民卫生出版社，2005.
[7] 刘斌，芦靖主编. 药理学. 北京：科学出版社，2010.
[8] 谭安雄主编. 药理学. 第2版. 北京：人民卫生出版社，2010.
[9] 乔国芬，娄建石主编. 药理学. 第2版. 北京：北京大学医学出版社，2010.
[10] 丁丰，李宏伟主编. 实用药物学基础. 第2版. 北京：人民卫生出版社，2013.
[11] 吴梧桐主编，生物化学. 第6版. 北京：人民卫生出版社，2007.
[12] 王镜岩，朱圣庚等编写. 生物化学. 第3版. 北京：高等教育出版社，2002.
[13] 张跃林，陶令霞主编. 生物化学. 北京：化学工业出版社，2014.
[14] 李玉白主编. 生物化学. 北京：化学工业出版社，2013.
[15] 肖海峻，杨新建主编. 生物化学. 北京：科学出版社，2014.
[16] 顾德兴主编. 普通生物学. 北京：高等教育出版社，2000.
[17] 王镜岩，朱圣庚，徐长发主编. 生物化学（下册）. 第3版. 北京：高等教育出版社，2002.
[18] 康彦芳主编. 化工分离技术. 北京：中央广播电视大学出版社，2014.